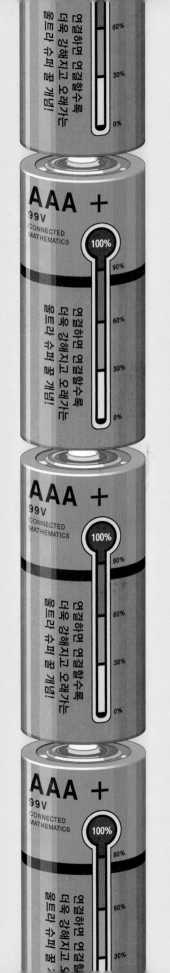

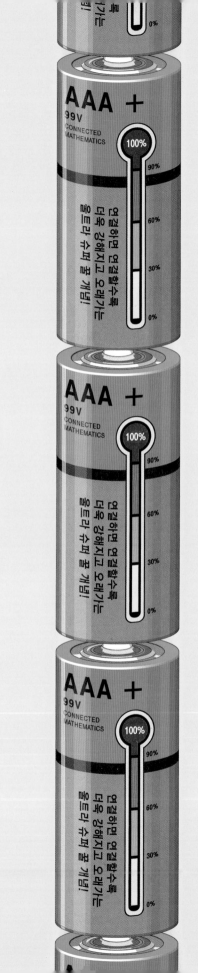

개념 연결 중학수학사전

빠르고 정확하게 개념을 연결한다!
100개 질문과 개념으로
중학수학 3년 완전 정복

★★★★★★★★★★★★★★★★★★★

 개념 연결 **중학**
수학사전

★★★★★★★★★★★★★★★★★★★

전국수학교사모임 중학수학사전팀 지음
최수일 황선희 강진호 김병식

이우일 그림

AAA +
99V
CONNECTED
MATHEMATICS

100%

90%

60%

30%

0%

연결하면 연결할수록
더욱 강해지고 오래가는
볼트와 슈퍼 볼 개념!

비아에듀 ViaEducation 韋

왜 많은 학생들이 수학을 싫어할까요?

우리나라 중학교 3학년 학생의 22.6%가 수학을 포기한다고 합니다(2021년 '사교육걱정없는세상' 발표 결과). 중학생의 넷 중 하나가 '수포자'가 될 정도로 수학이 어렵고, 싫고, 괴물 같은 존재가 되어 버렸습니다.

학생들은 잘하고 싶은데 그것이 잘 안 된다고 합니다. 그 이유는 초등학교 때부터 수학을 개념이 아닌 계산, 즉 연산 위주, 문제 풀이 중심으로 학습하면서 답을 틀리는 경험을 많이 하게 되어 수학이 싫어졌기 때문입니다. 수학은 위계를 가지고 있는 학문이기 때문에 그 전 단계를 모르면 다음 단계로 가는 것이 어렵습니다. 만일 초등학교 때 수학을 포기했다면 극복하기가 쉽지 않겠지요. 학년이 올라갈수록 모르는 것이 점점 더 쌓일 뿐입니다. 그래서 수학을 포기해 버리는 것입니다. 게다가 수학이 점차 어려워질 것으로 생각하여 자기 인지능력에 맞지 않는 선행학습을 하는 것도 문제입니다.

선행학습이 수학 공부에 도움이 되나요?

우리나라 중학생의 선행학습은 심각한 수준입니다. 고등학교 올라가서는 수능을 준비해야 하기 때문이지요. 우리나라 수능에서는 1994학년도에 처음 시작할 때만 제외하고 수학 시험 범위가 고등학교 전체 교육과정이 아닌 적이 없었습니다. 그래서 고3 때까지 편성된 정상적인 교육과정을 지키면 수능을 보는 11월에 아직 덜 배운 상태에서 시험을 치러야 하는 문제가 발생했습니다. 지금은 수능 수학 시험 범위가 두 과목이나 줄었습니다. 선행학습의 필요성이 대폭 줄어든 셈입니다.

사람에게는 인지 발달 속도라는 것이 있습니다. 우리나라 수학 교육과정은 나이에 따른 인지 발달 속도를 고려하여 개발되었습니다. 따라서 과도한 선행학습을 하면 수학 개념을 제대로 이해하기가 어렵습니다. 혹자는 아무리 어려운 수학이라도 배우는 사람의 나이에 맞춰 쉽게 가공해서 가르치면 이해하지 못할 것도 없다고 합니다. 틀린 말은 아니지요. 중요한 것은 제대로 가르치는 것이 아니라 쉽게 가공하여 쉬운 수준에서 성취를 하는 것이 정상적인 성취가 아니라는 전제입니다. 이것으로 수학을 이해했다고 할 수 없지요. 그래서 선행학습을 했다 하더라도 제 학년이 되면 문제가 발생하는 것입니다. 이미 선행학습을 했는데도 학교의 중간·기말고사가 닥치면 학원에서 선행학습을 한 달 정도 중지하고 시험공부에 매진하는 것이 그 증거입니다. 선행학습으로 제대로 개념 이해를 했다면 굳이 과거로 되돌아가 한 달이나 허비할 필요가 있겠습니까? 결국, 선행학습이 중요한 것이 아니라 제 학년에 맞는 수학 개념을 정확히 이해하는 것이 중요합니다.

개념을 충분히 이해하는 것이 가장 중요합니다

교육 현장에는 중학교 때 고등학교 수학을 선행하고 중학교 성적은 상위권을 유지했지만 고1 수능 모의고사에서 4등급 이하를 받는 학생이 많습니다. 이유가 무엇일까요? 중학교 때까지 문제 풀이 위주의 암기식 공부만으로 유지했던 실력이 고등학교에서 바닥난 것이지요. 수학 내용이 많아지면서 암기해야 할 부분이 늘어 점점 힘에 부친 것입니다. 고등학교에서 배울 수학 내용이 많아질 것에 대비하여 처음부터 조직을 잘 했어야 합니다. 기초를 튼튼히 한다는 것은 문제 풀이를 많이 하는 것으로는 절대 불가능합니다. 초등학교 1학년 때부터 배우는 수학을 기초로 하여 중학교까지의 9층짜리 건물을 튼튼하게 지어야 고등학교에 올라가 어떤 공사를 하더라도 흔들리지 않고 견딜 수 있습니다.

개념의 연결고리를 찾아라!

이 책은 수학의 개념 학습을 보다 튼튼히 하고자 하는 학생을 위한 것입니다. 수학 개념 학습에서는 개념의 연결성(connectedness)을 확보하는 것이 생명입니다. 수학의 모든 개념은 그 이전 개념에서 파생되어 나옵니다. 새로운 개념을 배울 때 그 이전 개념을 습득하고 있다면 거기서부터 시작하는 것이 가장 빠른 길이요 정확한 길입니다. 모든 개념을 새롭게 이해하는 것보다 그 이전의 관련 개념을 최대한 활용하는 것이지요. 이전 개념과 비교하여 새롭게 바뀐 부분만 정리하면 모든 것을 새로 이해할 필요가 없습니다.

초 · 중 · 고 수학 개념연결 지도를 제공하고 있습니다

한 번 '수포'를 하게 되면 자신감이 떨어져 회복이 어렵습니다. 다시 시작하고자 해도 어디서부터 시작해야 할지 몰라 시간만 낭비하다가 그만두고 말게 됩니다. '수포' 이후 회복에 있어 이 책의 수학 개념연결 지도를 충분히 활용할 것을 제안합니다. 매 개념 제공되는 개념연결 고리는 해당 개념에 대한 이해가 부족할 때 이전의 어떤 개념에서부터 다시 시작해야 하는지를 스스로 파악할 수 있도록 실마리를 줍니다.

개념 중심의 학습은 강하고 오래갑니다

초·중·고 12년 동안 수학이 어렵고 힘들어 포기하고 살다가 재수하는 동안 다시 도전해 보기로 마음먹은 학생이 있었습니다. 이 학생은 문제 풀이를 최소화하고 개념과 원리 위주로 공부하면서 필요한 부분은 인터넷 강의를 듣는 방법으로 공부하였습니다. 혼자 한두 문제를 붙잡고 여러 시간 씨름하는 공부를 했지요. 학원에서 수학 문제 풀이에 오랫동안 매달린 친구에 비하면 짧은 시간 공부했을

뿐이지만 시작한 지 1년 만에 놀라운 성적을 거두었습니다. 이처럼 개념 중심 학습의 힘은 강합니다.

중학교 수학사전은 왜 만들었나요?

언젠가 영어 수업을 참관하다 보니 교과서의 모르는 부분에서 막힌 학생이 영어사전을 찾아 문제를 해결하더군요. 영어는 학생들이 어려워하는 과목 중 하나이지 않습니까. 그런 어려운 과목도 선생님의 도움 없이 사전을 펼치는 것으로 스스로 어느 정도 문제 해결이 가능한 것입니다. 영어 교실에는 사전이 필수적으로 비치되어 있어서 학생들이 필요할 때 자유롭게 이용하고 있었습니다. 그 모습이 부러워서 고민 끝에 수학사전을 만들 결심을 하게 되었고, 지난 몇 년간 자료를 모아 이렇게 수학사전을 집필하게 되었습니다.

수학을 공부하는 데 사전이 필요할까요?

필요합니다. 영어책을 읽을 때 모르는 단어가 나오면 사전을 찾아보고, 과학이나 사회 과목을 공부하다 모르는 내용이 있으면 백과사전을 찾아봅니다. 수학 문제를 해결하는 데 있어서도 필요한 개념을 즉시 찾아볼 수 있는 사전이 있으면 편리합니다. 자기 스스로 학습하고 이해를 도울 수 있는 사전이 필요합니다. 수학을 공부하다가 도움이 필요할 때 이 책을 이용하면 잊었던 개념을 상기하고 개념을 이용하여 수학 공부를 제대로 하는 것이 가능해지리라 생각합니다.

중학수학사전은 누구를 위해 만들었나요?

대상은 모든 중학생 그리고 이미 중학교를 졸업한 고등학생입니다.

중학생은 수학을 잘하는 학생이나 수학이 어려워 포기하려는 학생 모두에게 나름 필요합니다. 고등학생도 수학이 어렵게 느껴지는 학생 중 수학 공부를 제대로 하고자 하는 학생에게는 필수입니다.

이 책은 중학교에 올라가서 수학이 싫어진 학생을 위한 것이기도 합니다. 초등학교 수학과 중학교 수학은 차이가 많습니다. 가장 큰 차이는 교과서 문장의 엄격함입니다. 초등학교 수학 교과서에서는 학생 스스로 채울 여백이 많아 다양한 의견을 말할 수 있습니다. 그리고 직관적인 사고만으로 문제를 충분히 해결할 수 있습니다. 하지만 중학교 교과서는 모든 것이 지시하는 형태로 쓰여 있습니다. 학생들이 자기 의견을 제시하면서 끼어들 여지가 없지요. 주어진 개념을 그대로 받아 적도록 요구하는 교과서 서술 방식 앞에 당황하게 됩니다. 수학 공부는 자기 주도적으로 하는 게 아니라는 생각, 그냥 교과서나 문제집에 주어진 중요 사항을 무조건 암기하고 익히라는 식의 공부를 강요받습니다. 수학 지식에 대한 소유권(ownership)이 사라지지요. 지식에 대한 소유권이 사라지는 순간 자기 주도적 학습은 불가능합니다.

그래서 중학교 이후의 수학은 어렵게 느껴지고, 그 충격으로 수학을 포기하고 싶은 마음이 들락날락하지요. 중2 즈음에 수포자가 가장 많이 생긴다는 통계가 그냥 나온 게 아닙니다. 이런저런 이유가 쌓이고 수학 문제를 풀다가 틀린 상처가 더해져서 무너지는 것이지요.

'인공지능 시대에 수학이 필요한가요?' 하는 질문이 많아졌습니다

인공지능이 인간을 이기고 있습니다. 하지만 인공지능은 수학 학습을 대체할 수 없습니다. 인공지능이 수학 개념 하나하나를 섭렵할 수는 있겠지만 개념과 개념 사이에 흐르는 연결 관계를 모두 다 습득하는 것은 불가능하기 때문입니다. 연결 관계는 분명하게 나타나는 것이 아닐뿐더러 학습자의 경험과 이해 상태에 따라 사람마다 다르게 나타납니다. 더군다나 우리나라의 수학 문제와 같이 많이 꼬여 있는 문제는 낱낱의 개념은 물론, 보이지 않는 개념 사이의 연결 관계를 알아야 풀 수 있습니다. 이 과정에서 요구되는 수학적인 태도와 실천, 심리적인 감정을 인공지능이 감당하는 것은 쉽지 않은 일이지요.

이 책에서 다루어지는 주제는 총 100개입니다

각 주제는 질문으로 시작됩니다. 이 질문은 저자들의 오랜 교육 현장 경험과 수학 수업 관찰 과정에서 발견한 학생들의 오개념 및 상담을 통해 받은 질문과 생각을 정리한 것입니다. 또 이 책은 2022 개정 교육과정과 교과서를 토대로, 중학교 수학 개념을 학년별 총 4개 영역순(수와 연산 → 변화와 관계 → 도형과 측정 → 자료와 가능성)으로 정리하고 있습니다.

2015년 여름『매우잘함 초등수학사전』을 펴낸 이후 중학생에게도 수학사전이 필요하다는 요구가 있어 다시 1년여 동안 연구와 집필을 통해『개념연결 중학수학사전』을 펴내게 되었습니다. 2016년 출간된 후 많은 교사와 학생들에게 뜨거운 지지와 사랑을 받으면서 개정4판에 이르게 되었습니다. 그동안 수많은 연구와 회의, 수정과 점검을 담당해 준 중학수학사전팀 선생님들과 부족한 글을 미리 읽어 보고 세세한 부분까지 조언해 준 학부모와 학생 여러분에게 감사의 말씀을 드립니다.

2024년 11월
중학수학사전팀을 대표하여
최수일 씀

차례

1학년 수학사전

2학년 수학사전

3학년 수학사전

기둥의 겉넓이와 부피

**밑넓이를 구해야 하는데
밑이 보이지 않아요.**

1학년
도형과
측정

그, 그럼
옆넓이는…

(기둥의 겉넓이)
=(밑넓이) × 2
+(옆넓이)

밑넓이는…
으으,
무거워!

아! 그렇구나

　밑넓이의 '밑'이라는 말이 보통 아래쪽을 나타내기 때문에 '밑넓이'가 아래쪽의 넓이라고 생각하기 쉽습니다. 그러나 초등학교 수학에서 밑면은 서로 평행한 윗면과 아랫면을 모두 일컫는 말이라고 배웠습니다. 윗면과 아랫면이 합동일 때는 그 넓이가 같으므로 겉넓이를 구할 때 윗면이나 아랫면 중 아무것이나 그 넓이를 구해 두 배 하면 됩니다.

○ **아! 그렇구나**

오개념이 생기는 데는 나름의 이유가 있습니다. 개념을 이해하는 과정에서 충분한 이해가 부족했기 때문이지요. 왜 그런 오개념이 생겼는지를 정확히 알아야 오개념의 벽을 넘을 수 있습니다. '아! 그렇구나'에서는 오개념의 원인을 짚어 봅니다.

사전은 처음부터 차례차례 공부하거나 문제를 푸는 책이 아닙니다. 어려워하는 내용을 손쉽게 찾아 적절한 처방을 받을 수 있는 책입니다. 수학사전을 유용하게 활용하기 위해서 사용설명서를 꼭 읽어보기 바랍니다.

주제어

학습 내용입니다. 교육과정과 교과서의 주제를 제시하였습니다. 수학 개념의 핵심이라고 할 수 있습니다.

대표 오개념

학년별, 영역별로 수학을 공부하면서 헷갈리는 오개념 100개를 엄선했습니다. 개념을 정확히 이해하지 못하면 문제를 풀 때 오답을 내게 되고, 문제가 잘 풀리지 않으면 수학이 싫어집니다. 오개념의 벽을 넘어서야 수학을 제대로 이해할 수 있으며, 수학이 재밌어집니다.

30초 정리

이 부분에서는 대표 오개념에 대한 정답을 제공합니다. 시간이 없거나 빨리 정리해야 할 때 활용할 수 있습니다. '30초 정리'를 읽고 '개념의 완성'을 읽으면 해당 개념의 오류나 잘 몰랐던 것을 알게 되는 데 도움이 됩니다. 만약 '30초 정리'로 오개념의 이유를 알게 되었다면 다음에 나오는 '개념의 완성'은 뛰어넘어도 됩니다.

30초 정리

기둥의 겉넓이와 부피

(기둥의 겉넓이) = (밑넓이) × 2 + (옆넓이)

(기둥의 부피) = (밑넓이) × (높이)

개념의 완성

미지수가 2개인 일차방정식을 생각하려면 미지수 개수보다 일차방정식에 먼저 집중해야 합니다. 즉, 일차방정식의 뜻이 무엇인지를 우선 기억해 낸 후 미지수가 2개인 일차방정식으로 개념을 연결해야 합니다.

a, b가 변하지 않는 상수일 때, $ax+b=0$ 또는 $ax=b$ 꼴의 방정식은 미지수 x 하나이면서 일차인 방정식입니다. 여기서 $a=0$이면 미지수 x가 사라지니까 일차방정식이 아니겠지요. 그러므로 $a \neq 0$입니다.

그럼 일차방정식 $ax+b=0$의 해는 $x=-\dfrac{b}{a}$, 일차방정식 $ax=b$의 해는 $x=\dfrac{b}{a}$로, 각각 1개의 해를 가집니다. 그리고 이런 내용은 중학교 1학년에서 배웠습니다.

미지수가 2개인 일차방정식은 미지수 x 1개가 아닌 x와 y, 2개입니다. 그러면 일차방정식은 $ax+by+c=0(a, b, c$는 상수, $a \neq 0, b \neq 0)$의 꼴로 나타나고, 이 방정식의 해는 하나가 아닌 여러 개 또는 무수히 많기도 합니다.

예를 들어, 일차방정식 $x+2y=6$의 해를 구해 보겠습니다. 우선 x에 자연수 $1, 2, 3, \cdots$을 차례로 대입하여 y의 값을 구하면 그 값은 표와 같이 무수히 많습니다.

x	1	2	3	4	5	6	$\cdots$
y	$\dfrac{5}{2}$	2	$\dfrac{3}{2}$	1	$\dfrac{1}{2}$	0	$\cdots$

x가 자연수가 아니고 유리수라면 더 많은 해가 나올 것이고 이 역시 무수히 많은 해를 갖습니다. 또한 x, y가 모두 자연수라면 일차방정식 $x+2y=6$의 해는 $x=2, y=2$ 또는 $x=4, y=1$과 같이 두 쌍입니다.

결국 미지수가 2개인 일차방정식을 만족시키는 x, y의 값 또는 그 순서쌍 (x, y)의 개수는 문제의 조건에 따라 1개일 수도 있고, 여러 개일 수도 있고, 무수히 많거나 없을 수도 있습니다.

방정식
미지수의 값에 따라 참이 되기도 하고 거짓이 되기도 하는 등식을 그 미지수에 대한 방정식이라고 한다.

개념의 완성

수학의 기초가 부족한 학생을 위한 부분입니다. 수학의 기초는 이전부터 죽 이어져 온 개념의 연결에서 시작되기 때문에 해당 내용을 가급적 수학 개념의 연결성을 이용하여 설명하려고 노력했습니다. '30초 정리'의 내용이 이해되지 않았다면 이 코너를 통해 해당 개념을 정확히 이해할 수 있습니다.

방정식
미지수의 값에 따라 참이 되기도 하고 거짓이 되기도 하는 등식을 그 미지수에 대한 방정식이라고 한다.

팁

본문 내용 중 추가적인 해설이 필요한 전문용어나 수학 개념을 설명하고, 알아 두면 도움이 될 만한 수학적 사고를 설명하는 부분입니다. 읽지 않고 건너뛰어도 됩니다.

 심화와 확장

원의 원주와 원의 넓이를 구하는 공식은 초등학교에서 배운 바 있지만 π를 이용하여 이를 다시 정리하면

(원주) = (원주율) × (지름의 길이)

(원의 넓이) = (원주율) × (반지름의 길이) × (반지름의 길이)

이므로 반지름의 길이가 r인 원의 둘레 l과 넓이 S는 다음과 같이 나타낼 수 있습니다.

$$l = 2\pi r, \ S = \pi r^2$$

이런 공식은 수학 문제를 푸는 데만 사용되는 것이 아닙니다.

예를 들어, 학교에 심어져 있는 나무의 지름의 길이를 정확히 재고 싶을 때가 있을 수 있습니다. 지름의 길이를 정확히 재려면 나무를 잘라야만 하지요. 저런! 나무를 자르면 그 나무는 죽겠지요. 걱정입니다. 지름의 길이는 재야겠고, 나무를 죽일 수는 없고… 뭔가 방법이 없을까요? 잠시 생각하는 시간을 가져 보세요. 아이디어를 모아 보자고요.

나무의 둘레의 길이를 재면 됩니다. 지름의 길이를 재라고 했는데 왜 둘레의 길이를 재느냐고요? 둘레의 길이만 알면 나무를 자르지 않고도 지름의 길이를 구할 수 있답니다. 바로 원주율이 있기 때문이죠.

식 (원주) = (원주율) × (지름의 길이)에 따라 지름의 길이는 원주를 원주율로 나누면 됩니다.

심화와 확장

이 부분에서는 '30초 정리'와 '개념의 완성'에서 미처 설명하지 못한 부분을 추가하거나 필요한 경우 좀 더 심화된 내용을 제시하고 있습니다. 수학 학습이 힘든 학생은 이 부분을 건너뛰어도 됩니다. 수학을 좋아하는 학생이라면 '심화와 확장'을 통해 개념을 더욱더 견고히 다지며 높은 성취감을 얻을 수 있습니다.

개념의 연결

수학은 모든 개념이 연결된 과목인 만큼 수학을 공부하는 데 있어서는 연결성이 굉장히 중요합니다. 연결이 잘 되면 그만큼 이해해야 할 분량이 줄어듭니다. 개념을 학습할 때 분리시켜 따로따로 공부하는 것은 효율적이지 못합니다. 이전에 배운 내용과 연결하여 이해한다면 시간도 많이 걸리지 않고 새로운 개념에 대한 이해력도 강화될 것입니다. 이 부분에서는 주어진 개념과 직접적으로 연결되는 이전과 이후의 내용을 보여 주고 있습니다.

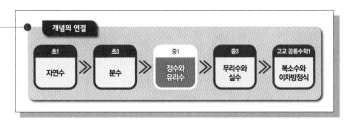

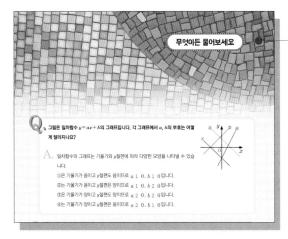

무엇이든 물어보세요

인터넷에 올라온 질문 중 주어진 주제에 관련하여 도움이 될 만한 중요한 질문 2~3개를 골라 답변을 달아 보았습니다. 질문 중에는 다소 어려운 내용도 포함되어 있습니다. 처음에는 가급적 설명을 가리고 스스로 해결할 것을 권장합니다. 서너 번의 시도에도 풀리지 않으면 설명을 보면서 문제를 해결합니다.

중학수학 개념연결 지도

중학교 1학년부터 3학년까지 연결된 개념의 전체 숲을 보여줍니다. '중학수학 개념연결 지도'를 참고하여 부족한 개념은 쉽게 찾아 복습하고, 연결된 다음 개념이 궁금하면 혼자서 찾아 예습할 수도 있습니다. 또한, 영역별로 어떻게 연결되는지 눈으로 확인하며 공부하면 여러 영역이 통합된 심화 문제도 거뜬히 해결할 수 있는 수학적 사고력을 키우는 데 유용합니다.

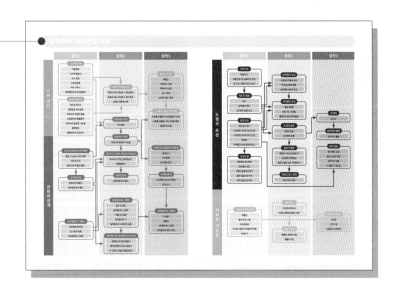

1학년에 나오는 용어와 수학기호

수와 연산

소수, 합성수, 거듭제곱, 지수, 밑, 소인수, 소인수분해, 서로소, 양수, 음수, 양의 정수, 음의 정수, 정수, 수직선, 양의 유리수, 음의 유리수, 유리수, 절댓값, 교환법칙, 결합법칙, 분배법칙, 역수, 양의 부호(+), 음의 부호(−), 절댓값 기호(| |), ≤, ≥

변화와 관계

대입, 다항식, 항, 단항식, 상수항, 계수, 차수, 일차식, 동류항, 등식, 방정식, 미지수, 해, 근, 항등식, 이항, 일차방정식, 변수, 전개, 좌표, 순서쌍, x좌표, y좌표, 원점, 좌표축, x축, y축, 좌표평면, 제1사분면, 제2사분면, 제3사분면, 제4사분면, 그래프, 정비례, 반비례

도형과 측정

교점, 교선, 두 점 사이의 거리, 중점, 수직이등분선, 꼬인 위치, 교각, 맞꼭지각, 엇각, 동위각, 평각, 직교, 수선의 발, 작도, 대변, 대각, 삼각형의 합동 조건, 내각, 외각, 부채꼴, 중심각, 호, 현, 활꼴, 할선, 다면체, 각뿔대, 정다면체, 회전체, 회전축, 원뿔대, $\overleftrightarrow{AB}$, $\overrightarrow{AB}$, $\overline{AB}$, $/\!/$, $\angle ABC$, $\perp$, $\triangle ABC$, $\equiv$, $\overparen{AB}$, π

자료와 가능성

변량, 대푯값, 중앙값, 최빈값, 줄기와 잎 그림, 계급, 계급의 크기, 도수, 도수분포표, 히스토그램, 도수분포다각형, 상대도수

1학년 수학사전

중학교 1학년 수학에서는 초등학교에서 배운 내용이 반복되어 나타나긴 하지만, 전반적으로 내용의 확장과 심화가 이루어집니다. 특히, 처음으로 문자의 사용을 배우는데 이후에 학습하는 모든 수학 개념들이 이를 바탕으로 하고 있으므로 문자가 사용된 식과 관련이 있는 개념, 성질 등에 대해 정확하게 이해하는 것이 매우 중요합니다. 또한 초등학교 때와는 달리 직관보다는 논리적으로 도형에 대해 탐구하기 시작하므로 수학적 사실을 논리적으로 설명하는 연습이 필요합니다.

중 학 교 1 학 년 수 학 공 부 의 마 음 가 짐

❶ 초등학교에서 배우지 않은 음수가 나옵니다. 음수의 의미와 사용 방법을 정확히 익혀서 계산하도록 합니다.

❷ 초등학교 수학에서와 달리 문자를 사용합니다. 문자를 왜 써야 하는지 항상 고민해야 문자 사용에 익숙해집니다. 또 문자는 사용되는 상황에 따라 다양한 모습을 가지므로 이에 주의해야 합니다.

❸ 각 단원에 새로운 수학 용어와 기호가 많이 나옵니다. 수학 용어와 기호는 수학의 언어이므로 수학적 의사소통을 위해 항상 정확히 이해해야 합니다.

❹ 중학교 1학년 수학은 2학년, 3학년에서 배우는 내용의 기초가 됩니다. 이해하지 못하는 개념이 없도록 개념 학습에 힘써 주세요. 그리고 수에 관한 연산보다 문자식에 관한 연산을 많이 사용하게 되므로 이에 대한 정확한 계산법을 익혀야 합니다.

1학년은 무엇을 배우나요?

영역	내용 요소	1학년 성취기준
수와 연산	• 소인수분해	• 소인수분해의 뜻을 알고, 자연수를 소인수분해 할 수 있다. • 소인수분해를 이용하여 최대공약수와 최소공배수를 구할 수 있다.
	• 정수와 유리수	• 다양한 상황을 이용하여 음수의 필요성을 인식하고, 양수와 음수, 정수와 유리수의 개념을 이해한다. • 정수와 유리수의 대소 관계를 판단할 수 있다. • 정수와 유리수의 사칙계산의 원리를 이해하고, 그 계산을 할 수 있다.
변화와 관계	• 문자의 사용과 식	• 다양한 상황을 문자를 사용한 식으로 나타내어 그 유용성을 인식하고, 식의 값을 구할 수 있다. • 일차식의 덧셈과 뺄셈의 원리를 이해하고, 그 계산을 할 수 있다.
	• 일차방정식	• 방정식과 그 해의 뜻을 알고, 등식의 성질을 설명할 수 있다. • 일차방정식을 풀 수 있고, 이를 활용하여 문제를 해결할 수 있다.
	• 좌표평면과 그래프	• 순서쌍과 좌표를 이해하고, 그 편리함을 인식할 수 있다. • 다양한 상황을 그래프로 나타내고, 주어진 그래프를 해석할 수 있다. • 정비례, 반비례 관계를 이해하고, 그 관계를 표, 식, 그래프로 나타낼 수 있다.

중학교 수학은 '수와 연산', '변화와 관계', '도형과 측정', '자료와 가능성'의 4가지 대영역으로 구성되어 있습니다. 그중 1학년에서 다루고 있는 내용을 살펴보면 표와 같습니다. 표에서 제시한 성취기준이란 여러분이 꼭 알고 도달해야 하는 목표입니다.

영역	내용 요소	1학년 성취기준
도형과 측정	• 기본 도형	• 점, 선, 면, 각을 이해하고, 실생활 상황과 연결하여 점, 직선, 평면의 위치 관계를 설명할 수 있다. • 평행선에서 동위각과 엇각의 성질을 이해하고 설명할 수 있다.
	• 작도와 합동	• 삼각형을 작도하고, 그 과정을 설명할 수 있다. • 삼각형의 합동 조건을 이해하고, 이를 이용하여 두 삼각형이 합동인지 판별할 수 있다.
	• 평면도형의 성질	• 다각형의 성질을 이해하고 설명할 수 있다. • 부채꼴의 중심각과 호의 관계를 이해하고, 이를 이용하여 부채꼴의 호의 길이와 넓이를 구할 수 있다.
	• 입체도형의 성질	• 구체적인 모형이나 공학 도구를 이용하여 다면체와 회전체의 성질을 탐구하고, 이를 설명할 수 있다. • 입체도형의 겉넓이와 부피를 구할 수 있다.
자료와 가능성	• 대푯값	• 중앙값, 최빈값의 뜻을 알고, 자료의 특성에 따라 적절한 대푯값을 선택하여 구할 수 있다.
	• 도수분포표와 상대도수	• 자료를 줄기와 잎 그림, 도수분포표, 히스토그램, 도수분포다각형으로 나타내고 해석할 수 있다. • 상대도수를 구하고, 상대도수의 분포를 표나 그래프로 나타내고 해석할 수 있다. • 통계적 탐구 문제를 설정하고, 공학 도구를 이용하여 자료를 수집하여 분석하고, 그 결과를 해석할 수 있다.

3^{100}은 3을 100번 곱한 것이니까 300 아닌가요?

아! 그렇구나

거듭제곱과 곱셈이 헷갈릴 때가 있습니다. 3^{100}은 3을 100번 곱한 것인데, 이것이 3×100 과 같다고 착각하는 것입니다. 곱셈과 거듭제곱은 모두 곱셈처럼 보이지만 사실 둘은 근본적 으로 차이가 있답니다. 3×2와 3^2을 구분할 줄 알아야 하지요.

30초 정리

거듭제곱

2^2, 2^3, 2^4, …을 각각 2의 제곱, 2의 세제곱, 2의 네제곱, …이라 읽고, 이들을 통틀어 2의 **거듭제곱**이라고 한다.
또 2^2, 2^3, 2^4, …에서 2를 거듭제곱의 **밑**이라 하고, 밑 2를 곱한 횟수 2, 3, 4, …를 거듭제곱의 **지수**라고 한다.

2^3 ← 지수
← 밑

수와 연산의 기본은 무엇일까요?

그것은 초등학교 1학년 첫 시간에 배우는 '1(일)'이라는 수이며, 1은 스스로 존재하는 수입니다. 그래서 다른 수로 1을 만들 수는 없지만 모든 수는 1로부터 만들어집니다.

수와 더불어 연산이 시작되었지요. 연산의 기본은 무엇일까요? 덧셈입니다. 덧셈이 만들어져야 뺄셈, 곱셈, 심지어는 나눗셈까지 만들어집니다. 그래서 최초의 연산은 $1+1$이며, 이 결과는 2입니다. 이렇게 덧셈을 계속하면 큰 수를 더하는 데까지 갈 수 있고, 덧셈을 역으로 하면 뺄셈이 되지요. 그러다가 어느 순간 똑같은 수를 여러 번 더하는 과정을 반복할 때가 옵니다. 불편함을 느끼지요. 인간은 누구나 단순하고 지루한 작업을 불편해합니다. 불편한 문제가 발생하면 그 문제를 해결하려는 꾀를 내게 됩니다. 발전이 되지요. 그래서 만들어진 것이 곱셈입니다. 그리고 곱셈의 역인 나눗셈이 만들어지지요.

이와 같이 우리는 보다 더 간단한 것, 보다 더 질서 있는 것을 원합니다. 숫자와 문자, 연산기호 등을 기왕이면 보다 더 간단하게 정리하는 것을 좋아하지요. 그래서 $2+2+2+2+2+2+2+2$와 같이 덧셈이 너무 길어 불편할 때 이것을 간단히 2×8로 나타내게 되었고, 마찬가지로 $2 \times 2 \times 2 \times 2 \times 2 \times 2 \times 2 \times 2$와 같이 곱셈이 너무 많아서 불편할 때 이것을 간단하게 표현하는 방법으로 2^8이라는 거듭제곱을 만들었습니다.

문자에 대해서도 마찬가지로 사용합니다. $a \times a \times a \times a \times a \times a \times a \times a$와 같이 a를 8번 곱한 것을 간단하게 a^8으로 나타냅니다.

이상을 정리하면 '같은 수나 문자의 곱은 거듭제곱을 이용해 간단히 나타낸다.'고 말할 수 있겠지요.

그리고 2^2, 2^3, 2^4, …을 각각 2의 제곱, 2의 세제곱, 2의 네제곱, … 이라 읽고, 이들을 통틀어 2의 거듭제곱이라고 합니다. 이때 2를 거듭제곱의 밑이라 하고, 밑 2를 곱한 횟수 2, 3, 4, …를 거듭제곱의 지수라고 합니다.

$$2^3 \quad \leftarrow \text{지수}$$
$$\leftarrow \text{밑}$$

거듭제곱의 편리한 점은 아주 큰 수나 아주 작은 수를 나타낼 때 더 잘 드러납니다.

지구상에는 부수히 많은 종류의 세균이 살고 있습니다. 세균은 보통 이분법으로 번식하는데, 이분법이란 세균 한 마리가 둘로 나눠지는 분열 방법입니다. 이러한 번식이 한 시간마다 반복된다면, 처음에는 한 마리였던 세균이 이틀 만에 몇 마리로 번식할까요?

처음 한 마리,

한 시간 후 2마리, 2시간 후 4마리, …,

10시간 후면 $2^{10} = 1024$이므로

약 1,000마리,

20시간 후는 약 1,000,000마리,

24시간 후는 약 $16 \times 1,000,000$마리,

이틀(48시간)이 지나면

약 $(16 \times 1,000,000) \times (16 \times 1,000,000)$

$= 256,000,000,000,000$(마리)가 됩니다.

한 마리의 세균이 불과 이틀 만에 엄청난 숫자로 불어나게 되는데, 이것을 그냥 기록하면 도대체 0이 몇 개나 붙어 있는지 자세히 세어 보지 않고서는 잘 알 수 없을 뿐만 아니라 읽기도 불편합니다.

더욱이 이러한 수들을 가지고 계산을 해야 한다면 참으로 난감하지요. 실수로 0 한 개를 빠뜨리거나 늘리면 큰 일이 벌어질 수도 있고요. 이러한 어려운 계산을 깔끔하고 산뜻하게 해결해 줄 수 있는 방법이 바로 수를 거듭제곱 형태로 표시하는 것입니다.

$$256,000,000,000,000 \rightarrow 256 \times 10^{12} \text{ 또는 } 2.56 \times 10^{14}$$

개념의 연결

초1		초2		중1		중2		고교 대수
덧셈	≫	곱셈	≫	거듭제곱	≫	지수법칙	≫	지수

아래와 같은 고대 이집트 인들이 남긴 『아메스파피루스』의 문장제는 어떻게 풀어야 하나요?

일곱 채의 집마다 일곱 마리의 고양이가 살고 있네. 각 고양이는 일곱 마리의 쥐를 먹었고, 각 쥐는 일곱 개의 보리 이삭을 먹었고, 각 보리 이삭에는 일곱 톨의 보리알이 있었었네. 집, 고양이, 쥐, 보리 이삭, 보리 알의 수는 각각 얼마일까?

A. 집이 7채인데 집마다 고양이가 7마리 살고 있으니 고양이는 7^2마리, 각 고양이는 7마리의 쥐를 먹었으니 쥐는 7^3마리, 각 쥐는 7개의 보리 이삭을 먹었으니 보리 이삭은 7^4개, 각 보리 이삭에는 7톨의 보리알이 있었으니 보리알은 7^5톨입니다.

 신문지를 42번 접으면 그 두께가 지구에서 달까지의 거리쯤 된다고 하는데 사실인가요?

A. 신문지를 최대 8번 접었다는 기사가 보도된 적이 있습니다. 따라서 신문지를 42번 접는다는 것은 현실적으로 어려운 일입니다. 그러므로 실제가 아니고 가상으로 접었다 치고 계산해야 합니다.

종이 한 장의 두께를 정확히 재기는 어렵지만 A4 용지 한 묶음의 두께는 잴 수 있습니다. 보통 A4 한 묶음이 500장인데, 이 높이는 약 5cm입니다. 그럼 종이 한 장의 두께는 약 0.01cm가 됩니다.

42번을 접는다면 그 두께는 0.01×2^{42} cm일 텐데, $2^{10} = 1024$이므로 이것을 약 1000으로 보면 10번 접었을 때의 두께는 약 10cm입니다. 10번을 더 접으면 10cm의 약 1,000배인 100m, 10번 더 접으면 100m의 약 1,000배인 100km, 또 10번을 더 접으면 100km의 약 1,000배인 100,000km가 됩니다. 한 번 더 접으면 200,000km, 다시 한 번 더 접으면 400,000km이고요. 즉, A4 용지 한 장을 42번 접으면 그 두께는 약 40만km가 됩니다.

실제로 지구와 달 사이의 거리는 약 38~44만km라고 하니까, 신문을 42번 접은 두께는 지구에서 달까지의 거리와 비슷하다는 것을 알 수 있습니다.

소수는 0.1이나 0.37 같은 수 아닌가요? 2나 3도 소수라고요?

아! 그렇구나

　　소수(小數)는 0.3, 4.37과 같이 일의 자리보다 작은 자릿값을 가진 수입니다. 소수(素數)는 1보다 큰 자연수 중 1과 자신만을 약수로 가지는 수이고요. 따라서 2, 3은 소수(素數)입니다. 짝수는 모두 2의 배수이기 때문에 2를 제외한 짝수는 소수가 아닙니다. 나머지 소수는 모두 홀수이기 때문에 홀수는 모두 소수라고 생각하기 쉽다는 데 주의하세요.

30초 정리

소　수 : 1보다 큰 자연수 중에서 1과 그 자신만을 약수로 가지는 수

　　　　　예를 들면, 2, 3, 5, 7, …

합성수 : 1보다 큰 자연수 중에서 1과 그 자신 이외에 또 다른 수를 약수로 가지는 수

　　　　　예를 들면, 4, 6, 8, 9, …

※ 1은 소수도 합성수도 아니다.

쌓기나무를 한번 살펴보세요.

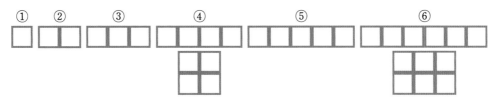

쌓기나무 하나로 만들 수 있는 윗면의 모양은 정사각형입니다. 쌓기나무 2개를 이어 붙여 직사각형 모양으로 늘어놓는 방법은 한 가지뿐입니다.

이렇게 쌓기나무를 6개까지 이어 붙여 직사각형 모양으로 늘어놓으면 어떤 수는 한 줄로만 만들어지며, 어떤 수는 두 줄 이상으로 만들어지기도 합니다. 이것을 곱셈으로 나타내면, 2, 3, 5는 $2 = 1 \times 2$, $3 = 1 \times 3$, $5 = 1 \times 5$와 같이 1과 자기 자신의 곱으로만 나타낼 수 있고, 4, 6은

$$4 = 1 \times 4 = 2 \times 2, \quad 6 = 1 \times 6 = 2 \times 3$$

과 같이 1과 자기 자신뿐만 아니라 1이 아닌 자기 자신보다 작은 자연수의 곱으로도 나타낼 수 있습니다. 이때 $6 = 2 \times 3$은 $6 \div 2 = 3$, $6 \div 3 = 2$와 같이 생각할 수 있습니다. 즉, 6은 자기 자신보다 작은 1이 아닌 자연수로 나누어떨어집니다. 이와 같이 다른 수를 나누어 떨어지게 하는 수를 약수라 하였습니다. 그러므로 2, 3, 5는 1과 자기 자신만을 약수로 가지며, 4, 6은 1과 자기 자신 이외에도 다른 약수를 더 가집니다.

구체적 조작 활동

중학생이라고 하여 엄밀하고 추상적인 설명을 쉽게 받아들이는 것은 아니다. 구체적인 조작 활동을 통해서 추상적인 개념을 받아들이는 것이 필요한 경우도 많다.

1보다 큰 자연수를 이런 방법으로 분류하면 다음과 같습니다.

> **소 수** : 1보다 큰 자연수 중에서 1과 그 자신만을 약수로 가지는 수
>
> 예를 들면, 2, 3, 5, 7, …
>
> 쌓기나무로 직사각형 모양을 만들 때 한 줄로만 만들 수 있는 수
>
> **합성수** : 1보다 큰 자연수 중에서 1과 그 자신 이외에 또 다른 수를 약수로 가지는 수
>
> 예를 들면, 4, 6, 8, 9, …
>
> 쌓기나무로 직사각형 모양을 만들 때 두 줄 이상으로 만들 수 있는 수
>
> ※ 참고로 1은 소수도 합성수도 아니다.

31×37은 소수일까요, 합성수일까요?

수학 공부에서 가장 중요한 것은 문제 풀기에 앞서 개념에 대한 공부를 충분히 하는 것입니다. 개념을 충분히 이해하는 것은 예를 들면 소수를 배울 때 소수 개념이 어디서 왔는지를 그 시작점까지 연결하는 것을 뜻합니다.

소수는 '1보다 큰 자연수 중에서 1과 그 자신만을 약수로 가지는 수'이고, 이 중 약수는 초등학교 5학년에서 '다른 수를 나누어떨어지게 하는 수'라고 배웠습니다. 소수와 약수 사이를 연결하면 소수 개념의 초등학교 5학년 버전이 나옵니다. 소수는 '1보다 큰 자연수 중에서 1과 자기 자신 이외의 다른 수로 나누어떨어지지 않는 수'라고 할 수 있습니다. 그러므로 어떤 수가 소수인지 판단하려면 그보다 작은 수들로 나누어 보면 됩니다.

또 '나누어떨어진다'는 것은 나누었을 때 나머지가 0인 상황으로, 이때 나누는 수와 몫을 곱하면 나눠지는 수가 나오지요. 이는 나눗셈과 곱셈의 관계이며, 곱셈은 초등학교 2학년의 개념이지요. 이제 소수 개념의 초등학교 2학년 버전을 말할 수 있습니다. 소수는 '1보다 큰 두 수의 곱으로 나타낼 수 없는 수'입니다. 왜냐하면 두 수의 곱으로 나타낼 수 있다는 것은 그 두 수로 나누어떨어진다는 것이고, 다른 수를 나누어떨어지게 하는 수는 그 수의 약수이므로 1과 자기 자신 이외의 약수가 존재한다는 의미가 됩니다. 즉, 소수가 아닌 합성수가 된다는 것이지요.

이제 다시 31×37을 볼까요? 곱의 결과가 얼마인지 몰라도 이 수는 소수는 아닙니다. 31과 37을 약수로 가지기 때문이지요.

아무리 어려운 문제라도 새로 배운 개념을 이전 개념과 연결하여 충분히 이해하면 문제 해결의 열쇠를 얻을 수 있답니다.

3단계 개념 학습법

1단계 : 정의를 정확히 이해한다.
2단계 : 정의에 관련된 여러 가지 성질을 유도한다.
3단계 : 새로 배운 개념과 관련된 이전 개념을 최대한 (최저 학년까지) 연결한다.

개념의 연결

초2	초3	초5	중1	중1
곱셈	나눗셈	약수	소수와 합성수	소인수분해

1은 소수가 아닌가요? 왜 1은 소수도 합성수도 아니라고 하나요?

 소수의 뜻을 생각하면 1은 소수라고 할 수 있습니다. 그런데 왜 1을 소수에서 제외했을까요? 이후에 나오는 소인수분해와 관련이 있습니다. 30을 소인수분해하면 $30 = 2 \times 3 \times 5$라고 표현할 수 있는데, 동시에 $30 = 3 \times 2 \times 5$, $30 = 5 \times 2 \times 3$ 등으로도 표현할 수 있습니다. 하지만 곱셈에는 두 수를 서로 바꾸어 곱해도 결과가 같다는 교환법칙이 성립하므로 30의 소인수분해 표현은 한 가지뿐이라고 말할 수 있습니다.

만일 1을 소수라고 하면 $30 = 1 \times 2 \times 3 \times 5 = 1 \times 1 \times 2 \times 3 \times 5 = 1 \times 2 \times 1 \times 3 \times 1 \times 5$ 등 여러 가지 표현이 가능해집니다. 어떤 개념이 가급적 유일하게 표현되어야 정리가 되듯이 소인수분해에서도 유일하게 표현할 수 있는 방법을 취하려고 1을 제외했다고 할 수 있습니다. 학문적으로는 더 깊은 뜻을 가지고 있는데 이 부분은 나중에 대학에서 수학을 전공할 때 공부하게 됩니다.

소수에 대한 다음 문장이 헷갈립니다. 다음 중 옳은 것은 무엇인가요?

① 소수에는 짝수가 없다.   ② 모든 홀수는 소수다.   ③ 1은 약수가 자신뿐이니 소수다.

소수에 대한 위의 문장이 헷갈리지요? 셋 중 옳은 것은 하나도 없습니다. 수학에서 어떤 문장이 옳지 않음을 밝힐 때는 그 증거를 하나만 들면 충분합니다. 옳지 않음을 증명할 수 있는 예를 반례(反例)라고 합니다.

① 소수 중 대부분이 홀수이기는 하지만 2도 소수이므로 소수에 짝수가 없는 것은 아닙니다.

② 3, 5, 7은 소수이지만 홀수 9는 소수가 아니므로, 모든 홀수를 소수라고 할 수는 없습니다.

③ 1은 약수가 자신뿐이기는 하지만 소수는 1보다 큰 자연수 중에서만 생각하기 때문에 이 문장은 옳지 않습니다.

 그림과 같이 100cc까지 눈금이 그려진 약병이 있는데, 지금 이 병에는 약 100cc가 들어 있다. 마개가 있는 곳까지 약을 가득 채우기 위해 몇 cc를 더 넣어야 하는지 알아보려면 어떻게 해야 할까? [정답은 35쪽에]

사고력 문제 정답 : 99 곱한 다음 시계 뒤집기 $99 + (6 \div 6) \times (6 \div 6)$

소수 판정

101과 같이 큰 수가 소수인지 합성수인지 금방 알아내는 방법이 있나요?

아! 그렇구나

한 자리 자연수가 소수인지 합성수인지 판단하는 것은 암산으로도 가능합니다. 하지만 자릿수가 두 자리, 세 자리 등으로 커지면 소수인지 합성수인지 판단하는 것이 쉽지 않습니다. 50까지는 그럭저럭 해 볼 수 있지만 그 이상의 수에 대해서는 판단이 어렵지요. 끈기 있게 나눗셈을 해 본다 해도 나누는 수가 점점 커지면 귀찮아서 포기하게 됩니다.

30초 정리

소수 찾기(에라토스테네스의 체)
소수 자신을 제외한 그 소수의 모든 배수는 합성수이다.
이 사실을 이용하여 소수 하나를 찾을 때마다 그 소수는 남기고 나머지 그 소수의 배수를 모두 제외한다.
이러한 과정을 반복하면 일일이 나눠 보지 않아도 소수를 찾아낼 수 있다.

어떤 수가 소수임을 어떻게 알 수 있을까요? 당장은 나눠 보면 알 수 있겠지요. 소수란 약수가 1과 자기 자신뿐이므로 1이 아닌 다른 수로 나누어떨어지지 않는다는 성질을 이용하는 것이지요. 그런데 101, 239, 503과 같이 100을 넘어가는 수를 일일이 다른 수로 나눠 보는 일은 쉽지 않습니다.

그래서 나눗셈을 할 때 보조적으로 곱셈을 하게 됩니다. 나눗셈과 곱셈은 서로 반대이기 때문이지요. 이런 곱셈의 특성을 고려하여 고대 수학자 에라토스테네스는 소수 찾는 방법을 만들었습니다. 소수 자신을 제외한 모든 소수의 배수는 합성수라는 사실을 이용하여 소수가 아닌 수(합성수)를 없애 나가는 것입니다. 이 방법은 마치 체로 수를 거르는 것과 같다고 하여 '에라토스테네스의 체'라고 불립니다.

우리도 같이 해 볼까요? 다음 방법으로 20보다 작은 소수를 모두 찾아보겠습니다.

① 1은 소수가 아니므로 지운다.

② 소수 2를 남기고 2의 배수를 모두 지운다.

③ 소수 3을 남기고 3의 배수를 모두 지운다.

④ 소수 5를 남기고 5의 배수를 모두 지운다.

X̶ 2 3 A̶ 5 B̶ 7 B̶ 9̶ 1̶0̶
11 1̶2̶ 13 1̶4̶ 1̶5̶ 1̶6̶ 17 1̶8̶ 19 2̶0̶
…

⑤ 이와 같은 방법으로 남은 수 중에서 처음 수(소수)는 남기고 그 수의 배수를 모두 지운다.

이제 여러분이 100보다 작은 모든 소수를 찾아보세요.

1	2	3	4	5	6	7	8	9	10
11	12	13	14	15	16	17	18	19	20
21	22	23	24	25	26	27	28	29	30
31	32	33	34	35	36	37	38	39	40
41	42	43	44	45	46	47	48	49	50
51	52	53	54	55	56	57	58	59	60
61	62	63	64	65	66	67	68	69	70
71	72	73	74	75	76	77	78	79	80
81	82	83	84	85	86	87	88	89	90
91	92	93	94	95	96	97	98	99	100

소수를 판정하는 또 다른 방법이 있습니다. 에라토스테네스의 방법은 특정한 수가 소수인지를 판정할 때, 특히 100을 넘어가는 큰 수에 대해서는 효과가 그리 좋지 못하지요. 예를 들어 101이 소수인지 판정해 볼까요? 101은 어떤 수의 배수에서 지워질까요? 2의 배수인가요? 아니죠! 3의 배수, 5의 배수, 7의 배수, ….

이 과정에서 왜 4의 배수는 조사하지 않을까요? 에라토스테네스의 체에서 4는 이미 2의 배수일 때 지워졌기 때문입니다.

결국 101이 '어떤 수'의 배수인가를 조사하는 것은 정확히 말해 '어떤 소수'의 배수인가를 조사하는 것이라고 할 수 있습니다. 그러면 101을 그보다 작은 모든 소수로 나눠 봐야 하나요? 아휴, 갑자기 하기 싫어지죠? 좋은 방법이 있으니 용기를 가지고 찾아봅시다.

10 이하의 소수는 2, 3, 5, 7의 4개인데 101은 이들 중 어느 것으로도 나누어떨어지지 않습니다.

이제 10보다 큰 소수 11이 101의 약수인가를 생각해 봅니다. $11 \times \square = 101$에서 $\square$의 정체가 무엇인지 고민해야 합니다. $\square$는 11보다 클까요, 작을까요?

작습니다. 왜냐하면 $10 \times 10 = 100$, 100은 101에 가까운 수임을 생각할 때 11에다 11보다 더 큰 수를 곱하면 101이 훌쩍 넘을 것이기 때문입니다. 그렇다면 $\square$는 11보다 작은 수이므로 이미 조사한 2, 3, 5, 7 중 하나일 것입니다. 그런데 이미 조사했기 때문에 이에 대해서는 더 조사할 필요가 없습니다.

결론적으로 101이 소수인지 판정하기 위해서는 제곱해서 101에 가까운 수, 즉 10 이하의 소수로만 나눠 보면 됩니다.

약수를 모두 구하는 방법 (초등학교 수학 익힘책 5-1)

24를 두 수의 곱으로 나타낸 뒤 약수와 배수의 관계를 써 보시오.

$$24 = \boxed{1} \times \boxed{24} \qquad 24 = \boxed{2} \times \boxed{12}$$
$$24 = \boxed{3} \times \boxed{8} \qquad 24 = \boxed{4} \times \boxed{6}$$

24는 **1, 2, 3, 4, 6, 8, 12, 24**의 배수이고,
1, 2, 3, 4, 6, 8, 12, 24는 24의 약수입니다.

개념의 연결

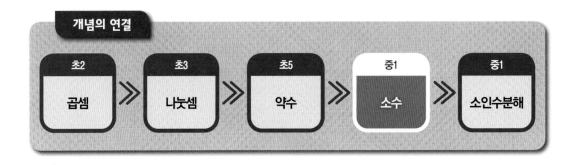

초2	초3	초5	중1	중1
곱셈	나눗셈	약수	소수	소인수분해

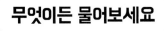

 Q. 약수를 모두 구하는 방법 중 곱의 쌍을 구하는 방법이 있다고 하던데요?

A. 다음은 초등학교 교과서에 소개된 24의 모든 약수를 구하는 방법입니다.

먼저 곱해서 24가 되는 쌍을 모두 구합니다.

$$1 \times 24 = 2 \times 12 = 3 \times 8 = 4 \times 6$$

4×6 다음으로 5에다 무엇을 곱해서 24가 나와야 하는데 그런 경우는 없기 때문에 그다음 6으로 넘어가면 뒤에 곱하는 수가 작아지는 역전 현상이 벌어집니다. 이것은 새로운 수의 곱이 아니므로 여기서 멈춥니다. 이렇게 해서 24의 약수 1, 2, 3, 4, 6, 8, 12, 24를 모두 구할 수 있습니다.

 Q. 199가 소수인지 아닌지를 판단하려면 어떤 수까지 나눠 봐야 하나요?

A. 제곱해서 199가 나오는 수 이전까지만 조사하면 됩니다. 앞에서 봤듯이 약수는 항상 짝으로 존재하며, 곱셈의 교환법칙에 따라 곱하는 두 수를 서로 바꾸어 곱해도 결과가 마찬가지이므로 제곱해서 199가 나오는 이후의 수로 곱할 필요가 없습니다. $14^2 = 196$, $15^2 = 225$이므로 199가 소수인지 판단하기 위해서는 14 이하의 소수인 2, 3, 5, 7, 11, 13으로만 나눠 보면 됩니다.

실제로 199는 이 6개의 소수로 나누어떨어지지 않으므로 소수라고 판단할 수 있습니다.

 0부터 9까지 숫자를 한 번씩만 써서 값이 같은 두 분수를 만들었다. 두 분수를 구하면?

[정답은 43쪽에]

정답 사고력 문제 : 여러 쌍이 나오는데 그중 한 쌍의 정답 예는 ⅟35이다.

30을 소인수분해하면 2×15 아닌가요?

아! 그렇구나

소인수분해를 분해라는 말에 초점을 두면 어떤 수를 그냥 두 수의 곱으로 나타내는 것이라 생각할 수 있습니다. 소인수라는 말을 이해하지 못한 것이지요. 소인수는 소수인 인수를 말하므로 소인수분해는 소수로만 분해하라는 것입니다. 그러므로 두 수의 곱으로 나타냈을 때 두 수가 모두 소수이면 소인수분해가 된 것이지만 두 수 중 합성수가 있으면 그것을 다시 분해해서 소수만의 곱으로 나타내야 소인수분해가 된 것이랍니다.

30초 정리

소인수분해
어떤 자연수를 소인수만의 곱으로 나타내는 것을 **소인수분해**라 한다.

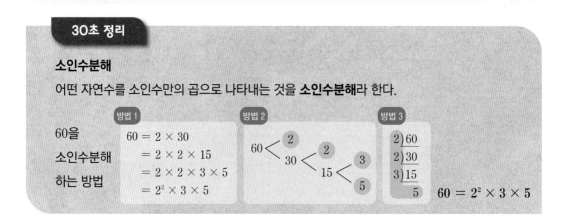

어떤 수는 여러 가지 약수들의 쌍의 곱이 될 수 있습니다. 예를 들면, 36은 2×18, 3×12, 4×9, 6×6으로 쓸 수 있습니다. 그리고 이후에 이들을 또 두 수의 곱으로 더 가를 수 있습니다. 각자 노트에 나름대로 갈라 봅시다. 두 수의 곱으로 가를 수 있는 것을 모두 가르고 나면 모든 경우 한 번씩만 더 가릅니다. 이 책을 여기까지만 읽은 상태에서 꼭 본인이 직접 실행해 볼 것을 적극 권유합니다.

여러분은 아래의 6가지 방법 중 어느 하나 또는 그 이상을 실행했을 것입니다.

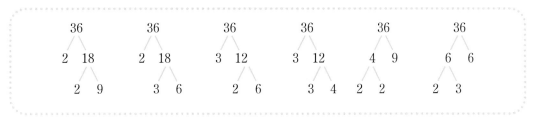

다양한 방법으로 갈랐지만 결과를 보면 특이한 점을 발견할 수 있습니다. 순서는 다르지만 모두가 결국 36을 네 약수의 곱(2×2×3×3)으로 나타내고 있습니다. 그리고 이 표현은 다른 소인수의 곱으로 더 쪼갤 수가 없습니다.

왜 더는 다른 소인수의 곱으로 나타낼 수 없을까요? '1이 아닌 두 자연수의 곱으로 나타낼 수 없는 수'를 기억할 수 있을 것입니다. 그것이 바로 소수였지요. 즉, 36 = 2×2×3×3이라고 나타냈을 때 2와 3은 모두 소수이기 때문에 다른 수들의 곱으로 더는 표현할 수가 없답니다. 하지만 1을 이용하면 추가적인 표현이 가능해져 계속 한없이 쪼갤 수 있습니다. 그래서 1을 소수에서 제외함으로써 더 쪼개지 않은 상태로 이 작업은 마무리가 됩니다.

이와 같이 어떤 자연수를 소인수만의 곱으로 나타내는 것을 소인수분해라고 합니다. '30초 정리'에서 본 것과 같이 60을 소인수의 곱으로 쪼개는 방법은 다양하지만 소인수를 곱하는 순서를 생각하지 않으면 그 결과는 항상 한 가지뿐입니다. 그래서 모든 수의 소인수분해 표현은 유일하답니다.

약수, 인수, 소인수

약수와 인수는 사실상 같은 것이다. 약수는 초등학교 5학년의 나눗셈 상황에서 나온 용어이고, 인수는 중학교 1학년의 곱셈 표현에서 나온 용어이다. 그런데 나눗셈과 곱셈은 서로 역연산이므로 약수와 인수는 같은 개념이라고 할 수 있다. 소인수는 인수 중 소수인 것을 뜻한다.

소인수분해는 왜 하는 걸까요? 그 필요성을 생각해 봅시다.

우선 소인수분해를 이용하면 약수를 보다 쉽게 구할 수 있습니다.

약수를 구하는 것은 초등학교 5학년에서 이미 배웠답니다. 기억나지 않는 사람도 있겠지만, 초등학교 5학년에서 구한 방법과 달리 중1에서는 소인수분해를 이용하여 약수를 구합니다. 그리고 소인수분해를 이용하면 보다 쉽게 최대공약수와 최소공배수도 구할 수 있습니다. 이 부분은 바로 다음에 나오는 '약수 구하기', '최대공약수와 최소공배수'를 참고해 주세요.

소인수분해는 제곱수를 만들 때도 유용합니다. 예를 들어, '75에 가장 작은 자연수를 곱해서 어떤 수의 제곱이 되게 하라.' 또는 '75를 가장 작은 자연수로 나눠서 제곱수가 되게 하라.'는 문제를 해결할 때 소인수분해를 이용하지 않으면 머리가 아프지요. 어떻게 이용할 수 있는지 감이 잡히나요?

그냥 한번 해 봅시다. 75에 2를 곱하면 150인데, 이것은 제곱수인가요? 자연수 중 제곱해서 150이 나오는 수는 없습니다. 다시 75에 3을 곱하면 225인데, 이것은 제곱수인가요? 암기하지 않으면 이 수가 15의 제곱임을 알아차리기는 어려울 것입니다. 이렇게 문제를 풀면 제곱수가 만들어져도 모르고 넘어갈 수 있겠지요.

이번에는 소인수분해를 이용해 보겠습니다. 먼저 75를 소인수분해하면 $75=3\times5^2$으로 나타낼 수 있습니다. 여기서 5^2은 이미 제곱수이므로 아직 제곱이 아닌 3을 제곱수로 만들어 주면 되는 것입니다. 그래서 75에 3을 곱하면 $225=3^2\times5^2$이 되어 15의 제곱이 됨을 알 수 있습니다. 마찬가지로 75를 제곱이 아닌 3으로 나누면 5^2만 남기 때문에 제곱수가 될 수 있죠.

소인수분해를 하면 수의 구조가 바로 보이므로 여러 가지 문제를 해결하는 것이 보다 수월해진답니다.

개념의 연결

초5		중1		중1		중3		고교 공통수학1
약수	≫	소수	≫	소인수분해	≫	인수분해	≫	인수분해

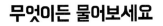

 Q. 24를 소인수분해했더니 $2×2×2×3$, $2×2×3×2$, $2×3×2×2$ 등 다양한 표현이 나왔는데, 어떤 것이 맞나요?

A. 소인수분해한 결과에서는 곱해진 순서를 고려하지 않습니다. 그래서 3가지 모두 같은 표현으로 인정하지만 기왕이면 다음 2가지 원칙에 따라 표현하는 것을 권장합니다.

첫째, 일반적으로 크기가 작은 소인수부터 차례로 씁니다.
둘째, 같은 소인수의 곱은 거듭제곱을 써서 나타냅니다.

이 2가지 원칙으로 표현하면 $24 = 2^3 × 3$으로 소인수분해할 수 있습니다.

 Q. 어떤 자연수를 소인수분해한 결과로 최대 몇 가지가 나올 수 있나요?

A. 일반적으로 소인수분해한 곱의 순서를 무시한다면 오직 한 가지뿐입니다. 합성수는 1보다 큰 둘 이상의 자연수의 곱으로 나타낼 수 있지만, 소수는 그럴 수 없습니다. 왜냐하면 소수는 1과 자기 자신만의 곱으로만 나타낼 수 있기 때문입니다.

만약 자연수 N을 소인수분해하여 $N = p × q$(p, q는 소수)의 꼴로 나타냈다면 소수는 다른 수의 곱으로 나타낼 수 없기 때문에 여기서 다른 형태의 소인수분해는 나타날 수 없습니다.

그리고 1은 소수가 아니기 때문에 $N = 1 × p × q$ 혹은 $N = 1 × 1 × p × q$ 등으로 표현하는 것은 소인수분해라고 할 수 없습니다.

따라서 어떤 자연수의 소인수분해는 유일하다고 할 수 있습니다.

약수를 구할 때 왜 소인수분해를 하나요? 그냥 나누면 되잖아요.

아! 그렇구나

약수는 그 수를 나누어떨어지게 하는 수라고 되어 있는 것을 곧이곧대로 해석해서 1부터 하나씩 조사하여 나누어떨어지는 수를 찾는 방법을 쓰고 있나요? 수학 개념에는 뜻(약속, 정의)이 있고, 그 뜻으로 연결되고 유도되는 성질이나 법칙, 정리, 공식 등이 있습니다. 이를 정확하게 이해하지 못하면 문제 풀이에 적용할 수 없답니다.

30초 정리

36의 약수 구하기

● 36을 소인수분해한다. → $36 = 2^2 \times 3^2$

2^2의 약수 \ 3^2의 약수	1	3	3^2
1	1	3	9
2	2	6	18
2^2	4	12	36

● 36의 약수 : 1, 2, 3, 4, 6, 9, 12, 18, 36

75의 약수를 구해 봅시다.

방법 1

가장 원시적인 방법은 머릿속으로 나누면서 찾아 가는 것입니다. 그렇게 차례로 구하면 75의 약수가 1, 3, 5, 15, 25, 75임을 알 수 있습니다.

방법 2

또 다른 방법은 75를 두 수의 곱으로 모두 표현하는 방법입니다. 75를

$$75 = 1 \times 75 = 3 \times 25 = 5 \times 15$$

와 같이 표현하면 모든 곱의 쌍이 나열되고, 이를 순서대로 쓰면 75의 약수는 1, 3, 5, 15, 25, 75가 됩니다.

이 2가지 방법의 약점은 시간이 걸리고 수를 빠뜨릴 우려가 많다는 것입니다.

약수를 빠뜨리지 않고 모두 찾는 방법을 소개하려 합니다. 소인수분해를 이용하는 방법입니다. 75를 소인수분해하면 $75 = 3 \times 5^2$이지요.

나뭇가지 모양(수형도)으로 수를 나눠 모든 경우를 구하는 '방법3'은 약수뿐 아니라 다양한 상황에서 경우의 수를 구하는 방법이 됩니다. '방법 4'는 표를 만들어 약수를 구하는 방법입니다.

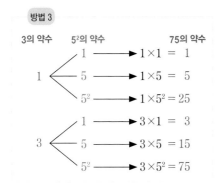

방법 4

5^2의 약수 3의 약수	1	5	5^2
1	$1 \times 1 = 1$	$1 \times 5 = 5$	$1 \times 5^2 = 25$
3	$3 \times 1 = 3$	$3 \times 5 = 15$	$3 \times 5^2 = 75$

(75의 약수는 1, 3, 5, 15, 25, 75입니다.)

'방법 3'은 지수가 커지면 복잡하기 때문에 약수를 구할 때는 두 방법 중 '방법 4'를 더 많이 사용합니다. 예를 들어, 36을 소인수분해하면 $36 = 2^2 \times 3^2$이므로 표를 만들면 다음과 같습니다.

3^2의 약수 2^2의 약수	1	3	3^2
1	1	3	9
2	2	6	18
2^2	4	12	36

따라서 36의 약수는 1, 2, 3, 4, 6, 9, 12, 18, 36입니다.

약수의 개수를 구하는 공식이 있습니다. 그런데 공식을 무조건 외우기만 하면 안 됩니다. 모든 공식은 정의나 다른 성질로부터 유도되므로 공식을 공부할 때는 암기하기 이전에 유도할 수 있어야 합니다. 유도 또는 증명 과정을 이해하면 공식이 생각나지 않더라도 공식을 만들 수 있습니다.

약수를 구하는 방법 중 '방법 3'과 '방법 4'에서 약수의 개수를 구하는 아이디어를 얻을 수 있습니다. 소인수분해를 하면 각 소인수가 몇 번씩 곱해졌는지 알 수 있지요.

$75 = 3 \times 5^2$ 부터 볼까요? 수형도나 표에서 어떤 아이디어를 얻을 수 있나요?

소인수 3과 5를 분리했습니다. 그러면 3이 없는 경우(1)와 하나 있는 경우(3)의 2가지, 5가 없는 경우(1)와 하나 있는 경우(5) 그리고 2개 있는 경우(5^2)의 3가지가 나옵니다. 3의 2가지 각각에 대하여 5가 3가지씩 있으므로 곱셈의 조건에 맞지요. 그래서 75의 약수의 개수는 $2 \times 3 = 6$, 6개랍니다.

$36 = 2^2 \times 3^2$ 에 대해서도 확인해 볼까요? 각자 해 본 후 다음 설명으로 넘어가세요.

2는 3가지가 나오겠죠? 3은? 역시 3가지입니다.

이제 이들 3가지와 3가지를 더할까요, 곱할까요? 2의 3가지 각각에 대하여 3이 3가지씩 있으므로 곱셈을 해야겠지요? 그래서 36의 약수의 개수는 $3 \times 3 = 9$, 9개입니다.

이제 정리하면 약수의 개수 구하는 공식을 얻을 수 있답니다. 어떤 자연수 N이 $N = p^a \times q^b \times r^c$ (p, q, r은 서로 다른 소수)의 형태로 소인수분해되면 양의 약수의 개수는 $(a+1)(b+1)(c+1)$개입니다(단, a, b, c는 자연수). 하지만 이런 공식을 이유도 모른 채 외우는 것은 곤란하겠지요.

양의 약수란?

약수를 생각할 때 일반적으로는 양수와 음수를 모두 생각한다. 예를 들어 4의 약수에는 1, 2, 4만 있는 것이 아니라 −1, −2, −4도 포함된다. 그래서 4의 약수는 총 6개다. 하지만 중학교에서는 대부분 양의 약수만을 생각한다.

개념의 연결

초5	중1	중1	중1	중2
약수	소수	소인수분해	약수 구하기	경우의 수

Q. $2^2 \times 3^3 \times 5$가 $2^2 \times 3^2$의 배수인 것을 판단하려면 모두 곱해서 다시 나눠 봐야 하나요?

A. 곱을 구해서 생각할 수도 있겠지요. $2^2 \times 3^3 \times 5 = 540$, $2^2 \times 3^2 = 36$이므로 540을 36으로 나눠 보면 알 수 있겠지요. 실제로 나눗셈을 하면 몫이 15, 즉 $36 \times 15 = 540$이므로 540은 36의 배수입니다. 따라서 $2^2 \times 3^3 \times 5$가 $2^2 \times 3^2$의 배수임을 판단할 수 있지요.

하지만 이 과정이 그리 간단하지는 않았지요? 소인수분해를 이용하면 약수와 배수의 관계를 보다 쉽게 판단할 수 있답니다. 그것이 소인수분해를 배우는 목적이기도 하죠. 소인수분해가 된 상태에서는 $2^2 \times 3^2$에 무엇을 곱해서 $2^2 \times 3^3 \times 5$가 나오는지를 확인할 수 있어요. 3과 5를 하나씩 더 곱하면 되겠다는 판단이 나오나요? 이렇게 소인수분해된 상태에서는 시각적으로 배수임을 판단할 수 있습니다.

 Q. 어떤 수를 소인수분해한 것이 $2^4 \times 3^2 \times 5$라고 할 때, $2^2 \times 3$이 그 수의 약수인가요?

A. 약수가 됩니다. 약수의 정의는 어떤 수를 나누어떨어지게 하는 수이지요. 정의 그대로, $2^4 \times 3^2 \times 5$ 를 $2^2 \times 3$으로 나누면 몫이 $2^2 \times 3 \times 5$, 나머지는 0이므로 나누어떨어집니다. 그래서 $2^2 \times 3$은 $2^4 \times 3^2 \times 5$의 약수입니다.

나누어떨어지는 경우를 조금 바꾸어 생각해 봅시다. 예를 들어 $12 \div 3 = 4$와 같이 나누어떨어지는 경우는 반드시 $3 \times 4 = 12$와 같은 곱셈으로 표현이 가능합니다. 그래서 약수는 곱셈으로 생각하는 것이 보다 편리합니다. 즉, $2^2 \times 3$에 자연수 $2^2 \times 3 \times 5$를 곱해서 $2^4 \times 3^2 \times 5$가 만들어질 수 있기 때문에 $2^2 \times 3$은 $2^4 \times 3^2 \times 5$의 약수입니다.

 웨스트민스터 사원의 종탑에 걸려 있는 시계는 매우 천천히 종소리를 울리며 시간을 알린다. 12시를 알리는 종소리가 울릴 때는 상당히 오랫동안 그 수를 세어야 12번의 소리를 확인할 수 있다. 종소리의 간격을 5초라고 할 때, 6시를 알리는 종소리를 다 듣는 데는 몇 초가 걸릴까?

[정답은 47쪽에]

35쪽 사고력 문제 정답 : 96, 270
48, 135

어떻게 최소공배수가 최대공약수보다 클 수 있어요?

아! 그렇구나

최대공약수와 최소공배수에서 약수와 배수는 전혀 고려하지 않고 '최대'와 '최소'에만 집중하면 그 크기가 의아할 수 있습니다. 공약수는 주어진 수보다 작고, 공배수는 크다는 것을 먼저 인식하지 못한 탓이지요. 최대공약수는 공약수 중 가장 큰 것이므로 주어진 수들보다 작을 수밖에 없고, 최소공배수는 공배수 중 가장 작은 것이므로 주어진 수들보다 클 수밖에 없음을 이해해야 합니다.

30초 정리

12와 30의 최대공약수와 최소공배수 구하기

① 두 수를 소인수분해한다.

$$12 = 2^2 \times 3, \ 30 = 2 \times 3 \times 5$$

② 두 수에 공통으로 있는 소인수 2, 3을 모두 곱한 수 6이 최대공약수다.

③ 두 수에 공통으로 있는 소인수 2, 3과 어느 한쪽에만 있는 소인수 2, 5를 모두 곱한 수 60이 최소공배수다.

최대공약수와 최소공배수는 초등학교 5학년에서 배웠답니다. 두 수의 약수를 모두 나열했을 때 공통인 약수(공약수) 중 가장 큰 것이 최대공약수이고, 두 수의 배수를 모두 나열했을 때 공통인 배수(공배수) 중 가장 작은 것이 최소공배수였습니다.

더불어 2가지 공식을 더 배웠지요.

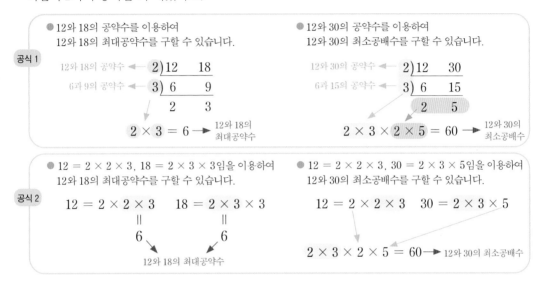

'공식 2'는 사실 초등학생이 이해하기에 쉽지 않은 내용이었습니다. 소인수분해를 이용하는 방법이기 때문이지요. 초등학교 교과서에서 '가장 작은 수들의 곱으로 나타내는 방법'이라고 설명한 것이 바로 소인수분해였답니다.

두 자연수의 공약수는 두 수를 각각 소인수분해한 후 두 수에 공통으로 있는 소인수들을 찾음으로써 구할 수 있습니다. 예를 들어, 36과 60을 각각 소인수분해하면

$$36 = 2^2 \times 3^2, \ 60 = 2^2 \times 3 \times 5$$

가 되고, 두 수에 공통으로 있는 소인수는 2^2과 3이므로 이 둘과 이들의 약수 또는 적당한 곱이 공약수가 될 것입니다. 그러므로 최대공약수는 이들 모두의 곱인 $2^2 \times 3$이 됩니다. 결국, 두 자연수의 최대공약수는 두 수에 공통으로 있는 소인수를 모두 곱하여 구합니다.

두 자연수의 공배수는 두 수를 각각 소인수분해한 결과를 모두 포함하고 있어야 합니다. 즉, $36 = 2^2 \times 3^2, \ 60 = 2^2 \times 3 \times 5$에서 36과 60의 공배수는 적어도 $2^2, 3^2, 5$를 모두 포함하고 있어야 하므로 두 수의 최소공배수는 이들만의 곱인 $2^2 \times 3^2 \times 5$와 같습니다. 결국, 두 자연수의 최소공배수는 두 수에 공통으로 있는 소인수와 어느 한쪽에만 있는 소인수를 모두 곱하여 구합니다.

세 수의 최대공약수와 최소공배수는 어떻게 구할까요?

세 수 36, 48, 84의 최대공약수는 각각을 소인수분해하여 세 수에 공통으로 있는 소인수만 골라서 모두 곱하면 됩니다.

$$
\begin{array}{rll}
36 &= 2 \times 2 && \times 3 \times 3 \\
48 &= 2 \times 2 \times 2 \times 2 \times 3 \\
84 &= 2 \times 2 && \times 3 && \times 7 \\
\hline
& 2 \times 2 && \times 3
\end{array}
$$

따라서 세 수 36, 48, 84의 최대공약수는 $2 \times 2 \times 3 = 12$입니다.

이번에는 세 수 36, 48, 84의 최소공배수를 구해 봅시다. 마찬가지로 각각을 소인수분해하여 세 수에 공통으로 있는 소인수와 어느 한쪽에만 있는 소인수를 모두 곱하면 됩니다.

$$
\begin{array}{rll}
36 &= 2 \times 2 &&& \times 3 \times 3 \\
48 &= 2 \times 2 \times 2 \times 2 \times 3 \\
84 &= 2 \times 2 &&& \times 3 && \times 7 \\
\hline
& 2 \times 2 \times 2 \times 2 \times 3 \times 3 \times 7
\end{array}
$$

따라서 세 수 36, 48, 84의 최소공배수는 $2 \times 2 \times 2 \times 2 \times 3 \times 3 \times 7 = 1008$입니다.

초등학교 방법

초등학교에서 사용했던 공식으로 최대공약수를 구하는 것이 더 간편할 수 있다.

$$
\begin{array}{r|rrr}
2) & 36 & 48 & 84 \\
2) & 18 & 24 & 42 \\
3) & 9 & 12 & 21 \\
\hline
& 3 & 4 & 7
\end{array}
$$

초등학교 방법

최소공배수를 구하는 방법

$$
\begin{array}{r|rrr}
2) & 36 & 48 & 84 \\
2) & 18 & 24 & 42 \\
3) & 9 & 12 & 21 \\
\hline
& 3 & 4 & 7
\end{array}
$$

개념의 연결

초5 약수와 배수 ▶ 초5 최대공약수와 최소공배수 ▶ 중1 소인수분해 ▶ 중1 최대공약수와 최소공배수 ▶ 중3 인수분해 ▶ 고교 공통수학1 인수분해

Q. **두 자연수의 공약수는 모두 최대공약수의 약수인가요?**

 A. 네, 그렇습니다.예를 들어 12와 18의 약수를 나열해 보지요.

12의 약수 : 1, 2, 3, 4, 6, 12

18의 약수 : 1, 2, 3, 6, 9, 18

두 수의 공약수는 1, 2, 3, 6이고 이 네 수는 모두 최대공약수인 6의 약수입니다.

하지만 이 정도 예를 가지고 항상 그렇다고 주장하기는 쉽지 않습니다. 소인수분해를 이용하면 설명하기 편리합니다. $12 = 2^2 \times 3$, $18 = 2 \times 3^2$이므로 두 수의 최대공약수는 공통으로 있는 소인수를 모두 다 곱한 2×3입니다. 그런데 공약수는 두 수에 공통으로 있는 소인수의 일부를 포함하고 있으므로 공통으로 있는 소인수를 모두 다 곱한 최대공약수의 약수가 될 수밖에 없습니다.

Q. **두 자연수의 공배수는 모두 최소공배수의 배수인가요?**

A. 네, 그렇습니다. 예를 들어 6과 8의 배수를 나열해 보지요.

6의 배수 : 6, 12, 18, 24, 30, 36, 42, 48, 54, 60, 66, 72, …

8의 배수 : 8, 16, 24, 32, 40, 48, 56, 64, 72, …

두 수의 공배수는 24, 48, 72, …이고 이들은 모두 최소공배수인 24의 배수입니다.

이때도 소인수분해를 이용하면 설명하기 편리합니다. $6 = 2 \times 3$, $8 = 2^3$이므로 두 수의 최소공배수는 공통으로 있는 소인수와 어느 한쪽에만 있는 소인수를 모두 곱한 $2^3 \times 3$입니다. 그런데 공배수는 두 수에 있는 소인수를 모두 다 포함해야 하므로 이들을 최소한으로 택한 최소공배수의 배수가 될 수밖에 없습니다.

 1분이 지나면 2개로 분열하고 2분이 지나면 그 각각이 분열하여 4개가 되는 세균이 있다. 한 개의 세균이 분열을 시작해 병에 가득 차는 데는 한 시간이 걸린다고 한다. 그럼 2개의 세균을 병에 넣어 그 세균이 병에 가득 찰 때까지는 몇 분이 걸릴까? [정답은 51쪽에]

43쪽 사고력 문제 정답 : 30분

$\frac{4}{5}$가 어떻게 유리수예요? 분수 아닌가요?

아! 그렇구나

 이런 질문을 하는 이유는 수의 표현 방법 중 하나인 분수와 수의 종류 중 하나인 유리수를 혼동하는 데 있습니다. 사실 유리수는 분수와 차이가 있습니다. 분수 중 분자, 분모가 모두 정수인 것을 유리수라고 합니다. 분수와 유리수는 구분하는 성격이 다르기 때문에 같은가, 다른가는 따질 필요가 없습니다.

30초 정리

유리수

$+\frac{1}{2}$, $+\frac{2}{3}$, …와 같이 분모, 분자가 모두 자연수인 분수에 양의 부호 $+$ 를 붙인 수를 양의 유리수라 하고, $-\frac{1}{2}$, $-\frac{2}{3}$, …와 같이 분모, 분자가 자연수인 분수에 음의 부호 $-$ 를 붙인 수를 음의 유리수라고 한다. 또, 양의 유리수, 0, 음의 유리수를 통틀어 **유리수**라고 한다.

$$
\text{유리수} \begin{cases} \text{정수} \begin{cases} \text{양의 정수(자연수)} : +1, +2, +3, \cdots \\ 0 \\ \text{음의 정수} : -1, -2, -3, \cdots \end{cases} \\ \text{정수가 아닌 유리수} : -\frac{3}{5}, -0.2, +\frac{1}{3}, +0.8, \cdots \end{cases}
$$

일기예보에서는 날마다 기온을 말해 주지요. 진행자가 "최고기온은 영상 5도, 최저기온은 영하 3도입니다." 하고 말하면 화면에 '+5℃, −3℃'라고 나옵니다. 기온뿐만 아니라 '이익과 손해', '상승과 하락' 등과 같이 서로 반대되는 성질의 양을 수로 나타낼 때 우리는 보통 부호 +, −를 사용합니다. 이것이 양수와 음수입니다.

양수와 음수는 상대적인 표현에도 사용됩니다. 어느 한 지점에서 동쪽으로 2㎞ 떨어진 곳을 +2㎞로 나타낸다면, 서쪽으로 3㎞ 떨어진 곳은 −3㎞로 나타낼 수 있고, 출발 2시간 전을 −2시간으로 나타낸다면, 출발 3시간 후는 +3시간으로 나타낼 수 있습니다.

직선 위에 수를 표시한 것을 수직선(수+직선)이라고 하지요. 수직선에서 가운데 기준이 되는 점을 원점 O라 정하고 그 점에 수 0을 대응시킵니다. 점 O의 좌우에 같은 간격으로 점을 잡아 오른쪽 점에 차례로 +1, +2, +3, …을 대응시키고, 왼쪽 점에 차례로 −1, −2, −3, …을 대응시키면 수직선이 완성되지요.

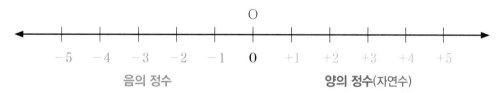

이렇게 자연수에 양의 부호 +를 붙인 수 +1, +2, +3, …을 양의 정수, 음의 부호 −를 붙인 수 −1, −2, −3, …을 음의 정수라고 합니다. 보통 수직선에서 양의 정수는 원점의 오른쪽에, 음의 정수는 원점의 왼쪽에 있습니다.

또, 양의 정수, 0, 음의 정수를 통틀어 정수라고 하는데, 양의 정수 +1, +2, +3, …은 양의 부호 +를 생략하여 간단하게 자연수 1, 2, 3, …과 같이 나타내기도 합니다. 즉, 양의 정수는 자연수와 같습니다.

정수 $\begin{cases} \text{양의 정수(자연수)}: +1, +2, +3, \cdots \\ 0 \\ \text{음의 정수}: -1, -2, -3, \cdots \end{cases}$

1학년
수와
연산

유리수는 무엇일까요? 유리수는 초등학교에서 배운 분수 꼴의 수인데, 정확히 말하면 $\frac{b}{a}$(a, b는 정수, $a \neq 0$)의 꼴로 나타낼 수 있는 수를 유리수라고 합니다. 즉, 유리수는 분수의 형태를 띠지만 분자, 분모를 모두 정수로 나타낼 수 있는 수입니다. 예를 들어 $\frac{1}{2}$, $\frac{5}{7}$ 등이 유리수입니다.

그렇다면 소수 0.2는 뭘까요? 분수 꼴은 아니지만 분수로 고치면 $\frac{1}{5}$, 즉 분자, 분모가 모두 정수인 수로 나타나므로 유리수라고 할 수 있지요. 중3에 나오는 수인 $\frac{\sqrt{2}}{2}$와 같은 수는 분수 꼴이긴 하지만 분자, 분모 모두를 정수로 나타낼 수 없기 때문에 유리수가 아니라 무리수라고 합니다.

한편, $-2 = -\frac{6}{3}$, $+2 = +\frac{2}{1}$, $0 = \frac{0}{2}$과 같이 모든 정수는 분자, 분모가 정수로 이루어진 분수 꼴로 나타낼 수 있으므로 유리수입니다.

$$\text{유리수} \begin{cases} \text{정수} \begin{cases} \text{양의 정수(자연수)} : +1, +2, +3, \cdots \\ 0 \\ \text{음의 정수} : -1, -2, -3, \cdots \end{cases} \\ \text{정수가 아닌 유리수} : -\frac{3}{5}, -0.2, +\frac{1}{3}, +0.8, \cdots \end{cases}$$

유리수도 정수와 마찬가지로 모두 수직선 위에 나타낼 수 있습니다. 예를 들어, 수 $-\frac{5}{2}$, -0.4, $\frac{1}{4}$, 1.5를 각각 수직선 위에 나타내면 다음과 같습니다

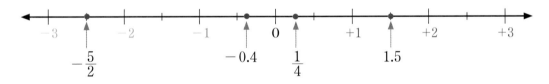

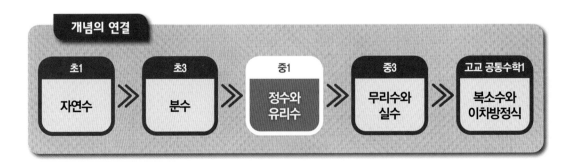

개념의 연결

초1	초3	중1	중3	고교 공통수학1
자연수	분수	정수와 유리수	무리수와 실수	복소수와 이차방정식

분수와 소수는 유리수인가요?

 분수와 소수 중에는 유리수인 것이 있고, 유리수가 아닌 것도 있을 수 있습니다. 예를 들어, 분수 중 $-\frac{1}{2}$, $\frac{7}{3}$ 등은 분자, 분모가 모두 정수이므로 유리수이지만, $\frac{\pi}{2}$, $\frac{1}{\sqrt{3}}$ 등은 분자, 분모 모두를 정수로 나타낼 수 없으므로 유리수라고 할 수 없습니다. 마찬가지로 소수 중 0.5, 0.333…은 분수로 고치면 각각 $\frac{1}{2}$, $\frac{1}{3}$ 이 되어 분자, 분모가 모두 정수인 분수 꼴로 나타낼 수 있는 유리수에 해당되지만, 0.1010010001…, 3.141592… (π) 등과 같이 소수점 아래의 수가 반복되지 않는 수는 분자, 분모 모두를 정수인 분수 꼴로 나타낼 수 없으므로 유리수가 아닙니다.

정리하자면 분수와 소수는 수의 형태나 모양을 구분하는 말이지만 정수, 유리수 등은 수의 종류를 구분하는 말이기 때문에 서로 비교하는 것이 어렵습니다.

0에 가장 가까운 유리수는 무엇인가요?

어떤 양의 유리수 a가 0에 가장 가까운 수라고 해 봅시다. 이때 $\frac{a}{2}$ 는 a보다 작기 때문에 a보다 더 0에 가깝습니다. 그러면 $\frac{a}{2}$ 가 가장 가까운 수일까요? 아니라는 것을 바로 말할 수 있지요. 다시 그것을 2로 나눈 $\frac{a}{4}$ 를 만들 수 있으니까요.

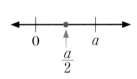

결론적으로 말하면 0에 가장 가까운 유리수는 없답니다. 조금 확장해서 설명하면 서로 다른 두 유리수 a, b 사이에는 반드시 또 다른 유리수가 낄 수 있습니다. 그런 수는 간단하게 $\frac{a+b}{2}$ 와 같이 두 수의 중점을 잡으면 만들 수 있습니다. 서로 다른 두 유리수 사이에는 항상 새로운 유리수가 존재하므로, 유리수는 아주 조밀(稠密)하다고 말할 수 있습니다. 이것을 유리수의 조밀성(稠密性)이라고 합니다.

 고양이 5마리가 5분 만에 쥐 5마리를 잡는다고 하면, 쥐 100마리를 100분 동안 잡는 데는 몇 마리의 고양이가 필요할까? [정답은 55쪽에]

높 넓 사고력 문제 정답 : 59쪽

두 수 중 큰 수가 절댓값도 크지 않나요?

아! 그렇구나

절댓값의 개념을 정확히 이해하지 못하고 넘어가는 경우가 있습니다. 심지어 부호만 떼면 된다는 생각을 갖고 절댓값을 구하는 문제 풀이에 집중하기도 하는데, 이렇게 해서는 절댓값의 개념을 습득할 수 없습니다. 절댓값은 원점으로부터의 거리라는 시각적 개념을 가져야 합니다.

30초 정리

절댓값

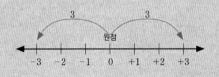

수직선 위에서 +3에 대응하는 점과 −3에 대응하는 점은 모두 원점으로부터 3만큼 떨어져 있다.

이와 같이 어떤 수를 수직선 위에 나타낼 때, 원점으로부터 그 수에 대응하는 점까지의 거리를 그 수의 **절댓값**이라 하고, 이것을 기호 | |로 나타낸다.

예를 들어, +3의 절댓값은 | +3 | = 3이고, −3의 절댓값은 | −3 | = 3이다. 또, 0의 절댓값은 | 0 | = 0이다.

정수와 유리수는 모두 수직선 위에 나타낼 수 있습니다.

수직선 위에서 수의 크기가 어떻게 변하나요? 정수와 유리수를 수직선 위에 대응시키면 그 위치를 보고 여러 가지 수의 크기를 비교할 수 있습니다. 수직선에서는 오른쪽으로 갈수록 수가 커지고, 왼쪽으로 갈수록 작아지기 때문이지요.

그런데 수직선을 보면서 뭔가 발견한 것이 있나요? 원점을 중심으로 양쪽에 똑같은 수가 쓰여 있지요. 차이가 있다면 무엇일까요? 부호가 다르지요. 또 왼쪽에서부터 보면 수가 역전됩니다. 양수에서는 부호 뒤의 숫자가 커질수록 큰 수가 되지만, 음수에서는 부호 뒤의 수가 작아질수록 큰 수가 됩니다. 여기서 부호 뒤의 수는 0부터 그 수까지의 거리를 의미합니다. 이처럼 원점으로부터 어떤 수에 대응하는 점까지의 거리를 절댓값이라고 한답니다.

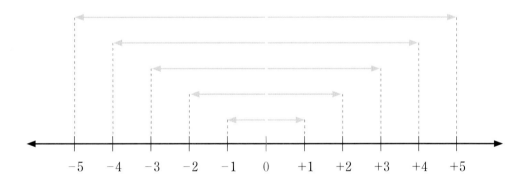

절댓값은 기호로 $|\ \ |$와 같이 나타냅니다. 예를 들어, $+4$의 절댓값은 $|+4|=4$이고, -5의 절댓값은 $|-5|=5$가 되지요. 0의 절댓값은 얼마가 될까요? 0은 원점을 나타내는 수이므로 $|0|=0$이겠지요.

0을 제외하고 절댓값이 같은 수는 항상 음수와 양수 2개입니다.
어떤 수의 절댓값이 2라면, 즉 $|a|=2$라면 $a=2$ 또는 $a=-2$ 이렇게 2개입니다.

1학년
수와
연산

수직선에서 수의 크기는 오른쪽으로 갈수록 커지고, 왼쪽으로 갈수록 작아집니다.

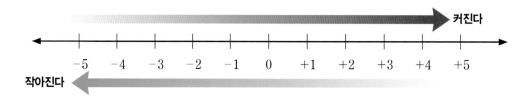

수직선 위에서 음수는 0의 왼쪽에 있으므로 0보다 작고, 양수는 0의 오른쪽에 있으므로 0보다 큽니다. 따라서 양수는 음수보다 큽니다.

$$(음수) < 0, \quad 0 < (양수) \quad \Longrightarrow \quad (음수) < (양수)$$

절댓값은 원점으로부터의 거리를 나타내기 때문에 음수든 양수든 원점에서 멀리 떨어질수록 그 값이 커집니다.

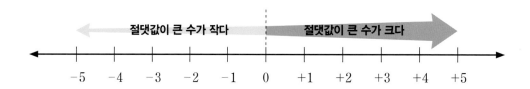

정리하면 양수는 원점에서 멀리 떨어질수록, 즉 절댓값이 클수록 수가 커지고, 음수는 그 반대로 원점에서 멀리 떨어져 있을수록, 즉 절댓값이 클수록 수가 작아집니다.

> **수의 대소 관계**
> 1. 양수는 0보다 크고, 음수는 0보다 작다.　　2. 양수는 음수보다 크다.
> 3. 양수끼리는 절댓값이 큰 수가 더 크다.　　4. 음수끼리는 절댓값이 큰 수가 더 작다.

개념의 연결

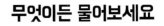

무엇이든 물어보세요

음수의 대소 관계는 어떻게 비교하나요? 절댓값의 개념으로 설명해 주세요.

A. 수직선에서 음수는 원점의 왼쪽에 있고, 양수는 원점의 오른쪽에 있습니다. 음수의 경우 원점에서 멀어질수록 절댓값은 커집니다.

$$\xleftarrow{\quad\begin{array}{ccccccccccc} -5 & -4 & -3 & -2 & -1 & 0 & +1 & +2 & +3 & +4 & +5 \end{array}\quad}\rightarrow$$

그렇지만 원점에서 멀어질수록 수는 작아지지요.

그래서 음수는 절댓값이 클수록 작은 수가 됩니다. 예를 들어, -5와 -3은 절댓값으로는 -5가 크지만 두 수의 크기를 비교하면 -3이 크며, 기호로는 '$-5 < -3$'이라고 씁니다.

분모도 다르고 부호도 다른 두 수 $-\frac{7}{5}$과 $+\frac{11}{8}$의 절댓값의 크기를 비교하는 방법은 무엇인가요?

A. 정수에서는 크기 비교가 잘 되는 사람도 분수가 나오면 헷갈리는 경우가 많습니다. 원리는 똑같습니다.

절댓값은 원점으로부터의 거리이므로 $-\frac{7}{5}$의 절댓값은 $\frac{7}{5}$이고, $+\frac{11}{8}$의 절댓값은 $\frac{11}{8}$입니다. 두 절댓값 $\frac{7}{5}$과 $\frac{11}{8}$은 분모가 달라서 그 크기를 바로 비교할 수 없습니다. 그래서 분모를 똑같이 고쳐야 합니다.

① $\frac{7}{5}$의 분자, 분모에 똑같이 8을 곱하면 $\frac{56}{40}$

② $\frac{11}{8}$의 분자, 분모에 똑같이 5를 곱하면 $\frac{55}{40}$

두 절댓값의 크기를 비교하면 $\frac{56}{40} > \frac{55}{40}$이므로 $-\frac{7}{5}$의 절댓값이 $+\frac{11}{8}$의 절댓값보다 큽니다.

사고력 문제

왼쪽의 도형을 같은 크기, 같은 모양으로 4등분하려면 어떻게 해야 할까?

[정답은 59쪽에]

사고력 문제 정답 : 모눈 가로 5칸

부호가 다른 두 수의 합을 구하는데 왜 차를 구하나요?

부호가 다른 두 수의 합을 구할 때 처음에는 수직선 모델 등의 시각적인 자료를 이용하지요. 하지만 합을 구할 때마다 매번 시각적인 조작을 하는 데 머물러 있어서는 안 되겠죠! 그래서 연산을 하는 알고리즘을 만들게 되는데, 그것이 유도되는 과정을 충분히 이해하지 못하면 응용력이 떨어질 수밖에 없습니다.

30초 정리

정수와 유리수의 덧셈

1. 부호가 같은 두 수의 합은 두 수의 절댓값의 합에 두 수의 공통인 부호를 붙인 것과 같다.
2. 부호가 다른 두 수의 합은 두 수의 절댓값의 차에 절댓값이 큰 수의 부호를 붙인 것과 같다.

정수와 유리수의 뺄셈

두 수의 뺄셈은 빼는 수의 부호를 바꾸어 더한다.

초등학교에서 두 자연수의 덧셈을 배웠는데, 이제는 음의 정수가 추가되어 복잡해졌습니다. 두 정수의 합을 이해하는 방법으로는 다음과 같이 수직선을 많이 이용합니다.

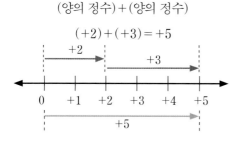

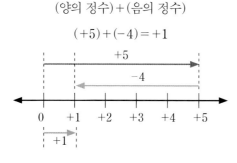

이상을 정리하면 다음과 같습니다.

정수와 유리수의 덧셈

1. 부호가 같은 두 수의 합은 두 수의 절댓값의 합에 두 수의 공통인 부호를 붙인 것과 같다.
2. 부호가 다른 두 수의 합은 두 수의 절댓값의 차에 절댓값이 큰 수의 부호를 붙인 것과 같다.

뺄셈은 덧셈에서 온 것이므로 덧셈을 이용하여 계산할 수 있습니다. 예를 들면, $(+4)+(-3)=+1$ 에서 $(+1)-(-3)=+4$인데, $(+1)+(+3)=+4$이므로 $(+1)-(-3)=(+1)+(+3)$임을 알 수 있습니다. 즉, 정수의 뺄셈은 빼는 수의 부호를 바꾸어 더한 것과 같습니다.

정수와 유리수의 뺄셈

두 수의 뺄셈은 빼는 수의 부호를 바꾸어 더한다.

1학년
수와
연산

토끼가 0에 대응하는 원점을 출발하여 아래와 같이 이동할 때 도착한 지점의 위치를 구하면서 정수의 덧셈의 원리를 이해해 봅시다.

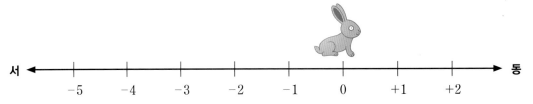

먼저 동쪽 방향으로 한 칸 뛴 후, 서쪽 방향으로 4칸 뛴 지점은 어디일까요?

정답은 − 3입니다. 이것을 스스로 덧셈식으로 나타내 보세요.

동쪽을 + 로, 서쪽을 − 로 나타내면 토끼의 움직임은 (+1)+(− 4)로 나타낼 수 있겠지요. 그리고 이 결과가 − 3과 같음을 앞에서 배운 원리를 적용하여 확인해 봅시다. 두 정수는 부호가 다릅니다. 따라서 그 합은 두 수의 절댓값의 차인 3에 절댓값이 큰 수의 부호 − 를 붙인 값과 같게 되었네요. 확인이 되었죠!

이번에는 서쪽 방향으로 5칸 뛴 후, 동쪽 방향으로 4칸 뛴 지점을 찾아봅시다. 어디일까요? − 1이겠지요. 이제 식으로 나타내 확인하는 과정이 남았네요. 토끼의 움직임을 덧셈식으로 나타내면 (− 5)+(+4)이고, 이 결과는 − 1이 되어야 합니다. 이번에도 두 정수의 부호가 다르지요. 따라서 그 합은 두 수의 절댓값의 차인 1에 절댓값이 큰 수의 부호 − 를 붙인 값과 같게 되었지요.

부호가 다른 경우만을 생각해 봤는데, 이는 부호가 같은 덧셈보다 부호가 다른 덧셈이 어렵기 때문이랍니다.

개념의 연결

Q. '－3－4'와 같은 계산식에서 처음 －는 음의 부호처럼 보이는데, 두 번째 －는 뺄셈 기호인가요, 아니면 음의 부호인가요?

A. 수의 덧셈과 뺄셈에서 양수는 양의 부호와 괄호를 생략하여 나타낼 수 있고, 음수는 식의 맨 앞에 나올 때 괄호를 생략하여 나타낼 수 있습니다. 그러므로 －3의 －는 음의 부호입니다. 맨 앞에 나오기 때문에 (－3)의 괄호를 생략하여 나타낸 것입니다. 그런데 가운데 －는 뺄셈 기호로 봐야 합니다. 양수 ＋4에서 양의 부호를 생략한 것이지요. 모든 부호와 괄호를 넣으면 －3－4＝(－3)－(＋4)로 쓸 수 있습니다. 이때 유리수의 뺄셈은 빼는 수의 부호를 바꾸어 더하는 것이 계산 원리이므로 (－3)－(＋4)＝(－3)＋(－4)로 고칠 수 있고, 이를 계산하면 답은 －7이 됩니다.

Q. 정수끼리의 덧셈은 하겠는데, 부호가 붙은 유리수는 어떤 원리로 덧셈을 해야 하나요?

A. 정수의 덧셈에서 부호가 같은가 다른가를 확인하여 그 상황에 알맞은 계산 원리를 적용하듯 양음의 유리수를 더할 때도 똑같은 원리를 적용합니다. 유리수의 계산은 정수보다 복잡하고, 분수 형태의 유리수의 덧셈에서 분모마저도 다르면 계산 과정이 더 어렵기 때문에 계산 원리를 적용하지 못한다고 생각하는 경우가 많이 있습니다. 하지만 원리는 정수일 때와 마찬가지입니다. 유리수를 더할 때도 만약 두 유리수의 부호가 같으면 두 유리수의 절댓값의 합에 두 수의 공통인 부호를 붙이고, 두 유리수의 부호가 다르면 두 유리수의 절댓값의 차에 절댓값이 큰 수의 부호를 붙입니다.

예) $\left(+\dfrac{1}{2}\right)+\left(+\dfrac{1}{3}\right)=+\left(\dfrac{1}{2}+\dfrac{1}{3}\right)=+\dfrac{5}{6}$

$\left(+\dfrac{1}{2}\right)+\left(-\dfrac{2}{3}\right)=-\left(\dfrac{2}{3}-\dfrac{1}{2}\right)=-\dfrac{1}{6}$

빈 수레로는 하루에 60리를 가고 짐을 가득 실었을 때는 하루에 40리를 갈 수 있다. 곡식을 가득 싣고 창고까지 3일 동안 2번 다녀왔다면, 창고까지의 거리는 얼마일까? [정답은 67쪽에]

정답 사고력 문제 모두 세 조각 양립 : 55쪽

교환법칙이 성립한다고 했는데
왜 $3-5=-2$이고, $5-3=2$인가요?

연산을 할 때 교환법칙을 이용하면 편리한 점이 많단다.

이 녀석!!

3-5도 교환해도 되죠?

5-3=2! 교환법칙은 편리하구나!

아! 그렇구나

교환법칙과 결합법칙은 덧셈과 곱셈에 대해서만 성립하고 뺄셈과 나눗셈에 대해서는 성립하지 않습니다. 덧셈이나 곱셈을 할 때 편리한 방식으로 수를 서로 바꾸거나 연산 순서를 바꾸는 습관을 부주의하게 뺄셈이나 나눗셈에서도 사용함으로써 실수가 나타나게 됩니다.

30초 정리

덧셈의 연산법칙

세 수 a, b, c에 대하여

1. 덧셈의 교환법칙 $a+b=b+a$
2. 덧셈의 결합법칙 $(a+b)+c=a+(b+c)$

곱셈의 연산법칙

세 수 a, b, c에 대하여

1. 곱셈의 교환법칙 $a \times b=b \times a$
2. 곱셈의 결합법칙 $(a \times b) \times c=a \times (b \times c)$

조삼모사(朝三暮四)라는 고사성어가 있지요. 원숭이들에게 먹이를 아침에 3개, 저녁에 4개 준다고 했더니 화를 내기에 아침에 4개, 저녁에 3개를 준다고 했더니 좋아했다는 우화에서 유래한 말입니다. 이 우화는 계산에 대한 중요한 아이디어를 얻는 단서로 쓰이기도 합니다. 만약 원숭이들이 계산 순서를 바꾸어도 덧셈의 결과가 같다는 사실을 알았다면 어땠을까요?

$\left(+\dfrac{1}{4}\right) + (+7) + \left(-\dfrac{9}{4}\right)$를 계산해 볼까요? 그냥 주어진 순서대로 앞에서부터 계산하면

$$\left(+\dfrac{1}{4}\right) + (+7) + \left(-\dfrac{9}{4}\right) = \left(+\dfrac{1}{4}\right) + \left(+\dfrac{28}{4}\right) + \left(-\dfrac{9}{4}\right) = \left(+\dfrac{29}{4}\right) + \left(-\dfrac{9}{4}\right)$$
$$= \left(+\dfrac{20}{4}\right) = +5$$

가 됩니다.

이번에는 순서를 바꾸어 더해 볼까요?

$$\left(+\dfrac{1}{4}\right) + (+7) + \left(-\dfrac{9}{4}\right) = (+7) + \left(+\dfrac{1}{4}\right) + \left(-\dfrac{9}{4}\right) = (+7) + \left\{\left(+\dfrac{1}{4}\right) + \left(-\dfrac{9}{4}\right)\right\}$$
$$= (+7) + (-2) = +5$$

교환법칙이나 결합법칙이라는 용어를 초등학교 때 사용하지는 않았지만, 덧셈에서 두 수의 순서를 바꾸어 더하거나(교환법칙), 앞 또는 뒤의 어느 두 수를 먼저 더한 후에 나머지 수를 더하여도(결합법칙) 그 결과는 같다고 배웠습니다. 이런 법칙은 곱셈에 대해서도 성립하지요.

세 수 a, b, c에 대하여

연산법칙	덧셈	곱셈
교환법칙	$a + b = b + a$	$a \times b = b \times a$
결합법칙	$(a + b) + c = a + (b + c)$	$(a \times b) \times c = a \times (b \times c)$

세 수의 덧셈 $(a+b)+c$ 또는 $a+(b+c)$에 결합법칙을 적용하면 괄호를 사용하지 않고 $a+b+c$와 같이 나타낼 수 있습니다. 마찬가지로 세 수의 곱셈 $(a \times b) \times c$ 또는 $a \times (b \times c)$도 괄호를 사용하지 않고 $a \times b \times c$와 같이 나타낼 수 있습니다.

교환법칙, 결합법칙을 이용하여 계산의 순서를 바꾸어 계산하면 편리하다는 사실은 초등학교에서도 경험을 했고, 중1에서도 경험할 수 있습니다.

그런데 $(+3)-(+4)$에서 두 수의 순서를 바꾸어 $(+4)-(+3)$을 만들면 두 계산의 결과는 같지 않습니다. 즉, 뺄셈에 있어서는 교환법칙이 성립하지 않으므로 두 수의 순서를 바꾸어 빼는 계산을 하면 안 됩니다. 나눗셈 역시 $(+2) \div (-4)$와 그 순서를 바꾼 $(-4) \div (+2)$의 결과가 같지 않습니다.

그렇다면 뺄셈이나 나눗셈은 그냥 불편한 대로 계산해야만 할까요? 가능한 방법이 있습니다. 유리수의 뺄셈이나 나눗셈의 방법에서 힌트를 얻을 수 있습니다.

'두 유리수의 뺄셈은 빼는 수의 부호를 바꾸어 더한다'는 계산 원리를 생각해 보세요. 마찬가지로 '두 유리수의 나눗셈은 나누는 수를 그 역수로 바꾸어 곱셈으로 고쳐 계산할 수 있다'는 계산 원리에서 아이디어를 얻어야 합니다. 둘 다 공통인 성질은 어떤 것을 바꾸면 연산도 바뀐다는 점입니다. 즉, 뺄셈이나 나눗셈을 각각 덧셈이나 곱셈으로 바꿀 수 있다는 것이고, 덧셈이나 곱셈으로 바꾸면 교환법칙과 결합법칙을 이용할 수 있게 됩니다.

예를 들어, $\left(-\dfrac{6}{5}\right) \div \left(+\dfrac{1}{7}\right) \div \left(-\dfrac{2}{5}\right)$를 계산해 볼까요?

$$
\begin{aligned}
\left(-\frac{6}{5}\right) \div \left(+\frac{1}{7}\right) \div \left(-\frac{2}{5}\right) &= \left(-\frac{6}{5}\right) \times (+7) \times \left(-\frac{5}{2}\right) \\
&= (+7) \times \left(-\frac{6}{5}\right) \times \left(-\frac{5}{2}\right) \quad \text{곱셈의 교환법칙}\\
&= (+7) \times \left\{\left(-\frac{6}{5}\right) \times \left(-\frac{5}{2}\right)\right\} \quad \text{곱셈의 결합법칙}\\
&= (+7) \times (+3) \\
&= +21
\end{aligned}
$$

분수 계산이어서 여전히 복잡하기는 하지만 편리하게 느껴지는 부분이 있지요.

개념의 연결

초3	중1	중1	중2	중3
바꾸어 더하기, 바꾸어 곱하기	교환법칙과 결합법칙	분배법칙	단항식의 곱셈과 나눗셈	제곱근의 곱셈

Q. 교환법칙도 순서를 바꾸는 것이고, 결합법칙도 뭔가 순서를 바꾸는 것인데 헷갈려서 구분이 잘 안 갑니다.

A. 바꾼다는 측면에서는 비슷하게 보일 수 있습니다. 하지만 명확히 구분하는 것이 필요합니다.

간단하게 교환법칙은 두 수 사이의 연산이고, 결합법칙은 세 수 사이의 연산이라고 구분할 수 있습니다.

좀 더 정확히 구분해 보겠습니다.

교환법칙은 두 수 사이에 연산기호를 두고 두 수의 위치를 바꾸어 계산하는 것입니다. 이에 반해 결합법칙은 세 수의 연산에서 수의 위치를 그대로 둔 채 사이에 있는 두 연산 기호 중 어느 하나를 먼저 계산하고, 그다음 남은 연산을 하는 것을 말합니다. 이제 좀 구분이 가나요?

결정적인 부분은 수의 위치를 바꾸냐 연산의 순서를 바꾸냐 하는 차이라고 말할 수 있습니다.

 Q. $\left(-\frac{4}{3}\right) + \left(+\frac{7}{2}\right) + \left(-\frac{5}{3}\right) + \left(+\frac{9}{2}\right)$와 같이 네 수를 더할 때도 교환법칙이나 결합법칙을 사용할 수 있나요?

A. 당연하지요. 연산이 복잡할수록 교환법칙이나 결합법칙의 이용 가치가 더 높아질 것입니다. 주어진 연산을 그냥 실행하지 말고, 각 수의 특징을 살펴보세요. 첫째 분수와 셋째 분수의 분모가 같고, 둘째, 넷째 분수의 분모가 같습니다. 모두가 덧셈이라는 것도 살폈다면 덧셈에 대한 교환법칙과 결합법칙을 사용할 수 있습니다.

우선 교환법칙을 사용하여 분모가 같은 수끼리 모을 수 있습니다. 그리고 나서 분모가 같은 수끼리 먼저 더합니다(결합법칙). 마지막으로 남은 두 수를 더합니다.

$$\left(-\frac{4}{3}\right) + \left(+\frac{7}{2}\right) + \left(-\frac{5}{3}\right) + \left(+\frac{9}{2}\right) = \left(-\frac{4}{3}\right) + \left(-\frac{5}{3}\right) + \left(+\frac{7}{2}\right) + \left(+\frac{9}{2}\right)$$
$$= \left(-\frac{9}{3}\right) + \left(+\frac{16}{2}\right)$$
$$= (-3) + (+8) = +5$$

곱셈에서 부호가 다르면 결과가 음수라면서요?

아! 그렇구나

정수와 유리수의 곱셈과 나눗셈에서 가장 중요한 것은 부호의 규칙입니다. 여러 수를 곱하거나 나눌 때는 음수의 개수에 따라 계산 결과의 부호가 달라지기 때문이지요. 단지 수의 부호가 다르면 부호가 바뀐다고 생각할 때 이런 실수를 하게 됩니다. 두 수의 곱셈과 나눗셈에서는 두 수의 부호가 같은가 다른가 하는 것에 따라 계산 결과의 부호가 달라지지만 세 수 이상의 곱셈과 나눗셈에서는 음수의 개수를 세어 부호를 정하게 됩니다.

30초 정리

정수와 유리수의 곱셈과 나눗셈

1. 부호가 같은 두 수의 곱셈(또는 나눗셈) :

　　두 수의 절댓값의 곱(또는 나눗셈의 몫)에 양의 부호 +를 붙인다.

2. 부호가 다른 두 수의 곱셈(또는 나눗셈) :

　　두 수의 절댓값의 곱(또는 나눗셈의 몫)에 음의 부호 -를 붙인다.

3. 어떤 수에 0을 곱하거나 0에 어떤 수를 곱하면 그 곱은 항상 0이고,

　　0을 0이 아닌 수로 나눈 몫도 항상 0이다.

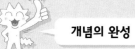

정수와 유리수의 곱셈과 나눗셈에는 자연수의 계산에서와 달리 '음수'가 나옵니다. 정수와 유리수의 연산에서 양수끼리의 곱셈과 나눗셈은 초등학교에서 배운 내용과 다를 바 없지만, 음수가 포함된 계산에서는 부호를 결정하는 것에 대한 내용을 이해하는 것이 어렵습니다.

곱셈과 나눗셈에서 부호를 결정하는 방법을 한마디로 정리하면, '같은 부호일 때는 양(+)이고, 서로 다른 부호일 때는 음(−)'입니다. 그러나 이를 그냥 외우기만 하면 스스로 응용력을 줄이는 악영향과 수학이 암기 과목이라는 부정적인 인식을 가져올 수 있습니다.

$$(+) \times (+) \Rightarrow (+)$$
$$(-) \times (-) \Rightarrow (+)$$

$$(+) \times (-) \Rightarrow (-)$$
$$(-) \times (+) \Rightarrow (-)$$

먼저 곱셈에 대해서 이해해 두는 것이 좋겠습니다. 가장 많이 사용하는 모델은 다음 그림과 같이 곱하는 수를 1씩 줄여 음수를 곱하는 상황을 만드는 것입니다.

$$(+3) \times (+2) = +6$$
$$(+3) \times (+1) = +3$$
$$(+3) \times \quad 0 \quad = \quad 0$$
$$(+3) \times (-1) = -3$$
$$(+3) \times (-2) = -6$$
$$\vdots \qquad\qquad \vdots$$

1씩 줄인다   3씩 작아진다

이런 식으로 양수와 음수가 곱해지는 4가지 상황에 대해 꼭 직접 경험해야 합니다. 그것도 지금 즉시! 나눗셈은 곱셈의 역산이므로 부호의 변화는 곱셈과 같습니다.

정수와 유리수의 곱셈과 나눗셈

1. 부호가 같은 두 수의 곱셈(또는 나눗셈) :

    두 수의 절댓값의 곱(또는 나눗셈의 몫)에 양의 부호 +를 붙인다.

2. 부호가 다른 두 수의 곱셈(또는 나눗셈) :

    두 수의 절댓값의 곱(또는 나눗셈의 몫)에 음의 부호 −를 붙인다.

3. 어떤 수에 0을 곱하거나 0에 어떤 수를 곱하면 그 곱은 항상 0이고,

    0을 0이 아닌 수로 나눈 몫도 항상 0이다.

1학년
수와
연산

두 수의 곱셈과 나눗셈에 대해서는 두 수의 부호가 같은 경우와 다른 경우로 나누어 생각해 보았습니다. 다시 정리하면 두 수의 부호가 같으면 양수이고, 두 수의 부호가 다르면 음수가 되지요.

음수의 개수에만 집중하여 음수의 개수에 따라 부호가 어떻게 결정되는지 정리해 보지요. 잠시 생각해 본 후 다음 표에서 부호를 선택해 보세요.

음수의 개수	0	1	2
곱셈 또는 나눗셈의 결과(부호)	$(+, -)$	$(+, -)$	$(+, -)$

어떤 패턴을 발견할 수 있나요?

음수의 개수가 0, 2개이면 곱셈이나 나눗셈의 결과가 양수이고, 음수의 개수가 1이면 음수가 되죠.

약간 성급하긴 하지만 이를 일반화하면 음수의 개수가 짝수이면 곱셈이나 나눗셈의 결과는 양수, 음수의 개수가 홀수이면 그 결과는 음수라고 할 수 있습니다.

따라서 셋 이상의 수의 곱셈에서는 먼저 곱의 부호를 정하고, 각 수들의 절댓값의 곱을 구해 먼저 정한 부호를 붙이면 편리하답니다. 다시 정리하면, 0이 아닌 어떤 수에 양수를 여러 개 곱해도 그 결과의 부호는 바뀌지 않지만 음수는 한 개씩 곱할 때마다 그 결과의 부호가 바뀐답니다.

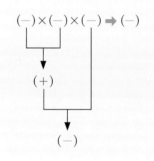

개념의 연결

Q. 역수란 무엇인가요? 왜 나눗셈에서는 나누는 수의 역수를 곱하나요?

A. $\frac{2}{5} \times \frac{5}{2} = 1$입니다. 이와 같이 두 수의 곱이 1이 될 때, 한 수를 다른 수의 역수라고 합니다. 따라서 $\frac{2}{5}$의 역수는 $\frac{5}{2}$이고, $\frac{5}{2}$의 역수는 $\frac{2}{5}$입니다.

두 자연수 6과 2에 대해서

$$6 \div 3 = 2, \ 6 \times \frac{1}{3} = 2$$

이므로 6을 3으로 나누는 것은 6에 3의 역수를 곱하는 것과 같습니다.

정리하면, 나눗셈 $a \div b = \frac{a}{b}$인데, $\frac{a}{b} = a \times \frac{1}{b}$이므로 $a \div b = a \times \frac{1}{b}$, 즉 나눗셈에서는 나누는 수의 역수를 곱함으로써 계산을 편리하게 할 수 있습니다.

Q. 다음 네 학생의 계산 중 누가 틀렸나요? 괄호가 있는 경우와 괄호가 없는 경우 거듭제곱을 어떻게 계산하나요?

강식	난희	다래	마영
$(-3)^2$ $= (-3) \times (-3)$ $= +9$	$(-4)^3$ $= (-4) \times (-4) \times (-4)$ $= +64$	-3^2 $= (-3) \times (-3)$ $= +9$	-4^3 $= (-4) \times (-4) \times (-4)$ $= -64$

A. 강식이만 맞고 다른 학생들은 모두 틀렸답니다.

난희는 음수의 개수가 3인데 곱셈의 결과를 양수라고 했네요. 정확한 결과는 -64입니다.

다래의 -3^2은 3^2, 즉 9에 $-$부호를 붙인 것이니 결과는 -9입니다. 다시 계산하면 $-3^2 = -(3 \times 3) = -9$입니다. 마영이는 답은 맞았지만 계산 과정에 오류가 있습니다. 다래와 마찬가지로 -4^3은 4^3에 $-$부호를 붙인 것입니다. 다시 계산하면 $-4^3 = -(4 \times 4 \times 4) = -64$입니다.

100개 팀이 출전하는 토너먼트 방식의 야구 시합에서 우승 팀을 결정하기 위해서는 게임을 몇 차례나 해야 할까? [정답은 75쪽에]

59쪽 사고력 문제 정답 : 36분(올 때와 올 때의 거리가 같다. 거리를 x로 놓고 식을 세우면,

$$\frac{60}{2x} + \frac{40}{2x} = 30 \text{이고, } x = 360 \text{이다.})$$

$$a(b+c)=ab+ac\text{이면,}$$
$$a+(b\times c)=(a+b)\times(a+c)\text{인가요?}$$

아! 그렇구나

　　분배법칙의 개념을 명확하게 숙지한 상태가 아니라면 왜 괄호 밖에 곱해진 수를 괄호 안의 두 수에 각각 곱하는지 모른 채 형식적으로만 분배법칙을 적용하게 됩니다. 수학에서 개념학습이 중요한 이유는 이처럼 공식 암기 또는 형식적인 공부가 응용력을 키워 주지 못하기 때문이지요. 분배법칙은 덧셈에 대한 곱셈의 분배법칙이라는 개념에 충실해야 합니다.

30초 정리

분배법칙
두 수의 합에 어떤 수를 곱한 것은 두 수에 각각 어떤 수를 곱하여 더한 것과 같다.
이것을 덧셈에 대한 곱셈의 분배법칙이라고 한다.
즉, 세 수 a, b, c에 대하여
$$a \times (b + c) = a \times b + a \times c$$
$$(a + b) \times c = a \times c + b \times c$$

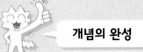
$35 \times \left(\dfrac{1}{5} + \dfrac{1}{7}\right)$을 계산하라고 하면 $35 \times \dfrac{1}{5} + 35 \times \dfrac{1}{7}$로 계산해서 $7+5=12$라고 답을 구하거나 괄호 속을 먼저 통분하여 계산합니다. 첫번째 방법으로 풀이한 학생에게 왜 그렇게 되는지를 물으면 대부분 분배법칙을 사용했다고 말합니다. 이때 분배법칙을 사용하면 왜 그렇게 되는지를 설명해 달라고 한 번 더 물으면 보통은 그냥 그렇게 하는 것으로 배웠다고 대답합니다. 그리고 묻는 사람을 오히려 이상하게 생각합니다.

하지만 수학에서 법칙이라는 것은 어떤 위치에 있는 것일까를 고민해 봐야 합니다.

수학이라는 학문의 구조는 그 핵심에 각 개념의 뜻이 먼저 있습니다. 예를 들면, 삼각형이라는 개념은 여러 도형 중 세 변으로 둘러싸인 도형이라는 공통점을 가진 것을 찾아 삼각형이라 정한 것입니다. 이렇게 어떤 개념을 정할 때는 그 공통점을 찾아 이름을 붙입니다. 마찬가지로 정사각형이라는 개념은 사각형 중에서 네 변의 길이가 같고 네 각의 크기가 같다는 공통점을 가진 것을 찾아 정사각형이라 정한 것이지요.

그렇게 정사각형이라는 개념의 뜻이 '네 변의 길이가 같고, 네 내각의 크기가 같은 사각형'이라고 정해지면, 이것을 가지고 정사각형의 다양한 성질이나 법칙을 발견하고 파악할 수 있습니다. 예를 들면, '정사각형의 한 내각의 크기는 $90°$이다', '정사각형의 두 대각선의 길이는 같다' 등등입니다. 이런 성질이나 법칙들은 정해진 개념의 뜻으로부터 유도되는 것이지요. 그러므로 개념의 뜻으로부터 성질이나 법칙을 유도하는 과정을 공부해야 하는 것입니다.

이제 분배법칙은 '법칙'이므로 본래의 뜻이 아니라 어떤 뜻으로부터 유도되었음을 알 수 있습니다. 분배법칙은 덧셈과 곱셈이라는 두 연산이 섞여 있는 상황에서 덧셈에 대한 곱셈을 하는 것입니다. 따라서 분배법칙은 곱셈으로 설명되어야 합니다.

다시 $35 \times \left(\dfrac{1}{5} + \dfrac{1}{7}\right)$로 되돌아가 보겠습니다. 곱셈은 똑같은 것을 반복해서 더하는 상황을 나타내는 것이므로 $35 \times \left(\dfrac{1}{5} + \dfrac{1}{7}\right)$은 $\dfrac{1}{5} + \dfrac{1}{7}$을 35번 더하는 것입니다.

$$35 \times \left(\frac{1}{5} + \frac{1}{7}\right) = \overbrace{\left(\frac{1}{5} + \frac{1}{7}\right) + \left(\frac{1}{5} + \frac{1}{7}\right) + \left(\frac{1}{5} + \frac{1}{7}\right) + \cdots + \left(\frac{1}{5} + \frac{1}{7}\right)}^{35개}$$

$$= \overbrace{\left(\frac{1}{5} + \frac{1}{5} + \cdots + \frac{1}{5}\right)}^{35개} + \overbrace{\left(\frac{1}{7} + \frac{1}{7} + \cdots + \frac{1}{7}\right)}^{35개}$$

$$= 35 \times \frac{1}{5} + 35 \times \frac{1}{7} = 7 + 5 = 12$$

분배법칙은 더해진 식에 대하여 곱셈을 하는 것이므로 덧셈을 먼저 하고 곱셈을 할 때는 필요가 없는 법칙입니다. 덧셈을 먼저 계산하는 것보다 곱셈을 먼저 계산하는 것이 효과적일 때 사용하는 것이지요.

앞에 나온 $35 \times \left(\dfrac{1}{5} + \dfrac{1}{7} \right)$의 계산에서 괄호를 먼저 계산하려고 하면 분모가 서로 다르므로 바로 더할 수 없고 통분이라는 복잡한 과정을 거쳐야 합니다. 그런데 괄호 밖에 있는 35는 5와 7의 배수가 되므로 곱하면 분수가 사라지고 간단한 자연수가 나오겠지요. 따라서 이때는 먼저 곱하는 것이 효율적입니다. 이러한 상황에서 분배법칙이 필요한 것입니다.

반대 상황은 $35 \times (27 - 25)$와 같은 것입니다. 이 상황에서 분배법칙을 이용하면 35×27과 35×25를 각각 계산한 다음 뺄셈을 하는 상황이 벌어집니다. 그보다 괄호 안의 $27 - 25$를 먼저 계산하면 간단하게 2가 나오고, 여기에 35를 곱하면 70이 나옵니다.

이제 분배법칙을 사용하면 도움이 되는 때와 사용할 필요가 없을 때를 판단할 수 있을 것입니다.

문자식에도 분배법칙이 적용됩니다. $3(n + 2)$에 분배법칙을 적용하면 결과는 당연히 $3n + 6$입니다. 그 이유를 물으면 이제는 '그냥!'이라는 대답보다 더 멋있는 대답을 해야겠지요. $3(n + 2)$는 3과 $(n + 2)$ 사

$$3(n + 2) = 3n + 6$$

이에 곱셈 기호가 생략된 것이므로 3과 $n + 2$의 곱셈입니다. 곱셈은 똑같은 수를 반복해서 더하는 것이므로 $3(n + 2)$는 $n + 2$를 3번 더하는 것입니다.

$$3(n + 2) = (n + 2) + (n + 2) + (n + 2) = 3n + 6$$

에서 n을 3번 더하면 $3n$, 2를 3번 더하면 6이 되는 것이지요.

정리하면, 세 수 a, b, c에 대하여 $a \times (b + c)$라는 계산은 상황에 따라 괄호 안의 $b + c$를 먼저 계산하는 것이 편리한 경우에는 분배법칙을 일부러 사용할 필요가 없습니다. b, c 각각에 a를 먼저 곱하는 계산이 효율적일 때 다음과 같이 분배법칙을 사용합니다.

$$a \times (b + c) = a \times b + a \times c$$

개념의 연결

초1	초2	중1	중3	고교 공통수학1
덧셈	곱셈	분배법칙	다항식의 곱셈	다항식의 사칙연산

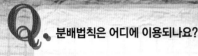

Q. 분배법칙은 어디에 이용되나요?

A. 간단하게는 수에 대한 어떤 성질을 보일 때 사용할 수 있습니다. 예를 들면, 두 짝수의 합이 항상 짝수가 되는지를 보일 때 분배법칙을 사용합니다. 짝수는 2로 나누어떨어지는 수이므로 2의 배수이고, 따라서 $2a$, $2b(a, b$는 자연수)로 놓을 수 있습니다. 이때 두 수의 합을 구하면 $2a + 2b = 2(a + b)$인데, $2(a + b)$는 자연수 $a + b$에 2를 곱한 것이므로 역시 짝수입니다. 분배법칙이 이용되었죠.

중학교 3학년에 가면 곱셈공식을 다루게 되는데, 그 기본이 되는 것이 분배법칙입니다. 예를 들면, $(a + b)(c + d)$와 같이 약간 복잡해지는 곱셈을 하게 됩니다. 이때는 분배법칙 $a \times (b + c) = a \times b + a \times c$를 응용해서 해결합니다. 즉, $(a + b)(c + d)$는 $c + d$에 $a + b$를 곱한 것이므로 먼저 c, d 각각에 $a + b$를 곱하여 더하는 과정입니다.

$$(a + b)(c + d) = (a + b) \times c + (a + b) \times d$$

아직도 계산이 남았군요. 여기서 다시 각각에 분배법칙을 적용하면 됩니다.

$$(a + b)(c + d) = (a + b) \times c + (a + b) \times d = ac + bc + ad + bd$$

Q. 교환법칙과 결합법칙 그리고 분배법칙이 동시에 나오니까 헷갈립니다. 세 법칙 사이의 차이점을 정리해 주세요.

A. 교환법칙은 두 수 사이에 연산 기호를 두고 두 수의 위치를 바꾸어 계산하는 것입니다. 이에 반해 결합법칙은 세 수의 연산에서 수의 위치를 그대로 둔 채 사이에 있는 두 연산의 순서를 바꾸는 것입니다. 결정적으로 수의 위치를 바꾸느냐 연산의 순서를 바꾸느냐의 차이라고 말할 수 있습니다.

$$a + b = b + a \qquad (a + b) + c = a + (b + c)$$
위치 바꾸기 · · · · · · · · 위치는 그대로

그러면 분배법칙은 뭔가요? 결합법칙과 마찬가지로 세 수 사이의 연산입니다. 그런데 결합법칙은 연산이 덧셈만이든가 곱셈만인 경우에 사용하는 법칙이고, 분배법칙은 덧셈과 곱셈이 모두 나타나는 경우에 사용하는 법칙입니다.

그런데 분배법칙은 덧셈을 하는 상황에 곱셈을 하는 것이므로 '덧셈에 대한 곱셈의 분배법칙'이라고 써야 합니다. 반대의 경우, 즉 곱셈에 대한 덧셈의 분배법칙은 없습니다. 3+(4×5)와 같은 계산에 사용되는 분배법칙은 없다는 것이지요.

+, −, ×, ÷만 섞여 있어도 헷갈리는데, 괄호와 거듭제곱도 있으면 어떻게 풀어야 하나요?

아! 그렇구나

　기본적으로 계산은 두 수 사이에 벌어지는 것이지만, 여러 가지 계산을 동시에 해야 하는 상황이 닥칠 수 있습니다. 이때는 계산 순서가 중요한데, 정해진 순서를 암기해서 따르는 것이 익숙하지 않으면 헷갈리게 됩니다. 순서에 관계없이 무작정 앞에서부터 계산하려고 하기 때문이지요.

30초 정리

혼합 계산 순서

① 거듭제곱이 있으면 거듭제곱을 먼저 계산한다.

② 괄호가 있으면 괄호 안을 먼저 계산한다.

　이때 괄호는 소괄호 ( ), 중괄호 { }, 대괄호 [ ]의 순서로 계산한다.

③ 곱셈, 나눗셈을 먼저 하고 덧셈, 뺄셈은 나중에 계산한다.

초등학교에서 덧셈, 뺄셈, 곱셈, 나눗셈이 섞여 있을 때 어떤 순서로 계산한다고 했나요?

곱셈과 나눗셈을 먼저, 덧셈과 뺄셈은 나중에 계산하는 것으로 정했지요.

수학에서는 일단 정한 것을 믿고 따라야 합니다. 하지만 왜 그렇게 정했는지 이해하려 하다 보면 많은 것을 얻을 수 있습니다.

사칙연산만 있는 것이 아니라 괄호가 있다면 어떻게 할까요? 괄호를 먼저 계산합니다. 그런데 괄호도 한 가지만 있는 것이 아니라 소괄호와 중괄호, 그리고 대괄호가 있을 수 있습니다. 이렇게 여러 종류의 괄호가 함께 나올 때는 소괄호 → 중괄호 → 대괄호 순으로 계산합니다. 여기에도 이유가 있지요. 생각해 보세요.

중학생이 되니 여기에 거듭제곱이 추가됐습니다.

거듭제곱은 언제 하나요? 거듭제곱이 있으면 거듭제곱을 제일 먼저 계산합니다. 왜 그럴까요?

이 모든 것은 원칙으로 정해져 있으니 일단 원칙에 따를 필요가 있습니다.

혼합 계산 순서

① 거듭제곱이 있으면 거듭제곱을 먼저 계산한다.

② 괄호가 있으면 괄호 안을 먼저 계산한다.

　이때 괄호는 소괄호 ( ), 중괄호 { }, 대괄호 [ ]의 순서로 계산한다.

③ 곱셈, 나눗셈을 먼저 하고 덧셈, 뺄셈은 나중에 계산한다.

$$[\{-4 \times (5-2)\} \div 2 + 7] - (-2)^2$$
$$= \{(-4 \times 3) \div 2 + 7\} - 4$$
$$= (-12 \div 2 + 7) - 4$$
$$= (-6 + 7) - 4$$
$$= 1 - 4$$
$$= -3$$

이렇듯 계산 순서는 이미 정해져 있지요. 그런데 그 순서는 그냥 아무렇게나 정해진 것이 아닙니다. 거기에는 나름 이유가 있답니다. 우선 원칙을 정리했으니 다음 페이지 '심화와 확장'에서 각각의 이유를 고민해 보도록 하지요.

정의에 대한 고민

흔히 '수학은 정의의 학문'이므로 수학에서는 정의를 무조건 받아들이고 외우도록 한다. 하지만 이는 공부의 기본이 아니다. 정의 역시 인간이 만든 것이고, 수학자들의 많은 논의와 사고를 통해 형성된 것이므로 수학 개념을 충분히 이해하기 위해서는 그 이유를 이해하는 것도 하나의 학습 방법이 된다.

1학년
수와
연산

1. 사칙연산

덧셈, 뺄셈, 곱셈, 나눗셈이 섞여 있을 때 왜 곱셈과 나눗셈을 먼저 하고, 덧셈과 뺄셈은 나중에 해야 할까요?

이렇게 생각해 볼 수 있습니다. 곱셈의 개념이 무엇인지 생각해 보세요.

곱셈은 똑같은 수를 거듭 더하는 과정에서 생겨났습니다. 예를 들면 3×4는 3을 4번 더하는 상황 또는 4를 3번 더하는 상황을 말하는 것이지요. 그러므로 $3 \times 4 = 3 + 3 + 3 + 3$입니다. 그렇다면 $2 + 3 \times 4$는 $2 + 3 + 3 + 3 + 3$을 간단히 나타낸 것입니다. 따라서 $2 + 3 \times 4$와 같이 덧셈과 곱셈이 섞여 있는 연산에서는 곱셈을 먼저 계산합니다.

2. 괄호

다음 상황에서 거스름돈 계산하는 식을 만들어 봅시다.

'문방구에서 2,000원짜리 노트 한 권과 똑같은 선물 세트 3개를 사고 10,000원을 냈을 때 거스름돈은 얼마일까? 단, 선물 세트 하나에는 500원짜리 연필과 300원짜리 지우개가 들어 있다.'

먼저 선물 세트 하나의 가격을 계산하면 $500 + 300$이고, 3세트의 가격은 $3 \times (500 + 300)$과 같이 소괄호를 사용하여 나타낼 수 있습니다. 그러므로 $2000 + 3 \times (500 + 300)$은 물건 값이고, 10,000원을 낸 데 대한 거스름돈은 중괄호를 사용하여 $10000 - \{2000 + 3 \times (500 + 300)\}$과 같이 쓸 수 있습니다.

이렇게 식은 괄호 안의 계산이 먼저 이루어지도록 만들어지기 때문에 우리도 괄호를 가장 먼저 계산해야 합니다. 괄호 사용 순서가 소괄호 → 중괄호 → 대괄호 순이기 때문에 우리도 이 순서대로 계산하게 되는 것입니다.

3. 거듭제곱

거듭제곱의 개념은 똑같은 수를 반복적으로 곱하는 것입니다. 즉, $3^2 = 3 \times 3$입니다. 그렇다면 5×3^2의 본래 모양은 $5 \times 3 \times 3$이므로, 계산할 때는 거듭제곱을 먼저 계산해서 거듭제곱을 없애야 합니다.

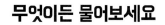
Q. 8+3=3+8이니까 15−8+3을 15−3+8로 계산해도 되지 않나요?

A. 두 식이 같은 식인지를 확인하는 가장 좋은 방법은 직접 계산해 보는 것입니다.

15−8+3=7+3=10이고, 15−3+8=12+8=20이므로 두 식의 계산 결과는 같지 않습니다. 그러므로 두 식을 같은 식이라 할 수 없습니다. 따라서 15−8+3을 15−3+8로 바꾸어 계산할 수 없습니다. 곱셈과 나눗셈이 있는 혼합식도 마찬가지입니다. 24÷3×4=8×4=32인데, 이를 24÷4×3=6×3=18로 계산하면 결과가 달라집니다.

따라서 덧셈과 뺄셈 혹은 나눗셈과 곱셈이 함께 있는 혼합식은 수를 바꾸어 계산할 수 없습니다.

몇 가지 상황에서 직접적인 풀이 결과를 확인해 보는 활동을 통해 계산 순서에 따라 결과가 달라진다는 것을 직접 경험하고, 순서에 따라 계산하는 것이 왜 중요한지 익히도록 합니다.

Q. 혼합 계산에서 곱셈과 나눗셈을 먼저 계산한다고 하였으니 24÷3×4=24÷12=2 아닌가요?

A. 충분히 혼동하기 쉬운 부분입니다. 혼합 계산에서 순서를 정하는 것은 누구나 같은 결과를 얻기 위함입니다. 또한 '곱셈과 나눗셈을 먼저 계산한다'는 것은 덧셈과 뺄셈보다 곱셈과 나눗셈을 먼저 계산한다는 뜻이지, 곱셈을 나눗셈보다 먼저 계산한다는 뜻은 아닙니다.

24÷3×4와 같이 곱셈과 나눗셈이 함께 있는 경우에는 순서대로 계산합니다.

따라서 24÷3×4=8×4=32입니다.

덧셈과 뺄셈의 혼합 계산도 앞에서부터 순서대로 계산합니다. 5−3+6=2+6=8이 됩니다.

사고력 문제

어느 달의 달력에서 토요일 날짜를 모두 더했더니 80이었다. 이달 13일은 무슨 요일일까?

[정답은 79쪽에]

67쪽 사고력 문제 정답 : 많은 쪽으로 66번째

$3 \times a$를 간단히 $3a$로 나타낼 수 있다면, 3×5는 간단히 35인가요?

아! 그렇구나

초등학교에서와 달리 중학교에서는 문자를 사용하여 식 또는 문장을 간단히 나타내는데, 숫자와 문자를 곱하거나 문자끼리 곱할 때는 곱셈 기호를 생략할 수 있습니다. 그런데 아무 생각 없이 곱셈 기호를 생략하는 습관이 들면 숫자 사이의 곱셈 기호도 생략할 수 있는 것으로 착각하기도 합니다. 숫자 사이의 곱셈 기호를 생략하면 값이 달라지는 예를 통해 숫자 사이의 곱셈 기호는 생략할 수 없음을 스스로 깨달을 필요가 있습니다.

30초 정리

곱셈 기호의 생략

1. 수와 문자, 문자와 문자의 곱에서는 곱셈 기호 ×를 생략한다. $3 \times a = 3a$, $a \times b = ab$
2. 수와 문자의 곱에서는 수를 문자 앞에 쓰고, 1 또는 −1과 문자의 곱에서는 1도 생략한다.
   $a \times 2 = 2a$, $1 \times a = a$, $a \times (-1) = -a$
3. 문자와 문자의 곱에서는 보통 알파벳 순서대로 쓰고, 같은 문자의 곱은 거듭제곱의 꼴로 나타낸다. $a \times b = ab$, $a \times a = a^2$

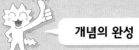

초등학교에서는 문자를 취급하지 않았기 때문에 곱셈과 나눗셈에서 곱셈 기호나 나눗셈 기호를 생략하지 않았습니다. 중학교에서 문자를 처음 사용하게 되는데, 문자를 쓰는 것이 숫자를 사용하는 것보다 복잡하기 때문에 곱셈과 나눗셈의 경우 기호를 생략하여 보다 간단히 나타내는 방법을 쓰고 있습니다.

곱셈의 기호를 생략하는 방법은 다음과 같습니다.

1. 수와 문자, 문자와 문자의 곱에서는 곱셈 기호 $\times$를 생략한다.

$$3 \times a = 3a, \qquad a \times b = ab$$

여기서 주의할 점은 숫자와 숫자 사이의 곱셈 기호는 생략하면 안 된다는 것입니다. 3×5를 계산하면 15가 되지만, 가운데 곱셈 기호를 생략하면 35가 되어 전혀 다른 값이 되기 때문에 숫자 사이의 곱셈 기호는 생략하면 안 됩니다.

2. 수와 문자의 곱에서는 수를 문자 앞에 쓰고, 1 또는 -1과 문자의 곱에서는 1도 생략한다.

$$a \times 2 = 2a, \qquad 1 \times a = a, \qquad a \times (-1) = -a$$

수와 문자의 곱에서 수를 문자 앞에 쓰는 이유는 무엇일까요? 단순히 편리함만을 위해서가 아니라 여기에는 다른 이유가 있지요. $a \times 2$에서 곱셈 기호를 생략하면 $a2$가 되지만, $a \times (-2)$에서 곱셈 기호를 생략하면 $a - 2$가 되어 곱셈이 아닌 뺄셈이 되어 버립니다. 그러나 수를 문자 앞에 쓰면 $-2a$가 되어 곱셈이 그대로 유지되지요. 그래서 곱셈 기호를 생략할 때는 문자 앞에 수를 써야합니다.

3. 문자와 문자의 곱에서는 보통 알파벳 순서대로 쓰고, 같은 문자의 곱은 거듭제곱의 꼴로 나타낸다.

$$a \times b = ab, \qquad a \times a = a^2$$

$y \times z \times x$와 같이 문자가 여러 개 섞여 있을 때도 마찬가지로 알파벳 순서에 따라 xyz로 나타냅니다. $y \times z \times x \times z \times x$인 경우에는 거듭제곱을 이용하되 순서는 알파벳을 따라 $x^2 y z^2$으로 나타냅니다.

문자 사용의 편리성

문자를 사용하면 여러 가지로 변하는 수량이나 수량 사이의 관계를 간단히 나타낼 수 있다. 수학에서 문자와 식은 우리 생활의 글과 같은 역할을 한다. 도로 표지판이나 인터넷에 약속된 문자나 기호가 있는 것처럼 수학에서도 문자를 사용한다.

1 학년

변화와 관계

괄호가 있는 곱셈에서는 어떻게 기호를 생략할까요? 또 나눗셈 기호는 어떻게 생략할까요?

괄호가 있는 곱셈 $(a + 5) \times (-3)$을 간단히 나타내려면 우선 문자가 포함된 괄호 $(a + 5)$를 한 문자로 취급해야 합니다. 문자와 수의 곱셈에서는 수를 문자 앞에 쓴다는 원칙을 적용하여 $(a + 5) \times (-3) = -3(a + 5)$로 나타낼 수 있습니다.

나눗셈 기호 ÷는 어떻게 생략할까요?

분수의 꼴로 나타내거나 곱셈으로 고칠 수 있습니다. 먼저, 분수 꼴로 나타내 보면

$$a \div b = \frac{a}{b}$$

가 되어 나눗셈 기호가 생략됩니다.

다음으로, 역수를 이용하여 $a \div b$를 곱셈으로 고치면 $a \div b = a \times \frac{1}{b}$이 되고, $a \times \frac{1}{b}$은 $\frac{a \times 1}{b}$로 나타낼 수 있습니다. 여기서 $a \times 1$은 곱셈 기호의 생략 원칙에 따라 간단히 a로 나타낼 수 있으므로

$$a \div b = a \times \frac{1}{b} = \frac{a \times 1}{b} = \frac{a}{b}$$

가 되어 나눗셈 기호가 생략됩니다.

결국, 나눗셈 기호를 생략하는 것은 곱셈 기호를 생략하는 것과 연결시켜 이해하는 것이 좋습니다.

한 가지 더, $a \div 1$은 $\frac{a}{1}$로 쓰지 않고 그냥 a로, $a \div (-1)$은 $-\frac{a}{1}$로 쓰지 않고 $-a$로 쓴다는 점도 잊지 마세요.

개념의 연결성

수학의 개념은 모두 서로 연결되어 있다. 따라서 개념끼리 연결하지 않고 각각을 독립적으로 학습하면 수학이 자칫 암기 과목이 되기 쉽다. 이런 학습 방법으로는 수학의 재미를 느끼는 것 역시 어렵다.

개념의 연결

중1		중1		중2		고교 대수
거듭제곱	≫	곱셈, 나눗셈 기호의 생략	≫	지수법칙	≫	지수함수

. $a \div 3$을 간단히 하면 $\dfrac{a}{3}$가 되는데, $\dfrac{1}{3}a$로 나타내면 안 되나요?

A. $a \div 3$을 곱셈으로 고치면 $a \times \dfrac{1}{3}$로 나타낼 수 있고, 곱셈에서는 교환법칙이 성립하므로 $a \times \dfrac{1}{3} = \dfrac{1}{3} \times a$

가 됩니다. 여기서 수와 문자 사이의 곱셈 기호를 생략하는 원칙을 따르면 $\dfrac{1}{3}a$가 나옵니다.

그러므로 $a \div 3$은 $\dfrac{a}{3}$로 나타낼 수도 있고, $\dfrac{1}{3}a$로 나타낼 수도 있습니다.

 . 식 $2a + 3b$의 $a = 8$, $b = -2$일 때의 값을 구하면 $28 + 3 - 2 = 29$가 나오는데 왜 틀리다고 하나요?

 . 이 계산이 틀린 것은 곱셈 기호가 생략된 것을 무시하고 그냥 수를 대입했기 때문입니다.

수와 문자 사이 또는 문자와 문자 사이의 곱셈 기호를 생략한 식의 값을 구하기 위해 문자에 수를 대입하

면 수와 수의 곱이 되므로 이때는 곱셈 기호를 다시 부활시켜야 합니다.

즉, $2a + 3b$에 $a = 8$, $b = -2$를 대입하면

$$2a + 3b = 2 \times a + 3 \times b = 2 \times 8 + 3 \times (-2) = 16 - 6 = 10$$

이 됩니다.

식의 값을 구할 때 곱셈 기호를 다시 사용해야 한다는 점을 잊지 마세요.

정육각형을 같은 크기, 같은 모양으로 8등분하고자 한다. 어떻게 하면 될까?

[정답은 127쪽에]

(세로 줄이가 16이므로 가로 줄이는 ÷수이므입니다.)

번째 출입문은 9장, 세 번째 출입문 $x = 2$, 첫 출입문이 29장이므

로 첫 출입문은 $x + 14$, $x + 21$, $x + 28$이므로 세 번째 출입문이 29장이므로, 두

그, 첫 줄입문에 들어가는 돌의 수를 x라 하면, 다음 줄입문은 $x + 7$, 그

75쪽 사고력 문제 정답 : ÷수입(장) 줄입문에 들어가는 돌의 수를 x라 하면

$3-2x$에서 x의 계수는 2인가요?

아! 그렇구나

교과서에서는 계수를 단순히 '문자에 곱해져 있는 수'라고 설명하고 있습니다. 게다가 학생들은 흔히 양수만을 생각하므로 -2를 그냥 2라고 생각합니다. 또한 계수를 곧이곧대로 '수'라고만 보면 $ax+b$와 같은 일차식에서 a는 문자이므로 수가 아니라고 생각할 수 있지요. 이런 경우는 상수의 의미를 정확히 모르는 것입니다. 상수는 단순히 수로만 표현되는 것이 아니라 문자로도 표현된다는 것을 인식하지 못하고 있어 이런 실수를 범하게 되는 것이지요.

30초 정리

항과 계수
식 $2x+3y+4$에서 수 또는 문자의 곱으로 이루어진 $2x$, $3y$, 4를 각각 식 $2x+3y+4$의 **항**이라고 한다. 특히, 4와 같이 수로만 이루어진 항을 상수항이라고 한다. 또, $2x$, $3y$와 같이 수와 문자의 곱으로 이루어진 항에서 문자 x, y에 곱해져 있는 수 2, 3을 각각 문자 x, y의 **계수**라고 한다.

차수
문자를 포함한 항에서 문자가 곱해진 개수를 그 문자에 대한 항의 **차수**라고 한다. 즉, 문자 x에 대한 $3x^2$의 차수는 2이고, $4x$의 차수는 1이다.

계수와 차수 개념을 헷갈려 하거나 잊어버리는 학생이 많지요. 그 이유는 교육과정에서 찾을 수 있습니다. 차수의 경우, 중1에서는 주로 일차식만 다루지만 중2, 중3에는 이차식, 고1 이후에는 삼차 이상의 식을 다루게 됩니다. 함수의 경우는 중2에 일차함수, 중3에 이차함수, 고등학교에서는 삼차 이상의 함수를 다룹니다. 이렇게 차수는 용어를 통해 계속 언급되는 반면, 계수는 중1에서 학습한 후 더는 언급되지 않기 때문에 결국 잊어버리게 되는 것입니다.

$x^2(=x\times x)$을 이차, $x^3(=x\times x\times x)$을 삼차라 하는 것을 생각해 보면 차수는 보통 문자가 곱해진 개수를 뜻합니다. 그래서 일차함수 $y=ax+b(a, b$는 상수, $a\neq 0)$의 ax를 '두' 문자가 곱해진 것으로 보고 이를 '일차'라 부르는 것을 이상하게 생각하기도 합니다. 여기서 이상을 느끼는 것은 사실 지극히 정상적입니다. 오히려 아무렇지도 않게 일차라고 받아들이는 것이 문제일 수 있습니다.

ax에서 x만 변수로 보고 a는 상수 취급을 할 때 일차인 것입니다. 그러니까 차수의 좀 더 정확한 정의는 그냥 '문자가 곱해진 개수'가 아니라 '주목하는' 문자가 곱해진 개수입니다. 그래서 $y=ax+b$를 y는 x에 관한 일차함수라고 표현하지요. '주목하는' 문자가 x이기 때문에 x라는 문자가 곱해진 개수만 차수가 되는 것입니다. $ax^2+bx+c=0$을 x에 관한 이차방정식이라고 하는 것도 같은 맥락입니다.

그러면 계수는 무엇일까요? 계수는 항과 같이 이해해야 합니다.

$3-2x=3+(-2x)$이므로 수 또는 문자의 곱으로 이루어진 3, $-2x$를 각각 식 $3-2x$의 항이라고 합니다. 특히, 3과 같이 수로만 이루어진 항을 상수항이라고 하지요. 이때 $-2x$와 같이 수와 문자의 곱으로 이루어진 항에서 문자 x에 곱해져 있는 수 -2를 문자 x의 계수라고 합니다.

$$\underset{\text{항}}{\underbrace{\overset{x\text{의 계수}}{2x}+\overset{y\text{의 계수}}{3y}+\overset{\text{상수항}}{4}}}$$

한편, $6x$, $3x+5$와 같이 한 개 이상의 항의 합으로 이루어진 식을 다항식이라 하고, 다항식 중에서 $6x$와 같이 한 개의 항으로만 이루어진 다항식을 단항식이라고 합니다.

항이 여러 개인 다항식에서 각 항마다 차수가 다르면 그 다항식의 차수는 어떻게 결정될까요?

앞에서 $ax^2+bx+c=0$을 x에 관한 이차방정식이라고 한 것에서 미루어 짐작해 볼 수 있을까요? 잠시 자기 생각을 정리한 후 다음으로 넘어가도록 합시다.

$ax^2+bx+c=0$에서 ax^2은 x에 관한 이차식이고, bx는 x에 관한 일차식, c는 상수항입니다. 상수항은 x에 관한 영차식이라고도 하지요. 차수가 3가지인데, 결론적으로 이차식이라 불립니다. 어떤 원칙에 따른 걸까요? 다항식의 차수는 차수가 가장 큰 항의 차수로 결정합니다.

다항식에서는 차수가 가장 큰 항의 차수가 그 다항식의 차수입니다. $x+5$에는 일차항과 상수항이 있으므로 이 다항식은 x에 관한 일차식입니다. $2x^3+x^2-x+2$는 차수가 가장 큰 항의 차수가 삼차이므로 이 다항식은 x에 관한 삼차식이지요.

차수라는 것은 우리가 식을 계산할 때 여러 가지로 중요한 역할을 합니다. 차수를 알아야 다항식의 덧셈과 뺄셈을 원활히 계산할 수 있고, 항을 비교할 수도 있습니다. 특히 식을 간단히 하려면 동류항끼리 정리를 해야 하는데 동류항은 차수와 밀접한 관계가 있지요.

정의를 부정하면?

이미 정해진 수학 개념이라도 그렇게 하지 않으면 어떤 일이 벌어질까 생각해 봄으로써 수학적 사고와 이해를 넓힐 수 있다. 다항식의 차수를 최저 차수나 중간 차수로 정하면 어떻게 될까 고민해 보자.

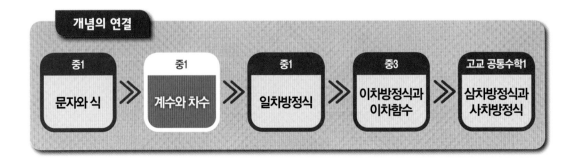

개념의 연결

중1	중1	중1	중3	고교 공통수학1
문자와 식	계수와 차수	일차방정식	이차방정식과 이차함수	삼차방정식과 사차방정식

xy는 제곱이 없으니까 일차식 아닌가요?

 차수는 주목하는 문자에 따라 결정됩니다. 보통 상황에서 x와 y는 둘 다 변수입니다. 차수는 주목하는 문자가 곱해진 개수이므로 둘 다 주목하는 문자일 경우 xy는 이차식이 됩니다.

$y = \dfrac{k}{x}$(단, k는 상수)로 표현되는 반비례식은 $xy = k$로 고칠 수 있습니다. 반비례 그래프는 쌍곡선이라고 알려져 있는데, 쌍곡선은 고등학교에서 배우는 대표적인 이차곡선 중 하나입니다. 즉, 차수가 '2'라는 것이지요.

그런데 만약 주목하는 문자가 x뿐이라면 xy는 x에 관한 일차식이고, y는 x의 계수라고 할 수 있습니다.

 이차식 $3(x^2 + 3x - 5)$의 계수의 총합을 구하는 문제에서 상수항도 계수에 포함되나요?

 상수항도 항이고, 차수로 말하면 영차식입니다. 그래서 모든 계수의 합을 구하라고 하면 여기에 상수항도 포함시켜야 합니다. 분배법칙을 이용하여 이차식을 계산하면

$$3(x^2 + 3x - 5) = 3x^2 + 9x - 15$$

가 되지요. 항이 3개인데, 이차항 x^2의 계수는 3, 일차항 x의 계수는 9, 그리고 영차항(상수항)의 계수는 -15입니다. 따라서 계수의 총합은 $3 + 9 + (-15) = -3$입니다.

계수의 총합을 구하는 다른 방법은 주목하는 문자에 1을 대입하는 것입니다. 그러면 계수만 남기 때문에 그 식의 값이 바로 계수의 총합이 되지요. 그래서 주어진 식에 $x = 1$을 대입하여 $3 \times (1 + 3 - 5)$ $= 3 \times (-1) = -3$으로 구할 수도 있고, 분배법칙으로 계산한 식에 $x = 1$을 대입하여 $3 + 9 - 15$ $= -3$과 같이 구할 수도 있습니다.

$5x - 3x = 2$ 아닌가요?

아! 그렇구나

문자와 수가 포함된 일차식의 계산에서 계수와 문자를 구분하지 못하면 문자는 문자끼리 빼고, 수는 수끼리 뺄 가능성이 있습니다. 수와 문자의 곱, 즉 항에서 계수의 의미를 정확히 이해하지 못하면 언제든 문자도 빼 버리는 실수를 할 수 있습니다.

30초 정리

일차식의 덧셈
① 동류항끼리 모아서 계산한다.
② 괄호가 있으면 괄호를 먼저 풀고 동류항끼리 계산한다.

일차식의 뺄셈
빼는 식의 각 항의 부호를 바꾸어 덧셈으로 계산한다.

일차식의 덧셈과 뺄셈의 핵심은 동류항 계산입니다.

일차식을 정리하면 일차항과 상수항 등 두 종류의 항이 나오는데, 이때 동류항끼리 모으면 식을 간단히 할 수 있습니다. 동류항이란 다항식 $5x + 3 + 7x - 2$에서 $5x$, $7x$와 같이 문자와 차수가 각각 같은 항을 말합니다. 특히, 3, -2 등과 같은 상수항은 모두 동류항입니다. 그러나 $5x$와 $2y$는 문자가 다르기 때문에 동류항이 아니며, $2x^2$과 $-3x$는 문자는 같지만 차수가 다르기 때문에 동류항이 아닙니다.

일차식의 덧셈과 뺄셈은 동류항끼리 모아서 계산합니다. 괄호가 있으면 괄호를 먼저 풀고 동류항끼리 계산합니다.

$$
\begin{aligned}
(4x + 3y) + (2x - 2y) &= 4x + 3y + 2x - 2y \\
&= 4x + 2x + 3y - 2y \\
&= (4 + 2)x + (3 - 2)y = 6x + y
\end{aligned}
$$

일차식의 뺄셈은 빼는 식의 각 항의 부호를 바꾸어 덧셈으로 계산합니다.

$$
\begin{aligned}
(4x + 3y) - (2x - 2y) &= 4x + 3y + (-2x + 2y) \\
&= 4x - 2x + 3y + 2y \\
&= (4 - 2)x + (3 + 2)y = 2x + 5y
\end{aligned}
$$

일차식에 수를 곱할 때는 분배법칙을 이용하여 일차식의 각 항에 그 수를 곱하여 계산합니다.

$$
2 \times (3x - 4) = \underset{①}{2 \times 3x} - \underset{②}{2 \times 4} = 6x - 8
$$

또 일차식을 수로 나눌 때는 나누는 수의 역수를 곱하여 계산합니다.

$$
(6x + 3) \div 3 = (6x + 3) \times \frac{1}{3} = \underset{①}{6x \times \frac{1}{3}} + \underset{②}{3 \times \frac{1}{3}} = 2x + 1
$$

1학년
변화와
관계

$3x$는 무엇일까요? 너무나 쉽게 그리고 자주 사용하는 간단한 식인데, 그 개념을 정확히 모르고 사용하는 경우가 많습니다.

$3x$는 본래 $3 \times x$인데 가운데 곱셈 기호를 생략해서 간단히 $3x$로 표현한 것입니다. 수와 문자 사이의 곱셈 기호는 생략할 수 있다고 했지요. 여기서 주의할 점은 수 사이의 곱셈 기호는 생략할 수 없다는 것입니다.

그럼 $3 \times x$라는 곱셈의 의미는 무엇일까요? 초등학교 2학년에서 처음 배운 곱셈의 개념과 연결해야 합니다. 곱셈은 덧셈에서 왔습니다. 곱셈의 개념은 동수누가(同數累加)입니다. 즉 '같은 수를 여러 번 더한다'는 것이 곱셈의 개념입니다. 그러므로 $3x$는 x를 3번 더하는 것, 즉

$$3x = x + x + x$$

와 같습니다.

이와 비슷하게 $3(n-2) = 3n-6$이 되는 이유를 어떻게 설명할 수 있을까요?

그냥 분배법칙을 이용하면 된다고 하면 그만인 아이들이 많은데, 수학에서 법칙이란 공식과 성질, 정리라고도 하지요. 이것들은 그냥 성립되는 것이 아니고 반드시 증명해서 밝혀야 할 대상입니다. 그러므로 분배법칙을 이용하는 것은 기본 개념이 아닐 수 있습니다.

분배법칙을 정확히 표현하면 덧셈에 대한 곱셈의 분배법칙이지요. 그러므로 분배법칙의 기본 개념은 곱셈입니다. $3(n-2) = 3 \times (n-2)$이므로 이것은 덧셈으로 보면 $(n-2)$를 3번 더하는 것과 같습니다.

$$3(n-2) = (n-2) + (n-2) + (n-2) = 3n-6$$

이라고 설명할 수 있어야 하겠습니다.

Q. '$3(x+2) - 2(x-1)$을 간단히 정리하라.'는 문제에서처럼 괄호 앞에 음수가 곱해지면 부호가 헷갈리는데 어떻게 풀어야 하나요?

A. 괄호 앞에 수가 곱해진 것이 하나만 있다면 간단하게 분배법칙을 이용하면 됩니다. 그런데 이 문제와 같이 그런 것이 2개나 되고, 또 괄호 앞에 음수가 곱해지면 해결하기가 쉽지 않습니다.

뺄셈의 원리에 있어서는 유리수의 뺄셈을 일관되게 이용해야 합니다. 유리수에서는 뺄셈의 '빼는 수의 부호를 바꾸어' 더한다는 원리를 이용했습니다. 마찬가지로 일차식의 뺄셈에서도 '빼는 식의 각 항의 부호를 바꾸어' 덧셈으로 계산합니다.

각각에 분배법칙을 적용하면 $3(x+2) = 3x + 6$, $2(x-1) = 2x - 2$이므로
$$3(x+2) - 2(x-1) = (3x+6) - (2x-2) = 3x + 6 - 2x + 2 = x + 8$$
과 같이 풀면 되겠습니다.

Q. 교과서에 나오는 '$\dfrac{3x-1}{2} - \dfrac{2x+6}{3}$을 간단히 하시오.'라는 문제의 정답은 $x = 3$ 아닌가요?

A. 일차식의 계산에 관한 문제 중 분수가 포함된 것이네요. 이 문제에서 요구하는 것은 x의 값이 아니라 식을 간단히 하는 것입니다. 일차식의 덧셈과 뺄셈의 원리에 따라 동류항을 정리하라는 것이지요.

분수가 있다고 해서 개념이나 원리가 달라지는 것은 아닙니다.

주어진 식은 분모가 달라서 뺄셈을 할 수 없으므로 분모를 똑같은 수로 고쳐야 합니다. 이것을 통분이라고 하지요. 통분을 할 때는 분모의 최소공배수 6을 이용하는 것이 가장 간편합니다.

$$\frac{3x-1}{2} - \frac{2x+6}{3} = \frac{3(3x-1)}{6} - \frac{2(2x+6)}{6}$$
$$= \frac{9x-3}{6} - \frac{4x+12}{6} = \frac{(9x-3)-(4x+12)}{6} = \frac{5x-15}{6}$$

여기가 끝인데, 학생들은 뭔가 마무리되지 않은 것처럼 불안해하면서 기어이 이 값을 0으로 두고 x의 값을 구해서 $x = 3$을 만들어 내고야 맙니다.

$x = 3$이라는 결과는 이 문제가 아니라 일차방정식에서 나옵니다. 즉, '방정식 $\dfrac{3x-1}{2} - \dfrac{2x+6}{3} = 0$을 만족하는 해를 구하라.'는 문제에 대한 답이 $x = 3$인 것입니다.

$5x = 2x + 3x$처럼
식에 x가 들어 있으면 방정식 아닌가요?

어, x가 들어 있는 방정식이네. 어디 한번 실력 발휘를 해 볼까?

$5x = 2x + 3x$

x가 있는 항을 모두 왼쪽으로 보내면… $5x-2x-3x=0$, $0x=0$, 그럼 x의 값은…?

아! 그렇구나

　방정식은 식에 문자 x가 들어간 것만을 의미하지 않습니다. 등호가 있는 식을 등식이라 하는데, 등식 중 문자 x의 값에 따라 참이 되기도 하고 거짓이 되기도 하는 등식을 x에 관한 방정식이라고 합니다. 등식 $5x = 2x + 3x$는 x에 어떤 값을 넣어도 항상 참이 되기 때문에 방정식이 아니라 항등식이라고 하지요.

30초 정리

등식의 종류
　방정식 : x의 값에 따라 참이 되기도 하고 거짓이 되기도 하는 등식
　항등식 : x가 어떤 값을 가지더라도 항상 참이 되는 등식

식과 등식을 분리하여 생각하기는 어렵습니다. 마찬가지로 등식 내에서 방정식과 항등식을 구분하는 것이 어렵지요. 또한 방정식과 함수의 차이를 이해하는 것도 어렵답니다.

등식은 무엇일까요? 등식의 핵심은 등호 (=)입니다. 식에 등호가 있으면 등식이라고 합니다. $2x-4$는 (일차)식이고, 여기에 등호와 또 다른 한쪽을 붙인 $2x-4=2$는 등식입니다.

이번에는 방정식과 항등식을 구분해야 합니다.

등식 $3x=x+2x$는 미지수 x에 어떤 수를 대입하여도 항상 참이 됩니다. 이와 같이 x가 어떤 값을 가지더라도 항상 참이 되는 등식을 x에 관한 항등식이라고 합니다. 한편, 등식 중 x의 값에 따라 참이 되기도 하고 거짓이 되기도 하는 등식을 x에 관한 방정식이라고 합니다. 이때 문자 x를 미지수라 하고, 방정식을 참이 되게 하는 미지수 x의 값을 그 방정식의 해 또는 근이라고 합니다. 또, 방정식의 해를 구하는 것을 방정식을 푼다고 하지요.

해 또는 근

방정식의 해 또는 근은 등식(방정식)의 양쪽을 같게 하는 값을 말한다. 참고로 해(解)는 '풀다'라는 뜻이고, 근(根)은 '뿌리'라는 뜻이다.

다음 표에서 등식 $2x-1=1$의 x에 $-1, 0, 1, 2$를 대입하여 등식이 참이 되는지 거짓이 되는지를 직접 알아보세요.

	왼쪽	오른쪽	참, 거짓
-1	$2 \times (-1) - 1 = -3$	1	거짓
0			
1			
2			

직접 확인해 본 바와 같이 등식 $2x-1=1$은 x의 값에 따라 참이 되기도 하고 거짓이 되기도 하므로, 이 등식은 항등식이 아니고 x에 관한 방정식입니다.

$x + 2x = 3x$와 같이 문자로 된 식의 덧셈, 뺄셈 등의 사칙연산 결과를 나타낸 식은 항등식입니다. 중3에 나오는 '다항식의 곱셈공식'이나 '인수분해 공식', 고1에 나오는 '다항식의 나눗셈식'도 모두 항등식입니다. 중1이 아닌 그 이후에 나오는 내용이지만 이들 식을 가지고 해당 내용을 직접 확인해 보는 활동은 나름의 의미를 지닙니다.

다항식의 곱셈공식 중 $(x + 1)(x - 1) = x^2 - 1$의 양쪽에 x 대신 $-2, -1, 0, 1, 2$를 대입해 보세요. 어떤가요? 항상 양쪽이 같나요? 만약 이 등식이 항등식이 아니라면 겉으로는 이차식처럼 보이기 때문에 해는 많아야 2개뿐입니다(이런 것도 나중에 배우지요). 그런데 벌써 해가 5개나 되잖아요? 그래서 이 등식은 방정식이 아닌 항등식입니다.

인수분해 공식은 곱셈공식의 반대이므로 확인할 필요는 없을 것입니다.

고1에 나오는 다항식의 나눗셈식 중 삼차식 $x^3 + x^2 + x + 1$을 이차식 $x^2 - 2$로 나누면 몫이 $x + 1$, 나머지가 $3x + 3$이므로 이를 초등학교 때의 나눗셈과 같은 방식으로 쓰면 $x^3 + x^2 + x + 1 = (x^2 - 2)(x + 1) + 3x + 3$이 됩니다. 이 식의 양쪽에 $-2, -1, 0, 1, 2$를 대입해 보면 역시 항상 양쪽이 같습니다.

이와 같이 평상시 공식처럼 외우는 등식 모두가 항등식에 해당합니다.

그런데 방정식에는 '해(근)를 구한다' 또는 '방정식을 푼다'는 말이 있지만, 항등식에는 '해'나 '근' 또는 '푼다'는 말이 없습니다. 이상하지요. 그게 방정식과 항등식의 차이랍니다. 뜻에서 나타나는 차이는 어떨 때만 참인지, 항상 참인지의 차이입니다. 하지만 관심사의 차이도 있습니다. 방정식에서는 어떨 때만 참이기 때문에 바로 그 참이 되는 때가 중요합니다. 반면 항등식은 항상 참이기 때문에 참이 되는 때가 중요하지 않습니다. 대신 다른 것에 관심이 있는데 이 부분은 고1에서 자세히 다룰 것입니다.

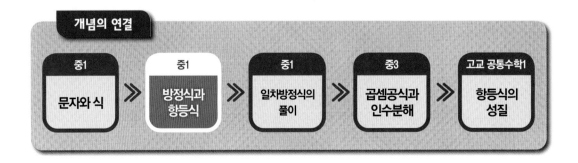

개념의 연결

중1
문자와 식

중1
방정식과
항등식

중1
일차방정식의
풀이

중3
곱셈공식과
인수분해

고교 공통수학1
항등식의
성질

Q. 식과 등식 그리고 방정식이라는 용어 속에 모두 '식'이라는 말이 있는데, 그럼 이 세 용어는 모두 같은 말인가요?

A. 세 용어는 서로 비슷한 말이지만 쓰이는 곳에 조금씩 차이가 있지요.

식은 가장 보편적인 말입니다. 초등학교 교과서의 '다음 문제를 풀어 식과 답을 쓰시오.'라는 문장에 쓰인 식은 풀이 과정을 나타냅니다. 중학교에 올라오면 특히 문자를 사용할 때 식이라는 말을 사용합니다. 다항식(중1), 유리식과 무리식(고1) 등이 그 대표적인 표현이지요. 또 다항식은 그 차수에 따라 일차식, 이차식, 삼차식 등의 용어로 표현됩니다.

이와 같은 문자식에는 등호가 없습니다. 문자식에 등호 $=$ 가 포함되어 양쪽에 식이 있게 되면 그때부터 등식이라고 합니다. 문자가 포함된 등식은 그 문자가 어떤 값을 갖느냐에 따라 양쪽이 같아질 수도, 달라질 수도 있습니다. 그래서 어떤 값에 따라 같아질 수도 달라질 수도 있는 등식을 방정식, 값에 상관없이 항상 같은 식을 항등식으로 분류합니다.

Q. 등식을 보고 이것이 방정식인지 항등식인지 어떻게 알 수 있나요?

A. 등식이 항등식인지를 알아보는 가장 간단한 방법은 등호의 양쪽이 서로 같은 식인지를 확인하는 것입니다. 방정식의 관심사는 언제 참이 되는가 하는 것이므로 방정식에 있어서는 '방정식을 풀어라.' 또는 '등식이 성립하는 x의 값을 구하라.' 등의 문제가 만들어집니다.

그런데 항등식은 항상 참이 되기 때문에 언제 참이 되는가 하는 것은 그 관심사가 아닙니다. 그래서 그런 질문은 없고, 대신 x의 값이 아닌 다른 값, 예를 들면 계수를 문자로 주고 그 값을 구하도록 합니다. '등식 $x^2 - a(x - 2) = x^2 + 3x + b$ 가 항등식이 되도록 상수 a, b의 값을 구하여라.' 같은 문제가 항등식 문제입니다. 즉, 등식이 항상 성립하기 위한 조건 등이 질문으로 나오지요. 항등식 문제는 고등학교에서 본격적으로 다룹니다.

$4x = 8$에서 이항하면 부호가 바뀌니까

$x = \dfrac{8}{-4} = -2$가 되는 게 맞죠?

아! 그렇구나

항(項)의 개념이 없으면 이런 실수를 하게 됩니다. 이항(移項), 즉 항을 옮기는 것은 덧셈이나 뺄셈으로 연결된 부분을 옮기는 것입니다. 상수항을 반대편으로 옮기는 것은 이항이지만 문자 x의 계수는 x와 다른 항이 아니므로 문자 x의 계수를 옮기는 것은 이항이 아닙니다. x의 계수를 1로 고치는 과정에서는 양변을 같은 수로 곱하거나 나누는 등식의 성질을 사용합니다.

30초 정리

일차방정식

등식의 성질을 이용하여 등식의 어느 한 변에 있는 항을 부호를 바꾸어 다른 변으로 옮기는 것을 **이항**이라고 한다. 방정식에서 우변에 있는 모든 항을 좌변으로 이항하여 동류항을 정리하였을 때 (x에 관한 일차식) $= 0$의 꼴이 되는 방정식을 x에 관한 **일차방정식**이라고 한다.

$$x - 7 = 13$$
$$\text{이항}$$
$$x = 13 + 7$$

방정식 $x^2 + 2x - 1 = x^2 - x + 5$에는 겉으로 보기에 이차항이 존재하는 것처럼 보이지만 모든 항을 왼쪽으로 옮기면 이차항이 삭제되어 $3x - 6 = 0$과 같이 일차항과 상수항만 남습니다.

이와 같이 방정식에서 모든 항을 왼쪽으로 옮겨 동류항을 정리하였을 때

$$(x에\ 관한\ 일차식) = 0$$

의 꼴이 되는 방정식을 x에 관한 일차방정식이라고 합니다.

미지수가 x 하나뿐인 일차방정식이 x에 관한 일차방정식이다.

그런데 일차방정식의 해를 구할 때는 미지수를 포함한 항은 왼쪽으로, 상수항은 오른쪽으로 옮긴 후 동류항을 정리하여 풀면 편리합니다. 이런 과정에서 이용하게 되는 수학 원리는 등식의 성질입니다.

등식의 성질

1. 등식의 양변에 같은 수를 더하여도 등식은 성립한다.

   $a = b$이면 $a + c = b + c$

2. 등식의 양변에서 같은 수를 빼도 등식은 성립한다.

   $a = b$이면 $a - c = b - c$

3. 등식의 양변에 같은 수를 곱하여도 등식은 성립한다.

   $a = b$이면 $ac = bc$

4. 등식의 양변을 0이 아닌 같은 수로 나누어도 등식은 성립한다.

   $a = b$이면 $\dfrac{a}{c} = \dfrac{b}{c}$(단, $c \neq 0$)

등식의 성질은 곧 등식의 기본 원리

수학에서는 '성질'이라는 표현을 '뜻'이 아닌 '법칙', '공식' 등 다른 어떤 것으로부터 파생되는 것에 쓴다. 등식은 그 자체로 존재하는 것이기 때문에 '등식의 성질'이라고 하면 이름과 성격이 어울리지 않는다. 그래서 등식의 성질보다는 '등식의 기본 원리'라고 하는 것이 이해하기에 좋을 것이다.

이제 일차방정식 $3x - 1 = 5$를 등식의 성질(기본 원리)을 이용하여 풀어 봅시다.

먼저 왼쪽에 있는 상수항 -1을 없애기 위해 양변에 1을 더합니다.	$3x - 1 + 1 = 5 + 1$ $3x = 6$
x의 계수 3을 없애기 위해 양변을 3으로 나눕니다.	$\dfrac{3x}{3} = \dfrac{6}{3}$ $x = 2$

그러므로 일차방정식 $3x - 1 = 5$의 해는 $x = 2$입니다.

1학년
변화와
관계

등식의 성질을 이해하는 방법에는 여러 가지가 있지만 가장 많이 쓰는 것이 양팔 저울입니다.

평형을 이루고 있는 저울의 양쪽 접시에 같은 무게의 물건을 더하거나 양쪽 접시에서 같은 무게의 물건을 빼도 저울은 여전히 평형을 이루지요.

이것을 등식으로 바꾸면, '등식의 양변에 같은 수를 더하거나 등식의 양변에서 같은 수를 빼도 등식은 성립한다.'는 등식의 성질 1, 2가 됩니다.

이번에는 양쪽 접시에 올려놓은 물건의 무게를 같은 비율로 늘리거나 줄입니다. 그래도 저울은 여전히 평형을 이루지요.

이것을 등식으로 바꾸면, '등식의 양변에 같은 수를 곱하거나 등식의 양변을 0이 아닌 같은 수로 나누어도 등식은 성립한다.'는 등식의 성질 3, 4가 됩니다.

개념의 연결

중1	중1	중1	중3	고교 공통수학1
문자와 식	방정식과 항등식	일차방정식의 풀이	이차방정식의 풀이	여러 가지 방정식

방정식을 풀 때 이항하는 방법과 등식의 성질을 이용하는 방법이 있는데 둘 사이의 차이는 무엇인가요?

A. 등식의 성질은 사실 성질이라기보다 기본 원리라고 보는 게 맞습니다. 이항은 등식의 성질을 이용하면서 도출되는 방법이지요. 그러니까 등식의 성질은 모두가 인정해야 하는 보다 근본적인 원리이고, 이항은 등식의 성질에서 유추되는 방법인 것입니다.

그런데 이항은 등식의 어느 한 변에 있는 항을 부호를 바꾸어 다른 변으로 옮기는 것으로, 등식의 성질을 이용할 때보다 한 단계 빠른 장점이 있습니다. 하지만 항을 옮긴다는 개념이 헷갈려서 곱하거나 나눌 때도 부호를 바꾸는 실수를 자주 하게 될 수 있으니 등식의 성질만 가지고 방정식을 풀 것을 권합니다.

등식의 성질을 이용한 풀이	이항을 이용한 풀이
$x - 3 = 5$	$x - 3 = 5$
$x - 3 + 3 = 5 + 3$ (양변에 3을 더한다)	$x = 5 + 3$ (-3을 이항한다)
$x = 8$	$x = 8$

 일차방정식의 활용 문제를 꼭 방정식을 만들어 풀어야 하나요? 방정식을 만들지 않아도 풀리는 문제가 있던데요.

A. 사실 중1, 중2에 나오는 방정식이나 연립방정식의 활용 문제는 초등학교 교과서에도 나옵니다. 초등학교에서는 아직 문자를 배우지 않으니 방정식을 세우지 못할 뿐, 문제는 해결할 수 있지요.

예를 들어, 다음과 같은 학구산(鶴龜算) 문제는 방정식으로 풀 수도 있지만 식을 세우지 않고 '예상과 확인'이라는 전략을 사용하여 풀 수도 있답니다. 적당한 수를 예상하고, 그 결과를 확인하는 시행착오를 반복해서 문제를 해결하지요. 그런데 여러 번 시도해 봐야 하는 불편함이 있겠지요? 수치가 크면 방정식이 보다 편리하지요. 하지만 방정식의 단점은 식을 푸는 과정이 단순한 연산이라서 지루하고 재미가 없다는 것입니다.

우리 안에 학과 거북이 총 10마리 있다.
이들 다리의 합이 28개일 때,
학과 거북은 각각 몇 마리인가?

연립 방정식 (중2)	$\begin{cases} x + y = 10 \\ 2x + 4y = 28 \end{cases}$ 연립방정식을 풀면 $x = 6$, $y = 4$ 그러므로 학은 6마리, 거북은 4마리.
일차 방정식 (중1)	$2x + 4(10 - x) = 28$ 일차방정식을 풀면 $x = 6$ 그러므로 학은 6마리, 거북은 4마리.
예상과 확인 (초등)	학과 거북이 각각 5마리라면 다리는 30개. 이를 기준으로 마리 수를 조정해 본다. 그럼 학은 6마리, 거북은 4마리.

'셋째 줄, 네 번째'는 도대체 누구를 가리키는 건가요?

아! 그렇구나

순서쌍 (3, 4)라고 하면 이것이 (4, 3)과 무슨 관계일지 궁금해하는 아이들이 있습니다. (3, 4)나 (4, 3)은 서로 2개씩, 즉 쌍이라는 점이 같습니다. 하지만 순서까지 고려하면 서로 같지 않습니다. 3과 4가 하나씩인 것은 같지만 어느 수가 먼저인지를 따지면 같지 않지요.

30초 정리

순서쌍과 좌표

좌표평면 위의 한 점 P에서 x축, y축에 각각 내린 수선과 x축, y축이 만나는 점에 대응하는 수를 각각 a, b라고 하면, 점 P의 위치를 P(a, b)로 나타낼 수 있다. 이와 같이 두 수의 순서를 정하여 쌍으로 나타낸 것을 **순서쌍**이라고 한다.

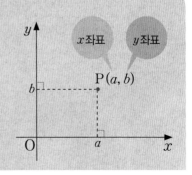

두 직선을 축으로 하는 이차원의 좌표평면 위에서 점의 좌표를 정한 방법을 생각하자면, 먼저 일차원의 한 직선인 수직선 위의 점의 좌표를 생각하는 것이 순서입니다. 그다음 이차원으로 확장하는 과정에서 좌표평면이 만들어지게 되지요.

수직선 위의 점 A, B, C에 대응하는 수는 각각 -3, 1, 4입니다. 이것을 기호로 나타내면 A(-3), B(1), C(4)가 됩니다.

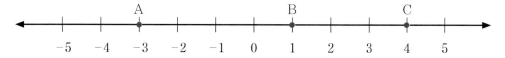

수직선 위의 점에 대응하는 수를 그 점의 좌표라 하고, a가 점 P의 좌표일 때 이를 기호로 P(a)와 같이 나타냅니다.

이제 수직선을 이차원으로 확장해 봅시다. 오른쪽 그림과 같이 두 수직선 x축과 y축이 수직으로 만나는 점을 원점 O라 할 때, 좌표축이 정해진 평면을 좌표평면이라고 합니다.

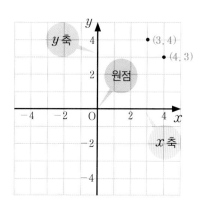

좌표평면 위의 한 점 P에서 x축, y축에 각각 내린 수선과 x축, y축이 만나는 점에 대응하는 수를 각각 a, b라고 하면, 점 P의 위치를 (a, b)로 나타낼 수 있습니다. 이와 같이 두 수의 순서를 정하여 쌍으로 나타낸 것을 순서쌍이라고 합니다. 순서를 정했기 때문에 점 (a, b)와 점 (b, a)는 서로 다른 점입니다. 예를 들어 $(3, 4)$와 $(4, 3)$은 다른 점입니다.

좌표평면 위에서 점 P에 대응하는 순서쌍 (a, b)를 점 P의 좌표라 하고, 좌표가 (a, b)인 점 P를 기호로 P(a, b)와 같이 나타냅니다. 특히, 원점 O의 좌표는 $(0, 0)$입니다.

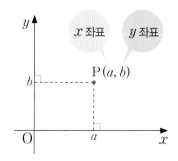

1학년
변화와
관계

좌표평면을 최초로 고안한 사람은 프랑스의 수학자 데카르트입니다. 어릴 때부터 몸이 좋지 않았던 데카르트는 학교에 가지 못하는 날이 많았습니다. 그런 날이면 혼자 침대에 누워 명상으로 많은 시간을 보냈는데, 이 명상 시간이 곧 자신의 연구 시간이 되었습니다.

대학에서는 법학과 의학을 공부했지만 흥미를 느끼지 못하고 군대에 자원입대하게 되는데, 거기서 수학자 아이작 베크만을 만나 수학의 매력에 빠지게 됩니다. 자신이 배웠던 학문에 항상 의심을 품었던 그가 의심 없이 진리에 도달할 수 있었던 유일한 학문이 바로 수학이었습니다.

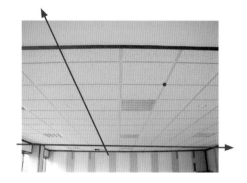

어느 날 평소와 같이 침대에 누워 명상을 하던 중 바둑판 모양의 천장을 기어 다니는 파리 한 마리를 보며 생각했습니다. '파리의 위치를 확실하고 쉽게 표현할 수 있는 방법이 없을까?' 이에 데카르트는 좌표평면을 고안해 내게 됩니다.

좌표평면을 만든 이유는 의사소통을 원활히 하기 위해서입니다. 대화에서 어떤 위치를 설명하려면 '어디서 얼마만큼, 어떤 방향으로'가 들어가야 그 내용이 명확해집니다. 예를 들면, '전주는 대전에서 남서쪽으로 87㎞ 떨어진 위치에 있다.'고 말해야 하는 것이지요. 이때 기준점인 대전, 그리고 남서쪽이라는 방향, 87㎞라는 거리, 이 3가지 정보가 동시에 주어져야 의사소통이 됩니다. 이런 것을 반영한 위치 표현을 수학에서는 극좌표라고 하는데, 극좌표 개념은 고등학교 과정인 벡터에서 다루고 있습니다.

중학교에서는 직교좌표라고 하는 좌표평면을 통해 위치를 나타내는 방법을 사용합니다. 여기에서는 원점을 기준점으로 정해 놓고 직교하는 두 축(x축, y축)을 이용하여 점의 위치를 나타내지요. 이와 비슷하게 전 세계의 위치를 표현할 때 하나의 기준점을 잡으면 모든 지점을 오직 하나의 좌표로 표시할 수 있습니다.

개념의 연결

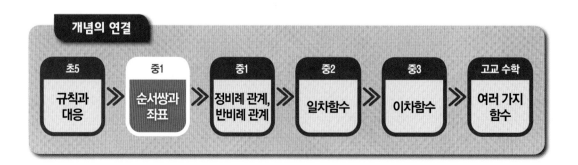

초5	중1	중1	중2	중3	고교 수학
규칙과 대응	순서쌍과 좌표	정비례 관계, 반비례 관계	일차함수	이차함수	여러 가지 함수

Q. 숫자가 2개면 그냥 '쌍'이라고 하면 되지 왜 '순서쌍'이라고 하나요? '쌍'과 '순서쌍'의 차이가 무엇인가요?

A. 중요한 질문입니다. 예를 들면 두 숫자 1, 2가 있을 때 둘을 묶어 $(1, 2)$로 나타내면 쌍이 되지요. 이때 이 둘을 순서에 상관없이 단순히 묶기만 한 것인지, 아니면 여기에 순서가 있는지에 따라 이 둘을 쌍이라 할 수도 있고, 순서쌍이라 할 수도 있습니다.

> 쌍 : $(1, 2) = (2, 1)$
> 순서쌍 : $(1, 2) \neq (2, 1)$

장미와 튤립 두 송이로 만들어진 꽃다발이 있습니다. 여기에는 어떤 순서가 필요 없으므로 이때는 '장미와 튤립으로 된 꽃다발' 또는 '튤립과 장미로 된 꽃다발'이라는 두 표현을 동시에 쓸 수 있습니다. 하지만 두 꽃이 별도의 화분에 심어져 복도 출입구에서부터 장미와 튤립의 순서로 놓여 있다면 (장미, 튤립)과 (튤립, 장미)는 서로 다른 것으로 봐야 합니다.

 Q. 좌표평면 위의 점 $P(a, b)$가 제2사분면 위의 점일 때, $Q(-a, -b)$는 제3사분면의 점인가요?

A. 많은 학생이 $-a$라는 표현을 보고 $-a$가 음수라고 단정합니다. 문자 a앞에 있는 음의 부호 $-$만 보고 판단한 것입니다. 이는 중학생이 넘어야 할 인지적인 벽 중 하나입니다. 초등학교에서 숫자만 다루다 중1이 되어 문자를 다루는 과정에 들어서면 그 앞에 벽이 생기기 쉽거든요. 숫자는 그 부호를 숨길 수 없지만 문자는 그 자체가 음수일 수 있습니다. 그래서 a가 -2와 같은 음수라면 $-a$는 $-(-2)$이므로 결국 $+2$, 즉 양수가 됩니다.

주어진 조건에서 보면 점 $P(a, b)$가 제2사분면 위의 점이므로 P의 x좌표는 음이고, y좌표는 양입니다. 즉, $a < 0$, $b > 0$이라는 것이지요. 이 조건을 이용하여 $Q(-a, -b)$의 위치를 조사합니다. '$-a$'에 대해서는 문자식에서 곱셈 기호가 생략됨을 기억해야 합니다. $-a$는 $(-1) \times a$에서 곱셈 기호를 생략하고 또 1을 생략한 표현입니다.

그러므로 $-a$와 $-b$는 부등식 $a < 0$, $b > 0$의 양변에 각각 -1을 곱한 것으로, 부등식의 성질을 이용하면 부등호의 방향이 바뀌어 $-a > 0$, $-b < 0$이 됩니다. 따라서 점 Q는 제4사분면 위의 점입니다.

똑같이 5cm 컸는데
왜 그래프는 다르게 보이나요?

아! 그렇구나

그래프를 해석하기 위해서는 주어진 그래프를 이루는 변수들이 각각 어떤 정보를 담고 있는지 정확히 파악해야 합니다. 같은 상황을 나타낸 그래프라 하더라도 눈금의 간격을 달리하면 전혀 다른 해석이 내려질 때도 있답니다. 따라서 그래프를 해석할 때에는 그래프의 형태만이 아니라 주어진 변수의 변화도 함께 살펴볼 필요가 있습니다.

30초 정리

변수

x, y와 같이 여러 가지로 변하는 값을 나타내는 문자를 변수라고 한다.

그래프

여러 가지 상황 또는 자료를 분석하여 두 변수 사이의 관계를 좌표평면 위에 그림으로 나타낸 것을 그래프라고 한다.

그래프는 두 변수 사이의 관계를 표현해 주는 유용한 도구입니다. 물론 두 변수 사이의 관계를 식이나 표로도 나타낼 수 있지만, 그래프는 시각적으로 변화의 정도를 나타낸 것이기 때문에 증가나 감소, 또는 주기적인 변화 등을 식이나 표보다 쉽게 파악할 수 있게 해 줍니다.

아래의 두 그래프는 시간에 따른 키의 변화를 나타낸 그래프입니다. 두 그래프를 해석해 보면서 그래프를 통해 얼마나 많은 정보를 얻을 수 있는지 알아보겠습니다.

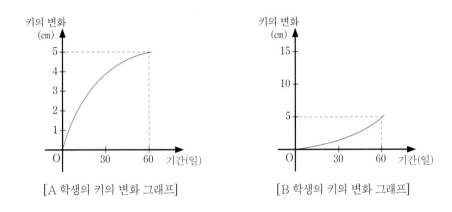

[A 학생의 키의 변화 그래프]　　　　[B 학생의 키의 변화 그래프]

두 그래프의 변수는 모두 기간과 키의 변화이며 이것은 그래프의 축의 이름으로 확인할 수 있습니다. 그리고 기간의 흐름에 따라 키의 변화가 나타나므로 기간을 가로의 수직선인 x축에, 키의 변화를 세로의 수직선인 y축에 둔 것입니다.

60일 동안 두 학생의 키의 변화는 어떻게 나타났나요? 언뜻 보기에는 A 학생이 B 학생보다 키가 훨씬 많이 자란 것처럼 보입니다. 하지만 y축의 눈금을 자세히 살펴보면 A 학생의 그래프의 눈금의 간격은 1(cm)이고, B 학생의 그래프의 눈금의 간격은 5(cm)임을 알 수 있습니다. 그리고 두 그래프 모두 점 $(60, 5)$를 지나고 있습니다. 따라서 그래프의 곡선 모양은 다소 다르지만, 결과적으로는 60일 동안 두 학생의 키가 똑같이 5cm씩 자랐다고 할 수 있습니다.

그럼 60일 이후의 키의 변화는 어떻게 나타날까요? 그래프의 곡선 모양을 살펴서 함께 추측해 보겠습니다. B 학생의 그래프는 점점 빠르게 증가하는 곡선이고, 반대로 A 학생의 그래프는 점점 천천히 증가하는 곡선입니다. 만약 이러한 형태로 계속 그래프가 그려진다면 60일 이후에는 A 학생보다는 B 학생의 키가 더 많이 자랄 것이라고 예상할 수 있습니다.

이처럼 그래프는 단순히 조사한 수치의 변화를 알려주는 데에 그치는 것이 아니랍니다. 그래프를 이용하면 두 변수 사이의 변화와 변화의 빠르기를 쉽게 파악할 수 있습니다. 뿐만 아니라 그래프에 나타나지 않은 앞으로의 상황도 예측할 수 있게 해 줍니다.

1학년
변화와 관계

두 개 이상의 그래프를 한 좌표평면에 그리면 여러 개의 그래프를 비교하기 쉽고, 각각의 그래프를 서로 관련지어 해석함으로써 훨씬 더 많은 정보를 얻을 수 있습니다.

다음은 3명의 친구가 100m 달리기를 하는 과정을 하나의 좌표평면에 그래프로 나타낸 것입니다. A, B, C 그래프는 이동 시간과 이동 거리 사이의 관계를 나타낸 것이므로, 각각을 살펴보면 특정 시각까지의 이동 거리 또는 특정 거리에 도착할 때까지 걸린 시간을 알 수 있습니다. 하지만 세 그래프를 함께 나타냈기 때문에 특정한 시각에서의 순위나 전체적인 빠르기의 비교도 가능합니다.

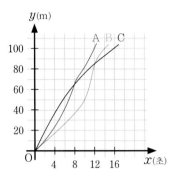

아래의 설명을 보기 전에, 다음 세 문제를 해결해 보세요.

1. 달리기를 시작한 지 10초가 지났을 때의 순위는 어떻게 되나요?

2. 결승점에 가장 늦게 도착한 사람은 누구인가요?

3. 출발 후 A, B, C 세 사람 중 한 사람이 다른 사람을 추월하는 경우가 있나요? 만약 있다면 출발 후 몇 초가 지났을 때인가요?

1번 문제는 x가 10일 때의 y의 값을 서로 비교하여 해결할 수 있습니다. 자세한 눈금이 표시되어 있지 않아 정확한 y의 값을 알 수는 없지만, 이동 시간이 10초일 때 가장 앞서 달리는 사람은 A, 가장 뒤에 있는 사람은 B임을 쉽게 알 수 있습니다. 그리고 100m 결승점에 도착하기까지 걸린 시간은 A는 12초, B는 14초, C는 16초이므로, 결승점에 가장 늦게 도착한 사람은 바로 C입니다. 또한 서로 다른 2개의 그래프가 교차하는 점이 바로 A, B, C 세 사람 중 두 사람이 만나는 때를 나타내므로, 출발한 지 8초가 지난 후 A가 C를 추월하고, 출발한 지 12초가 지난 후 B가 C를 추월하는 것을 알 수 있습니다.

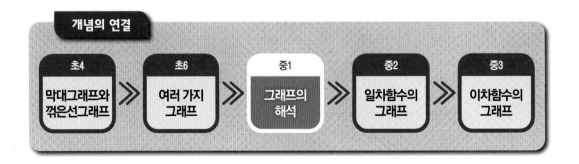

Q. 그림의 A, B는 밑면의 반지름의 길이가 서로 다른 원기둥 모양의 그릇입니다. 이 용기에 일정한 속력으로 x분 동안 물을 받을 때 용기에 담긴 물의 높이를 $y$cm라고 합니다. 그래프는 A, B 용기별로 x와 y사이의 관계를 나타낸 것이며, A 용기의 변화를 그린 것이 (ㄱ)이고, B 용기의 변화를 그린 것이 (ㄴ)이라고 하는데, 그 이유를 설명해 주세요.

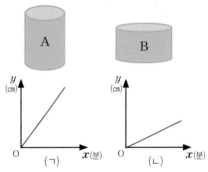

A. A 용기는 폭이 좁으니까 같은 시간 동안 물을 받으면 물의 높이가 B 용기에 비해 빨리 올라가겠죠. 그러므로 그래프 (ㄱ)은 A 용기의 변화에 대한 것이고, (ㄴ)은 B 용기에 대한 것이 맞습니다.

Q. 다음은 어느 해 6월 2일 한 바닷가의 해수면의 높이를 조사하여 그린 그래프입니다. 이 그래프를 이용해서 6월 4일 해수면이 가장 높은 시각을 어떻게 구할 수 있나요? (단, 해수면의 움직임의 주기는 약 12시간 30분으로 계산한다.)

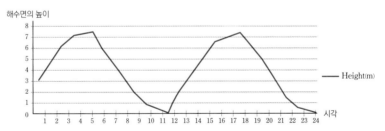

A. 시간에 따른 해수면의 높이의 변화를 나타낸 그래프를 살펴보면, 해수면의 높이가 가장 높은 시각은 5시와 17시 30분이고 해수면의 높이가 가장 낮은 시각은 11시 30분과 24시입니다. 즉 높이의 변화가 약 12시간 30분의 주기를 갖고 나타남을 알 수 있습니다. 따라서 이틀 후인 6월 4일에 해수면이 가장 높을 때의 시각 또한 6시 30분과 19시라고 예상할 수 있습니다. 이와 같이 그래프의 변화가 일정한 패턴을 이루고 있을 때는 미래에 대한 예측이 가능합니다. 기존의 축적된 자료를 통해 미래를 예측할 때 그래프가 유용하게 사용됩니다.

정비례 그래프는 원점에서 오른쪽으로 올라가고, 반비례 그래프는 반대로 내려가는 거죠?

아! 그렇구나

정비례와 반비례의 관계를 정확하게 이해하지 못하는 학생들이 많이 있습니다. 서로 영향을 주고받는 두 양 사이의 관계라는 것은 쉽게 받아들이지만, 하나의 양이 커질 때 다른 양도 함께 커지는 것을 정비례 관계, 하나의 양이 커질 때 또 다른 양은 작아지는 것을 반비례 관계라고 생각하지요. 하지만 정비례와 반비례는 커지고 작아지는 것으로 판단하는 것이 아니라, 각각의 양이 어떤 비율로 변화하는지를 파악하여 판단해야 합니다.

30초 정리

정비례 두 변수 x, y에서 x가 2배, 3배, 4배, …가 됨에 따라 y도 2배, 3배, 4배, …가 되는 관계가 있을 때 y는 x에 정비례한다고 한다.

반비례 두 변수 x, y에서 x가 2배, 3배, 4배, …가 됨에 따라 y는 $\frac{1}{2}$배, $\frac{1}{3}$배, $\frac{1}{4}$배, …가 되는 관계가 있을 때 y는 x에 반비례한다고 한다.

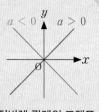

정비례 관계의 그래프

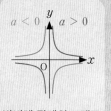

반비례 관계의 그래프

달리는 속도를 3단계로 조절할 수 있는 트레드밀이 있습니다. 1단계의 경우, 1분을 달릴 때마다 8kcal가 소모된다고 합니다. 그럼 2분을 달리면 16kcal가 소모되겠지요. 3분을 달리면 얼마의 열량이 소모될까요? 한 시간을 달렸을 때 소모되는 열량은요? 혹시 한 시간을 직접 달려 봐야 알 수 있을까요?

한 시간을 달리지 않아도 달리는 시간과 소모되는 열량 사이에 어떤 관계가 있다는 것을 이미 눈치 챘을 것입니다. 달리는 시간에 비례하여 소모되는 열량이 변한다는 사실을 말이지요.

시간이 흐를수록 소모되는 열량이 증가하는 것을 식으로 표현하면, 달린 시간(분)을 x라 하고 소모되는 열량(kcal)을 y라 할 때, x와 y사이에는 $y=8x$인 관계가 성립합니다. 대응표를 살펴보면 x의 값이 2배, 3배, 4배, …로 변할 때, y의 값도 2배, 3배, 4배, …로 변하는 것을 알 수 있습니다. 바로 이러한 관계를 정비례 관계라 하고, 'y는 x에 정비례한다.'고 합니다.

		2배	3배	4배	
x	1	2	3	4	…
y	8	16	24	32	…
		2배	3배	4배	

그렇다면 이번에는 반비례 관계를 알아볼까요?

트레드밀의 속도의 단계를 1단계 높일수록 1분마다 소모되는 열량이 2배씩 증가한다고 합니다. 480kcal의 열량을 소모하고 싶다면 각 단계마다 몇 분의 시간의 필요할까요? 1단계의 경우 1분을 달릴 때마다 8kcal가 소모되므로 $\frac{480}{8}=60$분의 시간이 필요합니다. 비슷한 방법으로 2, 3단계에 대해서도 필요한 시간을 구해보면, 각각 $\frac{480}{16}=30$(분), $\frac{480}{24}=20$(분)임을 알 수 있습니다. 1분당 소모되는 열량이 커질수록 필요한 시간이 단축되는 것을 식으로 표현하면, 1분당 소모되는 열량을 x라 하고 필요한 시간을 y라 할 때, x와 y사이에는 $y=\frac{480}{x}$인 관계가 성립합니다. 두 변수 사이의 관계를 표로 나타내어 살펴보면 x의 값이 2배, 3배로 변할 때, y의 값은 $\frac{1}{2}$배, $\frac{1}{3}$배로 변하는 것을 알 수 있습니다. 바로 이러한 관계를 반비례 관계라 하고, 'y는 x에 반비례한다.'고 합니다.

		2배	3배
x	8	16	24
y	60	30	20
		$\frac{1}{2}$배	$\frac{1}{3}$배

이처럼 하나의 상황 속에서도 관계를 하나하나 따져보면 무엇을 x와 y로 정하느냐에 따라서 그 둘 사이의 관계는 정비례가 되기도 하고 반비례가 되기도 합니다.

두 변수 사이의 관계가 정비례 관계일 때, 이 둘의 관계를 식으로 나타내면 왜 항상 $y=ax(a\neq0)$의 꼴이 될까요? 그 이유는 바로 정비례 관계의 의미에서 찾을 수 있습니다.

두 변수 x, y가 정비례 관계라면, x의 값이 2배, 3배, 4배, …가 될 때 y의 값도 2배, 3배, 4배, …가 됩니다. 만약 x가 1일 때의 y의 값을 a라 하면, x가 2일 때의 y의 값은 a의 2배인 $2a$, x가 3일 때의 y의 값은 a의 3배인 $3a$, …가 됩니다. 즉, 두 변수 x와 y사이의 관계가 $y=ax(a\neq0)$로 나타내어짐을 알 수 있습니다.

x	1	2	3	4	…
y	a	$2a$	$3a$	$4a$	…

그렇다면 정비례 관계를 나타내는 그래프는 어떤 모양일까요?

예를 들어 값의 범위가 수 전체일 때의 $y=3x$의 그래프를 그려야 한다면 식을 만족하는 무수히 많은 순서쌍을 일일이 다 구해야 할까요? 이럴 때에는 몇 개의 순서쌍을 구한 다음 나머지 점의 위치를 추측하는 지혜를 발휘하면 됩니다.

실제로 $y=3x$에서 x의 값의 간격을 점점 더 좁혀 가며 점을 찍으면 [그림 1]과 [그림 2]에서 볼 수 있듯이 새로 찍히는 점이 처음 찍은 점 사이에 일직선으로만 찍히는 것을 발견할 수 있습니다. 그래서 이 과정을 계속하면 $y=3x$의 값의 범위가 수 전체일 때 $y=3x$의 그래프는 [그림 3]과 같이 원점을 지나는 직선이 되는 것으로 추측할 수 있습니다. 실제로 $y=3x$의 그래프는 원점을 지나서 오른쪽 위로 올라가는 직선입니다.

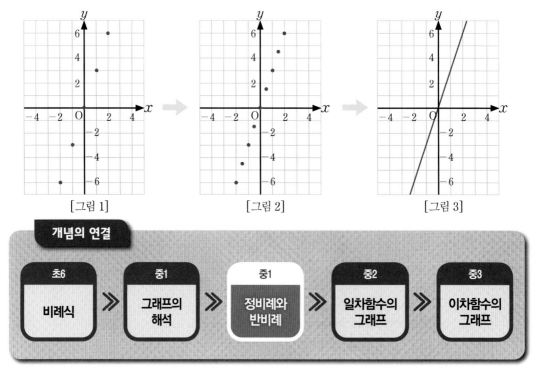

[그림 1]   [그림 2]   [그림 3]

개념의 연결

초6	중1	중1	중2	중3
비례식	그래프의 해석	정비례와 반비례	일차함수의 그래프	이차함수의 그래프

$y=-3x$는 x의 값이 커질 때 y의 값이 작아지므로 반비례 관계가 아닌가요?

 두 변수 사이의 관계가 정비례 관계인지 반비례 관계인지를 구분하는 기준은 증가나 감소가 아닙니다.

x의 값이 변할 때 y의 값이 어떻게 변하는지가 중요한 구분 기준입니다.

대응표를 만들어 $y=-3x$의 x와 y의 값의 변화를 살펴볼까요?

x	1	2	3	4	…
y	-3	-6	-9	-12	…

x가 1에서 2, 3, 4, …로 1의 2배, 3배, 4배, …가 될 때 y의 값도 -3에서 -6, -9, -12, …로 -3의 2배, 3배, 4배, …가 됩니다. 따라서 $y=-3x$는 반비례 관계가 아닌 정비례 관계이지요. 값의 크기의 변화에 초점을 두는 것이 아니라 하나의 변수의 변화에 따른 다른 변수의 변화의 비에 초점을 두어야 한다는 사실을 기억하세요.

반비례 관계를 나타내는 그래프는 왜 양쪽으로 그려지나요?

예를 들어 반비례 관계 $y=\dfrac{6}{x}$에서 그 값을 구하기 쉬운 x의 값 -6, -3, -2, -1, 1, 2, 3, 6 등 8개에 대한 순서쌍을 구해 점을 찍으면 아래 [그림 1]이 나옵니다. 이 상태로는 전체적인 윤곽을 추측하기 어려우므로 0.5로 순서쌍의 간격을 좁히면 [그림 2]와 같이 윤곽이 드러나 추측이 가능해지지요. x의 값의 범위가 0이 아닌 수 전체일 때 $y=\dfrac{6}{x}$의 그래프는 [그림 3]과 같이 좌표축에 접근하면서 한없이 뻗어 나가는 한 쌍의 매끄러운 곡선이 됨을 예상할 수 있습니다. 이것을 쌍곡선이라고 하지요.

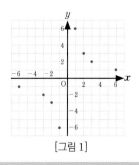

[그림 1]

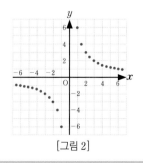

[그림 2]

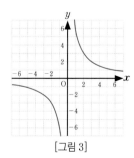

[그림 3]

크기가 같으면 모두 맞꼭지각인가요?

아! 그렇구나

맞꼭지각의 크기는 서로 같습니다. 그렇다고 크기가 같은 각이 맞꼭지각인 것은 아니지요. 수학의 정의를 제 맘대로 해석하여 거꾸로(역으로) 생각하는 아이가 많습니다. 전제 조건과 결론을 섞어 쓰는 것인데, 논리가 부족하면 이를 구분하기가 쉽지 않습니다. 맞꼭지각이 생기는 기본 전제 조건은 두 직선이 만나는 것입니다.

30초 정리

맞꼭지각

그림과 같이 두 직선 l과 m이 한 점에서 만날 때 생기는
네 각 $\angle a$, $\angle b$, $\angle c$, $\angle d$를 두 직선의 교각이라고 한다.
이때 $\angle a$와 $\angle c$, $\angle b$와 $\angle d$와 같이 서로 마주 보는 교각을
맞꼭지각이라고 한다.
맞꼭지각은 그 크기가 서로 같다.

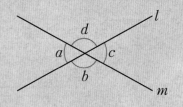

오른쪽 그림에서

$$\angle a + \angle b = 180°, \angle b + \angle c = 180°$$

이므로 $\angle a + \angle b = \angle b + \angle c$입니다.

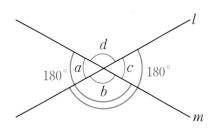

등식의 성질에 따라 양변에서 똑같이 $\angle b$를 빼면 $\angle a = \angle c$가 남습니다. 즉, 맞꼭지각의 크기가 서로 같습니다.

같은 방법으로 $\angle b = \angle d$임도 알 수 있습니다.

이렇게 두 직선이 만나서 생기는 4개의 각 중 서로 마주 보는 두 쌍의 맞꼭지각의 크기는 서로 같습니다. 이 사실을 처음 확인한 수학자는 그리스의 탈레스랍니다.

맞꼭지각은 우리 주변에서 쉽게 만날 수 있지요. 맞꼭지각의 성질을 확인할 수 있는 대표적인 물건으로는 가위가 있습니다. 가위의 두 날이 벌어지면 각이 생기는데, 이는 2개의 직선이 만나 생기는 교각이므로 맞꼭지각입니다. 손가락을 움직이면 그에 따라 가윗날 사이의 각의 크기도 함께 변합니다. 즉, 손가락을 오므리면 날 사이의 각의 크기가 작아지고, 벌리면 날 사이의 각의 크기가 커집니다.

옷걸이 역시 아무리 움직여도 서로 마주 보는 맞꼭지각의 크기는 늘 같답니다. 접이식 의자의 다리, 출입을 통제하는 주름문에서도 맞꼭지각을 볼 수 있습니다.

1학년
도형과
측정

점은 그 길이를 잴 수 없고 넓이를 구할 수도 없습니다. 선은 길이를 잴 수 있지만 넓이는 구할 수 없습니다. 하지만 면에서는 길이를 잴 수 있을 뿐 아니라 넓이도 구할 수 있죠. 그래서 점, 선, 면이 모이면 꼭짓점과 변, 면이 생기고 그것은 다시 다양한 모양의 도형이 됩니다. 그래서 우리는 점, 선, 면을 도형의 기본 요소라고 배웁니다. 그리고 이 점, 선, 면을 더 확장해서 생각해 보면 세상의 모든 것에서 점, 선, 면을 찾아볼 수 있습니다.

점, 선, 면

점은 그 길이를 잴 수 없고, 넓이를 구할 수도 없다. 그리고 선은 길이는 잴 수 있지만 넓이는 구할 수 없다. 면에서는 길이를 재고 넓이도 구할 수 있다.

반듯반듯한 건축물에서는 쉽게 다양한 형태의 도형과 함께 점, 선, 면을 발견할 수 있죠. 세상은 다양한 도형의 세계라고 말할 수 있습니다.

그림과 같이 점이 연속적으로 움직이면 선이 되고, 선이 연속적으로 움직이면 면이 됩니다. 따라서 선은 무수히 많은 점으로 이루어지고, 면은 무수히 많은 선으로 이루어집니다.

개념의 연결

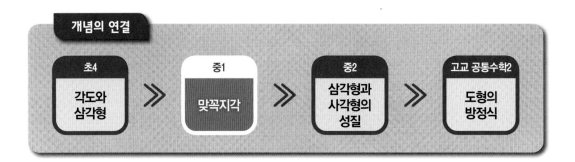

초4
각도와 삼각형

중1
맞꼭지각

중2
삼각형과 사각형의 성질

고교 공통수학2
도형의 방정식

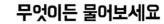

무엇이든 물어보세요

Q. 그림에서 ∠a − ∠b의 값을 구하려고 합니다. ∠a와 ∠b의 크기를
모르는데 어떻게 두 각의 크기의 차를 구할 수 있나요?

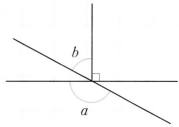

A. 주어진 조건만으로는 ∠a와 ∠b의 크기를 직접 구할 수 없으니 풀
수 없는 문제라고 생각할 수도 있겠네요. 하지만 그림에서 알려준
직각과 맞꼭지각의 성질을 이용하여 답을 구하도록 노력해 봅시다.

맞꼭지각은 두 직선이 만나서 생기는 네 각 중 서로 마주 보는 각을 말합니다. ∠a의 맞꼭지각을 찾아볼까
요? 바로 ∠b + 90°입니다. 맞꼭지각은 서로 크기가 같다는 성질이 있으므로 ∠a = ∠b + 90°가 됩
니다. 자, 이제 두 각의 크기의 차를 구할 수 있겠지요?

∠a − ∠b = 90°, 즉 두 각의 크기의 차는 90°이군요.

Q. 수학에서 반드시 참인 것으로 받아들여야 하는 것을 공리(公理)라고 했는데, 공리에는 무엇이 있나요?

A. 공리는 다른 것으로 증명할 수 없기 때문에 인정해야 하는 것입니다. 그렇다고 대단히 어려운 것은 아니고
우리가 이미 사용하고 있는 것으로 '이러한 것이 공리였구나!'라고 생각되는 것입니다.

그리스 시대 유클리드라는 수학자가 정리한 최초의 공리는 다음과 같습니다.

> 1. 같은 것에 같은 것은 서로 같다.
> 2. 같은 것에 같은 것을 더하면 그 전체는 서로 같다.
> 3. 같은 것에서 같은 것을 빼면 그 나머지는 서로 같다.
> 4. 서로 겹치는 둘은 서로 같다.
> 5. 전체는 부분보다 크다.

당연한 것 같죠? 처음 공부할 때는 이렇게 사소한 것도 정하지 않으면 안 되는 것이 수학의 논리랍니다.

동위각과 엇각은
항상 같은 것 아닌가요?

동위각과 엇각은 크기가 항상 같다고 한 거 같은데…

왜 동위각 b와 f가 서로 달라 보이지?

나, 나도…

같이 안과나 가 보자!

아! 그렇구나

평행선에 있는 동위각과 엇각은 그 크기가 같지만, 평행선이 아닌 경우에는 같지 않습니다. 동위각과 엇각의 크기가 같다는 성질을 이용하는 문제만 풀다 보면 중요한 전제 조건을 잊어버리게 되는 경우가 많답니다. 부정확한 지식 또는 오개념이 형성된 것은 개념을 적당히 이해한 상태에서 문제 풀이에 들어간 탓이지요.

30초 정리

평행선에서의 동위각과 엇각

두 직선이 한 직선과 만날 때

1. 두 직선이 평행하면 동위각 또는 엇각의 크기는 서로 같다.

2. 동위각 또는 엇각의 크기가 서로 같으면 그 두 직선은 평행하다.

'동위각', '엇각'은 평행선에서만 사용하는 말은 아닙니다.

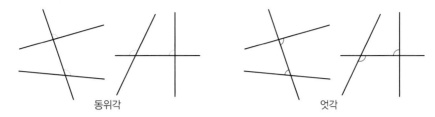

동위각　　　　　　　　엇각

평행선에서 동위각이나 엇각의 크기가 서로 같다는 성질은 직관적으로 이해하고 받아들이면 됩니다. 반대로, 동위각이나 엇각의 크기가 같으면 두 직선이 평행하다는 결론을 내려도 됩니다.

그림과 같이 평행한 두 직선 l, m과 다른 한 직선 n이 만날 때 생기는 동위각인 $\angle a$, $\angle c$의 크기는 서로 같습니다. 즉, $\angle a = \angle c$입니다. 또, 한 직선 n에 대하여 동위각인 $\angle a$, $\angle c$의 크기가 서로 같으면 두 직선 l, m은 평행합니다.

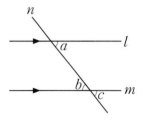

$\angle b$와 $\angle c$는 맞꼭지각으로서 크기가 서로 같으므로 $\angle b = \angle c$입니다. 그리고 앞에서 확인한 것처럼 $l \parallel m$일 때 동위각의 크기는 서로 같으므로 $\angle a = \angle c$입니다. 곧 $\angle a = \angle b$임을 알 수 있습니다. 즉, 평행한 두 직선 l, m이 다른 한 직선 n과 만날 때 생기는 엇각의 크기는 서로 같습니다.

또, 두 직선 l, m이 다른 한 직선 n과 만날 때 생기는 엇각 $\angle a$와 $\angle b$의 크기가 서로 같으면 두 직선 l, m은 평행합니다.

평행선에서의 동위각과 엇각

두 직선이 한 직선과 만날 때

1. 두 직선이 평행하면 동위각 또는 엇각의 크기는 서로 같다.
2. 동위각 또는 엇각의 크기가 서로 같으면 그 두 직선은 평행하다.

평행선의 성질

수학에서 어떤 사실을 증명할 수는 없지만 반드시 참인 것으로 받아들여야 하는 것, 즉 공리 중 기하학적인 내용을 갖는 것을 공준(公準)이라고 한다. 평행선의 성질은 공준이다. 문제 풀이에 많이 이용되므로 그대로 받아들이도록 한다.

1학년
도형과
측정

우리는 종종 동위각과 엇각이 '무조건' 같다고 생각합니다. 하지만 이들이 같으려면 반드시 '두 직선이 평행'이라는 단서가 있어야 합니다. 동위각과 엇각이라는 말은 두 직선이 평행이 아닐 때도 사용하는 말이기 때문입니다. 동위각에서 '동위(同位)'는 '같은 위치에 있다'는 뜻이고, 엇각은 '서로 엇갈려 있다'는 뜻이거든요. 두 직선이 평행하다는 조건이 없는데도 눈으로 보기에 적당히 평행하다고 해서 이때 생긴 동위각과 엇각을 '무조건' 같은 것으로 인정하고 문제를 풀면 전혀 엉뚱한 답을 내놓게 되지요.

동위각, 엇각과 비슷한 것으로 동측내각(同側內角)이 있습니다. 한자의 뜻을 풀이하면 '같은 방향으로 안쪽에 있는 각'이라는 뜻인데, 두 직선의 안쪽에서 마주 보는 두 각을 말합니다. 두 직선이 평행하지 않을 때도 동측내각이라고 말할 수 있는데, 평행선에서는 이들 동측내각의 크기의 합이 $180°$이기 때문에 이를 학습한 후에는 동측내각이라는 말만 들으면 평

행이라는 조건은 확인도 하지 않고 그 크기의 합이 $180°$라고 인정하는 잘못을 종종 범하지요.

평행한 두 직선 l, m이 이들과 평행하지 않은 한 직선과 만날 때 생기는 동측내각의 크기의 합은 $180°$입니다. 그림에서 $l /\!/ m$일 때, $\angle a + \angle b = 180°$ 또는 $\angle c + \angle d = 180°$인 이유를 설명할 수 있어야 합니다. 왜 그렇게 되나요?

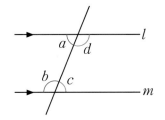

합이 $180°$가 되는 것은 평각입니다. 여기에 평행선의 성질을 사용하면 됩니다. 평각이 2개 보이네요. $\angle a + \angle d = 180°$, $\angle b + \angle c = 180°$

그다음 엇각이 보입니다. $\angle a = \angle c$, $\angle b = \angle d$

이제 결론이 나오나요? $\angle a + \angle b = 180°$와 $\angle c + \angle d = 180°$라는 사실을 동시에 설명할 수 있겠죠?

 Q. 평행선이 아닐 때도 동위각이나 엇각이라는 용어를 사용할 수 있나요?

A. 동위각이나 엇각은 평행선에서만 사용할 수 있는 용어가 아닙니다.

그림과 같이 두 직선 l, m이 다른 한 직선 n과 만날 때 생기는 각 중 $\angle a$와

$\angle e$, $\angle b$와 $\angle f$, $\angle c$와 $\angle g$, $\angle d$와 $\angle h$와 같이 같은 위치에 있는 각을 각

각 서로 동위각이라고 합니다. 또, $\angle b$와 $\angle h$, $\angle c$와 $\angle e$와 같이 엇갈린

위치에 있는 각을 각각 서로 엇각이라고 합니다.

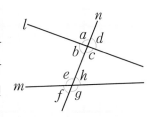

 Q. 잠수함에도 동위각과 엇각의 성질이 사용된다고 들었는데, 어떻게 이용되나요?

A. 물 아래의 잠수함에서는 물 밖으로 나오는 대신 잠망경이라는 거울을 통해 바깥 상황을 살핍니다. 물에서

나오지 않아야 잠수함이니까요.

잠망경의 기본 원리는 45°로 기울어진 2개의 평면거울에 빛이 반사되는 성질을 이

용하는 것입니다. 이때 두 거울은 평행이라는 조건을 갖춥니다. 참고로, 과학 시간에

배웠겠지만 일정한 방향으로 진행하는 빛이 평면거울에 반사될 때 입사각과 반사각

의 크기는 항상 같습니다.

그림에서 두 거울 A, B가 평행하므로 파란색의 두 각은 엇각으로 서로 같습니다. 그

리고 각 거울에서 입사각과 반사각의 크기가 같으므로 빨간색과 파란색 각의 크기

는 각각 45°로 서로 같습니다.

그러므로 잠망경을 통하여 수평으로 들어온 빛이 다시 수평으로 안에 있는 사람의

눈에 들어가는 것입니다. 결국 평행선에서의 엇각의 성질과 빛의 성질을 이용하여 잠망경의 원리를 설명

할 수 있습니다.

두 직선이 만나지도 않고 평행하지도 않다고요?

아! 그렇구나

직선의 위치 관계는 평면과 공간 모두에서 생각할 수 있는데, 평면에서만 보면 두 직선이 만나지도 않고 평행하지도 않은 위치 관계, 즉 꼬인 위치가 없습니다. 그래서 이런 경우 당황하게 되지요. 두 직선의 위치 관계를 평면과 공간으로 나눠 구분할 수 있도록 학습해야 하겠습니다.

30초 정리

공간에서 두 직선의 위치 관계			
한 점에서 만난다	평행하다	일치한다	꼬인 위치에 있다
l, m, P	l, m, P	$l = m$, P	l, m, P
한 평면 위에 있다			한 평면 위에 있지 않다

평면이나 공간에서의 기본 도형은 점과 직선, 그리고 평면입니다. 이들이 맺는 각각 또는 서로의 관계를 위치 관계라고 합니다. 각각의 위치 관계 중 두 점 사이의 위치 관계는 단순하기 때문에 교과서에서 별도로 취급하지 않습니다. 점과 평면 사이의 관계도 간단하기 때문에 다루지 않는 경향이 있습니다.

점과 직선 사이의 위치 관계는 어떨까요?

점과 직선의 위치 관계	
점이 직선 위에 있다	점이 직선 위에 있지 않다
$\underset{A}{\underline{\qquad\bullet\qquad}}\ l$	•B $\underline{\qquad\qquad}\ l$

여기서 주목할 부분은 용어입니다. 점이 직선 '위에(on)' (놓여) 있다는 표현이 어색할 수 있지만 교과서에서 그렇게 말하고 있으니 우리도 똑같이 사용하도록 합니다.

이번에는 두 직선의 위치 관계입니다. 평면과 공간으로 나눠 생각하기도 하지만 공간에서 한꺼번에 정리하는 것이 좋겠습니다.

공간에서 두 직선의 위치 관계			
한 점에서 만난다	평행하다	일치한다	꼬인 위치에 있다
P $\times$ l m	P l m	P $l = m$	P l m
한 평면 위에 있다			한 평면 위에 있지 않다

교과서 중에는 일치하는 경우에 대해서 이와 달리 설명하는 경우도 있습니다. 일치하면 어차피 똑같은 직선이 되어 버리는 관계로 두 직선이 아니라고 생각할 수 있기 때문이지요. 그런 경우에는 3가지의 위치 관계로 정리할 수 있습니다. 그리고 또 하나 중요한 것은 만나거나 평행한 경우는 모두 한 평면 위에서 일어나지만 꼬인 위치만큼은 한 평면 위에서 일어날 수 없다는 점입니다.

1학년 도형과 측정

이번에는 직선과 평면의 관계를 살펴볼까요?

공간에서 직선과 평면의 위치 관계		
한 점에서 만난다	평행하다	직선이 평면에 포함된다
l P	l P	l P

마지막으로 공간에서 두 평면의 위치 관계입니다.

공간에서 두 평면의 위치 관계		
한 직선에서 만난다	평행하다	일치한다
P Q	P Q	$P = Q$

이상의 내용을 오른쪽 정육면체에 적용해 보세요.

스스로 말할 수 있는 관계가 몇 가지나 되나요? 꼭 조사해 보기 바랍니다.

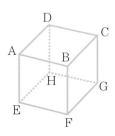

- **점과 직선의 위치 관계** 예)꼭짓점 A는 직선 AB 위에 있다.
- **두 직선의 위치 관계** 예)두 직선 AB, CG는 서로 꼬인 위치에 있다.
- **직선과 평면의 위치 관계** 예)직선 CD는 평면 EFGH와 평행하다.
- **두 평면의 위치 관계** 예)두 평면 ABCD, BFGC는 직선 BC에서 만난다.

개념의 연결

초4	초4	초5~6	중1	고교 기하
각도와 삼각형	수직과 평행	입체도형	점, 직선, 평면의 위치 관계	공간도형

Q. 그림을 보면 두 평면이 한 점에서만 만날 수 있는데 왜 위치 관계에는 이와 관련된 구분이 없나요?

A. 공간에서 두 평면의 위치 관계는 한 직선에서 만나는 경우, 평행한 경우, 일치하는 경우의 3가지로 나눌 수 있다고 앞서 설명하였습니다.

공간에서 다루는 기본 도형은 점과 직선과 평면입니다. 그리고 공간은 무한하다는 성질을 가지고 있습니다. 곧, 점은 위치만 나타내고 직선이나 평면은 시각적인 이해를 위해 그림으로 그리는 것일 뿐 실제로는 무한함을 전제로 생각해야 합니다.

그림을 보면 평면 위 두 직선 l, m은 서로 만나지 않는 것처럼 보이지만 한 평면 위에 있는 두 직선은 평행하지 않는 이상 반드시 만납니다.

평면 역시 형편상 평행사변형으로 그리는 것일 뿐 사실은 무한히 뻗어 나 간다는 것을 전제로 해야 합니다. 그래서 그림을 정확히 그리자면, 두 평면은 한 점에서만 만나는 것이 아니라 한 직선에서 만나게 됩니다.

Q. 교실만 둘러보아도 온통 점과 직선, 그리고 평면으로 이루어져 있습니다. 우리 교실에서 도형의 위치 관계를 얼마나 찾을 수 있을까요?

A. 교실이 도형으로 가득 차 있네요. 점은 모든 도형에 다 있고, 선은 입체도형에서 주로 모서리를 중심으로 생각하면 많이 찾을 수 있지요. 칠판 모서리, 책상 모서리, 창틀 등 무수히 많은 곳에서 선을 찾을 수 있습니다. 면은 일단 교실이 직육면체이므로 천장, 바닥 등에서 우선적으로 6개를 찾을 수 있습니다. 책상 면도 평면이네요. 따라서 이들의 위치 관계를 차분히 따져 보아야 합니다. 3가지 도형 각각의 관계와 서로 다른 것끼리의 관계로 나누어 살펴보면 보다 효율적입니다.

교실 바닥을 평면으로 생각할 때, 이 평면과 수직인 직선은 무엇일까?

의자 다리를 직선으로 생각하면…

작도한다고 눈금 없는 자를 가져오라는데, 모든 자에는 눈금이 있지 않나요?

아! 그렇구나

작도를 할 때는 눈금 없는 자와 컴퍼스만 사용합니다. 그런데 자에 눈금이 없다는 말을 이해하기가 어렵지요. 눈금 없는 자를 보기가 어렵기 때문입니다. 작도를 할 때 자는 두 점을 연결하여 선분을 그리거나 주어진 선분을 연장하는 데 사용하고, 컴퍼스는 원을 그리거나 주어진 선분의 길이를 옮기는 데 사용합니다.

30초 정리

작도 : 눈금 없는 자와 컴퍼스만을 사용하여 도형을 그리는 것

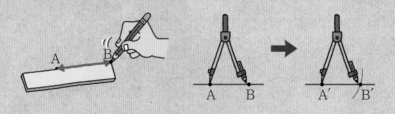

작도(作圖)란 그냥 '그림을 그리는 것'이라고 할 수 있습니다. 하지만 수학에서는 여기에 뭔가 까다로운 조건을 달았습니다. 그냥 그림을 그리는 것이 아니고 반드시 '눈금 없는 자와 컴퍼스만'을 사용하여 도형을 그리는 것을 작도라고 정했습니다. 고대 그리스의 수학자 플라톤은 '자와 컴퍼스 이외의 다른 도구를 이용하여 작도하는 것은 기하학의 장점을 포기하고 파괴하는 것'이라고 했습니다. 이와 같은 사상에 영향을 받은 고대 그리스 인들은 자와 컴퍼스로 작도할 수 있는 도형은 성스러운 것이고, 그 밖의 다른 도구를 사용해서 그릴 수 있는 도형은 천박한 것으로 생각하였다고 합니다.

이때 자는 눈금이 없기 때문에 길이를 재거나 같은 길이를 옮기는 데 사용할 수 없고 두 점을 잇는 선분이나 두 점을 지나는 직선을 그릴 때 사용합니다. 컴퍼스는 주어진 선분의 길이를 다른 직선 위로 옮기거나 원을 그릴 때 사용합니다.

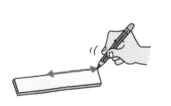 

가장 기본적인 작도를 하나 해 보겠습니다. 먼저 선분을 옮기는 작업입니다. 그림에서 선분 AB와 길이가 같은 선분 CD를 선분 AB의 연장선 위에 작도해 봅니다. 각자 자와 컴퍼스를 준비하세요. 직접 해 봐야 합니다.

A   B

① 눈금 없는 자를 사용하여 선분 AB에서 점 B쪽으로 연장선을 그어 그 위 아무 데나 점 C를 잡는다.

② 컴퍼스로 $\overline{AB}$의 길이를 잰다.

③ 점 C를 중심으로 $\overline{AB}$의 길이를 반지름으로 하는 원을 그려 연장선과의 교점을 D라고 하면, $\overline{CD}$는 $\overline{AB}$와 길이가 같다.

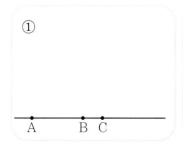 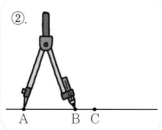 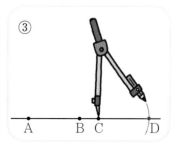

이번에는 각을 옮기는 작도입니다. 교과서에서는 그리는 요령만 가르치고 있는데, 정확히 각이 옮겨졌는지 확인하기 위해서는 삼각형의 합동 조건을 이용해야 합니다.

> **삼각형의 합동 조건**
>
> 두 삼각형은 다음의 각 경우에 서로 합동이다.
>
> 1. 세 변의 길이가 각각 같을 때
>
> 2. 두 변의 길이가 각각 같고, 그 끼인각의 크기가 같을 때
>
> 3. 한 변의 길이가 같고, 그 양 끝각의 크기가 각각 같을 때

그림에서 ∠XOY와 크기가 같은 ∠CPD를 반직선 PQ를 한 변으로 하여 작도해 봅시다. 각자 자와 컴퍼스로 직접 해 보는 것이 중요합니다.

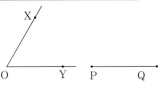

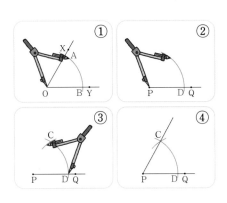

① 점 O를 중심으로 적당한 반지름을 갖는 원을 그려 두 반직선 OX와 OY와의 교점을 각각 A, B라고 한다.

② 점 P를 중심으로 1의 원과 반지름의 길이가 같은 원을 그리고 직선 PQ와의 교점을 D라고 한다.

③ 점 D를 중심으로 하고 $\overline{AB}$의 길이를 반지름으로 하는 원을 그려 2의 원과의 교점을 C라고 한다.

④ 반직선 PC를 그리면 ∠CPD는 ∠XOY와 크기가 같다.

결론적으로 각이 제대로 옮겨졌다면 ∠AOB=∠CPD임이 확인되어야 하는데, 두 삼각형 AOB, CPD가 합동이면 됩니다. 그런데 두 삼각형 AOB와 CPD는 합동인가요?

그렇습니다. 두 삼각형은 세 변의 길이가 같습니다. 그래서 합동이고 ∠AOB=∠CPD임이 분명합니다.

개념의 연결

초5	중1	중2	중3
합동과 대칭	작도	도형의 닮음	삼각비

다음 문제는 어떻게 해결하나요?

북두칠성과 카시오페이아자리 중앙에 북극성이 있다. 북두칠성의 한 별인 미자르와 북극성, 그리고 카시오페이아자리의 한 별이 일직선 위에 있으며, 북극성이 이 두 별의 중점일 때, 눈금 없는 자 또는 컴퍼스를 사용하여 카시오페이아자리의 한 별을 찾아라.

북극성이 두 별의 중점이므로 두 별은 북극성을 중심으로 하는 원 위에 있습니다. 따라서 북극성을 중심으로 하고 미자르를 지나는 원을 그리면 구하고자 하는 별을 지나게 될 것입니다. 다른 방법을 사용하면, 세 별이 일직선 위에 있으므로 눈금 없는 자로 미자르와 북극성을 지나는 직선을 그었을 때 그 직선과 만나는 점이 구하는 별의 위치가 됩니다.

 중국 서역 지방에서 7세기경에 만들어진 것으로 추측되는 '복희여와도'에 컴퍼스와 직각자가 그려져 있는데, 무슨 의미인가요?

복희와 여와는 인간의 몸에 뱀 모양의 하반신을 지닌 창세 신의 일종으로, 남성신 복희는 왼손에 ㄱ자 모양의 자를 들고 있고, 얼굴에 화장을 한 여성신 여와는 오른손에 컴퍼스를 들고 있습니다.

옛사람들도 컴퍼스를 이용하여 원을 그리고 자를 이용하여 선을 그렸는데, 그림에 태양과 별, 달이 그려져 있는 것으로 보아 원과 선을 그려 천문도를 만드는 데 사용한 것으로 추측하고 있습니다.

삼각형을 그리려면 변 3개와 각 3개, 모두 6개를 알아야 하는데, 왜 3개만 주고 그리라고 하나요?

아! 그렇구나

삼각형은 다각형 중 가장 간단하면서 특수한 성질을 지닌 도형입니다. 가장 핵심이 되는 성질은 3가지 정보만으로 그릴 수 있다는 것, 즉 작도할 수 있다는 것이지요. 하지만 삼각형이 그려지는 과정 자체에 대한 경험이 부족하면 삼각형의 작도 과정을 믿지 못하기도 합니다.

30초 정리

삼각형의 작도

다음의 각 경우에 작도되는 삼각형의 모양과 크기는 오직 한 가지로 정해짐을 알 수 있다.

1. 세 변의 길이가 주어질 때
2. 두 변의 길이와 그 끼인각의 크기가 주어질 때
3. 한 변의 길이와 그 양 끝각의 크기가 주어질 때

삼각형을 그릴 수 있는 능력은 앞으로 소용 가치가 높습니다. 중3과 고등학교에서 배우는 삼각비, 삼각함수는 순전히 삼각형에 대한 고수준의 사고를 요하는 주제입니다. 삼각형에 대한 일부 정보만으로 나머지를 추측해야 하므로 최소한의 조건으로 삼각형 그리는 방법을 알면 유용합니다.

삼각형에는 세 변의 길이와 세 내각의 크기 등 총 6가지 정보가 있습니다. 이 중 어느 2개만 알아서는 삼각형을 정확히 그릴 수 없습니다. 누가 그리든 주어진 정보로 똑같이 그려야 의사소통이 될 텐데, 각자 다른 삼각형을 그리게 된다면 의사소통이 되지 않습니다. 그런 의미에서 삼각형을 정확히 그릴 수 있으려면 최소한 3가지의 정보가 있어야 합니다.

1. 세 변의 길이가 주어질 때
2. 두 변의 길이와 그 끼인각의 크기가 주어질 때
3. 한 변의 길이와 그 양 끝각의 크기가 주어질 때

이 부분은 직접 그려 보면서 직관적으로 받아들여야 합니다. 초등학교 5학년 2학기에 자와 컴퍼스, 각도기를 이용하여 그려 본 경험이 있습니다. 여기서는 이 중 1의 경우를 같이 다루어 보겠습니다. 나머지 두 경우도 꼭 그려 보아야 합니다. 그림과 같이 길이가 각각 a, b, c인 선분을 세 변으로 하는 삼각형을 그려 봅시다.

① 직선 l을 그리고, 그 위에 길이가 a인 선분 BC를 잡는다.
② 점 B를 중심으로 반지름의 길이가 c인 원과 점 C를 중심으로
   반지름의 길이가 b인 원을 각각 그려 두 원의 교점을 A라고 한다.
③ 두 점 A와 B, 두 점 A와 C를 각각 이으면 △ABC가 된다.

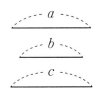

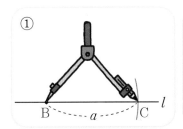

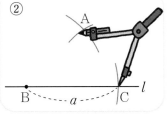

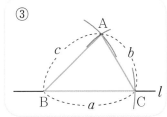

한 변의 길이만 가지고 정삼각형을 그릴 수 있을까요? 생각을 정리한 후 다음 내용을 보기 바랍니다.

정삼각형은 세 변의 길이가 같은 삼각형이기 때문에 한 변의 길이를 알면 결국 세 변의 길이를 모두 아는 것과 다름이 없습니다. 이는 세 변의 길이가 주어진 경우이므로 이때도 정삼각형을 그릴 수 있습니다.

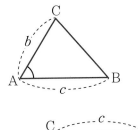

평행사변형을 그릴 수 있으려면 어떤 조건이 주어져야 할까요? 평행사변형의 경우 마주 보는 두 변의 길이가 같으므로 변의 길이가 두 종류이고, 마주 보는 각의 크기가 같으므로 각의 크기도 두 종류입니다. 한편 평행선에서 동측내각의 크기의 합은 $180°$이므로 두 종류 중 어느 하나를 알면 나머지는 저절로 알게 되지요. 따라서 이웃하는 두 변의 길이와 그 끼인각의 크기만 주어지면 평행사변형을 그릴 수 있습니다. 사실 두 변의 길이와 그 끼인각의 크기를 알면 삼각형을 그릴 수 있고, 그런 삼각형을 하나 더 만들어서 뒤집어 붙이면 평행사변형이 만들어집니다.

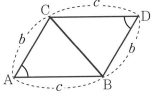

그렇다면 앞서 언급한 3가지 경우라면 항상 삼각형이 만들어질까요? 꼭 그렇다고 보장할 수 없는 상황도 존재합니다. 예를 들어, 세 변의 길이가 주어졌지만 $\overline{AB} = 4cm$, $\overline{BC} = 10cm$, $\overline{CA} = 5cm$라면 짧은 두 변의 길이의 합이 가장 긴 변보다 작기 때문에 삼각형이 만들어지지 않습니다. 즉, 두 점 B, C를 잇는 선 중에서 길이가 가장 짧은 것은 선분 BC이므로 △ABC에서 $\overline{BC} < \overline{AB} + \overline{CA}$임을 알 수 있습니다. 삼각형에서 한 변의 길이는 다른 두 변의 길이의 합보다 작다는 성질을 발견할 수 있지요.

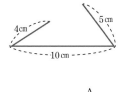

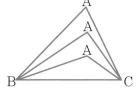

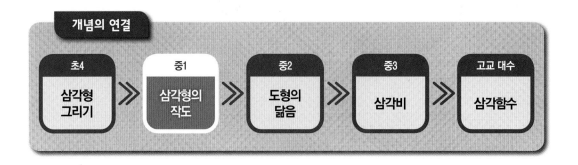

개념의 연결

초4	중1	중2	중3	고교 대수
삼각형 그리기	삼각형의 작도	도형의 닮음	삼각비	삼각함수

Q. 삼각형을 그릴 수 있는 조건 중 두 변의 길이가 주어질 때 꼭 그 끼인각의 크기를 알아야만 하나요? 셋 중 어느 각이라도 하나만 알면 되지 않나요?

A. 두 변의 길이가 주어졌을 때, 꼭 그 끼인각의 크기를 알아야 합니다. 만약 끼인각이 아닌 다른 각의 크기만 알면 삼각형이 꼭 하나만 나오지 않을 수 있습니다.

그림과 같이 $\overline{AC} = 5\,\text{cm}$, $\overline{BC} = 7\,\text{cm}$이고, 그 끼인각 C가 아닌 다른 각 B의 크기가 ∠B = 45°로 주어졌을 때, 꼭짓점 A의 위치는 D에도 있을 수 있습니다. 이때 △ABC와 △DBC는 서로 다른 삼각형이므로 삼각형이 하나로 정해지지 않는다는 것을 확인할 수 있습니다.

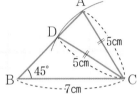

Q. 한 변의 길이와 그 양 끝각의 크기가 주어지면 무조건 삼각형이 만들어지는 것 아닌가요?

A. 보통은 한 변의 길이와 그 양 끝각의 크기가 주어지면 삼각형을 그릴 수 있습니다. 하지만 그 양 끝각의 크기의 합이 180° 이상이면 삼각형이 만들어지지 않습니다. 예를 들어, 한 변의 길이가 3cm, 양 끝각의 크기가 90°, 100°인 삼각형을 그려 보세요.

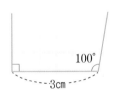

양쪽에서 올라가는 두 선분이 모아지지 않으므로 삼각형이 만들어질 수 없습니다. 결국, 한 변의 길이와 그 양 끝각의 크기가 주어졌다 하더라도 두 각의 크기의 합이 180° 이상이면 삼각형이 만들어지지 않습니다. 특히, 양 끝각의 크기의 합이 180°인 경우는 동측내각의 합이 180°인 것이므로 두 직선이 평행하게 됩니다.

시계의 둥근 문자판에 2개의 평행한 직선을 그어 문자판을 세 부분으로 나누려 한다. 단, 각 부분에 있는 수의 합이 모두 같아야 한다. 어떻게 선을 그으면 될까?

[정답은 167쪽에]

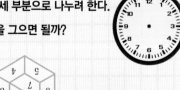

높은 사고력 문제 정답 : 6가지

삼각형을 포개 보지 않고도
합동인지 알 수 있다고요?

저는 잘라서 포개 봐야 합동이라고 인정하겠어요. 그런데 칠판을 어떻게 자른담?

이런 경우에는 포개 보지 않아도 합동인 것을 알 수 있지!

머리를 안 쓰면 몸이 고생~

아! 그렇구나

어떤 도형이 다른 도형에 완전히 포개질 때 이들 도형이 서로 합동이라고 배웠기 때문에 3가지 정보만 확인하고 똑같다고 하는 삼각형의 합동 조건을 받아들이지 못하는 학생들이 있습니다. 이는 삼각형의 작도를 제대로 이해하지 못한 탓일 가능성도 큽니다.

30초 정리

삼각형의 합동 조건

두 삼각형은 다음의 각 경우에 서로 합동이다		
세 변의 길이가 각각 같을 때	두 변의 길이가 각각 같고, 그 끼인각의 크기가 같을 때	한 변의 길이가 같고, 그 양 끝각의 크기가 각각 같을 때

삼각형은 모든 다각형의 기본입니다. 다각형이 아닌 원도 그 넓이 등을 계산하려면 다각형으로 바꾸어 생각하기 때문에 삼각형은 모든 도형의 기본이라 할 수 있습니다. 참고로 '이각형'은 없습니다.

삼각형에 대한 것 중에는 도형의 기본 원리로 받아들여야만 하는 것이 유독 많습니다. 다만, 넓이 개념은 삼각형이 아니라 직사각형에서 시작되었습니다. 나머지는 거의 삼각형이 기본입니다. 삼각형의 합동 조건도 기본 원리로 받아들여야 합니다. 삼각형의 합동 조건을 이용하면 수많은 도형의 성질이 설명됩니다. 그러므로 삼각형의 합동 조건은 도형에서 가장 이용 가치가 높습니다.

초등학교에서 합동을 배웠습니다. 개념은 똑같습니다. 중학교에서는 삼각형에 집중하지요. 두 삼각형을 직접 포개 보지 않아도 몇 가지 조건을 보면 두 삼각형이 합동인지 아닌지 알 수 있습니다. 이것을 삼각형의 합동 조건이라고 합니다.

앞에서 삼각형의 작도를 공부할 때 3가지 조건을 가지고 모든 사람이 같은 삼각형을 그린 것을 생각하면 합동 조건을 이해할 수 있을 것입니다.

S와 A의 의미

S : Side(변)

A : Angle(각)

삼각형의 합동 조건

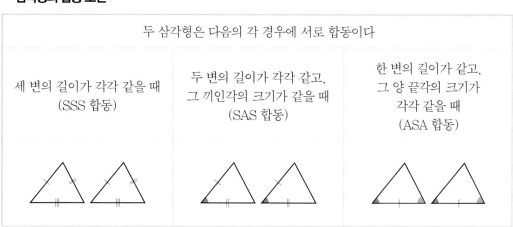

두 삼각형은 다음의 각 경우에 서로 합동이다

세 변의 길이가 각각 같을 때
(SSS 합동)

두 변의 길이가 각각 같고,
그 끼인각의 크기가 같을 때
(SAS 합동)

한 변의 길이가 같고,
그 양 끝각의 크기가
각각 같을 때
(ASA 합동)

삼각형의 합동 조건을 알면 어떤 이점이 있을까요?

삼각형이 가지고 있는 6가지 요소, 즉 세 변의 길이와 세 내각의 크기 중 합동 조건에 맞는 3가지 요소가 같음을 알면 나머지 3가지 요소가 저절로 같음을 알 수 있는 것이 가장 핵심적인 이점입니다.

그러므로 삼각형의 어떤 변의 길이나 어떤 각의 크기가 같음을 확인하려면 그 변이나 각을 제외한 나머지 요소 중 합동 조건에 맞는 3가지 요소를 찾아내면 됩니다.

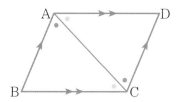

예를 들어, 중2에서 다루게 되는 내용인 평행사변형의 두 쌍의 대변의 길이가 같음을 확인해 봅시다. 평행사변형 ABCD에 대각선 AC를 그으면 두 삼각형 ABC와 CDA가 생기는데, 가운데 있는 $\overline{AC}$는 공통으로 같고, 나머지 변의 길이는 서로 같음을 확인해야 하는 대상이므로 이용할 수 없습니다. 그럼 이제 크기가 같은 각을 찾아야 합니다.

$\overline{AB}$ ∥ $\overline{DC}$, $\overline{AD}$ ∥ $\overline{BC}$이므로

∠BAC = ∠DCA(엇각), ∠BCA = ∠DAC(엇각)

이고, 이 두 각은 $\overline{AC}$의 양 끝각이므로 삼각형의 합동 조건에 맞습니다.

△ABC ≡ △CDA(ASA 합동)이므로 $\overline{AB}$ = $\overline{CD}$, $\overline{BC}$ = $\overline{DA}$입니다.

추가로 ∠B = ∠D임도 확인할 수 있습니다. 즉, 평행사변형에서는 마주 보는 두 각의 크기도 같다는 것을 알 수 있게 되었답니다.

삼각형의 합동 조건은 도형의 성질을 밝히는 데 사용될 뿐 아니라 여러 가지 문제를 해결하는 데도 많이 쓰입니다.

개념의 연결

초4	중1	중1	중2	중2
삼각형 그리기	삼각형의 작도	삼각형의 합동 조건	삼각형과 사각형의 성질	피타고라스 정리

Q. 넓이가 같은 두 삼각형은 항상 합동인가요?

A. 넓이가 같은 두 삼각형은 그 모양이 꼭 같다는 보장이 없으므로 합동이라고 할 수 없습니다. 반례를 하나 들어 보겠습니다.

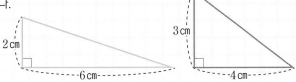

이 두 삼각형의 넓이는 각각 6㎠로 같습니다. 하지만 합동은 아닙니다. 변의 길이가 서로 다르지요. 그러므로 넓이가 같은 두 삼각형은 반드시 합동이라고 할 수는 없음을 증명한 것이 됩니다.

이 주장을 거꾸로 바꾸면 어떻게 될까요? 즉, 합동인 두 삼각형의 넓이는 항상 같을까요? 예, 같지요. 이 것은 사실입니다.

Q. 다음 두 삼각형 ABC와 DEF가 서로 합동이 되기 위해서는 조건이 더 필요하다고 하는데, 보기에 똑같으면 서로 합동 아닌가요?

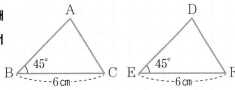

A. 똑같아 보이는군요. 그래서 합동이라고 생각할 수 있습니다.

하지만 수학에서는 눈에 보이는 시각적인 부분은 인정하지 않습니다. 조건이 명시적으로 주어지는 것만 인정하지요.

주어진 조건은 한 변의 길이와 한 각의 크기가 같다는 것인데 이것만으로는 삼각형의 합동 조건을 만족하지 못합니다. 하나가 더 추가되어야 합니다.

조건을 추가하는 방법은 2가지입니다. 이에 대해 잠시 생각해 보고 다음으로 넘어가기 바랍니다.

첫째, 변을 하나 추가하는 방법입니다. 주어진 각은 두 변 사이의 끼인각이어야 하므로 $\overline{AB} = \overline{DE}$인 조건이 추가되면 두 삼각형은 SAS 합동이 됩니다.

둘째, 각을 하나 추가하는 방법입니다. 이때 두 각은 주어진 변의 양 끝각이어야 하므로 ∠C=∠F인 조건이 추가되면 두 삼각형은 ASA 합동이 됩니다. 그런데 각의 경우 ∠A=∠D인 조건이 추가되어도 삼각형의 남은 한 각의 크기 역시 같게 되므로 어느 각이든 하나만 더 같다는 조건이면 충분합니다.

100각형은 그리기도 어려운데 어떻게 대각선의 개수를 구하나요?

아! 그렇구나

우리가 보통 접하는 다각형은 삼각형이나 사각형 정도이지요. 오각형 이상은 그리는 것도 쉽지 않습니다. 대각선도 삼각형이나 사각형, 기껏해야 오각형 정도까지는 그려서 알 수 있지만 육각형부터는 복잡하고 어렵게 느껴지지요. 그러나 수학의 힘이 추론 능력을 키워 주는 것인 만큼, 수학에서는 직접 그려 보지 않고도 추론을 함으로써 복잡한 문제를 해결할 수 있습니다.

30초 정리

대각선의 개수를 구하는 방법

① n각형의 한 꼭짓점에서 그을 수 있는 대각선의 개수는 $n-3$개

② n개의 꼭짓점에서 그을 수 있는 대각선의 개수는 $n(n-3)$개

③ 한 대각선을 2번씩 세었으므로 n각형의 대각선의 개수는 $\dfrac{n(n-3)}{2}$개

오각형의 꼭짓점의 개수	오각형의 한 꼭짓점에서 그을 수 있는 대각선의 개수

$$\dfrac{5(5-3)}{2}=5\,(개)$$

한 대각선을 중복하여 센 횟수

삼각형, 사각형을 비롯한 다각형은 초등학교에서부터 익히 다뤄 온 주제이지요. 중학교에서 깊이 있게 다루는 것은 대각선의 개수와 내각 및 외각의 크기 등입니다.

대각선의 개념은 초등학교 과정에서 다룬 바 있습니다. 다각형에서 서로 이웃하지 않은 두 꼭짓점을 이은 선분을 대각선이라 했지요. 중학교에서는 대각선의 개수를 세는 내용을 학습하는데, 여기에는 규칙이 있습니다. 그러므로 직접 체험하면서 스스로 규칙을 발견해야 합니다. 다음 각 다각형에 대각선을 모두 그어 그 개수를 구하면서 규칙을 찾아보세요.

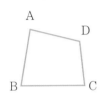
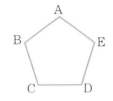
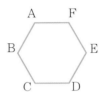
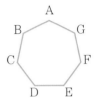

규칙을 발견하려면 나열하는 전략을 사용해야 합니다. 우후죽순 아무렇게나 대각선을 긋는 것이 아니고 A에서부터 차례로 다 긋고 난 다음 B로 넘어가는 방식으로 그어야 빠짐없이 그리고 중복되지 않게 그을 수 있지요.

어떤 규칙을 발견했나요?

한 꼭짓점에서 그을 수 있는 대각선의 수가 일정하지요?

대각선을 다 그었을 때 모든 대각선은 2번씩 그려지지요?

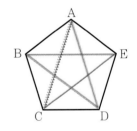

오각형을 볼까요? 사고 과정을 정리하면 다음과 같은 3단계입니다.

① 오각형의 한 꼭짓점 A에서 그을 수 있는 대각선은 2개다.

② 마찬가지로 꼭짓점 B, C, D, E에서도 각각 2개씩 대각선을 그을 수 있으므로 오각형의 각 꼭짓점에서 그을 수 있는 대각선의 개수의 총합은 $5 \times 2 = 10$(개)이다.

③ 이때 한 대각선이 2번씩 그려지므로 오각형의 대각선의 실제 개수는 $\dfrac{5 \times 2}{2} = 5$(개)이다.

이것을 일반화하면, n각형의 대각선의 개수는 $\dfrac{n(n-3)}{2}$개가 됩니다. 이런 공식은 공식이 만들어진 과정을 이해하면 저절로 암기가 됩니다.

일상에서 대각선은 어디에 이용될까요? 이용되는 곳이 없을 것 같지만 사실은 굉장히 많습니다.

운동경기에서 우승 팀을 가리는 방식은 크게 2가지입니다. 하나는 두 팀씩 맞붙어서 이긴 팀끼리 다시 경기를 하는 방식이고, 또 하나는 대회에 참여한 모든 팀이 서로 한 번씩 맞붙어서 가장 성적이 좋은 팀이 우승하는 방식입니다. 처음 방법을 전문 용어로 토너먼트 방식이라 하고, 나중 방법을 리그 방식이라고 합니다.

벌써 눈치챈 사람이 있을 겁니다. 대각선을 생각하는 것은 리그 방식과 유사합니다.

어떤 대회에 5개 팀이 참가하여 리그 방식으로 시합한다고 할 때, 총 경기 횟수를 구해 보세요. 앞에서 했던 3단계 방식으로 사고해 볼까요?

① A팀은 다른 팀과 4회 경기한다.

② 나머지 B, C, D, E팀도 각각 4회씩 경기하므로 이들을 모두 합하면
$5 \times 4 = 20$(번)이다.

③ 그런데 두 팀에서 서로 센 것이 중복되었으므로 실제 경기 횟수는
$\dfrac{5 \times 4}{2} = 10$(번)이다.

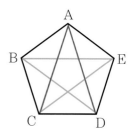

이를 일반화하면 참가 팀이 n개일 때 총 경기 수를 구할 수 있습니다.

① 각 팀의 경기 수는 자기 자신만 제외되므로 $(n-1)$번이다.

② 팀이 n개이므로 각 팀의 경기 수를 모두 합하면 $n(n-1)$번이다.

③ 두 팀에서 각 경기를 중복하여 세었으므로 실제 경기 수는 $\dfrac{n(n-1)}{2}$번이다.

무엇이든 물어보세요

 다음 문제를 어떻게 해결하나요?

어느 무역 회사는 그림과 같이 해외에 6개의 지사를 두고 있다. 지사끼리 서로 직통으로 연결하는 회선을 설치하려면 모두 몇 개의 회선이 필요할까?

유럽 지사 / 아시아 지사 / 북아메리카 지사 / 아프리카 지사 / 오세아니아 지사 / 남아메리카 지사

A. 6개의 지사를 육각형의 꼭짓점으로 생각해 보세요. 육각형이 보이나요?

이제 앞에서 했던 3단계 사고를 적용합니다.

① 한 지사에서 다른 지사로 5개의 직통선을 설치해야 한다.

② 지사가 총 6개이므로 전체 직통선은 $5 \times 6 = 30$(개)이다.

③ 각각 2번씩 중복되어 있으므로 실제 직통선은 절반인 15개이다.

 관광지에서 찍은 문살무늬 사진을 보니 육각형이 보이는데, 조금 이상해요. 육각형의 대각선 중 빠진 것이 몇 개인가요?

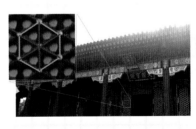

A. 일상에서 또는 관광지에서도 수학을 발견하려고 노력했군요.

문살무늬를 보니 육각형이고, 그 대각선 일부가 빠졌네요.

빠진 것을 하나씩 직접 그어 봐도 되지요. 그럼 그림의 파란색 대각선 6개가 빠진 것을 알 수 있습니다.

3단계 사고 과정을 통해 검토할 수도 있습니다.

한 꼭짓점에서 그을 수 있는 대각선은 3개인데 빨간색 하나씩만 있으므로 2개씩이 빠졌지요.

전체적으로 6개 꼭짓점에서 2개씩 빠졌으므로 총 $6 \times 2 = 12$(개)가 됩니다.

그런데 이들은 2번씩 중복하여 센 것이므로 실제 빠진 개수는 이들의 절반인 6개가 됩니다.

육각형은 삼각형 6개로 나눠지니까
내각의 크기의 합은 1080° 맞죠?

하핫!
삼각형이 6개,
그럼 내각의 크기의 합은
180°×6=1080°
맞지?

뭔가 더
생각해야
할 것 같은데?

나 좀
똑똑한
듯!

아! 그렇구나

육각형 등의 다각형을 나누는 방법은 다양합니다. 그런데 다각형 내부에 한 점을 잡고 그 점을 기준으로 다각형을 나누는 경우, 그때 생기는 삼각형의 각 중에는 다각형의 내각이 아닌 부분, 즉 가운데 점의 둘레에 생긴 각도 포함됩니다. 다각형의 내부에 있으니 그것도 내각이라고 착각할 수 있지요.

30초 정리

다각형의 내각의 크기의 합

다각형의 한 꼭짓점에서 대각선을 그어 다각형을 여러 개의 삼각형으로 나눌 수 있으므로, 다각형의 내각의 크기의 합은 삼각형의 내각의 크기의 합을 이용하여 구할 수 있다.

① n각형의 한 꼭짓점에서 그은 대각선은 그 n각형을 $(n-2)$개의 삼각형으로 나눈다.

② 삼각형 한 개의 내각의 크기의 합이 $180°$이므로,
$\quad$ n각형의 내각의 크기의 합은 $180° \times (n-2)$이다.

다각형의 기본은 삼각형입니다. '일각형'이나 '이각형'은 없기 때문에 다각형의 시작점은 삼각형입니다. 수학에서 시작점은 아주 중요합니다. 거기서부터 새로운 개념이 탄생하면 나머지는 줄줄이 엮여 나오거든요. 수학은 논리적인 학문입니다. 또 지식이 연결되면 압축의 효과, 추론의 효과에 따라 이용 가능성, 효용성 등이 높아지지요.

초등학교에서 삼각형의 내각의 합이 $180°$라는 사실을 인정하도록 하는 방법으로 삼각형 모양의 종이를 오려 세 각을 모아 보았습니다. 그 결과 세 각이 일직선 위에 놓이는 것을 확인할 수 있었습니다. 당시 눈으로만 보고 그냥 넘어갔다면 지금이라도 반드시 체험해 보기 바랍니다.

중1에서는 같은 내용을 평행선의 성질을 통해 설명할 수 있습니다. 초등학교에서 오려 붙였던 것을 이제는 평행선에서 엇각의 크기가 같다는 성질을 이용하여 설명합니다.

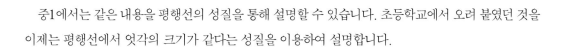

$\triangle$ ABC에서 꼭짓점 A를 지나고 변 BC에 평행한 직선 PQ를 그으면 $\angle$B $=$ $\angle$PAB(엇각), $\angle$C $=$ $\angle$QAC(엇각)이므로

$$\angle A + \angle B + \angle C = \angle A + \angle PAB + \angle QAC$$
$$= \angle PAQ = 180°(평각)$$

입니다.

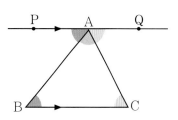

초등학교에서는 사각형을 대각선으로 나누면 삼각형이 2개 나오기 때문에 사각형의 내각의 크기의 합은 $180° \times 2 = 360°$임을 설명하였습니다. 오각형, 육각형도 똑같은 방법으로 나누면 내각의 크기의 합을 구할 수 있겠지요. 주의할 점은 뭔가 규칙을 찾으려는 생각을 가지고 탐구하는 자세입니다.

발견한 규칙을 말해 봅시다. 각이 하나씩 커짐에 따라 삼각형이 하나씩 늘어난다는 점, 삼각형의 개수는 변의 개수보다 2가 작다는 점 등이지요. 그래서 n각형의 내각의 크기의 합은 $180° \times (n-2)$가 됩니다.

이번에는 내부에 한 점을 찍어 육각형을 나눠 보겠습니다. 삼각형이 6개가 나오네요. 그럼 육각형의 내각의 크기의 합은 $180° \times 6 = 1080°$입니다. 말이 안 되는 결과가 나왔네요. 앞에서 구한 규칙에 의하면 $180° \times (6-2) = 720°$가 나와야 할 텐데요. 둘 중 하나에 오류가 발생했습니다. 이런 경우에는 차이가 나는 $360°$에 대해 생각해야겠지요.

문제점을 발견했나요?

내부에 점 찍은 부분을 빙 두르는 각이 새로 생겼네요. 이 각($360°$)은 육각형의 각이 아니지요. 그러므로 $1080° - 360° = 720°$이고, 이제 앞의 결과와 일치하는군요. 수학은 이렇게 일관성을 지닙니다. 사고하는 방법은 다양하지만 수학적 사실만큼은 분명한 것이 수학의 특성이지요.

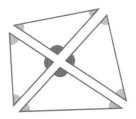

사각형으로도 확인해 보지요.

내부에 한 점을 잡아 사각형을 나누면 삼각형 4개가 나오지요. 여기까지는 $180° \times 4 = 720°$입니다. 그런데 가운데 빨간색 각은 원래 없던 것이니 빼야 합니다.

$$720° - 360° = 360°$$

일반화하면, n각형 내부에 한 점을 찍었을 때 생기는 n개의 삼각형의 각의 크기는 $180° \times n$입니다. 여기서 가운데 $360°$를 빼 주면 $180° \times n - 360° = 180° \times n - 180° \times 2 = 180° \times (n-2)$가 됩니다.

어떤가요? 신기하게도 앞에서 구한 결과와 일치하지요. 수학에서는 어떤 방법을 이용해도 사실인 것은 그 결과가 항상 같답니다.

분배법칙과 인수분해

$180° \times n - 180° \times 2 = 180° \times (n-2)$라고 계산하는 것은 중3에서 배우는 인수분해 개념이다. 하지만 이를 반대로 바꿔 $180° \times (n-2) = 180° \times n - 180° \times 2$로 계산하는 것은 중1에서 배우는 분배법칙이다. 따라서 인수분해를 아직 모른다고 해서 이 계산이 불가능한 것은 아니다. 분배법칙이 결국 인수분해와 연결된다는 것을 이해해 두어야 할 것이다.

개념의 연결

초4 각도와 삼각형 ▸ 초4 다각형 ▸ 중1 다각형의 내각의 크기의 합 ▸ 중1 다각형의 외각의 크기의 합 ▸ 중1 정다면체

 Q. 칠각형의 한 변 위의 점에서 각 꼭짓점을 연결하면 그림과 같이 6개의 삼각형이 생깁니다.
이런 경우 칠각형의 내각의 크기의 합을 어떻게 구하나요?

A. 이번에는 또 다른 방법을 생각했군요. 어찌 됐든 삼각형 6개가 나왔으니

$180° \times 6 = 1080°$까지 계산할 수 있겠지요?

그림을 보면 파란색 부분의 각은 본래 칠각형의 내각이 아닌데, 새로 찍은 점 때문에

$1080°$에 포함된 것이므로 이것을 빼 주어야 합니다.

그러므로 칠각형의 내각의 크기의 합은 $1080° - 180° = 900°$가 됩니다.

이 결과를 다른 방법으로 구한 결과와 비교해 똑같은지 확인하는 과정을 절대 놓치

지 않기 바랍니다.

즉, 칠각형의 경우 한 꼭짓점에서 대각선을 그어 삼각형으로 나누면 삼각형이 5개

나오므로 칠각형의 내각의 크기의 합은 $180° \times 5 = 900°$가 됩니다. 결과가 같지요?

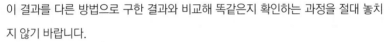

Q. 정십이각형의 한 내각의 크기를 어떻게 구하나요?

A. 정십이각형의 내각의 크기의 합을 먼저 구해야 합니다. 한 꼭짓점에서 대각선을 그어 정십이각형을 삼

각형으로 나누면 삼각형이 10개 나오므로 정십이각형의 내각의 크기의 합은 $180° \times 10 = 1800°$입니다.

정십이각형의 12개의 내각은 크기가 모두 똑같으므로 한 내각의 크기는 $1800° \div 12 = 150°$입니다.

일반적으로 정n각형의 한 내각의 크기를 구해 봅시다.

n각형을 한 꼭짓점에서 그은 대각선으로 나누어 삼각형을 만들면 삼각형이 $(n-2)$개 나옵니다. 그러므로

n각형의 내각의 크기의 합은 $180° \times (n-2)$입니다.

그런데 정n각형은 n개의 내각의 크기가 모두 같은 도형이므로 한 내각의 크기는 $\dfrac{180° \times (n-2)}{n}$ 입니다.

내각의 크기는 180°씩 불어나는데, 외각의 크기는 몇 도씩 커지나요?

삼각형의
내각의 크기의 합은
180°, 사각형은 360°,
그럼 오각형은
560°겠네!

난 외각에 도전!
삼각형의 외각의 크기의 합은
360°니까, 사각형은 540°?
아님…

아! 그렇구나

외각의 크기의 합에 대한 이해가 쉽지 않습니다. 외각의 크기의 합은 내각의 크기의 합과 달리 늘어나지 않습니다. 그리고 그 사실을 이해하는 과정이 내각의 경우보다 복잡합니다. 그래서 대충 이해하고는 외각의 크기의 합도 내각의 크기의 합과 마찬가지로 규칙성 있게 점점 커질 것이라고 착각하기도 합니다.

30초 정리

다각형의 외각의 크기의 합
다각형의 외각의 크기의 합은 항상 360°이다.

외각이라고 하면 다각형의 바깥쪽에 있는 각으로 생각하기 쉽습니다. 그런데 수학에서는 바깥쪽에 있는 각 전체를 외각이라 하지 않고 그중 일부를 외각이라고 정했습니다. 왜 그랬을까요? 이 단원을 공부하면서 고민한 결과로 이 물음에 대한 나름의 답을 얻기 바랍니다.

교과서에서는 암암리에 볼록한 다각형만 취급합니다. 오목한 모양이 있는 오목다각형은 다루지 않지요. (볼록)다각형의 내각은 볼록하므로 그 크기는 항상 180° 미만입니다. 그러면 내각의 바깥 부분에 있는 각은 항상 180°를 넘지요.

그런데 다각형의 한 꼭짓점에서 한 변과 그 변에 이웃한 변의 연장선이 이루는 각을 그 내각에 대한 외각이라고 정하면 외각의 크기도 180°를 넘지 않게 됩니다. 여기서 주의할 점은 각 꼭짓점마다 외각이 2개씩 있다는 것입니다. 그런데 그 둘은 크기가 같으므로 하나만 생각하는 게 간편하겠죠? 두 각의 크기는 왜 같을까요? 이 부분에서 이전에 배운 맞꼭지각 개념이 떠올라야 하겠지요.

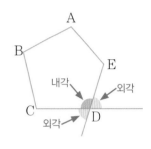

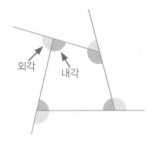

다각형을 나누면 삼각형이 하나씩 늘어난다는 규칙을 발견하여 다각형의 내각의 크기의 합을 구한 것과 마찬가지로 외각의 크기의 합에서도 뭔가 중요한 성질이 나올 것이라는 기대를 하게 됩니다.

외각은 내각의 연장선으로 만들어진 각이므로 한 꼭짓점에서의 내각과 외각의 크기의 합은 항상 180°가 됩니다. 사각형에는 내각과 외각의 쌍이 4개 있으므로

(내각의 크기의 합) + (외각의 크기의 합) = 180° × 4 = 720°

입니다. 그런데 사각형의 내각의 크기의 합은 360°이므로

(외각의 크기의 합) = 720° − (내각의 크기의 합)

= 720° − 360° = 360°

입니다. 사각형의 외각의 크기의 합은 360°입니다. 삼각형이나 오각형은 어떨까요?

어떤 다각형 위를 달리는 자전거를 생각해 보세요. 변을 따라 돌아서 다시 제자리로 오는 동안 자전거는 360°를 돌게 되겠지요.

1학년
도형과
측정

사각형과 마찬가지로 어떤 다각형이든 각 꼭짓점에서 내각과 외각의 크기의 합은 평각과 같으므로 항상 $180°$로 일정합니다. 이 사실을 이용하여 사각형의 외각의 크기의 합을 구할 수 있었습니다. 임의의 다각형의 외각의 크기의 합도 구해 볼까요?

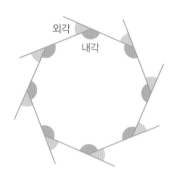

일반적으로 n각형에는 n개의 꼭짓점이 있으므로

   (내각의 크기의 합)＋(외각의 크기의 합)＝$180° × n$

입니다. 여기서 기억할 것은 n각형의 내각의 크기의 합입니다. 수학에서 어떤 사실을 발견했다면 먼저 이해를 하고 기억을 해야 다음에 이를 이용할 수 있습니다. 이 순간 n각형의 내각의 크기의 합이 $180° × (n-2)$임을 기억하지 못하면 n각형의 외각의 크기의 합을 구할 수 없겠지요.

$$(외각의 크기의 합) = 180° × n - (내각의 크기의 합)$$
$$= 180° × n - 180° × (n - 2)$$
$$= 180° × n - 180° × n + 180° × 2$$
$$= 360°$$

이 성질이 오각형에서도 성립하는지 그림을 통해 한번 더 확인해 보세요.

외각을 바깥쪽 각 전체가 아니라 변의 연장선을 통한 그 일부만으로 정한 이유를 조금이나마 이해할 수 있겠나요?

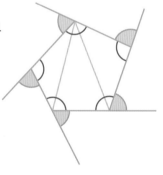

$$(\text{▽} + \text{◭} + \text{▽} + \text{◭} + \text{◖}) = 180° × 5 - 540° = 360°$$

개념의 연결

초4		초4		중1		중1
각도와 삼각형	≫	다각형	≫	다각형의 내각의 크기의 합	≫	다각형의 외각의 크기의 합

 다각형에서 내각의 크기의 합은 180°씩 커지는 규칙이 있는데, 왜 외각의 크기의 합은 변하지 않나요?

A. 도형의 변화를 관찰하면 직관적으로 이해가 되는 부분이 있습니다.

다각형에서는 각이 하나 늘어남에 따라 나눠지는 삼각형의 개수가 하나씩 늘어나지요. 그래서 내각의 크기의 합이 180°씩 커지는 규칙을 가지게 된 것입니다. 그리고 그 규칙에 따라 내각의 크기의 합을 구하는 식을 얻을 수 있었죠.

외각의 크기를 생각해 보세요. 다각형의 내각이 하나씩 늘어나면 외각의 개수도 하나씩 늘어나지요. 그런데 도형의 변화를 관찰해 보면 외각은 개수가 늘어남에 따라 그 크기는 줄어드는 것을 볼 수 있습니다. 이해하기 쉽게 정다각형을 떠올려 보세요. 각자 그림을 그려 확인하는 활동을 한 다음 넘어가기 바랍니다.

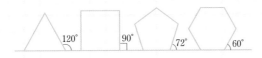

어떤가요? 외각의 크기가 갈수록 줄어들지요. 그래서 각의 개수가 늘어나더라도 외각의 크기의 합은 내각처럼 각의 개수에 따라 늘어나지 않고 일정함을 이해할 수 있습니다. 비슷한 현상을 중3에서 보게 됩니다. 원에서 중심각이라는 개념을 다루게 되는데, 중심각의 크기가 똑같도록 나눌 때 부채꼴의 중심각의 크기는 나누는 개수에 반비례하는 성질을 발견할 수 있습니다.

 한 외각의 크기가 36°인 정다각형의 모양은 무엇인가요?

A. 정다각형은 모든 내각의 크기가 같기 때문에 한 내각의 크기를 알면 그 모양을 구할 수 있습니다. 마찬가지로 외각의 크기도 모두 같기 때문에 한 외각의 크기를 알면 그 모양을 구할 수 있습니다.

2가지 방법이 있습니다. 정다각형의 한 외각의 크기를 구하는 식이 $\frac{360°}{n}$ 임을 이용한다면 $n = 10$이므로 한 외각의 크기가 36°인 정다각형은 정십각형입니다.

다른 방법은 한 외각의 크기가 36°이므로 한 내각의 크기는 144°입니다. 정다각형의 한 내각의 크기를 구하는 식이 $\frac{180° \times (n-2)}{n}$ 임을 이용하여 $n = 10$을 구할 수 있다면 정십각형임을 알 수 있지요.

원이 커지면 더불어 원주율도 커지지 않나요?

원주율의 값은 $\pi = 3.14$로 일정해요!

이상해. '원주=원둘레'니까 원이 점점 커지면 원둘레도 점점 커질 텐데…

근데 왜 원주율은 일정하다고 하시지?

아! 그렇구나

원주율에 대해 개념은 모른 채 그 값만 외우고 있는 아이들이 많습니다. 원의 넓이나 원주를 구할 때 π나 3.14를 사용하긴 하지만 그 의미는 모르는 것이지요. 원에는 눈에 보이지 않는 지름이라는 것이 있고, 원주율은 지름의 길이에 대한 원주의 비, 즉 원주가 지름의 몇 배인가를 알려 주는 수치랍니다.

30초 정리

원주율

원에서 지름의 길이에 대한 원주의 비율, 즉 원주율은 일정하며,
그 값은 약 3.14이고, π라는 기호를 사용하여 나타낸다.
참고로 반지름의 길이가 r인 원의 원주 l과 넓이 S는 원주율 π를 사용하여
다음과 같이 나타낼 수 있다.

$$l = 2\pi r, \ S = \pi r^2$$

우리는 초등학교 6학년 때 원주율을 배웠습니다. 그때 자전거 바퀴나 음료수 캔, 컵 등의 원주와 지름의 길이를 측정하여 그 비를 구하는 실험을 했지요. 눈으로만 했다고요? 길이를 측정하여 계산해 본 적이 없다면 지금이라도 잠시 시간을 내 실험해 보도록 하세요.

여러 가지 둥근 물건들을 모아 보고, 원주는 지름의 몇 배인지 알아보시오.(준비물 : 계산기, 줄자)

실험 결과, 원 모양으로 된 물건의 지름의 길이에 대한 원주의 비율은 3.14에 근접하는 값을 가진 다는 사실을 알 수 있습니다. 그래서 '원의 크기에 관계없이 지름의 길이에 대한 원주의 비율은 일정 하다. 이 값을 원주율이라고 하는데, 약 3.14이다'와 같이 결론을 낸 것이지요. 중1에서 원주율을 다시 다루는 것은 이제 우리가 부채꼴, 원기둥이나 원뿔, 구 등 다양한 평면도형과 입체도형을 좀 더 정확하게 공부하기 때문입니다.

원에서 지름의 길이에 대한 원주의 비율, 즉 원주율은 일정합니다. 초등학교에서는 원주율로 3.14를 사용하였으나 정확한 값은 $3.1415926535\cdots$와 같이 소수점 아래의 숫자가 한없이 계속되는 소수입니다. 이 원주율을 기호 π(파이)로 나타내지요. 중3에서는 이 수를 무리수라고 합니다.

원주율 π

원주율은 소수점 아래 숫자가 무한히 계속되는 수이다.

원의 원주와 원의 넓이를 구하는 공식은 초등학교에서 배운 바 있지만 π를 이용하여 이를 다시 정리하면

(원주)＝(원주율)×(지름의 길이)

(원의 넓이)＝(원주율)×(반지름의 길이)×(반지름의 길이)

이므로 반지름의 길이가 r인 원의 원주 l과 넓이 S는 다음과 같이 나타낼 수 있습니다.

$$l = 2\pi r,\ S = \pi r^2$$

이런 공식은 수학 문제를 푸는 데만 사용되는 것이 아닙니다.

예를 들어, 학교에 심어져 있는 나무의 지름의 길이를 정확히 재고 싶을 때가 있을 수 있습니다. 지름의 길이를 정확히 재려면 나무를 잘라야만 하지요. 저런! 나무를 자르면 그 나무는 죽겠지요. 걱정입니다. 지름의 길이는 재야겠고, 나무를 죽일 수는 없고… 뭔가 방법이 없을까요? 잠시 생각하는 시간을 가져 보세요. 아이디어를 모아 보자고요.

나무의 둘레의 길이를 재면 됩니다. 지름의 길이를 재라고 했는데 왜 둘레의 길이를 재느냐고요? 둘레의 길이만 알면 나무를 자르지 않고도 지름의 길이를 구할 수 있답니다. 바로 원주율이 있기 때문이죠.

식 (원주)＝(원주율)×(지름의 길이)에 따라 지름의 길이는 원주를 원주율로 나누면 됩니다.

개념의 연결

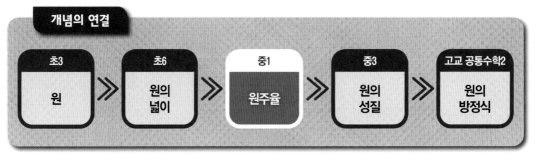

초3	초6	중1	중3	고교 공통수학2
원	원의 넓이	원주율	원의 성질	원의 방정식

Q. 원을 양파처럼 잘라 넓이 구하는 방법을 알려 주세요.

A. 원의 넓이를 구하는 일은 쉽지 않답니다. 초등학교 교과서에는 원의 중심에서 부채꼴로 원을 잘라 사각형으로 만든 다음 그 넓이를 구하는 방법이 설명되어 있습니다.

그런데 양파를 반으로 잘라 그 넓이를 구하는 방법으로 원의 넓이를 구할 수도 있습니다.

양파를 칼로 잘라 펼치면 그림과 같습니다.

이때 왼쪽 양파의 단면인 원의 넓이는 오른쪽 삼각형의 넓이와 같습니다. 삼각형의 밑변의 길이는 원주의 길이와 같으므로 원의 반지름의 길이가 r

일 때 원주의 길이는 $2\pi r$이고, 높이는 원의 반지름의 길이인 r과 같습니다.

$$\therefore (\text{원의 넓이}) = \frac{1}{2} \times 2\pi r \times r = \pi r^2$$

Q. 언제부터 π의 어림한 값으로 3.14를 사용했나요?

A. π의 어림한 값을 3.14로 구한 최초의 사람은 고대 그리스의 수학자 아르키메데스입니다.

성경에도 원주율이 3이라고 언급된 부분이 있습니다. 〈열왕기상〉 7장 23절이나 〈역대하〉 4장 2절의 이스라엘 왕이었던 솔로몬이 성전(聖殿)을 건축하는 장면에 "직경이 10규빗, 주위는 30규빗"이라는 구절이 나옵니다. 즉, 지름이 10일 때 둘레가 30이었다는 것이므로 원주율을 대략 3으로 계산한 것이지요.

이후 아르키메데스는 원에 접하는 정다각형의 성질을 이용하여 보다 정밀한 계산을 시도하였습니다. 원에 내접하고 외접하는 정육각형부터 시작하여 점점 변의 수를 두 배씩 늘려 정96각형까지 만들었고, 그 결과 π의 값을

$$3\frac{10}{71} < \pi < 3\frac{1}{7}$$

이라는 데까지 구했습니다. 이것을 소수로 고치면

$$3.140845\cdots < \pi < 3.142857\cdots$$

이 됩니다. 소수점 아래 둘째 자리인 3.14까지 정확한 값을 구하게 된 것이죠.

중심각의 크기를 몰라도 부채꼴의 넓이를 구할 수 있다고요?

아! 그렇구나

　부채꼴의 넓이를 구하는 방법은 여러 가지입니다. 가장 많이 사용되는 방법이 중심각의 크기를 이용하는 것입니다. 원의 넓이는 반지름의 길이만 알면 구할 수 있지만 부채꼴은 원의 일부이기 때문에 추가 정보가 있어야 그 넓이를 구할 수 있습니다. 보통은 중심각의 크기가 추가로 주어지면 넓이를 구할 수 있는데, 중심각의 크기를 모르는 상태에서 호의 길이가 주어지더라도 넓이를 구할 수 있는 방법이 있습니다.

30초 정리

부채꼴의 호의 길이와 넓이

반지름의 길이가 r이고, 중심각의 크기가 $a°$인 부채꼴의 호의 길이 l과 넓이 s는 다음과 같다.

$$l = 2\pi r \times \frac{a}{360}, \ S = \pi r^2 \times \frac{a}{360} = \frac{1}{2}rl$$

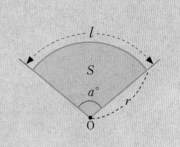

오른쪽 그림은 우리 반 학생들이 각자 좋아하는 스포츠 경기를 하나씩 골라 그 결과를 그래프로 나타낸 것입니다. 초등학교에서 이미 그려 본 바 있으니 이 그래프가 원 모양으로 되어 있는 원그래프이자 비율을 나타내는 비율그래프임을 잘 알고 있을 것입니다. 비율그래프를 그릴 때 가장 중요한 것은 각 항목이 차지하는 백분율만큼 원을 나누는 것입니다.

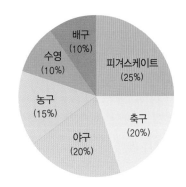

피겨 스케이트는 25%이므로 $360°$의 $\frac{1}{4}$인 $90°$만큼을 차지하고 있습니다. 축구나 야구는 각각 20%이므로 $360°$의 $\frac{1}{5}$인 $72°$씩이고, 농구는 15%이므로 $360°$의 $\frac{15}{100}$인 $54°$, 마지막 배구와 수영은 각각 10%이므로 $360°$의 $\frac{1}{10}$인 $36°$씩을 차지합니다. 이들 6개의 중심각을 모두 더하면 얼마가 될까요? 싱거운 질문 같지만 반드시 더해서 합이 $360°$가 됨을 확인해야 원그래프를 제대로 그렸다는 확신을 가질 수 있습니다.

야구와 축구는 중심각의 크기가 같습니다. 그러므로 야구와 축구를 나타내는 두 부채꼴은 서로 합동입니다. 합동이므로 두 부채꼴의 호의 길이와 넓이는 서로 같습니다. 마찬가지로 한 원에서 호의 길이나 넓이가 같은 두 부채꼴은 합동이므로 중심각의 크기가 같을 것입니다.

축구는 수영에 비해 그 비율이 2배 높기 때문에 부채꼴의 중심각의 크기도 2배 더 큽니다. 호의 길이도 2배 더 길고, 넓이도 2배 더 넓습니다. 한 원에서 부채꼴의 중심각의 크기가 2배, 3배, 4배, …가 되면, 부채꼴의 호의 길이와 넓이도 각각 2배, 3배, 4배, …가 됩니다.

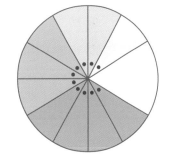

이런 표현 많이 봤죠? 정비례 관계의 표현이죠. 정리하면, '한 원에서 부채꼴의 호의 길이와 넓이는 각각 중심각의 크기에 정비례한다'고 말할 수 있습니다.

부채꼴의 중심각의 크기와 호의 길이, 중심각의 크기와 넓이 사이의 관계

1. 한 원에서 중심각의 크기가 같은 두 부채꼴의 호의 길이와 넓이는 각각 같다.
2. 한 원에서 부채꼴의 호의 길이와 넓이는 각각 중심각의 크기에 정비례한다.

부채꼴의 중심각의 크기와 호의 길이, 중심각의 크기와 넓이 사이의 관계를 통해 우리는 무얼 알 수 있을까요? 부채꼴의 호의 길이와 넓이를 구할 수 있답니다. 이 부분은 결과만 공식으로 외우려 하지 마세요. 과정 자체가 곧 공식이랍니다.

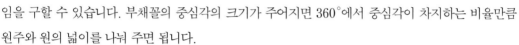

반지름의 길이가 r인 원에서 중심각의 크기가 $a°$인 부채꼴의 호의 길이 l과 넓이 S는 각각 중심각의 크기에 정비례하므로 $l : 2\pi r = a : 360$에서

$$l = 2\pi r \times \frac{a}{360}$$

이고, 또 $S : \pi r^2 = a : 360$에서

$$S = \pi r^2 \times \frac{a}{360}$$

임을 구할 수 있습니다. 부채꼴의 중심각의 크기가 주어지면 360°에서 중심각이 차지하는 비율만큼 원주와 원의 넓이를 나눠 주면 됩니다.

두 식 $l = 2\pi r \times \frac{a}{360}$, $S = \pi r^2 \times \frac{a}{360}$를 정리하여 a를 없애면 새로운 관계가 만들어집니다.

$l = 2\pi r \times \frac{a}{360}$에서 $\frac{a}{360} = \frac{l}{2\pi r}$이므로,

$$S = \pi r^2 \times \frac{a}{360} = \pi r^2 \times \frac{l}{2\pi r} = \frac{1}{2}rl$$

이 됩니다. 즉, 반지름의 길이가 r이고, 호의 길이가 l인 부채꼴의 넓이 S는 다음과 같습니다.

$$S = \frac{1}{2}rl$$

이는 부채꼴의 중심각의 크기를 몰라도 호의 길이만으로 넓이를 구하는 방법이 됩니다.

개념의 연결

초6 원의 넓이 ≫ 중1 원주율 ≫ 중1 부채꼴의 호의 길이와 넓이 ≫ 중3 원의 성질 ≫ 고교 공통수학2 원의 방정식

Q. 한 원에서 중심각의 크기가 같으면 현의 길이도 같습니다. 그럼 호의 길이가 중심각의 크기에 정비례하는 것처럼 현의 길이도 중심각의 크기에 정비례하는 것 아닌가요?

A. 부채꼴에서 호의 길이와 넓이는 중심각의 크기에 정비례합니다. 그러나 현의 길이는 정비례한다고 할 수 없습니다.

중심각의 크기가 0°부터 커지면 현의 길이가 길어지는 것처럼 생각할 수 있는데, 수학에서 말하는 정비례는 대충 같이 커지는 게 아니라 커지는 비율까지도 정확히 같은 것입니다. 그런데 심지어 중심각의 크기가 180°를 넘어가는 순간부터는 중심각이 커질수록 현의 길이가 짧아집니다.

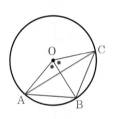

그림에는 중심각의 크기가 같은 두 부채꼴이 있습니다. 각각의 현의 길이는 빨간색이고, 중심각의 크기가 두 배인 부채꼴 OAC의 현의 길이는 파란색입니다. 만약 부채꼴의 현의 길이가 중심각의 크기에 정비례한다면 파란색 현의 길이는 빨간색 현의 길이의 두 배가 되어야 합니다. 그렇지 않다는 것이 눈에 보이지요. 한 원에서 부채꼴의 현의 길이는 중심각의 크기에 정비례하지 않습니다.

Q. 부채꼴의 넓이를 구하는 공식인 $S = \frac{1}{2}rl$을 보면 부채꼴의 넓이가 삼각형이나 사각형의 넓이와 같다는 것을 생각할 수 있는데, 제 생각이 맞나요? 어떻게 이럴 수 있죠?

A. 맞습니다. $S = \frac{1}{2}rl$은 사실 $S = \frac{1}{2}l \times r$ 또는 $S = \frac{1}{2} \times l \times r$로도 볼 수 있습니다. 아주 중요한 사실을 발견했네요. $S = \frac{1}{2}l \times r$은 가로와 세로의 길이가 $\frac{1}{2}l, r$인 직사각형으로, $S = \frac{1}{2} \times l \times r$은 밑변과 높이가 l, r인 삼각형으로 볼 수 있지요.

초등학교에서 원을 나눴던 것처럼 부채꼴도 잘게 나눌 수 있는데, 그림과 같이 반지름의 길이가 r이고 호의 길이가 l인 부채꼴을 중심각의 크기가 같도록 잘게 잘라 서로 엇갈리게 붙이면 직사각형에 가까운 모양이 되겠죠. 이 직사각형의 가로의 길이는 부채꼴의 호의 길이의 절반이지요. 호가 위아래로 반씩 나뉘어졌으니까요.

그리고 직사각형의 세로는 부채꼴의 반지름의 길이와 같네요. 그래서 이 직사각형의 넓이와 부채꼴의 넓이가 같다는 것을 확인할 수 있고, 그 결과로 $S = \frac{1}{2}rl$임을 확인할 수 있습니다.

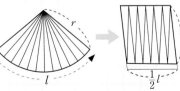

각 면이 모두 정다각형으로 이루어져 있는데 정다면체가 아니라고요?

아~ 6개의 면이 모두 합동인 정사각형이구나.

정육면체

이것도 6개의 면이 모두 합동인 정삼각형인데 왜 '정' 자가 없지?

육면체

아! 그렇구나

모든 변의 길이와 모든 각의 크기가 같은 정다각형은 매우 많습니다. 하지만 정다면체가 되려면 조건이 더 필요합니다. 모든 면이 합동인 정다각형이어야 한다는 조건에 한 꼭짓점에 모인 면의 개수가 모두 같아야 한다는 것이지요. 이게 다르면 위치에 따라 보이는 모양이 다르기 때문입니다.

30초 정리

정다면체 : 정다면체는 다음의 5가지뿐이다.

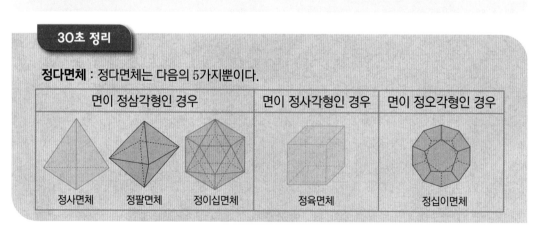

면이 정삼각형인 경우			면이 정사각형인 경우	면이 정오각형인 경우
정사면체	정팔면체	정이십면체	정육면체	정십이면체

정다면체가 5개뿐이라니, 신기한 사실입니다.

정다각형도 몇 개 안 된다고요? 정다각형은 정삼각형부터 시작해서 정사각형, 정오각형, 정육각형, … 끝이 없답니다.

정다면체가 되기 위한 조건이 그렇게 까다로운 걸까요?

그렇지 않습니다. 정다각형이 되기 위한 조건, 즉 정다각형의 정의와 별반 차이가 없답니다.

정다각형은 모든 변의 길이가 같고 모든 각의 크기가 같다는 2가지 조건을 만족해야 함을 익히 알고 있을 것입니다. 정다면체가 되기 위해서도 2가지 조건이 필요하지요. 각 면이 모두 합동인 정다각형 모양이고, 각 꼭짓점에 모인 면의 개수가 같다는 것이 그것입니다.

그럼 정다면체를 만들어 볼까요?

가장 간단한 정삼각형으로는 다음 3가지가 만들어집니다.

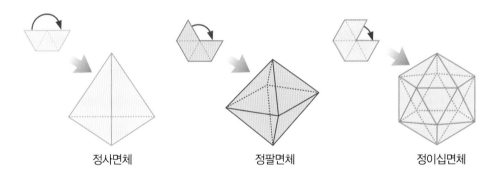

정사면체　　　　　　정팔면체　　　　　　정이십면체

정사각형과 정오각형으로는 각각 한 가지씩, 즉 정육면체와 정십이면체가 만들어집니다.

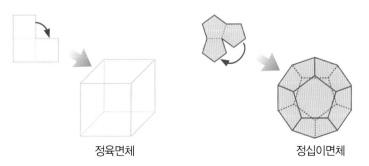

정육면체　　　　　　　정십이면체

1학년
도형과
측정

정다면체의 면의 모양을 보니 정삼각형과 정사각형, 정오각형의 세 종류밖에 없는데, 정육각형이나 정칠각형 등으로는 왜 정다면체를 만들 수 없을까요?

어떤 입체도형이든 각 꼭짓점에 모인 다각형의 내각의 크기의 합은 $360°$보다 작아야 합니다. 그래야 그것이 모여 볼록한 꼭짓점이 됩니다. 그러므로 한 꼭짓점에 모인 내각의 크기의 합이 $360°$이거나 더 큰 경우에는 입체도형을 만들 수가 없습니다. 예를 들어 오른쪽 그림처럼 한 꼭짓점에 정삼각형 6개가 모이면 $360°$가 되어 평면이 되므로 입체가 만들어지지 않습니다. 그래서 면이 정삼각형인 정다면체는 한 꼭짓점에 모인 정삼각형의 개수가 3개, 4개 5개인 정사면체, 정팔면체, 정이십면체뿐입니다.

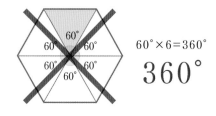

$$60° \times 6 = 360°$$
$$360°$$

또 한 가지 주의할 점은 두 면만으로는 꼭짓점을 만들 수 없으므로 한 꼭짓점에 최소한 세 면이 모여야 한다는 것입니다. 그런데 정육각형은 한 내각의 크기가 $120°$이고, 이것이 3개 모이면 $360°$가 되어 평면이 되므로 입체가 만들어지지 않습니다.

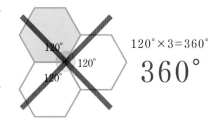

$$120° \times 3 = 360°$$
$$360°$$

정칠각형부터는 한 내각의 크기가 $120°$보다 크므로 정육각형과 마찬가지로 꼭짓점을 만드는 것이 불가능하답니다.

개념의 연결

Q. 정다면체는 언제 발견되었나요?

A. 일정한 규칙을 가지고 있는 정다면체는 오랜 시간 수학자에게 신비로운 대상이었습니다. 정다면체는 피타고라스학파와 테아이테토스, 플라톤에 의하여 발견되고 연구되었다고 합니다.

그리스의 수학자 플라톤은 5개의 정다면체를 세상을 구성하는 다섯 요소와 연결시켰지요. 유클리드는 정다면체가 5개밖에 없다는 것을 수학적으로 밝혀내기도 했습니다.

플라톤은 어떻게 정다면체를 바라봤던 걸까요? 가장 단순하고 날카로운 정사면체는 불, 안정적인 모양의 정육면체는 흙, 마주 보는 두 꼭짓점을 잡고 돌릴 수 있을 만큼 불안정한 정팔면체는 공기, 가장 둥근 모양의 정이십면체는 물을 상징하는 것으로 여겼지요. 마지막으로 신비로운 우주를 상징하는 것으로는 정십이면체를 생각했습니다.

플라톤은 이렇게 5개의 정다면체가 세상의 모든 것을 포함한다고 설명하였습니다.

Q. 그림의 입체도형은 정삼각형으로만 이루어진 다면체인데, 왜 정다면체에는 이런 것이 없나요? 각 면이 모두 합동인 정삼각형뿐이잖아요.

A. 각 면이 모두 정삼각형인 것은 맞아요. 이것도 정다면체의 중요한 조건 중 하나죠.

그렇지만 정다면체가 되려면 또 다른 조건을 만족해야 한답니다. 그것은 각 꼭짓점에 모인 면의 개수가 모두 같아야 한다는 조건이에요. 각 꼭짓점마다 모인 면의 개수를 한번 세어 보세요. 모두 똑같나요?

다르다는 것이 확인되면 이 다면체가 왜 정다면체가 아닌지 이해할 수 있습니다. 위아래 두 꼭짓점에 모인 면의 개수는 5개씩인데, 옆에 있는 다섯 꼭짓점에 모인 면의 개수는 4개씩이죠? 그래서 정다면체가 아니랍니다.

원뿔대는 원뿔을 자른 건데, 왜 사다리꼴을 회전시켜 만든 회전체라고 하나요?

아! 그렇구나

우리는 원뿔을 자르는 것으로 원뿔대를 정의하고 있기 때문에 회전체로서의 원뿔대는 생소할 수 있습니다. 원뿔을 자르는 개념과 회전체의 개념은 원뿔대에 대한 다양한 관점일 뿐인데, 평소 수학 개념을 고정적으로 생각한다면 여기서 이상한 느낌을 받을 수 있습니다.

30초 정리

회전체 : 평면도형을 한 직선을 축으로 하여 1회전시킬 때 생기는 입체도형

회전체의 성질

1. 회전체를 회전축에 수직인 평면으로 잘라서 생긴 단면은 항상 원이다.

2. 회전체를 회전축을 포함하는 평면으로 잘라서 생긴 단면은 모두 합동이고, 회전축을 대칭축으로 하는 선대칭도형이다.

여러 가지 입체도형 중 어떤 면을 회전하여 만들어지는 것을 나열해 보세요.

직육면체나 정육면체 등의 다면체는 어떤 면을 회전하여 만들어지지 않겠지요. 각뿔 역시 회전하여 만들어질 수는 없습니다. 반면 원기둥이나 원뿔, 구 등은 어떤 면을 회전하여 만들어질 수 있습니다. 실제로 보면 다음 그림과 같습니다.

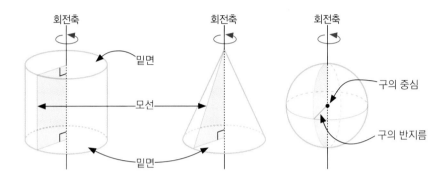

이와 같이 어떤 도형을 한 직선을 축으로 하여 1회전시킬 때 생기는 입체도형을 회전체라 하고, 이때 축으로 사용한 직선을 회전축이라고 합니다.

다음 그림과 같이 원기둥, 원뿔을 회전축에 수직인 평면으로 잘라서 생긴 단면은 모두 원이 됩니다. 또, 원기둥, 원뿔을 회전축을 포함하는 평면으로 잘라서 생긴 단면은 각각 직사각형, 이등변삼각형이 됩니다.

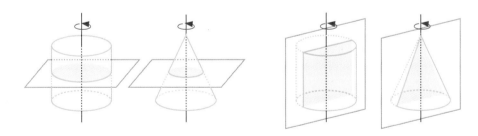

일반적으로 회전체를 회전축에 수직인 평면으로 잘라서 생긴 단면은 회전체의 모양에 관계없이 항상 원이 됩니다. 또, 회전체를 회전축을 포함하는 평면으로 잘랐을 때 생긴 단면은 모두 합동이고 회전축을 대칭축으로 하는 선대칭도형이 됩니다. 초등학교에서 한 도형을 어떤 직선으로 접었을 때 완전히 겹쳐지는 도형을 선대칭도형이라 하고, 그 직선을 대칭축이라고 하였습니다.

1학년
도형과
측정

회전체는 도자기, 도넛 등 일상에 참으로 많이 있답니다.

도자기는 도공의 혼과 기술이 깃든 예술 작품입니다. 특히 고려청자와 분청사기는 세계 어느 나라에서도 찾아볼 수 없는 매우 독특함과 세련미를 갖춘 도자기라고 합니다. 물레가 회전하면서 도공의 손끝에 따라 빚어지는 도자기는 그 주둥이가 원 모양을 유지하면서 점차 입체도형 모양으로 완성됩니다. 이와 같이 회전하여 만들어진 입체도형은 그 모양이 다양하지만 여러 가지 공통적인 성질을 가지고 있습니다.

도넛은 무엇을 회전한 걸까요? 어쩌다 가운데 구멍이 뻥 뚫렸을까요?

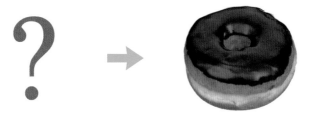

가운데 구멍을 생각하면 동그란 원을 회전축과 떨어트려 1회전한 것임을 추측할 수 있습니다. 보기만 해도 침이 꼴깍 넘어가지요?

개념의 연결

초3		초6		중1		고교 기하
원	≫	원기둥, 원뿔, 구	≫	회전체의 성질	≫	공간도형

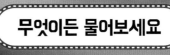

무엇이든 물어보세요

 Q.

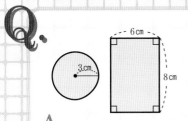

그림과 같이 어떤 회전체를 회전축에 수직인 평면으로 자른 단면과 회전축을 포함하는 평면으로 자른 단면이 각각 원과 직사각형이라면 이 회전체는 어떤 모양인가요?

A. 회전체를 추측하는 문제는 입체도형, 즉 공간 감각을 요하기 때문에 쉽지 않습니다.

회전축에 수직인 평면으로 자른 단면은 위에서 본 모양인데, 이것이 원이네요. 그리고 회전축을 포함한 평면으로 자른 단면은 옆에서 본 모양인데, 이것이 직사각형이네요. 대략의 감이 오나요?

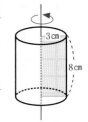

전형적인 원기둥입니다. 원의 반지름의 길이가 3cm이고, 직사각형의 가로의 길이가 그 두 배인 6cm라는 것도 중요한 단서가 됩니다.

Q. **직선 *l*을 회전축으로 하여 1회전시킬 때 생기는 입체도형이 오른쪽 그림과 같은 것을 고르는 문제에서 답을 쉽게 구하는 방법이 있나요?**

① 　② 　③ 　④ 　⑤

A. 일단 가운데 구멍이 뚫렸으므로 회전축과 떨어진 도형을 회전시킨 것이네요. 그러므로 ①, ②는 아닙니다.

또 가운데 구멍이 원기둥이 아닌 원뿔대 모양이어야 하므로 ④는 아닙니다.

이제 남은 ③, ⑤ 중 어느 것일까요?

윗면을 보면 ③과 ⑤의 차이를 느낄 수 있네요.

③이 가장 유력합니다.

밑넓이를 구해야 하는데
밑이 보이지 않아요.

그, 그럼
옆넓이는…

(기둥의 겉넓이)
=(밑넓이)×2
+(옆넓이)

밑넓이는…
으으,
무거워!

아! 그렇구나

밑넓이의 '밑'이라는 말이 보통 아래쪽을 나타내기 때문에 '밑넓이'가 아래쪽의 넓이라고 생각하기 쉽습니다. 그러나 초등학교 수학에서 밑면은 서로 평행한 윗면과 아랫면을 모두 일 컫는 말이라고 배웠습니다. 윗면과 아랫면이 합동일 때는 그 넓이가 같으므로 겉넓이를 구할 때 윗면이나 아랫면 중 아무것이나 그 넓이를 구해 두 배 하면 됩니다.

30초 정리

기둥의 겉넓이와 부피

(기둥의 겉넓이) = (밑넓이) × 2 + (옆넓이)

(기둥의 부피) = (밑넓이) × (높이)

직육면체 모양의 캐비닛이 낡아 페인트를 칠하려 합니다. 캐비닛을 칠할 페인트의 양은 칠하는 면의 넓이에 비례하므로, 사야 할 페인트의 양을 판단하려면 캐비닛의 각 면의 넓이를 구해야 하겠죠?

캐비닛의 각 면의 넓이를 구하여 더하면 캐비닛을 칠하는 데 필요한 페인트의 양을 가늠할 수 있습니다. 직육면체 모양의 캐비닛은 각 면이 직사각형이므로 그 겉넓이는 전개도를 이용하여 구하는 것이 편리합니다.

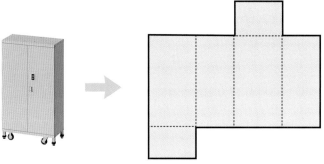

초등학교에서 사각기둥인 직육면체와 원기둥의 겉넓이는 모두 전개도를 이용하여

$$(겉넓이) = (밑넓이) \times 2 + (옆넓이)$$

와 같이 구할 수 있음을 배웠습니다.

삼각기둥이나 원기둥의 전개도 역시 그림과 같이 서로 합동인 2개의 밑면과 직사각형 모양의 옆면으로 이루어져 있습니다.

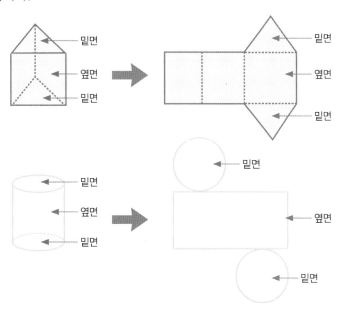

초등학교에서 부피를 처음 배울 때 단위부피를 이용하였습니다. 가로, 세로, 높이가 각각 1㎝인 정육면체의 부피를 1㎤로 정한 다음 직육면체 부피부터 구하기 시작했지요. 직육면체에서 시작한 이유는 직육면체의 각 모서리를 1㎝씩 잘라 단위부피인 1의 개수를 셀 수 있기 때문입니다.

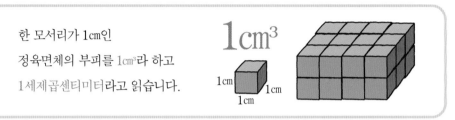

한 모서리가 1㎝인
정육면체의 부피를 1㎤라 하고
1세제곱센티미터라고 읽습니다.

여기서 사각기둥인 직육면체의 부피는 단위부피의 개수를 세야 했기에 (가로)×(세로)×(높이)로 구했고, 이 중 (가로)×(세로)는 밑넓이와 같기 때문에

$$(부피) = (밑넓이) \times (높이)$$

로 정리를 했습니다.

중1에서는 직육면체, 즉 사각기둥뿐만 아니라 삼각기둥, 오각기둥과 같은 모든 각기둥에 대해서까지 (부피)=(밑넓이)×(높이)임을 확장합니다. 사각기둥인 직육면체와 다른 각기둥의 차이점에 해당하는 밑면의 모양만 고려하면 부피 개념은 어디서나 마찬가지라는 것입니다.

이는 원기둥에도 그대로 적용할 수 있습니다. 그림과 같이 원기둥 안에 밑면이 정다각형 모양인 각기둥을 만들고, 이 각기둥에서 밑면의 변의 수를 한없이 늘려 가면 각기둥은 원기둥에 가까워지겠죠. 따라서 원기둥의 부피도 각기둥의 부피와 같은 방법으로 구할 수 있습니다.

$$(원기둥의 부피) = (밑넓이) \times (높이)$$

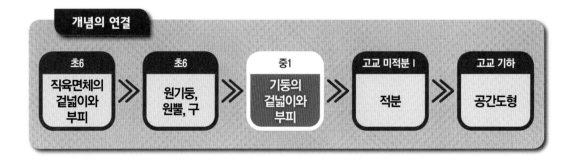

개념의 연결

초6	초6	중1	고교 미적분 I	고교 기하
직육면체의 겉넓이와 부피	원기둥, 원뿔, 구	기둥의 겉넓이와 부피	적분	공간도형

과학에서 반응속도는 물체의 겉넓이와 관계가 있다고 하는데, 무슨 뜻인가요?

A. 밀가루 공장, 설탕 공장, 탄광 등에서는 폭발 사고가 잦다고 합니다. 이유는 무엇일까요? 여기서 다루는 물질이 겉넓이가 큰 것이기 때문이지요. 물체의 겉넓이가 크면 반응속도가 빨라집니다.

얼음을 빨리 녹게 하려면 어떻게 하나요? 만약 같은 부피를 갖는 얼음 조각이라면 겉넓이가 큰 얼음 조각이 공기와 맞닿는 부분이 많아 더 빨리 녹게 됩니다.

설날 떡국에 넣는 가래떡은 왜 비스듬하게 써는 걸까요? 같은 부피의 떡을 익힐 때 뜨거운 물과 맞닿는 부분이 넓어지면 떡이 더 빨리 익을 것입니다. 가래떡을 똑바로 썰지 않고 비스듬하게 써는 데는 겉넓이를 더 크게 하려는 이유가 있답니다.

입체도형의 부피와 겉넓이에 대한 지식이 생활에 지혜롭게 많이 사용된답니다.

겉넓이가 큰 각기둥이 항상 부피도 큰가요?

 몇 가지 예를 들어서 생각해 봅시다.

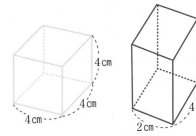

다음과 같은 정육면체와 직육면체에서 정육면체의 겉넓이는 $16 \times 6 = 96 (\text{cm}^2)$, 직육면체의 겉넓이는 $8 \times 2 + 28 \times 2 + 14 \times 2 = 100 (\text{cm}^2)$이므로 직육면체의 겉넓이가 정육면체의 겉넓이보다 큽니다. 정육면체의 부피는 $4 \times 4 \times 4 = 64 (\text{cm}^3)$, 직육면체의 부피는 $2 \times 4 \times 7 = 56 (\text{cm}^3)$이므로 부피는 정육면체가 더 큽니다. 즉, 겉넓이가 큰 각기둥이 항상 부피가 큰 것은 아닙니다.

수학에서 항상 성립하는 것이 아님을 증명하려면 이와 같은 반대되는 예(반례)를 하나만 찾아 설명하면 됩니다.

원기둥을 자르면 원뿔이 위아래로 하나씩 2개가 나올 것 같은데, 왜 원뿔의 부피는 원기둥의 $\frac{1}{3}$인가요?

아! 그렇구나

각뿔이나 원뿔의 부피가 각각 각기둥이나 원기둥의 부피의 $\frac{1}{3}$이 됨을 중학생에게 정확히 이해시키는 데는 어려움이 있습니다. 그래서 학교에서도 대충 실험적으로 이해시키고 마는 것이 현실이지요. 입체도형의 부피에 대한 개념은 공간 감각을 필요로 하지만 대부분의 인간에게는 공간 감각이 부족하답니다. 그래서 계산 공식으로는 $\frac{1}{3}$이라고 해야 하지만 심정적으로는 $\frac{1}{2}$이 되는 것으로 생각할 가능성이 크답니다.

30초 정리

뿔의 겉넓이와 부피

(뿔의 겉넓이) = (밑넓이) + (옆넓이)

(뿔의 부피) = $\frac{1}{3}$ × (밑넓이) × (높이) = $\frac{1}{3}$ × (기둥의 부피)

기둥의 겉넓이를 구하는 방법과 마찬가지로 뿔의 겉넓이에서도 전개도를 생각하는 것이 편리합니다. 기둥의 경우와 차이 나는 부분만 고려하면 구하는 방법은 마찬가지입니다.

각기둥에는 윗면이 있지만 각뿔에는 윗면이 없지요. 그래서 밑면이 하나뿐입니다. 그리고 각기둥은 옆면이 직사각형이지만 각뿔은 옆면이 삼각형이지요.

이런 점을 고려하여 전개도 각각의 넓이를 구하여 더하면 각뿔의 겉넓이를 구할 수 있답니다.

(각뿔의 겉넓이) = (밑넓이) + (옆넓이)

원뿔은 각뿔보다 생각할 부분이 많습니다. 원뿔의 전개도는 오른쪽 그림과 같이 밑면이 원이고 옆면은 부채꼴입니다. 원뿔의 전개도에서 옆면을 삼각형으로 그리기도 하는데 이는 잘못된 생각입니다.

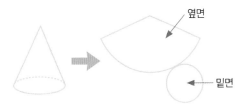

원뿔의 겉넓이도 그 전개도에서 밑넓이와 옆넓이의 합으로 구할 수 있는데, 옆면의 전개도가 부채꼴이므로 부채꼴의 넓이와 호의 길이를 구할 수 있어야 합니다. 자신에게 이 부분의 학습이 미비하다면 '부채꼴의 호의 길이와 넓이' 부분으로 돌아가 해당 내용을 확실하게 학습한 이후 원뿔의 겉넓이를 학습하기 바랍니다.

원뿔의 전개도에서 옆면에 해당하는 부채꼴의 중심각의 크기는 주어지지 않습니다. 밑면인 원의 둘레의 길이가 부채꼴의 호의 길이와 같으므로 이를 이용하여 부채꼴의 넓이를 구해야 합니다. 이때 부채꼴의 반지름의 길이는 모선의 길이와 같습니다.

원뿔의 모선의 길이가 l, 밑면의 반지름의 길이가 r이면 전개도의 부채꼴은 호의 길이가 $2\pi r$, 반지름의 길이가 l이 됩니다. 그러므로 부채꼴의 넓이 S는

$$S = \frac{1}{2} \times 2\pi r \times l = \pi r l$$

이므로 원뿔의 겉넓이 S는 다음과 같이 나타낼 수 있습니다.

$$S = \pi r^2 + \pi r l$$

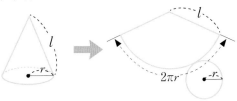

1학년
도형과
측정

기둥의 부피를 이용하여 뿔의 부피를 구할 수 있습니다.

사실 그 식은 중학교 수학으로는 불가능하고 고등학교 과정에 해당하는 미적분을 이용하여 만들 수 있습니다. 그래서 초등학교나 중학교에서는 그 결과만 이용합니다. 그리고 다음과 같은 실험으로 확인하는 활동을 합니다.

이 활동에는 교구가 필요하기 때문에 각자 하기는 힘듭니다. 다음 그림을 통해서 확인하는 정도로 넘어가지만 이런 교구를 가지고 실험할 수 있는 기회를 가져 보기 바랍니다.

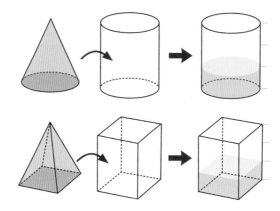

이 실험은 밑면이 합동이고 높이가 같은 뿔과 기둥을 갖고 하는 실험으로 뿔에 물을 가득 채워 기둥에 부으면 뿔과 기둥의 부피가 서로 어떤 관계인지를 파악할 수 있습니다. 뿔의 부피는 뿔의 밑넓이와 높이가 같은 기둥의 부피의 $\frac{1}{3}$입니다. 언뜻 보면 $\frac{1}{2}$인 것처럼 보이므로 주의해야 합니다.

기둥의 부피는 (밑넓이)×(높이)로 계산하므로 이를 이용하여 기둥의 부피를 구하면 다음과 같습니다.

(뿔의 부피)$=\frac{1}{3}×$(밑넓이)×(높이)

개념의 연결

초6	중1	중1	고교 미적분 I	고교 기하
원기둥, 원뿔, 구	기둥의 겉넓이와 부피	뿔의 겉넓이와 부피	적분	공간도형

Q. 뿔의 부피가 기둥의 부피의 $\frac{1}{3}$이라는 것이 도저히 이해되지 않습니다. 정육면체를 자르면 뿔이 3개 나오나요?

A. 맞습니다. 정육면체를 자르면 똑같은 모양의 뿔이 3개 나옵니다. 주의할 점은 이때 이 뿔의 밑면이 정육면체의 한 면, 즉 정사각형이고, 뿔의 높이가 정육면체의 한 모서리의 길이와 같음을 확인해야 한다는 것입니다.

다음 그림을 보면 정육면체의 한 꼭짓점에서는 이 꼭짓점을 포함하지 않는 세 면을 밑면으로 하는 뿔을 잘라낼 수 있습니다. 그리고 이 세 뿔은 서로 합동이며, 밑면과 높이가 정육면체의 밑면과 높이와 같습니다. 이것으로 합동인 사각뿔이 3개가 나온다는 것을 확인할 수 있습니다.

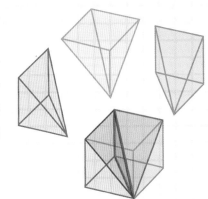

 Q. 직육면체 모양의 그릇에 물을 가득 채운 후 그릇을 기울여 물을 흘려보냈더니 그림과 같이 물이 남았습니다. 처음 물과 남은 물의 부피의 비는 얼마인가요?

A. 직육면체의 가로, 세로, 높이를 각각 a, b, c라 하면 직육면체의 부피 $V = abc$입니다. 남은 물의 모양은 삼각뿔이므로 삼각뿔의 부피를 V_1이라 합시다.

삼각뿔의 밑면은 삼각형인데, 이 삼각형의 밑변과 높이는 직육면체의 가로, 세로와 같으므로 밑넓이 $S = \frac{1}{2}ab$입니다. 삼각뿔의 높이는 직육면체의 높이와 같이 c이므로 $V_1 = \frac{1}{3} \times \frac{1}{2}ab \times c = \frac{1}{6}abc$입니다.

따라서 구하는 부피의 비 $V : V_1 = 6 : 1$입니다.

사고력 문제

9, 9, 9, 9, 9, 9와 +, −, ×, ÷를 사용하여 100을 만들어 보자. [정답은 31쪽에]

답 : 127쪽 사고력 문제 정답

구는 둥그런데 겉넓이와 부피를 어떻게 구하나요?

아! 그렇구나

구의 겉넓이와 부피를 직접 구하는 방법을 중학생이 이해하기는 어렵습니다. 그래서 교과서에서는 구의 부피도 원기둥에 물을 담아 실험을 하지요. 하지만 교실에서 기구를 동원해 물로 실험하는 것이 여러 가지 여건상 어렵기 때문에 이 부분은 그림이나 책의 설명으로 대신 이루어집니다.

30초 정리

구의 겉넓이와 부피

반지름의 길이가 r인 구의 겉넓이 S와 부피 V는 다음과 같다.

$$S = 4\pi r^2, \quad V = \frac{4}{3}\pi r^3$$

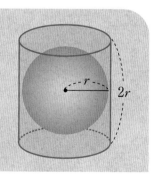

뿔의 부피와 마찬가지로 구의 부피와 겉넓이에 대한 정확한 학습은 고등학교에 가서나 가능합니다. 중학생은 구의 부피와 겉넓이를 구하는 방법을 직관적으로 이해하고 문제 풀이에 이용하는 정도로 배우게 됩니다.

귤 껍질을 잘라 똑같은 크기의 원에 깔면 신기하게도 4개의 원에 거의 맞아떨어집니다. 이를 통해 구의 겉넓이는 구와 똑같은 반지름을 가지는 원의 넓이의 네 배가 됨을 짐작할 수 있고, 이는 실제로도 틀림없는 사실입니다.

정리하면, 반지름의 길이가 r인 구의 겉넓이 $S = 4\pi r^2$입니다.

구의 부피도 실험을 통해 직관적으로 확인할 수 있습니다. 공에 꼭 들어맞는 원기둥을 만듭니다. 이 원기둥의 밑면의 반지름의 길이는 구의 반지름의 길이와 같고, 높이는 구의 지름의 길이와 같습니다.

그림과 같이 원기둥 모양의 통에 물을 가득 채운 다음 공을 넣었다가 꺼냈을 때, 남아 있는 물의 높이를 재면 거의 원기둥의 높이의 $\frac{1}{3}$과 같습니다. 그럼 이제 구의 부피와 원기둥의 부피의 비를 구할 수 있겠나요? 구해야 합니다. 구할 수 있습니다. 생각이 정리되었다면 다음으로 넘어갈까요?

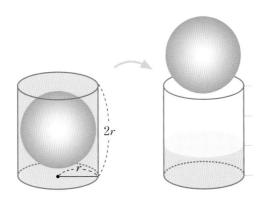

빠져나간 물의 부피가 곧 공의 부피이므로 구의 부피는 원기둥의 부피의 $\frac{2}{3}$가 됩니다.

원기둥의 밑넓이는 πr^2, 높이는 $2r$이므로 원기둥의 부피는 $\pi r^2 \times 2r = 2\pi r^3$이 되고, 이에 구의 부피는 $\frac{2}{3} \times 2\pi r^3 = \frac{4}{3}\pi r^3$이 됩니다.

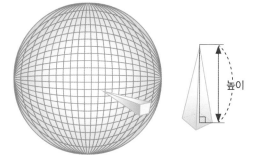

구의 겉넓이를 이용하여 구의 부피를 구하는 것도 하나의 방법입니다.

그림과 같이 구의 겉면을 무수히 잘게 나누고, 이때 생기는 구면을 밑면으로 하고 구의 반지름의 길이를 높이로 하는 무수히 많은 각뿔 모양을 생각해 봅시다.

이 각뿔의 밑넓이의 합은 구의 겉넓이와 같고, 구의 부피는 각뿔의 부피의 합과 같다고 볼 수 있으므로 구의 부피는 다음과 같이 나타낼 수 있습니다.

$$\begin{aligned}(\text{구의 부피}) &= \frac{1}{3} \times (\text{각뿔의 밑넓이의 합}) \times (\text{각뿔의 높이}) \\ &= \frac{1}{3} \times (\text{구의 겉넓이}) \times (\text{구의 반지름의 길이}) \\ &= \frac{1}{3} \times 4\pi r^2 \times r = \frac{4}{3}\pi r^3\end{aligned}$$

지렛대와 도르래, 투석기 등 우리 생활에 유용한 도구를 발명했던 고대 그리스의 수학자 아르키메데스는 위대한 수학적 업적을 남긴 수학자로 우리에게 잘 알려져 있습니다. 아르키메데스의 묘비에는 원뿔, 구, 원기둥이 동시에 새겨진 그림이 있습니다. 원기둥의 밑면의 반지름의 길이를 r이라 하면, 원뿔, 구, 원기둥의 부피는 각각

$$\frac{2}{3}\pi r^3, \quad \frac{4}{3}\pi r^3, \quad 2\pi r^3$$

이므로 원뿔과 구와 원기둥의 부피의 비는 $1 : 2 : 3$이 됩니다.

개념의 연결

초6	초6	중1	고교 미적분 I	고교 기하
직육면체의 겉넓이와 부피	원기둥, 원뿔, 구	구의 겉넓이와 부피	적분	공간도형

 반구의 부피가 구의 부피의 $\frac{1}{2}$이라면, 반구의 겉넓이도 구의 겉넓이의 $\frac{1}{2}$인가요?

A. 반구의 부피가 구의 부피의 $\frac{1}{2}$인 것은 분명합니다. 하지만 겉넓이는 단순히 양만을 따

지는 것이 아니라 표면에 보이는 넓이를 모두 더한 것입니다. 그림에서 보면 파란색 구

면의 넓이는 원래 구의 겉넓이의 $\frac{1}{2}$이고, 여기에 자른 단면의 넓이가 더 추가되어야 하

기에 반구의 겉넓이는 구의 겉넓이의 $\frac{1}{2}$보다 훨씬 크겠지요.

 같은 양의 재료를 가지고 밑면의 반지름의 길이가 r인 원기둥과 반지름의 길이가 r인 구를 만들었다면 어느 것

의 부피가 더 큰가요?

A. 그림과 같은 연료 저장 탱크를 만들었다고 가정하지요.

같은 양의 재료를 사용했다는 조건은 두 탱크의 겉넓이가 같

다는 말입니다. 원기둥 모양의 탱크의 높이를 h라고 하면,

$2\pi r^2 + 2\pi rh = 4\pi r^2$에서 $h = r$이므로

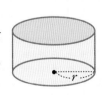 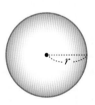

(원기둥의 부피)$= \pi r^2 \times r = \pi r^3$

(구의 부피)$= \frac{4}{3}\pi r^3$

입니다. 따라서 같은 양의 재료로 만든 두 입체도형에서는 구의 부피가 원기둥의 부피보다 큽니다.

하지만 실제 연료 저장 탱크는 구 모양보다는 원기둥 모양이 더 많습니다. 구 모양의 탱크는 만드는 것이

쉽지 않고, 바닥이 둥근 모양이라서 불안정하다는 이유 등을 고려했을 것입니다. 그래도 만들기 쉬운 직

육면체 모양이 아니라 그보다는 만들기가 어려운 원기둥 모양으로 만든 것을 보면 원형일수록 저장 공간

이 늘어난다는 뜻이 됩니다.

평균이면 충분한데
왜 중앙값, 최빈값도 구하나요?

하핫! 일주일 동안 공부한 시간의 평균이 70분이야. 그러니까 하루 한 시간 이상 공부한 거지!

흠, 그런가?

이그...

일주일 동안 공부한 시간

월	화	수	목	금	토	일
0분	70	0	20	0	180	220

평균은 $\frac{490}{7}$ = 70 (분)

중앙값은 20분

최빈값은 0분

아! 그렇구나

일상에서는 보통 어떤 자료의 특징을 나타내는 대푯값으로 평균을 사용합니다. 그래서 중앙값이나 최빈값도 자료를 대표하는 값이라는 사실이 의아하게 생각되지요. 그런데 극단적인 값이 있는 자료에서는 평균이 자료의 전체적인 경향을 나타내지 못합니다. 이때는 중앙값이나 최빈값이 자료의 전체적인 특징을 훨씬 더 잘 나타내는 대푯값이 될 수 있답니다.

30초 정리

대푯값

자료 전체의 중심적인 경향이나 특징을 대표적인 하나의 수로 나타낸 값을 **대푯값**이라고 한다. 대푯값으로는 **평균**, **중앙값**, **최빈값**을 사용한다.

중앙값 : 변량을 작은 값부터 크기순으로 나열했을 때 한가운데 있는 값

　　　　단, 자료의 개수가 짝수이면 한가운데 있는 두 값의 평균

최빈값 : 변량 중 가장 많이 나타나는 값

자료 하나하나를 그대로 나열하면 전체적인 상태를 파악하기 어렵습니다. 그래서 만든 것이 초등학교에서 배운 막대그래프, 꺾은선그래프 그리고 중학교 1학년에서 배운 도수분포표, 히스토그램 등의 표와 그래프입니다. 자료를 정리하여 표나 그래프로 나타내면 자료의 분포 상태를 한눈에 알 수 있습니다.

그러나 자료의 분포 상태를 보다 간단히 하거나 2개 이상의 자료를 비교하고자 할 때는 자료의 분포 상태를 나타내는 그래프만으로는 부족하지요. 이때는 각 자료 전체의 중심적인 경향이나 특징을 대표할 수 있는 값을 하나의 수로 나타낼 필요가 있는데, 이러한 값을 대푯값이라고 합니다. 대푯값으로는 평균이 주로 사용되지만 경우에 따라서는 최빈값이나 중앙값도 사용됩니다.

어떤 학생이 일주일 동안 요일마다 공부한 시간이 0분, 70분, 0분, 20분, 0분, 180분, 220분이었다면 하루 평균 공부 시간은 70분입니다. 평균만 보면 매일 한 시간 이상 공부한 것으로 생각할 수 있습니다. 실제로는 4일 정도 공부를 거의 하지 않았지만 평균으로 이 사실을 알기는 어렵습니다. 그래서 평균이 이 학생의 특성을 가장 잘 나타내는 대푯값이라고 하기는 곤란합니다.

대신 크기순으로 나열된 변량의 한가운데 있는 중앙값 20분이 이 자료 전체의 중심적인 경향을 더 잘 나타낸다고 볼 수 있습니다. 아니면 변량 중 가장 많이 나타나는 최빈값 0분을 대푯값으로 생각하는 것이 이 학생의 특성, 즉 공부를 전혀 하지 않은 날이 3일이나 된다는 것을 더 잘 보여 줄 수 있습니다.

보통의 자료에서는 대푯값으로 평균을 가장 많이 사용합니다. 3가지 대푯값 중 가장 정확한 것은 평균입니다. 그런데 변량 중 매우 크거나 매우 작은 값이 있으면 그 극단적인 값의 영향을 가장 많이 받는 것이 평균입니다. 이때는 평균보다 중앙값을 대푯값으로 사용하는 것이 타당할 것입니다. 최빈값은 전체적인 특성을 빨리 추측하고자 할 때 또는 가장 빈번하게 발생하는 경우를 알고자 할 때 필요합니다.

올림픽 종목 중 체조나 다이빙 등에서는 여러 명의 심판이 점수를 매기는데, 이때 각 심판이 채점한 점수 중 가장 높은 점수와 가장 낮은 점수는 제외하고 나머지 점수의 평균으로 순위를 매깁니다. 가장 높은 점수와 가장 낮은 점수를 제외하는 것은 어떤 특정 심판의 극단적인 점수로 평균이 왜곡되는 것을 방지하기 위함입니다. 평균의 문제점을 해결하기 위한 노력이라고 볼 수 있지요.

심화와 확장

자료의 개수가 홀수이면 변량을 크기순으로 나열하였을 때 한가운데 값이 하나이기 때문에 이 값을 중앙값으로 택할 수 있습니다. 하지만 자료의 개수가 짝수이면 변량을 크기순으로 나열하였을 때 한가운데 값이 2개이므로 이 두 값의 평균을 중앙값으로 계산합니다.

> 변량이 8개이면 중앙값은
> $$\frac{(넷째\ 변량)+(다섯째\ 변량)}{2}$$

예를 들어 자료의 개수가 8개이면 네 번째와 다섯 번째 변량의 평균이 중앙값이 됩니다.

변량이 모두 다르거나 서로 다른 변량의 각각의 개수가 모두 같을 때는 최빈값이 존재하지 않습니다. 또 자료에 따라서는 최빈값이 2개 이상일 수도 있습니다.

최빈값이 없는 경우	최빈값이 2개 이상인 경우
1 2 3 4 5 6 7	1 2 2 4 5 5 6

신발 가게에서 일주일 동안 팔리는 운동화의 수가 사이즈별로 다음과 같을 때, 240㎜의 운동화가 가장 많이 팔렸음을 알 수 있습니다. 이때 최빈값은 240㎜입니다. 이 가게에서는 240㎜ 사이즈의 운동화를 가장 많이 준비해야 합니다.

신발 사이즈(㎜)	200 이하	210	220	230	240	250 이상
팔린 개수(개)	41	34	68	39	131	25

한편 자료가 수가 아니라면 평균이나 중앙값을 구할 수 없습니다. 예를 들면, 어떤 반의 반티를 만들기 위해 반 학생 30명을 대상으로 좋아하는 색을 조사한 결과가 표와 같다면 이 자료의 대푯값은 어떻게 구해야 할까요? 가장 많은 학생이 좋아하는 색, 즉 최빈값을 대푯값으로 정하는 것이 타당할 것입니다.

좋아하는 색	빨간색	노란색	초록색	보라색	합계
학생 수(명)	5	3	7	15	30

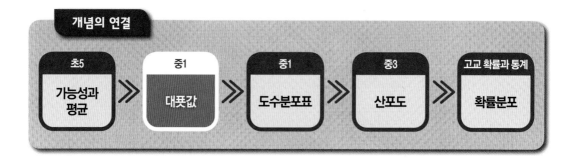

개념의 연결

초5 가능성과 평균 >> 중1 대푯값 >> 중1 도수분포표 >> 중3 산포도 >> 고교 확률과 통계 확률분포

Q. 세계 문화유산 협약에 가입한 153개 국가가 평균 6.12개의 문화유산을 보유하고 있는데, 각 나라가 보유한 유산 개수의 중앙값은 3개, 최빈값은 1개라고 하는 이유는 무엇인가요? 왜 이렇게 대푯값이 서로 다른가요?

A. 최빈값이 1개라고 하는 것은 유산을 1개만 보유하고 있는 나라가 가장 많다는 뜻입니다. 중앙값이 3개라는 것은 153개 국가가 보유한 유산 수를 작은 수부터 차례로 나열했을 때 한가운데인 77번째 나라의 유산 수가 3라는 뜻입니다. 그런데 평균이 6.12개입니다. 중앙값이나 최빈값과 차이가 많이 나지요. 여기서 일부 국가의 유산 수가 극단적으로 많음을 추측할 수 있습니다. 실제로 인류 문명의 주요 발상지나 유럽 지역의 유산이 많이 등재되어 있어서 이런 결과가 나타날 수 있습니다.

Q. 중학생 20명이 일요일 하루 동안 컴퓨터를 사용한 시간을 조사한 표가 다음과 같다면, 대푯값으로 평균, 중앙값, 최빈값 중 어느 것이 적절한가요?

$$2 \quad 3 \quad 0 \quad 2 \quad 12 \quad 0 \quad 2 \quad 0 \quad 0 \quad 0$$
$$0 \quad 1 \quad 1 \quad 1 \quad 0 \quad 12 \quad 2 \quad 2 \quad 1 \quad 0$$

(단위 : 시간)

A. 자료의 평균을 구해 보면 두 시간이 나옵니다. 학생 대부분의 컴퓨터 사용 시간이 세 시간 이하인데 평균만 보면 중학생들이 일요일에 컴퓨터를 평균 두 시간이나 사용하는 것으로 오해할 수 있습니다. 여기서 열두 시간을 사용한 두 학생을 제외한 18명의 평균은 한 시간도 되지 않습니다. 그러므로 평균은 대푯값으로 적당하지 않습니다.

시간을 크기순으로 나열하면

$$0, 0, 0, 0, 0, 0, 0, 0, 1, 1, 1, 1, 1, 2, 2, 2, 2, 3, 12, 12$$

입니다. 이때 한가운데인 열 번째와 열한 번째의 시간이 모두 1시간이므로 중앙값은 그 둘의 평균인 1시간입니다. 따라서 평균 두 시간보다는 중앙값 1시간이 20명의 특성을 더 잘 나타낸다고 볼 수 있습니다. 그리고 자료에서 가장 많이 나타나는 수가 0이므로 최빈값 0시간을 대푯값으로 해도 무리가 없을 것입니다. 따라서 중앙값 1시간이나 최빈값 0시간을 이 자료의 대푯값으로 하는 것이 적절합니다.

즉, 이런 상황에서는 평균보다 중앙값이나 최빈값이 대푯값으로 더 적절하다고 할 수 있습니다.

줄기는 맨 앞의 한 자리로 잡는 것 아닌가요?

아! 그렇구나

줄기와 잎 그림을 처음 배울 때 대부분의 교과서에서 두 자리 수로 된 자료를 사용합니다. 그럼 자동적으로 줄기는 십의 자리가 되고 잎은 일의 자리가 됩니다. 이를 그대로 해석하면 맨 앞자리의 수를 줄기로 삼으면 된다는 오개념을 형성하게 됩니다. 그림이나 그래프를 그리는 목적을 정확히 고려하면 줄기 잡는 개념이 설 수 있습니다.

30초 정리

변량

친구들의 키와 같이 자료를 수량으로 나타낸 것을 변량이라고 한다.

164	157	143	146
159	147	139	156
162	141	169	135

줄기와 잎 그림

(수집한 자료를 조직화하는 그래프의 일종으로) 변량을 줄기와 잎을 이용하여 나타낸 그림으로 줄기와 잎 그림에서 세로 선의 왼쪽에 있는 수는 줄기, 오른쪽에 있는 수는 잎이라고 한다.

줄기	잎
13	5 9
14	1 3 6 7
15	6 7 9
16	2 4 9

어떤 조건을 만족하는 자료의 수나 자료의 전체적인 분포 상태를 알아보기 위해서는 조사한 자료를 목적에 맞게 정리할 필요가 있습니다. 초등학교에서는 막대그래프, 꺾은선그래프, 그림그래프 등을 그려 봤지요.

막대그래프는 정확한 수량과 종류를 나누어서 나타내기 좋으며, 각각의 크기를 비교하는 데 유용합니다. 좋아하는 색깔, 기호 식품, 반 친구들의 줄넘기 기록, 좋아하는 연예인 등을 나타낼 때는 막대그래프가 편리합니다. 꺾은선그래프는 변화하는 정도를 나타내기에 편리하고, 조사하지 않은 중간의 값도 짐작할 수 있게 해 줍니다. 나의 몸무게 변화, 콩나물의 키 변화, 수학 점수의 변화 등을 꺾은선그래프로 나타내면 변화 과정을 파악하기가 편리합니다.

중학교에서는 자료를 정리하는 방법으로 줄기와 잎 그림과 히스토그램을 배웁니다.

12명으로 구성된 어느 동아리가 있습니다. 친구들의 키를 조사한 자료는 다음 표와 같습니다.

이 름	키(cm)	이 름	키(cm)	이 름	키(cm)
김성엽	164	류종훈	159	이서은	162
조의진	157	최혜린	147	정성현	141
김가현	143	오재권	139	김은정	169
남가민	146	민유리	156	이민석	135

이 표는 각 사람의 키를 알아보기에는 편리하지만, 키가 150cm 이상인 인원을 알아보기에는 불편합니다. 조건을 만족하는 자료의 수를 알아보기 위해서 조사한 자료를 목적에 맞게 정리할 필요가 있습니다. 아래의 순서를 참고하여 줄기와 잎 그림을 그려 보세요.

줄기와 잎 그림 그리는 순서

① 변량을 줄기와 잎으로 구분한다. 이때 줄기는 변량의 큰 자리의 숫자로, 잎은 나머지 자리의 숫자로 정한다.

② 세로선을 긋고, 세로선의 왼쪽에 줄기를 작은 값에서부터 세로로 쓴다.

③ 세로선의 오른쪽에는 각 줄기에 해당되는 잎을 가로로 쓴다. 크기가 작은 값부터 차례로 쓰면 된다. 중복되는 잎이 있으면 그것도 모두 쓰고, 간격을 일정하게 떠어 쓴다.

줄기	잎
13	5 9
14	1 3 6 7
15	6 7 9
16	2 4 9

줄기와 잎 그림은 모든 변량을 그대로 유지하면서 분포를 보기 쉽게 정리해 놓은 것입니다. 완성된 줄기와 잎 그림, 그 속에는 다양한 정보가 담겨 있습니다.

동아리 구성원 중 키가 가장 작은 사람과 가장 큰 사람을 찾아봅시다.

가장 작은 사람의 키는 맨 처음에 나오는 줄기와 잎이니까 줄기 13, 잎 5인 135㎝, 가장 큰 사람의 키는 맨 마지막에 나오는 줄기와 잎이므로 줄기 16, 잎 9인 169㎝가 됩니다.

키가 150㎝ 이상인 구성원의 수는 15 이상인 줄기를 세어 보면 되니까 3+3=6(명)임을 알 수 있지요.

줄기	잎
13	5 9
14	1 3 6 7
15	6 7 9
16	2 4 9

줄기와 잎 그림을 그릴 때 잎을 작은 수부터 차례대로 나타내지 않으면 어떤 일이 벌어질까요? 크기 순서대로 나타내지 않고 나오는 대로 배열만 하면 그리기는 편하겠지만 순서가 섞이므로 가장 작은 변량과 가장 큰 변량은 물론이고 어느 것이 몇 번째로 큰 변량인지 등을 파악하기가 어려울 것입니다.

위의 줄기와 잎 그림을 시계 반대 방향으로 회전하면 오른쪽 그림과 같이 막대그래프 모양과 비슷해집니다. 줄기와 잎 그림은 표와 그래프의 기능을 한꺼번에 가지고 있다고도 할 수 있습니다.

잎				
		7		
		6	9	9
	9	3	7	4
	5	1	6	2
줄기	13	14	15	16

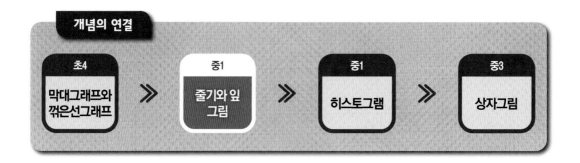

Q. 통계는 어디에 쓰이나요?

A. 인터넷 사이트에서 빅데이터를 분석하면 가장 많이 나오는 단어나 문장 등을 찾을 수 있습니다. 오늘의 검색어 순위를 보면 사람들이 오늘 관심을 갖고 있는 것이 무엇인지 알 수 있습니다. 청소년 인기 검색어를 보면 나와 같은 또래가 어떤 일에 흥미를 보이는지 알 수 있습니다.

오늘날에는 문화, 사회, 정치, 스포츠 등 많은 분야에서 자료를 수집하고 정리함으로써 최근 경향을 파악하고, 나아가 미래를 예측하기도 합니다. 예상치 못한 한파나 폭우, 태풍이 닥치면 많은 피해를 입게 되는데, 기상 변화를 예측할 수 있다면 자연재해를 상당히 줄일 수 있습니다. 그래서 기상청에서는 기상 변화에 대비하기 위해 기상과 관련된 여러 가지 자료를 수집하고 정리하여 분석합니다.

Q. 줄기와 잎 그림을 그릴 때 자료 중 똑같은 값이 있으면 한 번만 표시해도 되나요?

A. 자료 중 똑같은 값이 있으면 그 값을 중복된 횟수만큼 나타내야 합니다. 만약 조의진의 키가 류종훈과 같이 159㎝인데, 줄기와 잎 그림에는 159를 하나만 표시한다면 어떻게 될까요?

이름	키(㎝)	이름	키(㎝)	이름	키(㎝)
김성엽	164	류종훈	159	이서은	162
조의진	159	최혜린	147	정성현	141
김가현	143	오재권	139	김은정	169
남가민	146	민유리	156	이민석	135

줄기	잎
13	5 9
14	1 3 6 7
15	6 9 9
16	2 4 9

인원은 12명인데 자료가 11개밖에 되지 않는 문제가 발생합니다. 그리고 평균 등을 구할 때도 실제 평균과 다른 수치가 나올 수 있습니다. 그러므로 중복된 값이 있으면 중복된 개수만큼 표시를 해 주어야 합니다.

줄기와 잎 그림이 더 좋은데
왜 도수분포표를 만드나요?

줄기와 잎 그림은 수치가 모두 남으니까 훨씬 좋은 것 같아.

근데 줄기 2에 붙은 잎이 너무 많아… 어쩜 좋아…

엄살은…

배의 무게 (단위 : g)				
292	407	337	219	295
227	396	207	249	250
286	266	225	283	297
291	319	201	216	284
269	380	241	411	233

줄기	잎
2	01 07 16 19 25 27 33 41 49 50 66 69 83 84 86 91 92 95 97
3	19 37 80 96
4	07 11

아! 그렇구나

줄기와 잎 그림을 그리다 보면 장점이 많습니다. 특히 모든 수치가 남아 있으니까 정확성을 띠지요. 하지만 위와 같이 자료가 집중되는 경우에는 어느 한 줄기의 잎이 너무 길어지기도 한답니다. 또 줄기를 십의 자리까지 잡으면 줄기가 너무 많아지기도 합니다. 이때는 계급을 조절해서 적당한 도수분포표를 만들 수 있는 유연성이 필요하지요.

30초 정리

도수분포표

주어진 자료를 몇 개의 계급으로 나누고, 각 계급의 도수를 조사하여 나타낸 표를 도수분포표라고 한다. 도수분포표는 자료의 개수가 많을 때 자료의 분포 상태를 알아 보기 쉽다.

도수분포표 만드는 방법

① 주어진 자료에서 가장 작은 변량과 가장 큰 변량을 찾는다.

② 계급의 개수가 5~15개 정도가 되도록 계급의 크기를 정한다.

③ 각 계급에 속하는 변량의 개수를 세어서 계급의 도수를 구한다.

배 25개의 무게를 정리하는 방법을 생각해 봅니다.

100 단위로 줄기를 잡아 줄기와 잎 그림을 만들어 보면 다음과 같이 세 줄기에 잎들이 붙습니다.

배의 무게				(단위 : g)
292	407	337	219	295
227	396	207	249	250
286	266	225	283	297
291	319	201	216	284
269	380	241	411	233

줄기	잎
2	01 07 16 19 25 27 33 41 49 50 66 69 83 84 86 91 92 95 97
3	19 37 80 96
4	07 11

이번엔 줄기를 10 단위로 잡으면 줄기가 22개나 됩니다. 너무 많지요.

줄기와 잎 그림이 자료를 정리하는 좋은 방법이기는 하지만 자료의 양이 많을 때는 제한된 공간 속에 일일이 자료를 나열하는 데 한계가 있습니다. 어떻게 하면 좋을까요?

줄기와 잎 그림을 그리다 보면 장점이 많습니다. 모든 수치가 남아 있기 때문에 특정한 변량의 위치를 파악하기 쉽고 자료의 전체적인 분포 상태를 알아볼 수도 있습니다. 하지만 자료가 많거나 하나의 줄기에 집중되면 곤란해지기도 하지요. 이런 경우에는 구간을 적당히 잘라 각 구간에 속하는 변량의 개수(도수)만 나타냄으로써 분포를 한눈에 볼 수 있는 표를 만들 수 있는데, 이를 도수분포표라 합니다.

예를 들어 무게를 40g씩 잘라 구간을 나누면 6개의 계급을 갖는 도수분포표를 만들 수 있습니다.

도수분포표를 만들 때 계급의 개수가 너무 많거나 적으면 위의 줄기와 잎 그림에서처럼 자료의 분포 상태를 파악하는 데 어려움을 겪을 수 있습니다. 자료의 분포 상태를 잘 파악할 수 있으려면 계급의 개수가 적절해야 합니다. 따라서 도수분포표에서는 계급의 개수를 자료의 양에 따라 보통 5~15개 정도로 나누고, 계급의 크기가 모두 같게 하는 것을 원칙으로 합니다.

계급(g)	도수(개)
200^{이상} ~ 240^{미만}	7
240 ~ 280	5
280 ~ 320	8
320 ~ 360	1
360 ~ 400	2
400 ~ 440	2
합계	25

도수분포표의 약점은 각 자료의 수치가 남아 있지 않다는 것입니다. 도수분포표는 일정한 크기를 갖는 각각의 계급에 몇 개의 변량이 속하는가를 파악하여 정리한 것이기 때문에 그 과정에서 변량의 손실이 생기게 됩니다. 예를 들어, 도수분포표를 보면 가장 가벼운 배가 200g 이상 240g 미만인 계급에 속한다는 것은 알 수 있지만 가장 가벼운 배가 200g이라고는 할 수 없습니다. 그리고 실제로도 원래의 자료에서 가장 가벼운 배는 201g이었습니다.

배의 무게				
				(단위 : g)
292	407	337	219	295
227	396	207	249	250
286	266	225	283	297
291	319	201	216	284
269	380	241	411	233

계급(g)	도수(개)
200^{이상} ~ 240^{미만}	7
240 ~ 280	5
280 ~ 320	8
320 ~ 360	1
360 ~ 400	2
400 ~ 440	2
합계	25

하지만 도수분포표를 이용하면 자료의 개수가 아무리 많아도 각 계급의 도수를 비교해봄으로써 자료들이 어떻게 분포되어 있는지를 쉽게 알 수 있습니다.

무게가 320g 미만인 배의 개수를 구하기 위해 원래의 자료를 이용하면 변량 하나하나를 확인해야 합니다. 그러나 도수분포표를 이용하면 무게가 200g 이상 240g 미만, 240g 이상 280g 미만, 280g 이상 320g 미만인 세 개의 계급의 도수를 확인하여 이들을 모두 더해주면 됩니다. 즉, 무게가 320g 미만인 배의 개수는 7 + 5 + 8 = 20(개)입니다.

또한 도수분포표는 어느 무게의 배가 가장 많은지, 또는 가장 적은지도 쉽게 보여줍니다. 도수가 가장 큰 계급은 도수가 8인 280g 이상 320g 미만인 계급이므로 이 구간에 속하는 무게의 배가 가장 많음을 알 수 있습니다. 마찬가지로 도수가 가장 작은 계급은 도수가 1인 320g 이상 360g 미만인 계급이므로 이 구간에 속하는 무게의 배가 가장 적음을 알 수 있습니다.

이처럼 도수분포표는 잘 그리는 것도 중요하지만 잘 해석하여 유용한 정보를 얻는 것도 중요합니다.

개념의 연결

초5	중1	중3	고교 확률과 통계
가능성과 평균	도수분포표	산포도	확률분포

무엇이든 물어보세요

Q. 도수분포표에서 계급의 크기는 꼭 일정해야 하나요?

A. 특별한 목적이 있다면 계급의 크기가 일정하지 않은 도수분포표를 만들 수도 있습니다. 하지만 계급의 크기가 일정하지 않은 아래 표를 보면서도 보통은 '배의 무게가 200g에서 440g까지 골고루 분포되어 있구나!' 하고 판단할 수 있습니다. 잘못된 판단이지요.

표에서 200g 이상 240g 미만인 계급과 280g 이상 300g 미만인 계급의 도수는 똑같이 7이지만, 두 계급은 계급의 크기가 각각 40g, 20g으로 서로 다릅니다. 두 계급의 크기와 도수가 같은 것으로 착각하게 만들 수 있습니다. 결국 계급의 크기가 일정하지 않은 도수분포표는 자료의 분포에 대해 잘못된 정보를 전달할 수 있습니다.

계급(g)	도수(개)
200이상 ~ 240미만	7
240 ~ 280	5
280 ~ 300	7
300 ~ 440	6
합계	25

Q. 같은 자료에 대하여 도수분포표의 계급을 다음과 같이 0부터 시작하는 것과 40부터 시작하는 것으로 만들었어요. 서로 달라도 되나요? 그리고 중간에 도수가 없으면 생략할 수 있나요?

하루 스마트폰 사용시간
(단위 : 분)

68	42	46	79	89
41	93	154	45	67
97	66	57	73	45
63	58	82	59	76
84	49	65	47	158

계급(분)	도수(명)
0이상 ~ 20미만	0
20 ~ 40	0
40 ~ 60	10
60 ~ 80	8
80 ~ 100	5
100 ~ 120	0
120 ~ 140	0
140 ~ 160	2
합계	25

계급(분)	도수(명)
40이상 ~ 50미만	7
50 ~ 60	3
60 ~ 70	5
70 ~ 80	3
80 ~ 90	3
90 ~ 100	2
⋮	0
150 ~ 160	2
합계	25

A. 도수분포표는 전체적인 분포를 파악하기 위해 만드는 것입니다. 보통 표를 보면 편리에 따라 0이 아닌 다른 수로 시작하기도 합니다. 도수분포표도 꼭 0부터 시작하여야 하는 것은 아니며, 도수가 나타나는 제일 적은 수부터 시작해도 됩니다. 계급의 크기는 편리에 따라 적당히 정하여 도수분포표를 만들면 됩니다. 그러므로 같은 자료를 가지고도 여러 가지 도수분포표를 만들 수 있습니다. 도수분포표를 만들 때는 자료를 어떻게 활용할 것인지 잘 생각해 만드는 것이 좋습니다. 도수가 없는 경우에는 생략해도 되겠죠.

도수분포다각형에서 왜 점의 개수가 계급의 개수와 다른가요?

키(cm)	도수
175이상 ~ 180미만	1
180 ~ 185	3
185 ~ 190	3
190 ~ 195	6
195 ~ 200	4
200 ~ 205	3
합계	20

계급의 개수가 6개, 그럼 도수분포다각형의 점의 개수도 6개…

바봉~

어! 점이 왜 8개지?

아! 그렇구나

히스토그램 또는 도수분포표를 이용하여 도수분포다각형을 그리는 과정에서 양 끝을 하나씩 더 연결해야 한다는 것을 잊었기 때문입니다. 히스토그램 양 끝에 도수가 0이고 크기가 같은 계급이 하나씩 더 있는 것으로 생각하고 그 중앙에 점을 찍어야 한다는 사실을 이해하지 못한 탓이지요.

30초 정리

도수분포다각형 그리기

① 히스토그램의 각 직사각형에서 윗변의 중앙에 점을 찍는다.

② 히스토그램의 양 끝에 도수가 0이고 크기가 같은 계급이 하나씩 더 있는 것으로 생각하고 그 중앙에 점을 찍는다.

③ ①과 ②에서 찍은 점을 차례대로 선분으로 연결한다.

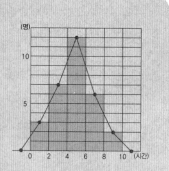

도수분포표를 그래프로 나타낸 히스토그램을 보면 자료의 전체적인 분포 상태를 한눈에 알아볼 수 있습니다. 도수분포표를 히스토그램으로 그리는 방법은 다음과 같습니다.

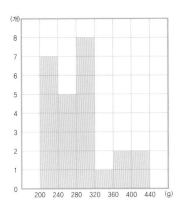

① 가로축에 각 계급의 양 끝값을 써넣는다.

② 세로축에 도수를 써넣는다.

③ 각 계급을 가로로 하고 도수를 세로로 하는 직사각형을 차례대로 그린다.

히스토그램은 도수분포표를 그림으로 나타낸 것이어서 이를 보면 자료의 특성을 더욱 쉽게 알아볼 수 있습니다.

도수분포표다각형은 도수분포표를 그림으로 나타내는 또 다른 방법입니다.

아래 그림은 위 히스토그램을 다음 순서에 따라 만든 것입니다.

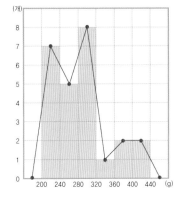

① 히스토그램의 각 직사각형에서 윗변의 중앙에 점을 찍는다.

② 히스토그램의 양 끝에 도수가 0이고 크기가 같은 계급이 하나씩 더 있는 것으로 생각하고 그 중앙에 점을 찍는다.

③ ①과 ②에서 찍은 점을 차례대로 선분으로 연결한다.

이와 같이 나타낸 그래프를 도수분포다각형이라고 합니다. 도수분포다각형은 히스토그램과 마찬가지로 자료의 분포 상태를 시각적으로 잘 보여 줄 뿐 아니라 선분으로 표현되기 때문에 2개 이상의 자료의 분포 상태를 동시에 나타내어 비교하는 데 편리합니다.

물론, 도수분포다각형은 히스토그램을 그리지 않고 도수분포표만 가지고도 직접 그릴 수 있습니다.

1학년
자료와
가능성

히스토그램이 있는데 왜 도수분포다각형을 별도로 사용할까요?

　다양한 표현 방법 중 하나로 이해할 수도 있지만, 도수분포다각형은 히스토그램으로 표현하기 어려운 것을 해결할 수 있다는 장점을 지닙니다. 꺾은선 모양이 막대 모양에 비해 좋은 점이 뭔지 생각해 보면 짐작할 수 있습니다. 초등학교에서 배운 막대그래프와 꺾은선그래프의 차이와 마찬가지임을 스스로 찾아냈다면 그만큼 그래프의 개념을 깊이 있게 이해하고 있다는 증거가 되므로 칭찬받아 마땅합니다. 초등학교에서 막대그래프와 꺾은선그래프의 개념을 충분히 이해하여 그 장단점을 정확히 정리하고 있다면 중학교에서 배우는 히스토그램과 도수분포다각형의 차이, 장단점 비교 등을 수월하게 도출해 낼 수 있습니다.

　도수분포다각형은 꺾은선그래프와 마찬가지로 각각의 도수가 선으로 연결되어 있어 도수의 변화 상태를 연속적으로 관찰하기에 편리합니다. 또 히스토그램으로 표현하기 어려운 것을 표현해 줍니다. A와 B 두 과수원의 배의 무게를 각각 도수분포다각형으로 그려 비교해 보면 B 과수원의 배의 무게가 전반적으로 A 과수원의 배의 무게보다 많이 나가는 경향을 파악할 수 있습니다. 만약 이 두 자료를 히스토그램을 통해 비교한다면 어떨까요? 각각의 히스토그램을 그릴 수는 있지만 그 차이가 한눈에 들어오지는 않지요?

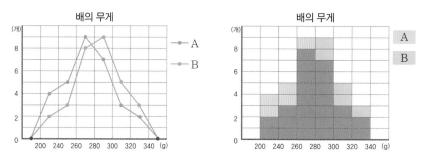

　도수분포다각형은 그래프가 선으로 표현되기 때문에 여러 개의 자료를 겹쳐 그리기에 편리하답니다. 각 자료의 분포를 한눈에 보면서 여러 자료를 서로 비교할 수 있는 것입니다.

개념의 연결

초4		중1		중1		중3
막대그래프와 꺾은선그래프	⟫	줄기와 잎 그림	⟫	히스토그램과 도수분포다각형	⟫	상자그림

Q. 막대그래프와 히스토그램의 차이는 무엇인가요?

A. 둘은 서로 비슷합니다. 차이가 있다면 다루는 변량의 성격에서 구분이 되지요.

변량이 무게나 시간처럼 연속적인 양일 때는 히스토그램이 유용하답니다. 하지만 학생들이 좋아하는 운동의 종류나 반장 선거에 나온 후보들의 투표 결과 같은 자료에서는 변량을 굳이 구간으로 나눌 필요가 없겠지요? 이때는 막대그래프가 효과적입니다.

막대그래프에서는 막대를 따로 떨어뜨려서 그리지만 히스토그램에서는 막대가 따로 떨어져 있지 않아요. 이 때문에 히스토그램에서는 가로축에 계급의 양 끝 값을 쓰지만, 막대그래프에서는 가로축에 수의 값이나 이름을 씁니다. 또한 히스토그램에서는 직사각형의 순서를 마음대로 바꿀 수가 없지만, 막대그래프에서는 막대의 위치를 바꿀 수 있답니다.

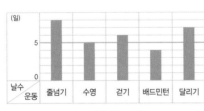

즐겨 하는 운동

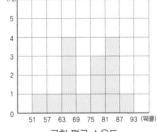

공항 평균 소음도

Q. 히스토그램의 각 직사각형의 넓이의 합과 도수분포다각형과 가로축으로 둘러싸인 부분의 넓이 중 어떤 게 넓은가요?

A. 결론적으로 말하면 도수분포다각형과 가로축으로 둘러싸인 도형의 넓이는 히스토그램의 직사각형의 넓이의 합과 같습니다.

그림에서 보면 두 직각삼각형 A, B는 밑변의 길이와 높이가 모두 같으므로 그 넓이가 서로 같습니다.

모든 계급에 이런 원리를 적용하면 히스토그램의 각 직사각형의 넓이의 합은 도수분포다각형과 가로축으로 둘러싸인 부분의 넓이와 같다는 것을 확인할 수 있습니다.

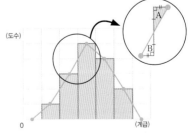

두 집단의 도수가 같은데 왜 상대적으로 따지면 달라지나요?

아! 그렇구나

상대도수, 즉 전체에서 차지하는 상대적인 비율은 전체 도수의 총합과 각 계급의 도수 사이의 관계인데, 각각을 동시에 비례적으로 보지 않고 서로 무관하게 취급하는 학생들은 상대도수의 개념을 제대로 이해하지 못한 것으로 생각할 수 있습니다. 전체를 고려하지 않고 있다면 여러 가지 예를 통해 도수만으로 어떤 의미를 생각하는 것에는 뭔가 부족하다는 것을 인식할 수 있어야 하겠습니다.

30초 정리

상대도수

1. 상대도수는 도수의 총합에 대한 각 계급의 도수의 비율 즉, $\dfrac{(\text{그 계급의 도수})}{(\text{도수의 총합})}$이다.
2. 도수의 총합은 일정한 값이므로 상대도수는 그 계급의 도수에 정비례한다.
3. 상대도수는 항상 0 이상 1 이하의 수로 나타낼 수 있다.
4. 상대도수의 총합은 1이다.

우리나라의 인터넷 사용자 수는 중국이나 미국의 인터넷 사용자 수보다 적습니다. 그럼에도 불구하고 우리나라를 인터넷 강국이라고 하는 이유는 무엇일까요? 그것은 우리나라의 인터넷 사용자 비율이 중국이나 미국의 인터넷 사용자 비율보다 높기 때문입니다. 비교하는 기준이 수가 아니라 비율이기 때문이지요. 이와 같이 어떤 자료를 비교할 때 그 기준을 도수가 아니라 비율에 두어야 하는 경우가 많이 있습니다.

도수분포표에서 각 계급의 도수는 쉽게 알 수 있으나 각 계급의 도수가 전체에서 차지하는 비율은 쉽게 파악하기가 어렵습니다. 특히, 도수의 총합이 다른 두 집단의 분포를 비교할 때는 각 계급의 도수가 아니라 전체에서 차지하는 비율을 비교해야만 하는 상황이 발생합니다. 도수의 총합에 대한 각 계급의 도수의 비율을 구해야 할 때 이 비율을 그 계급의 상대도수라고 합니다. 즉, 어떤 계급의 상대도수는 다음과 같이 계산합니다.

$$(\text{어떤 계급의 상대도수}) = \frac{(\text{그 계급의 도수})}{(\text{도수의 총합})}$$

오른쪽 도수분포표는 어느 학급 학생 25명의 일주일 동안 인터넷 사용 시간을 조사한 것입니다. 각 계급의 상대도수를 직접 구해 보세요. 직접 해 보라고 하는 부분을 실제 경험하지 않고 결과만 읽는 것은 좋은 학습법이 아닙니다. 꼭 체험을 해야만 합니다.

사용 시간(시간)	학생 수(명)	상대도수
0이상 ~ 5미만	5	
5 ~ 10	8	0.32
10 ~ 15	5	
15 ~ 20	3	
20 ~ 25	3	
25 ~ 30	1	
합계	25	1

도수분포표를 그래프로 나타내면 도수의 분포 상태를 쉽게 알아볼 수 있듯이 상대도수의 분포표도 그래프로 나타내면 상대도수의 분포 상태를 한눈에 알아볼 수 있습니다. 상대도수의 분포표를 그래프로 나타낼 때는 가로축에 각 계급의 양 끝 값을, 세로축에 상대도수를 써넣은 후, 도수분포표를 히스토그램이나 도수분포다각형으로 나타내는 것과 같은 방법으로 표현하면 됩니다.

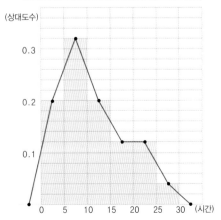

대전에 사는 준서와 삼척에 사는 하은이는 사촌 사이면서 같은 중3입니다. 다음 표는 두 사람이 속한 학급의 국가수준학업성취도평가 수학 과목의 성취도를 등급별로 나타낸 것입니다.

인원수만 보면 상위권인 보통학력이상의 인원수가 하은이네 학급보다 준서네 학급에 더 많습니다. 그렇다면 준서네 학급의 성취도가 더 높다고 볼 수 있을까요?

'길고 짧은 것은 대봐야 한다'는 속담이 있듯이, 하은이네 학급은 인원수가 적기 때문에 눈에 보이는 인원수만 비교하는 것은 타당성이 떨어집니다.

이와 같은 상황에서 두 집단을 비교하려면 상대도수를 구할 필요가 있습니다.

구분 \ 학급	준서네 학급(명)	하은이네 학급(명)
보통학력이상	15	13
기초학력	12	6
기초학력미달	3	1
합계	30	20

실제로 상대도수를 구해 볼까요? 반드시 직접 빈칸을 채워 보기 바랍니다.

준서네 학급		
구분	인원수(명)	상대도수
보통학력이상	15	0.5
기초학력	12	
기초학력미달	3	
합계	30	

하은이네 학급		
구분	인원수(명)	상대도수
보통학력이상	13	0.65
기초학력	6	
기초학력미달	1	
합계	20	

예시로 보통학력이상의 상대도수를 구해 봤습니다. 어떤가요? 상대도수는 준서네 학급보다 하은이네 학급이 더 큽니다. 이것을 어떻게 해석해야 할까요? 인원수로만 따지면 보통학력이상의 경우 준서네 학급의 인원수가 하은이네 학급보다 많지만 상대도수는 하은이네 학급이 더 크지요. 즉, 하은이네 학급의 보통학력이상 비율이 상대적으로 더 높다는 것을 알 수 있습니다.

개념의 연결

중1
도수분포표와 히스토그램
⟫
중1
상대도수
⟫
중2
확률
⟫
고교 확률과 통계
확률분포

Q. 저는 중1 남학생입니다. 2학기 기말고사 수학 석차가 1학기 중간고사 때보다 전교 50등이나 올랐어요. 그런데 우리 아빠 친구 아들은 수학 과목 전교 석차가 100등이나 올랐대요. 누가 더 많이 향상된 건가요? 참고로 우리학교 1학년은 100명이고, 그 학교 1학년은 500명이래요.

A. 50등과 100등, 수치적으로만 보면 아빠 친구의 아들이 월등히 잘했다고 말할 수 있을 것입니다. 하지만 각 집단의 인원, 즉 1학년 학생의 전체 인원이 다르기 때문에 수치적으로만 판단하는 것은 잘못입니다. 전교생이 100명인 학교에서 전교 석차가 50등 올라간 것은 비율로 계산하면 0.5 정도 됩니다. 그리고 전교생이 500명인 학교에서 전교 석차가 100등 올라간 것은 비율로 계산하면 0.2 정도밖에 되지 않습니다. 즉, 전교 석차가 50등 올랐지만 그 향상도는 0.5, 즉 50% 정도 되는 것이고, 전교 석차가 100등 오른 친구의 향상도는 0.2, 즉 20% 정도밖에 오르지 못한 것입니다.

Q. 저는 수학을 좋아하고 열심히 하는데 이번 시험에서 70점을 받았습니다. 영어는 90점을 받았고요. 수학 점수가 자꾸 떨어지니 부모님이 걱정을 많이 하십니다. 저도 제가 수학을 잘한다고 생각하는데 성적이 좋지 못하니 많이 속상하고요. 참고로 이번 시험에서 우리 학교 수학 과목의 평균은 50점이고, 영어 과목의 평균은 80점이라고 합니다.

A. 어느 과목 점수든 평균을 무시하고 점수만 비교하는 것에는 문제가 있습니다. 평균에 견주어 비교해야 하지요. 수학 점수 70점은 평균에 비해서 20점이 높습니다. 이런 것을 편차라고 하지요. 영어 과목의 편차는 10점이네요. 그렇다면 수학 점수가 영어 점수에 비해 떨어진다고 말하는 것은 곤란합니다. 물론 수학 점수의 편차가 크다고 해서 수학을 더 잘한다고 말하는 것에도 주의해야 합니다. 통계를 더 배우면 중3 때 표준편차라는 개념이 나옵니다. 사실은 표준편차까지 적용해야 상대적으로 정확한 위치를 말할 수 있습니다. 아직 중1이니 평균에서 떨어진 정도를 말하는 편차라도 조사해서 판단하는 것이 좋겠습니다.

2학년에 나오는 용어와 수학기호

수와 연산

유한소수, 무한소수, 순환소수, 순환마디, 순환소수 표현(예 : $2.4\dot{1}\dot{6}$)

변화와 관계

부등식, 일차부등식, 연립방정식, 함수, 함숫값, 일차함수, 기울기, x절편, y절편, 평행이동, 직선의 방정식, $f(x)$, $y=f(x)$

도형과 측정

증명, 접선, 접점, 접한다, 외심, 외접, 외접원, 내심, 내접, 내접원, 중선, 무게중심, 닮음, 닮음비, 삼각형의 닮음 조건, 피타고라스 정리, $\square$ABCD, $\backsim$

자료와 가능성

사건, 확률

2학년 수학사전

중학교 2학년 수학의 4개 영역 중 '자료와 가능성'을 제외한 모든 영역에서는 1학년에서 학습한 내용이 확장됩니다. 따라서 현재 학습하고 있는 내용이 잘 이해되지 않는다면 '개념의 연결'을 참고하여 이전의 학습 내용을 충분히 되짚어 봄으로써 이해를 도와야 합니다. 그리고 새로운 개념을 학습할 때는 그 개념의 전제 조건에도 주의를 기울여야 합니다. 자료와 가능성 영역에서는 경우의 수와 확률에 관한 공식이 등장하는데, 이때는 무조건 공식을 암기하지 말고 나열을 통해 규칙을 찾고 공식이 만들어진 과정을 이해하는 것이 우선시되어야 합니다.

중 학 교 2 학 년 수 학 공 부 의 마 음 가 짐

❶ 도형과 측정 단원에서 설명하는 방법인 정당화 과정(증명)을 배웁니다. 다양한 정당화 방법을 익히는 데 집중해 주세요.

❷ 기초가 부족하다고 생각되면 언제라도 초등학교나 중학교 1학년 수학을 찾아보면서 기초를 튼튼히 해야 합니다.

❸ 부등식을 처음 배우게 됩니다. 등식과 비슷하지만 계산 원리 중 차이 나는 부분이 있으니 그 차이를 비교해 가면서 등식과 연결하여 이해하도록 합니다.

❹ 확률도 처음 배웁니다. 초등학교에서 배운 가능성을 토대로 좀 더 정확한 수치로 확률을 계산하게 됩니다. 경우의 수를 세는 것은 모든 수학의 기초가 되고 고등학교에 가면 더욱 어려워지니 여기서 확실하게 방법을 익혀야 합니다.

2학년은 무엇을 배우나요?

영역	내용 요소	2학년 성취기준
수와 연산	• 유리수와 순환소수	• 순환소수의 뜻을 알고, 유리수와 순환소수의 관계를 설명할 수 있다.
변화와 관계	• 식의 계산	• 지수법칙을 이해하고, 이를 이용하여 식을 간단히 할 수 있다. • 다항식의 덧셈과 뺄셈의 원리를 이해하고, 그 계산을 할 수 있다. • '(단항식)×(다항식)', '(다항식)÷(단항식)'과 같은 곱셈과 나눗셈의 원리를 이해하고, 그 계산을 할 수 있다.
	• 일차부등식	• 부등식과 그 해의 뜻을 알고, 부등식의 성질을 설명할 수 있다. • 일차부등식을 풀 수 있고, 이를 활용하여 문제를 해결할 수 있다.
	• 연립일차방정식	• 미지수가 2개인 연립일차방정식을 풀 수 있고, 이를 활용하여 문제를 해결할 수 있다.
	• 일차함수와 그 그래프	• 함수의 개념을 이해하고, 함숫값을 구할 수 있다. • 일차함수의 개념을 이해하고, 그 그래프를 그릴 수 있다. • 일차함수의 그래프의 성질을 이해하고, 이를 활용하여 문제를 해결할 수 있다.
	• 일차함수와 일차방정식의 관계	• 일차함수와 미지수가 2개인 일차방정식의 관계를 설명할 수 있다. • 두 일차함수의 그래프와 연립일차방정식의 관계를 설명할 수 있다.

중학교 수학은 '수와 연산', '변화와 관계', '도형과 측정', '자료와 가능성'의 4가지 대영역으로 구성되어 있습니다. 그중 2학년에서 다루고 있는 내용을 살펴보면 표와 같습니다. 표에서 제시한 성취기준이란 여러분이 꼭 알고 도달해야 하는 목표입니다.

영역	내용 요소	2학년 성취기준
도형과 측정	• 삼각형과 사각형의 성질	• 이등변삼각형의 성질을 이해하고 정당화할 수 있다. • 삼각형의 외심과 내심의 성질을 이해하고 정당화할 수 있다. • 사각형의 성질을 이해하고 정당화할 수 있다.
	• 도형의 닮음	• 도형의 닮음의 뜻과 닮은 도형의 성질을 이해하고, 닮음비를 구할 수 있다. • 삼각형의 닮음 조건을 이해하고, 이를 이용하여 두 삼각형이 닮음인지 판별할 수 있다. • 평행선 사이의 선분의 길이의 비를 구할 수 있다.
	• 피타고라스 정리	• 피타고라스 정리를 이해하고 정당화할 수 있다.
자료와 가능성	• 경우의 수와 확률	• 경우의 수를 구할 수 있다. • 확률의 개념과 그 기본 성질을 이해하고, 확률을 구할 수 있다.

분모가 2, 5 이외의 소인수를 가지면 무한소수가 된다고 했는데요?

아! 그렇구나

　분모가 2와 5 이외의 소인수를 가지면 유한소수가 되지 않는다고 했지만 여기에는 전제 조건이 또 하나 있습니다. 기약분수로 고친 상태에서 분모를 소인수분해해야 합니다. 기약분수로 고치는 과정에서 2와 5 이외의 소인수가 모두 사라지는 분수는 유한소수가 된답니다.

30초 정리

유한소수로 나타낼 수 있는 분수
정수가 아닌 유리수를 기약분수로 나타냈을 때, 분모의 소인수가 2나 5뿐인 유리수는 유한소수로 나타낼 수 있다.

분수와 소수는 우리 생활 속에 자주 나타납니다.

8조각으로 똑같이 나눈 피자 한 조각을 $\frac{1}{8}$이라고 표현하듯이 분수는 하나의 대상을 똑같이 나눌 때 사용합니다. 초등학교 3학년에서 이미 경험한 내용이지요. 똑같이 나누는 상황 이외에 2 : 3, 즉 $\frac{2}{3}$와 같이 상대적인 양을 나타낼 때나 $\frac{1}{2}$ 정도의 가능성 등을 나타낼 때도 우리는 분수를 사용합니다.

한편, 소수는 분수보다 그 크기를 비교하기가 쉬우므로 달리기, 던지기 등의 기록과 야구에서 타율, 방어율 등을 나타내는 데 사용됩니다. 은행에서 예금의 금리나 환율 등을 나타낼 때 또는 물건의 길이나 양을 나타낼 때도 소수가 사용되지요.

유한소수 0.3, 0.12, 0.456 등은 다음과 같이 분모가 10의 거듭제곱인 분수로 나타낼 수 있습니다.

$$0.3 = \frac{3}{10}, \ 0.12 = \frac{12}{100} = \frac{12}{10^2}, \ 0.456 = \frac{456}{1000} = \frac{456}{10^3}$$

이때 분모를 각각 소인수분해하면

$$10 = 2 \times 5, \ 10^2 = 2^2 \times 5^2, \ 10^3 = 2^3 \times 5^3$$

이므로 분모의 소인수는 2와 5뿐임을 알 수 있습니다.

한편, $\frac{1}{2}$, $\frac{3}{20}$, $\frac{7}{125}$과 같이 분모의 소인수가 2 또는 5뿐이면 다음과 같이 분모를 10의 거듭제곱인 수로 고쳐서 유한소수로 나타낼 수 있습니다.

$$\frac{1}{2} = \frac{1 \times 5}{2 \times 5} = \frac{5}{10} = 0.5$$

$$\frac{3}{20} = \frac{3}{2^2 \times 5} = \frac{3 \times 5}{2^2 \times 5 \times 5} = \frac{15}{10^2} = 0.15$$

$$\frac{7}{125} = \frac{7}{5^3} = \frac{7 \times 2^3}{5^3 \times 2^3} = \frac{56}{10^3} = 0.056$$

그러나 분수 $\frac{1}{3}$, $\frac{5}{11}$와 같이 기약분수로 나타내었을 때, 분모에 2와 5 이외의 소인수가 있는 분수는 분모를 10의 거듭제곱으로 고칠 수 없으므로 유한소수로 나타낼 수 없습니다.

실제로 기약분수 $\frac{1}{3}$, $\frac{5}{11}$를 소수로 고쳐보면 $\frac{1}{3} = 0.333\cdots$, $\frac{5}{11} = 0.454545\cdots$와 같이 소수점 아래 0이 아닌 숫자가 무한히 많은 무한소수가 됩니다.

분수를 소수로 나타내는 원리는 무엇일까요? 왜 우리는 분수를 소수로 고칠 때 나눗셈을 할까요? $\frac{a}{b}$와 $a \div b$는 왜 같은가요?

이러한 질문이 아득하게 들린다면 초등학교 교과서를 들춰 봐야 합니다. 5학년 2학기 교과서에 나눗셈의 몫을 분수로 나타낼 수 있다고 나와 있습니다.

$$a \div b = \frac{a}{b}$$

그러므로 분수를 소수로 고칠 때는 나눗셈을 하면 됩니다.

유리수를 소수로 고칠 때 유한소수가 되는 조건은 분모가 2와 5 이외의 다른 소인수를 갖지 않는다는 것입니다. 그런데 전제 조건이 하나 더 있지요. 기약분수인 상황에서 분모를 소인수분해해야 한다는 것입니다. 예를 들면, $\frac{9}{60}$를 무작정 분모 60에만 집중하여 소인수분해하면 $60 = 2^2 \times 3 \times 5$이므로 2와 5 이외에 소수 3이 있어 유한소수가 아니라고 판단하는 실수를 범하기 쉽습니다. $\frac{9}{60}$는 분모, 분자가 각각 3을 소인수로 가지므로 약분을 하면 $\frac{3}{20}$이 되고, 이제 분모, 분자의 최대공약수가 1인 기약분수가 되었으므로 여기서 20을 소인수분해하여 2와 5 이외의 소인수가 있는지 확인해야 합니다. $20 = 2^2 \times 5$에는 2와 5 이외의 다른 소인수가 없으므로 $\frac{3}{20}$은 유한소수라고 판단할 수 있습니다. 실제로 $\frac{9}{60} = 0.15$로 유한소수입니다.

2학년
수와
연산

개념의 연결

초3	중1	중2	중3	고교 공통수학1
분수와 소수	정수와 유리수	유한소수로 나타낼 수 있는 분수	무리수와 실수	복소수와 이차방정식

Q. 분수를 고치면 소수가 되니까 분수와 소수는 서로 같은 것인가요? 분수와 소수가 같다면 분수가 모두 유리수이므로 소수도 모두 유리수인가요?

A. 분수와 소수는 정수, 유리수와 같은 수의 종류라기보다 수를 표현하는 방법이라고 할 수 있습니다. 분수 중 분자와 분모가 모두 정수인 수로 표현되는 수를 유리수라고 하지요. 분수 중에는 $\frac{1}{\pi}$, $\frac{\sqrt{2}}{2}$ 와 같이 유리수가 아닌 수도 있답니다.

중학교에서는 분수 꼴인 수가 어떤 식으로 고쳐지든 소수로 표현됩니다. 이 중 유한소수는 유리수이지만, 무한소수 중 순환하지 않는 것은 유리수로 고칠 수 없습니다. 즉, 유리수가 아니라는 것이지요. 이것을 중3에서는 무리수라고 합니다.

정리하자면, 분자, 분모가 모두 정수 형태인 유리수를 소수로 고치면 유한소수 또는 순환소수(무한소수)가 되고, 반대로 유한소수나 순환소수는 다시 분수인 유리수로 고칠 수 있습니다. 하지만 순환하지 않는 무한소수는 유리수가 아닙니다.

참고로 소수는 고대 중국, 중세 아라비아 등에서 사용된 기록이 있지만 분수에 비해 늦게 사용되었습니다. 소수는 적은 양의 크기를 쉽게 알 수 있게 해 주는 수의 표현 방법으로, 실생활에서 자나 저울과 같은 측정 도구를 사용하여 사물의 길이나 양을 측정하는 데 또는 양 사이의 관계를 비율로 나타내는 데 유용하게 사용됩니다.

Q. 세 분수가 $\frac{\square}{\square}$, $\frac{\square}{\square\square}$, $\frac{\square\square}{\square\square}$ 의 꼴일 때, 9개의 $\square$ 안에 1에서 9까지의 자연수를 한 번씩 써넣어 모두 유한소수로 나타낼 수 있는 분수를 만들 수 있나요?

A. 유한소수가 되기 위한 분수의 분모로서 적당한 것은 기약분수가 되었을 때 2와 5 이외의 소인수를 갖지 않는 수입니다.

$\frac{\square}{\square}$ 로 적당한 것은 많이 찾을 수 있으니 먼저, 나머지 $\frac{\square}{\square\square}$, $\frac{\square\square}{\square\square}$ 의 분모를 가급적 소인수가 2나 5로만 이루어진 수로 정해야 합니다.

예를 들어 $16 = 2^4$, $25 = 5^2$이므로 분모가 16이나 25인 분수는 분자에 상관없이 유한소수로 나타낼 수 있지요. 그리고 남은 한 자리 수의 분모에 4를 넣으면 $4 = 2^2$이 되어 역시 분자에 상관없이 유한소수가 되겠지요.

예를 들면, $\frac{3}{4}$, $\frac{7}{16}$, $\frac{89}{25}$ 는 모두 유한소수로 나타낼 수 있습니다. 분모를 고정시킨 상태에서는 분자를 마음대로 바꿔도 되니까 이런 예를 많이 만들 수 있을 것입니다.

$1 \div 23$을 10번이나 나눠도 반복되지 않으니 $\frac{1}{23}$ 은 순환소수가 아니죠?

아! 그렇구나

　　유리수의 성질을 정확히 이해하지 못하고 있으면 이러한 문제에서 순환하는지의 여부를 꼭 나눠서 확인하려 합니다. 실제로 $\frac{1}{23}$ 은 순환마디가 22자리(0434782608695652173913)나 되므로 계산으로 확인하는 것이 쉽지 않습니다. 하지만 유리수의 성질을 정확히 이해하고 있다면 굳이 계산하지 않고도 $\frac{1}{23}$ 이 순환소수임을 말할 수 있을 것입니다.

30초 정리

순환소수로 나타낼 수 있는 분수

정수가 아닌 유리수를 기약분수로 나타냈을 때 분모에 2와 5 이외의 소인수가 있는 유리수는 순환소수로 나타낼 수 있다.

그러므로 정수가 아닌 유리수는 반드시 유한소수 또는 순환소수로 나타낼 수 있다.

유리수를 소수로 고쳤을 때 유한소수로 딱 떨어지지 않고 소숫점 아래의 수가 무한히 반복되는 것이 있습니다. 유한소수로 고쳐지는 유리수는 기약분수로 고쳐 분모를 소인수분해했을 때 2와 5 이외의 다른 소인수를 갖지 않는 수입니다. 예를 들면 $\frac{1}{2}$, $\frac{1}{5}$, $\frac{1}{10}$, $\frac{1}{8}$, … 등이지요. $\frac{21}{15}$과 같은 유리수의 분모 15는 3을 소인수로 갖지만 분자 21도 3을 소인수로 가지므로 약분하여 기약분수로 나타내면 $\frac{7}{5}$이 됩니다. 따라서 $\frac{21}{15}$도 소수로 고치면 유한소수가 됩니다.

유한소수로 고칠 수 없는 유리수라면, 예를 들어 $\frac{1}{3}$ = 0.333…, $\frac{1}{6}$ = 0.16666… 등은 소수점 아래 첫째 자리 또는 둘째 자리부터 3이나 6이 무한히 반복되지요. 이와 같이 소수점 아래의 어떤 자리에서부터 한 숫자 또는 몇 개의 숫자 배열이 한없이 되풀이되는 무한소수를 순환소수라고 합니다. 이때 되풀이되는 한 부분을 순환마디라고 하지요. 예를 들어 0.333…의 순환마디는 3, 0.16666…의 순환마디는 6입니다. 또한, $-0.232323…$의 순환마디는 23, $3.032032032…$의 순환마디는 032입니다. 순환소수는 그 순환마디 양 끝의 숫자 위에 점을 찍어 간단히 나타냅니다. 즉, 순환소수 3.032032032…는 순환마디가 032이므로 $3.\dot{0}3\dot{2}$와 같이 나타냅니다.

그런데 유리수를 고쳐 무한소수가 되었을 때 왜 반드시 반복이 되는 걸까요?

반드시 반복된다는 것은 사실입니다. 예를 들어, $\frac{2}{7}$를 소수로 나타내기 위하여 2를 7로 나누면 각 계산 단계에서 나머지는 차례대로

2, 6, 4, 5, 1, 3, …

이 됩니다. 그리고 일곱 번째에 다시 2가 나오는군요. 나머지가 같은 수로 나타나면 그때부터 같은 몫이 한없이 되풀이되어 순환마디가 생기게 됩니다. 즉,

$$\frac{2}{7} = 0.285714285714285714…$$
$$= 0.\dot{2}8571\dot{4}$$

가 됨을 알 수 있지요. 아직 설명되지 않은 부분은 왜 일곱 번째에 다시 2가 나왔느냐 하는 것입니다. 만약 다른 수가 나왔다면 반복되지 않을 것인데 말입니다. 이 의문은 '심화와 확장'에서 풀어 보겠습니다. 고민해 본 후 넘어가기 바랍니다.

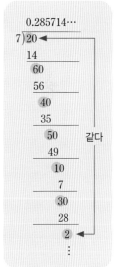

심화와 확장

초등학교 4학년에서 나머지가 있는 나눗셈을 배울 때 나머지가 갖는 조건이 있었습니다. 나누는 수보다 작다는 조건이었지요. 예를 들어 84÷15를 하는데, 몫이 4이면 나머지는 24입니다. 나머지가 나누는 수보다 크지요. 그럼 나누다 만 꼴이 되므로 몫을 하나 크게 하여 몫이 5가 되면 나머지는 9가 됩니다. 만약 몫을 6이라고 하면 나머지가 남는 게 아니라 오히려 6이 모자라게 됩니다. −6이 되지요. 이것도 나머지의 조건이 아닙니다. 나머지는 0 이상이고, 나누는 수보다 작습니다.

나머지가 0이면 나누어떨어지는 것이니 이때는 유한소수가 되겠죠. 무한소수가 되는 경우는 나머지가 0보다 크고 나누는 수보다 작을 때입니다. 앞에서 7로 나눈 경우, 나머지로는 1, 2, 3, 4, 5, 6 중 하나만 가능하기 때문에 용케 겹치지 않고 한 번씩 나온다 해도 일곱 번째에는 같은 수가 나올 수밖에 없거든요. 그러므로 일곱 번째에는 반드시 이들 6개 중 어느 하나가 다시 나오고, 이후 반복되는 수가 나와 순환소수가 되는 것입니다.

결국 순환마디는 아무리 길어 봐야 나누는 숫자보다 1이 작을 거라는 추측이 가능하지요. 분수로 말하면 기약분수인 상태에서의 분모보다는 작다는 것이지요.

$\frac{1}{23}$을 생각해 봅시다. 1을 23으로 나누면 나머지가 1에서 22까지 중에서 나올 수 있으므로 22번은 중복되지 않게 나올 수 있지만, 23번째에는 더 이상 다른 수가 없으므로 이미 나온 1~22 중 어느 하나와 같은 수가 나옵니다. 그래서 순환하게 되고, 순환마디의 길이는 22 이하가 됩니다. 실제 순환마디 길이는 22입니다.

$$\frac{1}{23} = 0.\dot{0}434782608695652173913\dot{3}$$

개념의 연결

초3		중1		중2		중3		고교 공통수학1
분수와 소수	▶	정수와 유리수	▶	순환소수로 나타낼 수 있는 분수	▶	무리수와 실수	▶	복소수와 이차방정식

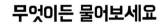

Q. 무한소수는 모두 순환하나요? 순환하지 않는 수도 있다고 하던데요?

A. 무한소수 중에는 순환하지 않는 것도 있습니다.

가장 대표적인 것이 원주율(π)입니다. 원주율의 값을 초등학교에서는 대략 3 또는 3.14 등으로 사용했지만, 3이나 3.14가 정확한 값은 아니므로 중학교에서는 원주율을 π(파이)라는 기호로 나타내고 가급적 대략적인 값을 사용하지 않습니다.

원주율의 값 $\pi = 3.14159265\cdots$인데, 소수점 아래의 숫자를 끝없이 구해도 반복되는 구간이 전혀 없습니다. 그래서 이를 순환하지 않는 무한소수라 하고, 중3에서는 이런 소수를 무리수라고 합니다. 아직 배우지는 않았지만 무리수 $\sqrt{2}$ 도 소수로 고치면 $1.4142\cdots$와 같은 무한소수가 되는데, 이때도 되풀이되는 부분이 없습니다.

Q. 순환소수 $12.342342\cdots$를 순환마디를 이용하여 $12.\overset{\cdot}{3}\overset{\cdot}{4}$ 로 나타낼 수 있나요?

A. 순환소수는 소수점 아래의 어떤 자리에서부터 한 숫자 또는 몇 개의 숫자 배열이 한없이 되풀이되는 무한소수를 말합니다. 그리고 되풀이되는 한 부분을 순환마디라 하지요. 순환마디는 소수점 아래 되풀이되는 부분이므로 $12.342342\cdots=12.\overset{\cdot}{3}4\overset{\cdot}{2}$로 나타내야 합니다.

그림과 같이 물이 든 컵 3개와 빈 컵 3개가 나란히 놓여 있다. 한 번에 하나씩만 움직여서 오른쪽 그림과 같은 형태로 배치하려면 최소한 몇 번 컵을 움직여야 할까? [정답은 243쪽에]

(가지 7가 됩니다.)

275쪽 사고력 문제 정답 : 2(가지) 곱하기 이야기로, $9y-6y=3y$, $9y+6y=15y$, $8y+6y=14y$

순환소수를 분수로 고칠 때, 10을 곱할지 100을 곱할지 어떻게 알아요?

아! 그렇구나

　　순환소수를 분수로 고치는 공식이 유행하고 있습니다. 순환마디 숫자의 개수만큼 9를 쓴 다음 그 뒤에 소수점 아래 순환마디에 포함되지 않는 숫자의 개수만큼 0을 쓰면 순환소수를 분수로 고칠 수 있다는 것입니다. 하지만 개념적인 문제는 10이나 100을 곱해야 해결할 수 있기 때문에 공식만 외워서는 문제를 풀 수 없는 것이 당연하지요.

30초 정리

유리수와 순환소수의 관계

어떤 순환소수에 10의 거듭제곱을 적당히 곱하면 그 소수점 아래의 부분이 처음 순환소수의 소수점 아래의 부분과 같아짐을 이용하여 순환소수를 분수로 고칠 수 있다.

즉, 모든 순환소수는 분자와 분모가 정수인 분수로 나타낼 수 있으므로 순환소수는 유리수이다.

순환소수는 모두 분자와 분모가 정수인 분수, 즉 유리수로 바꿀 수 있을까요?

의심이 든다면 아직 유리수와 순환소수의 개념이 부족한 상태라는 얘기가 됩니다.

유리수는 유한소수 또는 순환소수로 고칠 수 있다고 했습니다. 이제 순환소수를 유리수로 고쳐 볼까요? 공식이 있다고 하지만, 계산법을 이해하는 것이 훨씬 도움이 됩니다.

주어진 순환소수 x가 있을 때, x에 적당한 10의 거듭제곱을 곱하여 소수점 아래 부분이 같은 순환소수를 만들 수 있습니다. 두 순환소수의 차를 구하면 정수가 되지요. 이런 식으로 모든 순환소수를 분수로 나타낼 수 있습니다. 이와 같이 순환소수는 분수로 나타낼 수 있으므로 유리수입니다.

순환소수 $0.\dot{7}$을 분수로 나타내 보겠습니다.

순환소수 $0.\dot{7}$을 x라 할 때

$$x = 0.777\cdots \qquad \cdots\cdots ①$$

①의 양변에 10을 곱하면 소수 부분이 같은 순환소수를 만들 수 있습니다.

$$10x = 7.777\cdots \qquad \cdots\cdots ②$$

①과 ②는 소수 부분이 같으므로 ②에서 ①을 변끼리 빼면

$$9x = 7$$

$$\begin{array}{r} 10x = 7.777\cdots \\ -)\quad x = 0.777\cdots \\ \hline 9x = 7 \end{array}$$

이고, 이 방정식을 풀면 $x = \dfrac{7}{9}$입니다. 따라서 $0.\dot{7} = \dfrac{7}{9}$입니다.

순환마디의 길이가 2인 순환소수 $0.\dot{3}\dot{5}$는 어떻게 고쳐야 할까요?

소수점 아래 부분이 같은 순환소수를 찾으려면 어떤 수를 곱해야 하는지 생각해 보겠습니다.

$0.\dot{3}\dot{5}$를 x라 하고 소수점 아래 부분이 x와 같게 하기 위해 양변에 100을 곱하면

$$x = 0.353535\cdots \qquad \cdots\cdots ①$$

$$100x = 35.353535\cdots \qquad \cdots\cdots ②$$

이 되고, ②에서 ①을 변끼리 빼면

$$99x = 35, \ x = \dfrac{35}{99}$$

$$\begin{array}{r} 100x = 35.353535\cdots \\ -)\quad x = 0.353535\cdots \\ \hline 99x = 35 \end{array}$$

즉, $0.\dot{3}\dot{5} = \dfrac{35}{99}$로 고쳐지네요.

앞에서 만약 $x = 0.353535\cdots$의 양변에 10을 곱했더라면 어떻게 되었을까요?

$10x = 3.5353535\cdots$를 구하여 처음 x와 비교하면 소수 부분이 같지 않습니다. 이런 경우 뺄셈을 하면 어떻게 될까요?

$$9x = 3.181818\cdots$$

소수 부분이 같지 않았기 때문에 뺄셈으로 소수 부분을 없앨 수 없어 계산이 복잡하기만 합니다. 왜 100을 곱했는지 이해할 수 있겠죠!

좀 더 복잡한 순환소수 $0.7\dot{2}$를 유리수로 고쳐 보겠습니다.

$$x = 0.7222222\cdots \qquad \cdots\cdots ①$$

양변에 10을 곱하면

$$10x = 7.22222222\cdots \qquad \cdots\cdots ②$$

①, ②의 소수 부분이 같지 않으므로 ②의 양변에 10을 곱해 주면

$$100x = 72.2222222\cdots \qquad \cdots\cdots ③$$

이제 ②, ③의 소수 부분이 같으므로 두 식을 변끼리 빼면

$$90x = 65$$

가 됩니다.

따라서 $x = \dfrac{65}{90} = \dfrac{13}{18}$이므로 순환소수 $0.7\dot{2}$는 유리수 $\dfrac{13}{18}$으로 고쳐집니다.

개념의 연결

초3	중1	중2	중3	고교 공통수학1
분수와 소수	정수와 유리수	유리수와 순환소수	무리수와 실수	복소수와 이차방정식

Q. 순환소수는 무한히 반복되는 수인데, 이 수를 수직선 위에 나타낼 수 있나요?

A. 유한소수를 수직선 위에 나타내는 것은 어렵지 않게 생각하면서 순환소수는 변한다는 느낌 때문에 정확한 자리를 갖지 않는 것으로 생각할 수 있습니다.

예를 들어 $0.3 = \dfrac{3}{10}$ 이므로 0.3은 0과 1 사이를 10등분하여 그중 세 번째 위치에 표시할 수 있습니다. 그러면 순환소수 $0.\dot{3}$은 어떻게 표시할까요?

순환소수를 수직선에 표시할 때는 분수로 고치는 것이 편리합니다.

$$x = 0.33333\cdots$$

양변에 10을 곱하면

$$10x = 3.33333\cdots$$

두 식을 변끼리 빼면

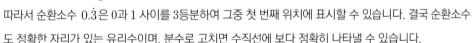

$9x = 3$이므로 $x = \dfrac{1}{3}$

따라서 순환소수 0.3은 0과 1 사이를 3등분하여 그중 첫 번째 위치에 표시할 수 있습니다. 결국 순환소수도 정확한 자리가 있는 유리수이며, 분수로 고치면 수직선에 보다 정확히 나타낼 수 있습니다.

Q. $0.6\dot{4}\dot{5}$와 같은 복잡한 순환소수를 어떻게 분수로 나타내나요?

A. $x = 0.6454545\cdots$를 ①이라 하고 ①의 양변에 10을 곱하면

$$10x = 6.454545\cdots ②$$

소수 부분을 같게 하기 위해 ②의 양변에 100을 곱하면

$$1000x = 645.4545\cdots ③$$

③-②를 하면

$$
\begin{array}{r}
1000x = 645.454545\cdots \\
-)\quad 10x = 6.454545\cdots \\
\hline
990x = 639
\end{array}
$$

$x = \dfrac{639}{990} = \dfrac{71}{110}$ 이므로 $0.6\dot{4}\dot{5} = \dfrac{71}{110}$ 로 바꿀 수 있습니다.

45억은 4500만의 몇 배인가요?

만? 억?
0이 4개 차이 나니까
10,000배 아니야?

아니지!
4500만에 0이
2개 더 있으니까
100배지!!

아! 그렇구나

천문학에서 사용하는 수는 자릿수가 매우 크지요. 반대로 나노과학에서 사용하는 수는 너무 작고요. 너무 큰 수나 아주 작은 수는 십의 거듭제곱, 즉 지수를 이용하여 나타내면 편리합니다. 그러나 애당초 너무 큰 수나 아주 작은 수 자체를 싫어하고 어려워하는 학생이 많지요.

30초 정리

지수법칙

$a \neq 0$이고, m, n이 자연수일 때

1. $a^m \times a^n = a^{m+n}$

2. $(a^m)^n = a^{mn}$

3. $a^m \div a^n = \begin{cases} a^{m-n} & (단, m > n) \\ 1 & (단, m = n) \\ \dfrac{1}{a^{n-m}} & (단, m < n) \end{cases}$

4. $(ab)^m = a^m b^m$, $\left(\dfrac{a}{b}\right)^m = \dfrac{a^m}{b^m} (b \neq 0)$

지수라는 말은 중1 '수와 연산'에서 거듭제곱을 다룰 때 처음 나왔습니다. 기억해 보면 2의 거듭제곱 2^2, 2^3, 2^4, $\cdots$에서 2를 거듭제곱의 밑이라 하고, 밑 2를 곱한 횟수 2, 3, 4, $\cdots$를 거듭제곱의 지수라고 했습니다.

마찬가지로 문자 a를 써서 a를 m번 곱한 것을 간단히 a^m으로 나타낼 수 있고, 이때 a를 거듭제곱의 밑, m을 거듭제곱의 지수라고 합니다.

$$\underbrace{a \times a \times a \times \cdots \times a}_{m개} = a^m$$

지수법칙과 같은 법칙은 편의를 위해 만든 것입니다. 즉, 지수법칙은 지수끼리의 계산을 보다 편리하게 하려는 것입니다. 예를 들면, $(a^3)^2 \times a^5$과 같은 계산을 지수의 뜻에 맞춰 계산하면 다음과 같은 방식으로 해결해야 합니다.

$$\begin{aligned}
(a^3)^2 \times a^5 &= (a^3 \times a^3) \times a^5 \\
&= \{(a \times a \times a) \times (a \times a \times a)\} \times (a \times a \times a \times a \times a) \\
&= a^{11}
\end{aligned}$$

반면, 지수법칙을 이용하면 $(a^3)^2 \times a^5 = a^{3 \times 2} \times a^5 = a^{6+5} = a^{11}$과 같이 보다 간단하게 계산할 수 있습니다.

지수법칙에서는 다음 4가지 법칙을 다룹니다.

$a \neq 0$이고, m, n이 자연수일 때

1. $a^m \times a^n = a^{m+n}$

2. $(a^m)^n = a^{mn}$

3. $a^m \div a^n = \begin{cases} a^{m-n} & (단, \ m > n) \\ 1 & (단, \ m = n) \\ \dfrac{1}{a^{n-m}} & (단, \ m < n) \end{cases}$

4. $(ab)^m = a^m b^m$, $\left(\dfrac{a}{b}\right)^m = \dfrac{a^m}{b^m} (b \neq 0)$

예를 들면

$$a^2 \times a^3 = (a \times a) \times (a \times a \times a) = a^5 = a^{2+3}$$

$$(a^2)^3 = a^2 \times a^2 \times a^2 = (a \times a) \times (a \times a) \times (a \times a) = a^6 = a^{2 \times 3}$$

$$\frac{a^2}{a^3} = \frac{a \times a}{a \times a \times a} = \frac{1}{a} = \frac{1}{a^{3-2}}$$

$$(ab)^2 = ab \times ab = a^2 b^2, \ \left(\frac{a}{b}\right)^2 = \frac{a}{b} \times \frac{a}{b} = \frac{a^2}{b^2}$$

과 같이 적용할 수 있습니다.

지수법칙 중 세 번째, 즉 나눗셈에서의 법칙이 좀 복잡해 보입니다. 나눗셈은 수의 사칙연산에서도 가장 어려운 개념이었죠!

경우를 3가지로 나눈 것은 지수의 크기가 중요하기 때문입니다.

그 3가지 경우는 ① $a^5 \div a^3$과 같이 나누어지는 수의 지수가 더 클 때, ② $a^3 \div a^3$과 같이 지수가 같을 때, ③ $a^3 \div a^5$과 같이 나누는 수의 지수가 더 클 때입니다. 나눗셈을 분수로 표현할 수 있다는 것은 초등학교 5학년에서 정리한 개념입니다. 수의 계산에서도 그랬고, 문자의 계산에서도 마찬가지 원리가 적용됩니다. 그럼 계산해 볼까요?

$$a^5 \div a^3 = \frac{a^5}{a^3} = \frac{a \times a \times a \times a \times a}{a \times a \times a} = a \times a = a^2$$

$$a^3 \div a^3 = \frac{a^3}{a^3} = \frac{a \times a \times a}{a \times a \times a} = 1$$

$$a^3 \div a^5 = \frac{a^3}{a^5} = \frac{a \times a \times a}{a \times a \times a \times a \times a} = \frac{1}{a \times a} = \frac{1}{a^2}$$

여기서 a^2의 지수 2는 $a^5 \div a^3$의 두 지수 5와 3의 차와 같고, 지수가 같은 거듭제곱의 나눗셈을 계산하면 그 결과가 1이 되는 것을 확인할 수 있습니다. 그리고 $\frac{1}{a^2}$의 분모 a^2의 지수 2는 $a^3 \div a^5$의 두 지수 5와 3의 차와 같음을 알 수 있습니다.

이상을 정리하면
$$a^m \div a^n = \begin{cases} a^{m-n} & (단,\ m > n) \\ 1 & (단,\ m = n) \\ \dfrac{1}{a^{n-m}} & (단,\ m < n) \end{cases}$$

과 같습니다.

고등학교에 가면 $\frac{1}{a^2}$을 a^{-2}으로 표현합니다. 그러면 $a^m \div a^n = a^{m-n}$으로 간단하게 표현하는 것이 가능합니다.

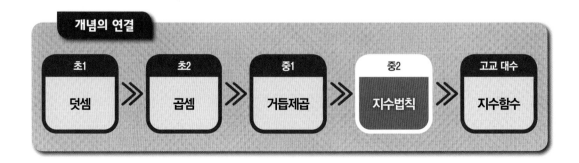

개념의 연결

초1	초2	중1	중2	고교 대수
덧셈	곱셈	거듭제곱	지수법칙	지수함수

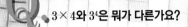

Q. 3×4와 3^4은 뭐가 다른가요?

A. 3×4는 3을 4번 곱한 것이 아니라 3을 4번 더한 것이지요. 곱셈의 개념은 거듭 더하는 것입니다. 그래서 3×4＝3＋3＋3＋3＝12입니다.

반면 3^4은 3을 4번 곱한 것입니다. 즉, $3^4＝3×3×3×3＝81$입니다.

곱셈과 거듭제곱의 차이를 분명히 구분해 두어야 하겠습니다.

Q. $\left(-\dfrac{1}{2}x\right)^3$을 계산하면 어떻게 되나요?

A. 분수가 나오면 갑자기 머리가 하얘지기도 합니다. 침착하게 지수법칙을 적용해 보세요.

$\left(-\dfrac{1}{2}x\right)^3＝\left(-\dfrac{1}{2}\right)^3×x^3$ 입니다.

$\left(-\dfrac{1}{2}\right)^3＝\left(-\dfrac{1}{2}\right)×\left(-\dfrac{1}{2}\right)×\left(-\dfrac{1}{2}\right)＝-\dfrac{1}{8}$ 이므로

$\left(-\dfrac{1}{2}x\right)^3＝-\dfrac{1}{8}x^3$ 입니다. 음수의 곱에서 부호를 정하는 원칙을 기억하세요.

Q. 다음 기사는 인수가 학급 신문에 쓴 것인데, 계산에 오류가 있대요. 어디가 잘못되었을까요?

은하계의 별의 개수

우리 은하에 있는 별은 500억($5×10^{10}$) 개 정도이고, 우주 전체에는 우리 은하만한 것이 또 1,000억(10^{11}) 개 가량 있다고 한다. 그러므로 우주 전체에 있는 별의 개수는 $5×10^{10}×10^{11}＝5×10^{10×11}＝5×10^{110}$(개) 정도이다.

A. 오류를 찾기가 쉽지 않군요.

하지만 잘 살펴보니 $5×10^{10}×10^{11}＝5×10^{10×11}＝5×10^{110}$의 $10^{10}×10^{11}＝10^{10×11}$ 부분에 오류가 있군요. 지수법칙에 의하면 $a^m×a^n＝a^{m+n}$과 같이 계산됩니다. 지수끼리 더해야 할 부분에서 곱하는 실수를 범했습니다. 정정하면

$$5×10^{10}×10^{11}＝5×10^{10+11}＝5×10^{21}$$

입니다. 엄청난 차이가 발생하는군요.

식의 나눗셈에서도 나누는 식의 역수를 곱하면 편리하지 않나요?

2학년
변화와
관계

하핫!
나누는 식!
역수를 곱하면
되지.

$$10x \div \frac{5}{4}x^2$$
$$= 10x \times \frac{4}{5}x^2$$
$$= 10x \times \frac{4}{5} \times x \times x^2$$
$$= 8x^3$$

근데 답이
틀렸는데?

아! 그렇구나

수에서도 그렇듯이 다항식의 연산에 있어서도 나눗셈에서 가장 많은 실수와 오답이 발생합니다. 나눗셈을 계산하는 여러 가지 방법 중에서는 가장 손쉬운 역수를 많이 사용하는데, 수와 문자가 같이 있는 식의 역수를 취할 때 수에만 집중하는 경향이 자주 나타나지요.

30초 정리

다항식의 나눗셈

$(6x^3 + 4x^2y) \div 2x$ 는 다음 2가지 방법으로 계산할 수 있다.

1. 분수 이용 $(6x^3 + 4x^2y) \div 2x = \dfrac{6x^3 + 4x^2y}{2x} = \dfrac{6x^3}{2x} + \dfrac{4x^2y}{2x} = 3x^2 + 2xy$

2. 역수 이용 $(6x^3 + 4x^2y) \div 2x = (6x^3 + 4x^2y) \times \dfrac{1}{2x}$

$\qquad\qquad\qquad = 6x^3 \times \dfrac{1}{2x} + 4x^2y \times \dfrac{1}{2x} = 3x^2 + 2xy$

이와 같이 다항식을 단항식으로 나눌 때는 다항식의 각 항을 단항식으로 나누어 계산하거나 역수를 이용하여 나눗셈을 곱셈으로 고쳐 계산한다.

다항식, 특히 일차식의 덧셈과 뺄셈은 중1에서 다뤘습니다. 일차식의 덧셈은 동류항끼리 모아 계산합니다. 괄호가 있으면 괄호를 먼저 풀고 동류항끼리 계산합니다. 일차식의 뺄셈은 빼는 식의 각 항의 부호를 바꾸어 덧셈으로 고쳐 계산합니다. 기억이 나지 않는 사람은 반드시 일차식의 덧셈과 뺄셈에 대해 복습하고 오기 바랍니다.

여기서는 다항식의 곱셈과 나눗셈을 다룹니다.

다항식의 곱셈은 한마디로 분배법칙을 사용하는 것입니다. 수에서 사용했던 분배법칙은 다항식에도 그대로 적용됩니다. 중1에서 배운 분배법칙을 되돌아 보겠습니다.

$$a(b+c) = ab + ac \text{,} \quad (a+b)c = ac + bc$$

좀 더 복잡한 식에서도 얼마든지 분배법칙을 이용할 수 있습니다.

$$2x(3x + 4y) = 2x \times 3x + 2x \times 4y$$

위 식을 곱셈에 대한 교환법칙을 이용하여 다음과 같이 정리합니다.

$$2x(3x + 4y) = 2x \times 3x + 2x \times 4y = 6x^2 + 8xy$$

이제 다항식을 단항식으로 나누는 방법을 알아보겠습니다. 참고로 다항식을 다항식으로 나누는 것은 고1에서 배웁니다.

다항식을 단항식으로 나눌 때는 수에서와 마찬가지로 분수 꼴로 나타내 계산하거나 역수를 이용하여 나눗셈을 곱셈으로 고쳐 계산할 수 있습니다.

1. 분수 꼴로 나타내 계산할 수 있습니다.

$$(4x^2 + 6xy) \div 2x = \frac{4x^2 + 6xy}{2x} = \frac{4x^2}{2x} + \frac{6xy}{2x} = 2x + 3y$$

2. 나누는 수의 역수를 곱해 계산할 수 있습니다.

$$(4x^2 + 6xy) \div 2x = (4x^2 + 6xy) \times \frac{1}{2x} = 4x^2 \times \frac{1}{2x} + 6xy \times \frac{1}{2x} = 2x + 3y$$

$(6x^2 - 2x) \div \left(-\dfrac{x}{3}\right)$와 같이 나누는 수가 분수를 포함하고 있으면 당황하게 되지요.

유리수는 정수와 마찬가지로 수의 종류일 뿐입니다. 그러므로 계산하는 방법이 달라지는 것은 아닙니다. 그런데 초등학교에서부터 분수에 대해 좋지 않은 감정을 갖고 있다면 분수와 문자가 곱해진 식에 유독 자신이 없을 수밖에 없습니다.

다항식의 나눗셈을 하는 2가지 방법 중 본인이 선호하는 방법을 사용해 보세요.

1. 분수 이용

$$(6x^2 - 2x) \div \left(-\frac{x}{3}\right) = \frac{6x^2 - 2x}{-\frac{x}{3}} = \frac{6x^2}{-\frac{x}{3}} - \frac{2x}{-\frac{x}{3}} = -18x + 6$$

2. 역수 이용

$$(6x^2 - 2x) \div \left(-\frac{x}{3}\right) = (6x^2 - 2x) \times \left(-\frac{3}{x}\right) = 6x^2 \times \left(-\frac{3}{x}\right) - 2x \times \left(-\frac{3}{x}\right)$$
$$= -18x + 6$$

둘 중 상황에 따라 또는 본인의 취향에 따라 편리한 방법을 선택해 계산하면 됩니다. 하지만 분수꼴인 단항식으로 다항식을 나눌 때는 역수를 이용해 나눗셈을 곱셈으로 고치는 방법이 다소 수월할 것입니다.

곱셈과 나눗셈이 섞여 있는 단항식끼리의 계산에서도 나눗셈을 곱셈으로 고쳐 계산하는 것이 편리합니다.

$$6a^2b^3 \div 2a^2b \times 3ab^4 = 6a^2b^3 \times \frac{1}{2a^2b} \times 3ab^4 = \frac{18a^3b^7}{2a^2b} = 9ab^6$$

Q. $-2x(3x-4y)$와 같이 음수가 포함된 곱셈에서 분배법칙을 쓸 때 부호를 자꾸 틀리는데, 그 이유는 무엇인가요?

A. 중학교에서 처음 음수를 배우며 헷갈리는 것이 연산 기호와 양음의 부호이지요. 예를 들어, 중1에서 $(+3)+(-4)$와 같은 연산을 하게 됩니다. 이런 식에서는 부호와 연산기호가 명확히 구분되지요. 부호가 서로 다른 두 유리수의 덧셈에서는 두 수의 절댓값의 차(1)에 절댓값이 큰 수의 부호($-$)를 붙이면 되므로 -1이 덧셈의 결과입니다. 그런데 갑자기 $-3-7$과 같은 연산을 하게 되는 시점에서 부호와 연산기호가 헷갈리는 경우가 발생합니다.

$-2x(3x-4y)$에서도 괄호 안의 $-4y$가 문제이지요. 이것이 음수인지 아니면 양수 $4y$를 빼는 뺄셈인지가 헷갈리는 것입니다. 익숙해지기 전까지는 부호와 연산을 살리는 방식으로 고쳐 연습하는 것이 필요합니다. 덧셈으로 보는 방법과 뺄셈으로 보는 방법 중 이해하기 쉬운 쪽으로 고치면 됩니다.

$$-2x(3x-4y) = (-2x) \times \{(+3x)+(-4y)\} = (-2x) \times (+3x)+(-2x) \times (-4y) = -6x^2+8xy$$
$$-2x(3x-4y) = (-2x) \times \{(+3x)-(+4y)\} = (-2x) \times (+3x)-(-2x) \times (+4y) = -6x^2+8xy$$

Q. $(18a^2-6a) \div (-3a)$와 같은 나눗셈을 할 때 분수 꼴로 고쳐 계산하는 과정에서 다음과 같은 실수를 하는 원인은 무엇인가요?

$$(18a^2-6a) \div (-3a) = \frac{18a^2-6a}{-3a} = -6a-6a = -12a$$

A. 다항식을 단항식으로 나눌 때 흔히 범하는 오류입니다.

$\dfrac{b+c}{a}$와 같은 분수 꼴에서 분모 a는 분자 b와 c 모두에 걸려 있는 것이므로 식을 고칠 때 b, c를 각각 a로 나눠야 합니다.

$$\frac{b+c}{a} = \frac{b}{a}+\frac{c}{a}$$

분자 둘 중 어느 하나만 a로 나누면 된다고 착각하는 경우가 반복된다면 이를 나눗셈으로 고쳐 역수를 곱하는 방식으로 연습해 보세요.

$$\frac{b+c}{a} = (b+c) \div a = (b+c) \times \frac{1}{a}$$

이 상태에서는 분배법칙을 이용해야 하고, 분배법칙은 b, c 각각에 $\dfrac{1}{a}$을 곱하는 것이기 때문에 잘못을 자연스럽게 이해할 수 있을 것입니다. 바른 계산은 다음과 같습니다.

$$(18a^2-6a) \div (-3a) = \frac{18a^2-6a}{-3a} = \frac{18a^2}{-3a}-\frac{6a}{-3a} = -6a+2$$

일차방정식은 해가 하나 아닌가요?

아! 그렇구나

　대부분 일차방정식은 해가 1개, 이차방정식은 2개라고 생각하기 쉽습니다. 하지만 조건에 따라서는 일차방정식도 해가 여러 개일 수 있고, 해가 없을 수도 있습니다. 상황을 고려하지 않고 일차방정식은 해가 하나라는 고정적인 관념에서 벗어날 필요가 있습니다.

30초 정리

미지수가 2개인 일차방정식

$ax + by + c = 0 (a, b, c$는 상수, $a \neq 0, b \neq 0)$과 같이 미지수가 2개이고, 차수가 1인 방정식을 **미지수가 2개인 일차방정식** 또는 간단히 **일차방정식**이라고 한다.

이때, 미지수가 2개인 일차방정식을 만족시키는 x, y의 값 또는 그 순서쌍 (x, y)를 그 **일차방정식의 해** 또는 **근**이라 하고, 방정식의 해를 모두 구하는 것을 **방정식을 푼다**고 한다.

미지수가 2개인 일차방정식을 생각하려면 미지수 개수보다 일차방정식에 먼저 집중해야 합니다. 즉, 일차방정식의 뜻이 무엇인지를 우선 기억해 낸 후 미지수가 2개인 일차방정식으로 개념을 연결해야 합니다.

a, b가 변하지 않는 상수일 때, $ax+b=0$ 또는 $ax=b$ 꼴의 방정식은 미지수가 x 하나이면서 일차인 방정식입니다. 여기서 $a=0$이면 미지수 x가 사라지니까 일차방정식이 아니겠지요. 그러므로 $a \neq 0$입니다.

그럼 일차방정식 $ax+b=0$의 해는 $x=-\dfrac{b}{a}$, 일차방정식 $ax=b$의 해는 $x=\dfrac{b}{a}$로, 각각 1개의 해를 가집니다. 그리고 이런 내용은 중학교 1학년에서 배웠습니다.

방정식

미지수의 값에 따라 참이 되기도 하고 거짓이 되기도 하는 등식을 그 미지수에 대한 방정식이라고 한다.

미지수가 2개인 일차방정식은 미지수가 x 1개가 아닌 x와 y, 2개입니다. 그러면 일차방정식은 $ax+by+c=0$(a, b, c는 상수, $a \neq 0$, $b \neq 0$)의 꼴로 나타나고, 이 방정식의 해는 하나가 아닌 여러 개 또는 무수히 많기도 합니다.

예를 들어, 일차방정식 $x+2y=6$의 해를 구해 보겠습니다. 우선 x에 자연수 1, 2, 3, ⋯을 차례로 대입하여 y의 값을 구하면 그 값은 다음 표와 같이 무수히 많습니다.

x	1	2	3	4	5	6	⋯
y	$\dfrac{5}{2}$	2	$\dfrac{3}{2}$	1	$\dfrac{1}{2}$	0	⋯

x가 자연수가 아니고 유리수라면 더 많은 해가 나올 것이고 이 역시 무수히 많은 해를 갖습니다. 또한 x, y가 모두 자연수라면 일차방정식 $x+2y=6$의 해는 $x=2$, $y=2$ 또는 $x=4$, $y=1$과 같이 두 쌍입니다.

결국 미지수가 2개인 일차방정식을 만족시키는 x, y의 값 또는 그 순서쌍 (x, y)의 개수는 문제의 조건에 따라 1개일 수도 있고, 여러 개일 수도 있고, 무수히 많거나 없을 수도 있습니다.

보통 방정식과 차수 개념은 항상 같이 움직입니다. 그래서 방정식에는 일차방정식이 있고, 중학교 3학년에서 배우는 이차방정식, 그리고 고등학교 1학년에서 배우는 삼차방정식과 사차방정식 등이 있습니다.

일차방정식 $3x-6=0$의 해는 $x=2$로 1개이고, 이차방정식 $x^2-2x-3=0$의 해는 $x=-1$, 3으로 2개이며, 삼차방정식 $x^3-6x^2+11x-6=0$의 해는 $x=1, 2, 3$으로 3개입니다. 즉, 일차방정식은 해가 1개, 이차방정식은 해가 2개, 삼차방정식은 해가 3개, 사차방정식은 해가 4개입니다. 보통 미지수가 x 하나이면 차수와 해의 개수가 같습니다.

그런데 똑같은 차수라도 미지수가 x, y의 2개이면 상황이 달라집니다. 앞에서 보았듯이 일차방정식이지만 $x+y=3$, $3x+2y+10=0$ 등과 같이 미지수가 2개이면 해가 무수히 많습니다.

그럼 미지수가 늘어나더라도 해가 무수히 많지 않고 몇 개만 존재하도록 만들 수는 없을까요? 그런 경우가 있습니다. 식의 개수를 미지수의 개수 이상으로 늘리면 되지요. 2개 이상의 방정식을 동시에 만족하는 해를 구하면 해가 하나 또는 2~3개로 정해지는데, 이런 것을 연립방정식이라고 합니다. 바로 다음에 나온답니다.

정리하면 지금 다루고 있는 미지수가 2개인 일차방정식은 미지수가 한 개인 일차방정식(흔히 그냥 '일차방정식'이라고 말하는 것)에서 미지수가 한 개 더 늘어난 것이고, 여기에 미지수가 2개인 일차방정식을 하나 더해 두 식을 동시에 만족하는 경우가 미지수가 2개인 '연립'일차방정식인 것입니다.

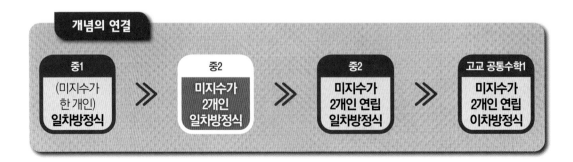

Q. x, y가 모두 자연수일 때, 일차방정식 $3x + y = 9$의 x에 3을 대입하면 y는 0이 나옵니다. $y = 0$은 자연수가 아니므로 해가 아니지만 $x = 3$은 자연수이므로 해가 되는 것 아닌가요?

A. x, y를 따로 생각해서 $x = 3$만 해라고 하지는 않습니다. 주어진 조건에서 x, y가 모두 자연수라는 조건에 맞지 않지요. $x = 3$(자연수)일 때 y도 자연수여야 하는데, 불행히도 $x = 3$(자연수)일 때 $y = 0$이므로 자연수가 아닙니다. 따라서 $x = 3$, $y = 0$은 $3x + y = 9$를 참이 되게 하는 자연수 x, y의 쌍이 아닙니다. 참고로 x, y가 모두 자연수일 때, 일차방정식 $3x + y = 9$를 만족하는 해는 $x = 1$, $y = 6$과 $x = 2$, $y = 3$의 2개입니다.

Q. 미지수가 2개인 일차방정식 $2x + 5y = 20$의 해는 무수히 많지만 x, y가 모두 자연수인 해는 많지 않습니다. 이때 해를 효율적으로 구하는 방법이 있나요?

A. 자연수인 해는 보통 말 그대로 x나 y중 어느 한 미지수에 적당한 자연수를 대입하여 다른 미지수의 값이 자연수가 되는지를 확인하면서 구해 나갑니다. 다만, 어떤 미지수의 값을 기준으로 시작하는 것이 효율적인가를 확인하기 위해서는 경험이 필요합니다. 먼저, 미지수 x의 값을 정하고 거기에 따른 미지수 y의 값을 구해 보겠습니다.

$x = 1$일 때 $y = \dfrac{18}{5}$, $x = 2$일 때 $y = \dfrac{16}{5}$, $x = 3$일 때 $y = \dfrac{14}{5}$, $x = 4$일 때 $y = \dfrac{12}{5}$, $x = 5$일 때 $y = 2$, $x = 6$일 때 $y = \dfrac{8}{5}$, $x = 7$일 때 $y = \dfrac{6}{5}$, $x = 8$일 때 $y = \dfrac{4}{5}$, $x = 9$일 때 $y = \dfrac{2}{5}$, $x = 10$일 때 $y = 0$, $x = 11$일 때 $y = -\dfrac{5}{2}$, …

이후에는 y의 값이 계속 음수가 나올 것이므로 더 해 볼 필요가 없겠죠.

이번에는 미지수 y의 값을 먼저 정하고 거기에 따른 미지수 x의 값을 구해 보겠습니다.

$y = 1$일 때 $x = \dfrac{15}{2}$, $y = 2$일 때 $x = 5$, $y = 3$일 때 $x = \dfrac{5}{2}$, $y = 4$일 때 $x = 0$, $y = 5$일 때 $x = -\dfrac{5}{2}$, …

어떤가요? 차이점을 알겠나요? y의 값을 먼저 정할 때가 보다 효율적이지요. 그건 y의 계수 때문입니다. y의 계수가 크기 때문에 보다 빨리 건너뛰면서 조사할 수 있지요. 이와 같이 미지수가 2개인 일차방정식의 자연수 해를 구할 때는 계수의 절댓값이 더 큰 미지수에 먼저 자연수를 차례로 대입하는 것이 좀 더 효율적입니다.

두 일차방정식을 동시에 만족하는 해를 어떻게 구하나요?

2학년
변화와 관계

아! 그렇구나

　방정식을 만족하는 해를 구하는 것을 방정식을 푼다고 합니다. 그런데 방정식의 해를 구하는 방법에는 여러 가지가 있답니다. 연립방정식에도 가감법이나 대입법 등의 해결 방법이 있지요. 아직 이런 방법을 익히지 않았거나 배우기 전이라면 각 방정식의 해를 구하여 동시에 만족하는 답을 찾는 것이 기본입니다. 하지만 이런 방법으로 연립방정식을 풀기에는 어려움이 있지요.

30초 정리

연립방정식의 풀이

가감법 : 방정식을 변끼리 더하거나 빼서 해를 구하는 방법

대입법 : 한 일차방정식을 어느 한 미지수에 관하여 풀고, 그것을 다른 한 일차방정식에 대입하여 해를 구하는 방법

연립방정식이란 쉽게 설명해서 연달아 있는 방정식, 즉 2개 이상의 방정식을 말하는데, 이건 형식상의 얘기이고, 연립방정식을 푸는 것은 2개 또는 그 이상의 방정식을 동시에 만족하는 값을 구하는 것입니다.

연립방정식의 문제에는 미지수가 2개 이상 나옵니다. 중2에서는 두 문자 x, y를 사용한 미지수가 2개인 연립일차방정식을 풀고, 고1에서는 세 문자 x, y, z를 사용한 미지수가 3개인 연립일차방정식을 풀게 됩니다.

그런데 이상한 것은 연립방정식 문제의 소재가 중1에도 나온다는 사실입니다. 중1에서는 미지수가 한 개인 일차방정식만 배울 뿐이므로 연립방정식 문제라 할지라도 굳이 미지수를 2개 사용하지 않고 하나의 문자만으로 문제를 풀 수 있다는 얘기가 됩니다. 결국 문제를 해결하는 방법이 다양하다는 의미이겠지요.

우리나라의 전통적인 연립방정식 문제는 학구산(鶴龜算), 즉 학과 거북을 소재로 한 문제입니다. 학의 다리와 거북의 다리 개수가 다르다는 것을 이용한 문제입니다. 예를 들면, 학과 거북이 합해서 10마리가 있는데, 다리가 모두 32개라면 학과 거북은 각각 몇 마리일까요?

학과 거북의 마리 수를 각각 x, y라 하면
합해서 10마리이므로 $x+y=10$, 다리가 모두 32개이므로 $2x+4y=32$

라는 두 식이 나옵니다. 두 번째 식의 양변을 각각 2로 나누면 $x+2y=16$이 되고 이 식에서 첫 식을 변끼리 빼면 $y=6$을 얻을 수 있습니다. 다시 첫 식에서 $x=4$가 나오지요.
처음으로 다시 돌아가면, 학은 4마리, 거북은 6마리입니다.
확인해 볼까요? 학의 다리가 8개, 거북의 다리는 24개이므로 다리의 합은 32개가 맞네요.

이와 같이 한 미지수를 없애기 위해 두 방정식을 변끼리 더하거나 빼서 연립방정식의 해를 구하는 방법을 가감법(加減法)이라고 합니다. 그리고 한 방정식을 한 미지수에 대해 푼 다음 다른 방정식에 대입하여 연립방정식을 푸는 대입법(代入法)이 있습니다.

학과 거북의 문제를 다양한 방법으로 해결해 보겠습니다.

1. 중1 버전, 즉 미지수를 하나만 사용하는 방법입니다.

먼저 학의 마리 수만 x라 하면, 거북의 마리 수는 $10 - x$가 됩니다. 여기에 다리의 개수를 곱하여 더하면 $2x + 4(10 - x) = 32$와 같은 일차방정식이 하나 나옵니다.

이 식을 풀면 학의 마리 수를 구할 수 있지요.

$$2x + 40 - 4x = 32$$

$$-2x = -8 \text{에서 } x = 4$$

즉, 학이 4마리이므로 거북은 6마리라는 답을 낼 수 있습니다.

2. 문자를 아직 쓸 줄 모르는 초등학생이라면 이 문제를 어떻게 풀까요?

초등학교에서는 표를 그리면서 예상과 확인이라는 문제 해결 전략을 사용합니다.

학	0	1	2	3	4	⋯
거북	10	9	8	7	6	⋯
다리 수	40	38	36	34	32	⋯

눈치 빠르게 생각하면 처음 다리가 40개일 때부터 학이 한 마리 늘어나면 다리가 2개 줄어든다는 규칙을 발견할 수 있습니다. 다리가 8개 줄어야 하므로 학이 4마리인 것을 찾을 수 있습니다.

3. 기발한 착상도 있습니다.

학과 거북에게 한쪽 다리를 들라고 하는 것입니다. 그러면 다리 수는 절반인 16개로 줄어듭니다. 10마리의 다리가 16개인 것은 거북이 6마리이기 때문입니다.

결론적으로 말해서, 문제를 해결하는 방법은 다양합니다. 문자를 많이 사용하면 계산은 편리하나 문제의 맥락이 사라져 풀이 과정이 단순하고 지루해진다는 단점이 있습니다.

개념의 연결

초5 규칙과 대응 ≫ 중1 문자와 식 ≫ 중1 일차방정식 ≫ 중2 연립방정식 ≫ 고교 공통수학1 미지수가 2개인 연립이차방정식

Q. 다음 문제는 연립방정식의 활용 문제입니다. 그냥 풀어도 풀리는데 꼭 방정식을 세워 풀어야 하나요?

> 철수는 마트에서 우유 2통과 주스 3병을 3,100원에 샀습니다. 영희는 같은 마트에서 우유 2통과 주스 한 병을 1,700원에 샀습니다. 이 마트의 우유와 주스의 가격은 얼마인가요?

A. 어떻게 풀었는지 알겠습니다. 우유 개수가 똑같으니 두 사람의 가격 차이는 주스 2병으로 인하여 생긴 것 이라고 판단한 것이지요? 그렇다면 가격 차이 1,400원이 주스 2병 때문이므로 주스는 한 병에 700원이 군요. 우유는 2통에 1,000원이니까 우유 한 통은 500원이고요. 결론적으로 방정식을 세우지 않고도 문제 가 해결되었군요. 우유 한 통과 주스 한 병의 가격을 각각 x원, y원이라 하면 다음과 같은 식이 나옵니다.

$$\begin{cases} 2x + 3y = 3100 \\ 2x + y = 1700 \end{cases}$$

두 식을 변끼리 빼면 $2y = 1400$에서 $y = 700$,

이것을 아래 식에 넣으면 $2x = 1000$에서 $x = 500$입니다.

가감법이지요. 그렇지만 앞에서 방정식을 세우지 않고 푼 풀이와 비교하면 방법이나 순서 어느 하나 다르 지 않지요? 중2 시험문제에 이런 문제가 나왔다 하더라도 꼭 방정식을 세워 풀어야만 하는 것은 아닙니다. 다만, 문제에 방정식을 세워 풀라는 단서가 있다면 방정식을 이용해야 합니다. 그런 조건이 없다면 방정식 을 세우지 않았다고 하여 감점하는 경우는 없을 것입니다.

Q. 연립방정식 $\begin{cases} 2x + 6y = 11 \\ 3x - 4y = -8 \end{cases}$ 과 같이 문자의 계수가 모두 다르면 어떤 문자를 소거하는 것이 편리한가요?

A. 가감법을 사용하여 어느 한 문자를 소거할 때, 소거하는 기준은 계산이 간편한 쪽을 택하는 것입니다.

지금 문자 x의 계수는 2, 3이고, 문자 y의 계수는 6, 4(엄격히 말하면 -4)입니다.

계수를 같게 해야 더하거나 빼서 소거를 할 수 있지요.

x의 계수 2, 3을 똑같은 수로 만들려고 할 때 이용하는 개념은 무엇인가요? 배수의 개념이지요. 그러나 계 산의 간편함을 위해 최소공배수를 이용해야겠지요? 두 수 2, 3의 최소공배수는 6입니다.

y의 계수 6, 4의 최소공배수는 12입니다.

어떤 쪽이 간편할까요? 판단할 수 있을 것입니다. 중요한 것은 최소공배수의 개념이 연립방정식에서 한 문 자를 소거할 때도 사용된다는 것입니다.

$$3x > 6\text{에서 이항하면 부호가 바뀌니까}$$
$$x < \frac{6}{-3} = -2 \text{ 맞죠?}$$

3을 이항하면
-3이니까
부등호도 바꿔 줘야지
이렇게!

그거
이리주고
저리 갓!

3x-1>5
3x>6
x<\frac{6}{-3}
x<-2

프리즈~
나대지 마!

아! 그렇구나

방정식에서 이항(移項)과 양변을 같은 수로 나누는 것이 헷갈리는 아이가 많지요. 부등식에서는 이 부분을 더 많이 헷갈려 합니다. 항을 옮기는 것은 덧셈이나 뺄셈으로 연결된 부분을 옮기는 것입니다. 상수항을 반대편으로 옮기는 것은 이항이지만, 문자 x의 계수는 다른 항이 아니므로 항을 옮기는 것이 아닙니다.

30초 정리

부등식의 성질

1. 부등식의 양변에 같은 수를 더하거나 빼도 부등호의 방향은 바뀌지 않는다.
   $a < b$일 때, $a+c < b+c$, $a-c < b-c$

2. 부등식의 양변에 같은 양수를 곱하거나 양변을 같은 양수로 나누어도 부등호의 방향은 바뀌지 않는다.
   $a < b$, $c > 0$일 때, $ac < bc$, $\dfrac{a}{c} < \dfrac{b}{c}$

3. 부등식의 양변에 같은 음수를 곱하거나 양변을 같은 음수로 나누면 부등호의 방향은 바뀐다.
   $a < b$, $c < 0$일 때, $ac > bc$, $\dfrac{a}{c} > \dfrac{b}{c}$

일차부등식을 이해하려면 먼저 일차방정식을 이해해야 합니다. 일차방정식이 무엇이었는지 기억해 보세요. 그래야 일차부등식을 보다 쉽게 이해할 수 있습니다.

방정식에서 우변에 있는 모든 항을 좌변으로 이항하여 동류항을 정리하였을 때 '(x에 관한 일차식)$=0$'의 꼴이 되는 방정식을 x에 관한 일차방정식이라고 했습니다. 여기서 등호 대신 부등호를 사용하면 일차부등식이 됩니다.

방정식에서 해를 구했듯이 부등식에서도 부등식이 참이 되게 하는 미지수 x의 값을 그 '부등식의 해'라 하고, 부등식의 모든 해를 구하는 것을 '부등식을 푼다'고 합니다.

방정식의 해를 구할 때 등식의 성질을 이용했습니다. 부등식의 해를 구할 때도 이용하는 성질이 있습니다. 이것을 부등식의 성질이라고 하지요. 등식에서 양변에 같은 수를 더하거나 빼거나 곱하거나 양변을 같은 수로 나누어도 등식은 성립한다는 것이 등식의 성질이었습니다. 단, 나눌 때 0으로 나누는 것은 제외했었죠. 부등식의 성질 역시 등식의 성질과 크게 다를 바 없는데, 한 가지 경우가 다릅니다. 즉, 부등식에서 양변에 같은 수를 더하거나 빼는 경우 부등식이 성립하는 것은 같은데, 곱하거나 나눌 때는 차이가 있습니다.

부등식의 양변에 같은 양수를 곱하거나 양변을 같은 양수로 나누면 부등호의 방향은 바뀌지 않지만, 같은 음수를 곱하거나 같은 음수로 나눌 경우에는 부등호의 방향이 바뀝니다.

즉, $a < b$, $c < 0$일 때, $ac > bc$, $\dfrac{a}{c} > \dfrac{b}{c}$입니다.

예를 들어, 일차부등식 $-2x + 5 > -9$를 풀어 보겠습니다.

① 양변에서 5를 빼도 부등호의 방향은 바뀌지 않습니다.

$-2x + 5 - 5 > -9 - 5$에서 $-2x > -14$

② 이제 양변을 -2로 나눕니다. 음수로 나누면 부등호의 방향이 바뀐다는 사실을 기억하세요.

$\dfrac{-2x}{-2} < \dfrac{-14}{-2}$에서 $x < 7$

①, ②에서 일차부등식 $-2x + 5 > -9$의 해는 $x < 7$이 됨을 알 수 있습니다.

부등식의 성질이라는 새로운 개념을 받아들일 때, 이를 기존 지식과 전혀 무관하게 분리된 것으로 인식하면 새로운 개념 전체를 전부 이해해야 하는 부담이 생깁니다. 부등식의 성질은 이미 배운 등식의 성질과 비슷한 면이 있습니다. 따라서 부등식의 성질을 처음 받아들일 때 먼저 기존의 지식과 비교를 해 보세요. 본인이 알고 있는 것 중 새로운 개념에 가장 비슷한 것이 무엇인지를 인식하는 과정이 필요합니다. 비슷한 면을 찾았다면 그건 이미 본인의 기억 속에 있는 것으로 받아들이고, 차이점이 있다면 그것만 새로운 학습의 대상으로 삼으면 되지요.

그런 의미에서 개념 학습은 $1+1=2$가 아니고 $1+1 ≒ 1.1$이라고 말할 수 있습니다. 등식의 성질과 부등식의 성질을 학습하면 개념이 2개가 아니고 1.1개 정도 된다는 것입니다. 이렇듯 학습 내용이 압축되어 머릿속에 저장되어야 기억이 원활해질 것입니다.

등식의 성질과 부등식의 성질 비교

등식	부등식
1. 등식의 양변에 같은 수를 더하거나 빼도 등식은 성립한다. $a=b$이면 $a+c=b+c$, $a-c=b-c$	1. 부등식의 양변에 같은 수를 더하거나 빼도 부등호의 방향은 바뀌지 않는다. $a<b$일 때, $a+c<b+c$, $a-c<b-c$
2. 등식의 양변에 같은 수를 곱하여도 등식은 성립한다. $a=b$이면 $ac=bc$	2. 부등식의 양변에 같은 양수를 곱하거나 양변을 같은 양수로 나누어도 부등호의 방향은 바뀌지 않는다. $a<b$, $c>0$일 때, $ac<bc$, $\dfrac{a}{c}<\dfrac{b}{c}$
3. 등식의 양변을 0이 아닌 같은 수로 나누어도 등식은 성립한다. $a=b$이면 $\dfrac{a}{c}=\dfrac{b}{c}$ (단, $c \neq 0$)	3. 부등식의 양변에 같은 음수를 곱하거나 양변을 같은 음수로 나누면 부등호의 방향은 바뀐다. $a<b$, $c<0$일 때, $ac>bc$, $\dfrac{a}{c}>\dfrac{b}{c}$

개념의 연결

중1	중1	중2	고교 공통수학1	고교 공통수학1
등식과 부등식	일차방정식	일차부등식의 풀이	연립 일차부등식	이차부등식

Q. $x < 0$일 때, $-x > 0$이라고 하는데, 이해가 되지 않습니다. $-x$는 음수 아닌가요?

A. 의외로 문자 앞의 부호에 약한 학생이 많습니다. 수로 하는 계산에서는 이런 오류가 발생할 확률이 아주 적습니다.

예를 들면, $-3 < 0$이므로 $-(-3) = +3 > 0$이라는 계산은 잘 받아들이면서 -3이 문자 x가 되면 이를 전혀 다른 세상 얘기로 받아들이는 학생이 있습니다. 아직 문자에 대한 인식이 부족한 상태입니다. 중1에서 절댓값 기호를 처리할 때도 수와 문자 사이에 인식 차이가 있었지요.

$|-3| = 3$이라고 생각하면서 $x < 0$일 때 $|x| = -x$인 것을 받아들이지 못하는 것입니다. 절댓값은 수직선에서 원점으로부터 그 점까지의 거리이기 때문에 그 값은 반드시 양수라고 생각하는 것은 당연하지만, 문자 앞의 음의 부호 $-$ 때문에 $-x$가 양수일 수 있음을 생각하지 못하는 것입니다.

Q. $\frac{2}{3}x - \frac{1}{2} < \frac{x}{4} + \frac{1}{3}$ 과 같이 계수에 소수나 분수가 있는 일차부등식에서는 가장 먼저 계수를 정수로 바꾸는 것이 순서인가요?

A. 교과서에서는 보통 그런 식으로 순서를 정해서 제시하지만 반드시 그렇게 해야 하는 것은 아닙니다. 먼저 통분을 하는 학생도 많습니다. 그 이유는 초등학교에서 통분을 많이 연습했기 때문으로 판단됩니다.

보통은 일차부등식 $\frac{2}{3}x - \frac{1}{2} < \frac{x}{4} + \frac{1}{3}$ 의 양변에 분모의 최소공배수인 12를 곱하여

$$8x - 6 < 3x + 4$$

와 같이 계수가 모두 정수로 바뀌면 복잡한 분수 계산에서 벗어날 수 있기 때문에 이 방법을 권하는 것입니다.

그런데 $\frac{2}{3}x - \frac{1}{2} < \frac{x}{4} + \frac{1}{3}$ 에서 $\frac{2}{3}x - \frac{x}{4} < \frac{1}{3} + \frac{1}{2}$ 과 같이 이항하고 바로 통분하면

$$\frac{8}{12}x - \frac{3}{12}x < \frac{2}{6} + \frac{3}{6}$$

이 되지요.

이런 식으로 해결해도 상관없습니다. 계산에 실수만 없다면 말이죠.

웹툰(x)이 변하면 저자(y)도 바뀌는데, 왜 함수가 아니라고 하나요?

웹툰(x)이 변하면 저자(y)도 바뀌기 때문에 함수입니다.

x가 웹툰이고 y가 저자인 경우 y가 x의 함수일까요?

아닐걸?

놓지마 정신줄 신태훈, 나승훈

아! 그렇구나

우리는 함수의 정확한 뜻, 즉 x의 값이 변함에 따라 y의 값이 단 하나씩 정해지는 관계에서 '단 하나씩'이라는 단서를 소홀히 여기는 경우가 많습니다. 함수의 일상적인 뜻과 정확한 뜻 사이에 벌어지는 갈등 때문이지요. 어떤 2가지 현상이 서로 관계가 있으면 함수 관계가 있다고 보는 일상적인 의미에서는 그 관계가 꼭 하나씩 정해진다는 생각이 분명하지 않습니다. 하지만 수학에서의 함수는 그 많은 관계 중 y의 값이 단 하나씩 정해지는 것만을 말한답니다.

30초 정리

함수

두 변수 x, y에 대하여 x의 값이 변함에 따라 y의 값이 단 하나씩 정해지는 대응 관계가 성립할 때, y를 x의 **함수**라 하고, 이것을 기호로 $y = f(x)$와 같이 나타낸다.

웹툰 1편당 결제 요금이 200원인 사이트가 있습니다. 이 사이트를 이용하여 2편의 웹툰을 본다면 400원, 3편을 보는 경우에는 600원, 4편을 보는 경우에는 800원, ……이 필요합니다. 50편의 웹툰을 보고 싶다면 얼마를 결제해야 할까요? 보고 싶은 웹툰의 편수와 결제 요금 사이의 관계를 잘 관찰하면 50편의 웹툰을 보기 위한 결제 금액을 쉽게 구할 수 있습니다.

이런 경우를 중학교 1학년 때 정비례 관계라고 배웠습니다. 즉, 웹툰의 편수와 결제 요금 사이에는 정비례 관계가 성립합니다. 이를 식으로 표현하면, 웹툰의 편수를 x라 하고 결제 요금을 y라 할 때 $y = 200x$라는 관계식이 됩니다. 이때 이 식에서 x의 값을 대입하면 그때마다 y의 값이 단 하나씩 나오는 것을 확인할 수 있습니다. 이와 같이 두 변수 x, y 사이에 x의 값이 변함에 따라 y의 값이 단 하나씩 정해지는 관계가 성립할 때, 중학교에서는 y를 x의 함수라고 합니다. 정비례 관계도 함수의 일종이지요. 반비례($xy = a$)의 경우, x의 값이 변함에 따라 y의 값이 단 하나씩 정해지므로 이때도 y는 x의 함수입니다.

그러면 50편의 웹툰을 보고 싶을 때 결제해야 하는 금액을 구해 봅시다. 각자 계산한 후 확인해 보세요.

$x = 50$을 대입하면 $x = 200 \times 50 = 10000$이므로 결제할 금액이 10000원임을 알 수 있습니다. 이것은 이 관계가 함수이기 때문에 가능한 것이지요. 함수를 이용함으로써 보고 싶은 웹툰의 편수에 따라 필요한 결제 금액을 훨씬 더 쉽고 빠르게 구할 수 있답니다.

상수와 변수

x, y와 같이 여러 가지로 변하는 양을 나타내는 문자를 변수라 하고, 항상 일정한 값을 나타내는 수나 문자를 상수라 한다.

일상생활에서 어느 한 양이 변함에 따라 다른 한 양도 변하는 관계를 흔히 찾을 수 있습니다. 변하는 두 양 사이의 관계를 파악하면 그 변화의 양상을 설명할 수 있을 뿐만 아니라, 그 관계를 바탕으로 합리적인 판단을 하거나 일어날 변화를 예상하는 데 도움을 얻을 수 있습니다. 중학교 1학년 때 배운 정비례($y = ax$)와 반비례($xy = a$)에서도 x의 값이 변함에 따라 y의 값이 하나씩 정해지므로 이들 경우에서도 y는 x의 함수입니다.

왜 y의 값이 단 하나씩 정해지는 것만 함수라고 했을까요? 사실 이것은 함수에서 가장 거슬리는 조건입니다. 책에 나오지는 않지만 수학이 가진 일관성으로 그 이유를 추측할 수 있습니다.

똑같다고 볼 수는 없지만 소인수분해를 할 때 1을 소수에서 제외한 이유와 비슷한 상황을 생각해 볼 수 있습니다. 1이 소수라면 소인수분해에 있어 1을 얼마든지 포함하게 되어 매번 다른 표현이 나오는 불편함이 있을 것입니다.

마찬가지로 함수에서 y의 값이 없거나 여러 개가 나오면 함수의 중요한 기능 중 하나인 예측이 불가능할 수 있습니다. y의 값이 없으면 예측 자체가 안 되고, y의 값이 여러 개인 경우에도 역시 예측을 할 수가 없게 되지요. 그래서 y의 값을 단 하나로 정했을 것이라 추측하면 함수에 대한 이해가 보다 확실히 정립될 수 있답니다.

이와 같이 교과서에 소개된 개념에 대해 그렇게 할 수밖에 없었던 이유를 추측해 보면 그 개념의 뜻에 대한 이해가 보다 명확해지는 효과를 얻을 수 있습니다.

번쩍! 어둠 속에서 번개가 치면 우리는 천둥소리에 무서워하기 바쁩니다. 벼락이 떨어질 것 같은 분위기가 연출되기 때문이지요. 하지만 함수를 이용하면 주의해야 할지 안심해도 될지 결정할 수 있습니다. 번개가 친 곳에서 1㎞ 이상 떨어져 있는 곳이면 안심 지역에 해당된다고 할 때, 번개를 보고 몇 초 후에 천둥소리를 들으면 안전한 걸까요? 꼭 함수로 표현해야만 해결되는 문제는 아니지만 함수의 특성을 이용하는 것은 문제를 해결하는 한 방법이 됩니다.

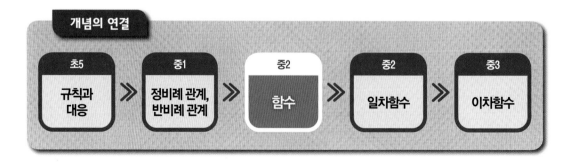

개념의 연결

초5		중1		중2		중2		중3
규칙과 대응	≫	정비례 관계, 반비례 관계	≫	함수	≫	일차함수	≫	이차함수

Q. 자연수 x에 대하여 y가 x의 약수일 때와 y가 x의 약수의 개수일 때, 둘 다 y가 x의 함수인가요?

A. 먼저 대응표를 만들어 y가 x의 약수일 때를 조사해 봅니다.

x가 1이면, 1의 약수는 1 하나뿐이네요. x가 2이면? 2의 약수가 1과 2이니까 $y=$ 1, 2입니다.

x	1	2	3	4	5	…
y	1	1, 2				

이 관계는 함수가 아니지요.

이번에는 y가 x의 약수의 개수일 때를 조사해 보지요. y가 자연수 x의 약수가 아니라 약수의 개수라는 것에 주의해야 합니다. 이번에도 역시 x와 y의 관계를 대응표로 만듭니다.

x	1	2	3	4	5	…
y	1	2	2	3	2	…

x의 값에 따라서 y의 값이 단 하나로 정해지므로 y는 x의 함수입니다.

이때 x가 2일 때도 2, x가 3일 때도 2인 것을 보고 y의 값으로 2가 2번 나왔기 때문에 함수가 아니라고 생각하는 실수를 범할 수 있습니다. 이에 주의해야 할 것입니다.

Q. 어느 도시의 시내버스 요금이 버스를 탄 거리와 관계없이 항상 1,000원이고, 이 시내버스를 $x$km탔을 때의 요금을 y원이라고 할 때, y는 x의 함수인가요?

A. 1km를 가도 1,000원, 2km를 가도 1,000원, 3km를 가도 1,000원, 즉 y의 값이 모두 1,000원입니다. 이것도 함수일까요?

네. 함수입니다. 함수의 정의를 떠올려 보세요.

'x의 값이 하나 정해지면 그에 따라 y의 값이 단 하나로 정해지는 관계', 이것이 함수인가 아닌가를 결정짓는 중요한 조건입니다.

x의 값 하나에 대해 y의 값이 2개 이상이어도 함수가 아니고, y의 값이 없어도 함수가 아닙니다. y의 값이 단 하나인 대응 관계여야 함수라는 사실을 기억하세요.

일차함수를 $y = ax + b$라고 썼는데 왜 틀렸나요?

일차함수를 $y = ax + b$라고만 쓰면 틀려요. $a \neq 0$이라는 단서가 빠졌으니까…

감점!

헉! $a = 0$이면 안 된다고요?

x가 없다고 무시하는 거예요?

아! 그렇구나

수학 개념 중에는 식보다 조건이 더 중요한 경우가 있습니다. 식만으로는 정확한 개념을 말할 수 없을 때 조건을 붙여 설명하는 것이니 조건을 무시하면 말이 안 되는 경우가 많지요. 조건은 대개 식을 쓰기 전에 주어지든가 식과 함께 괄호로 제시되므로 이런 조건의 의미를 정확히 이해하면 빼먹지 않을 것입니다.

30초 정리

일차함수의 그래프

함수 $y = f(x)$에서 y가 x에 관한 일차식

$$y = ax + b(a, b\text{는 상수}, a \neq 0)$$

로 나타날 때, 이 함수를 일차함수라고 한다.

일차함수 $y = ax + b$의 그래프는 일차함수 $y = ax$의 그래프를 y축 방향으로 b만큼 평행이동한 직선이다.

일차함수란 무엇일까요? 일차라는 말은 x의 차수를 의미합니다. 일차가 아니면 뭘까요? 이차, 삼차, …로 커질 수도 있고, 작아지면 영차도 됩니다. 그럼 이차함수, 삼차함수에는 x^2, x^3 등이 등장할 테고, (영차함수라는 말을 굳이 쓰지는 않지만) 영차함수는 상수로만 이루어진 함수(예: $y=3$ 등)를 의미합니다. 함수라는 것은 x에 관한 일차방정식과 비교해서 y라는 문자를 하나 더 사용한다는 차이가 있습니다. 이제 일차함수의 정체를 알게 되었나요? 일차함수는 $y=ax+b\,(a\neq0)$처럼 y가 x에 대한 일차식으로 표현되는 함수를 말합니다.

일차함수 $y=2x+3$의 그래프를 그리려면 우선 몇 개의 순서쌍을 좌표평면에 나타낸 다음 전체적인 패턴을 추측하면 됩니다. 3개의 순서쌍 $(-1,1)$, $(0,3)$, $(1,5)$를 나타내 보면 대략적인 모습을 추측할 수 있겠죠? 몇 개 더 나타내 보면 일직선을 이루면서 결국 직선이 그려질 것을 추측할 수 있습니다. 이와 같이 일차함수 그래프는 항상 직선이 됩니다.

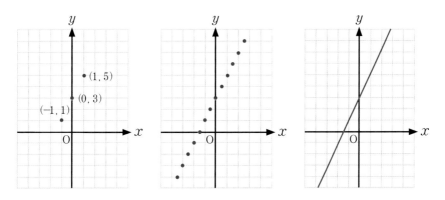

이제 이전에 배운 개념과 연결해 보겠습니다. 일차함수 $y=ax+b$는 $y=ax$와 뭐가 다를까요?

상수항 b가 붙어 있군요. $y=2x+3$과 $y=2x$의 식을 비교하면 $+3$만큼의 차이가 보입니다. 그러므로 $y=2x+3$의 그래프는 중1에서 그려 봤던 $y=2x$의 그래프 위에 있는 모든 점을 y축의 방향으로 $+3$만큼 평행이동하는 방법으로도 그릴 수 있습니다. 이전 개념과 연결을 하니 보다 편리한 방법이 만들어지네요.

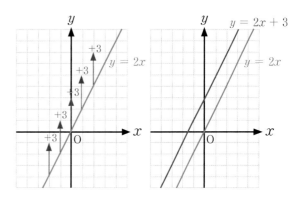

일차함수의 그래프를 그리는 방법 2가지를 알아보았습니다.

어떤 함수의 그래프를 그리든 가장 생각하기 쉬운 방법은 몇 개의 순서쌍을 구하고 좌표평면에 그 위치를 찍어 보는 것이지요. 그렇게 찍는 점을 늘려 가면 점이 찍히는 패턴을 발견할 수 있고, 그것을 연결하면 그래프가 완성되지요. 두 번째 방법은 기본 형태를 이용해서 평행이동하는 방법이었습니다. 먼저 원점을 지나는 직선을 생각하고 y축의 방향으로 평행이동함으로써 보다 간편하게 일차함수 그래프를 그릴 수 있었습니다.

평행이동의 핵심은 위치만 변할 뿐 방향이나 모양은 바뀌지 않는다는 점입니다. 수학에서 다루는 '이동' 중 중·고등학교에서 다루는 이동은 평행이동, 대칭이동, 회전이동 이렇게 3가지입니다. 대칭이동과 회전이동은 모양은 바뀌지 않지만 방향이 바뀝니다. 특히 도형의 식과 관련된 대칭이동이나 회전이동은 고등학교에서 다룹니다. 중학교에서는 직선(일차함수)과 포물선(이차함수)의 평행이동만 다룹니다. 평행이동은 다양한 방향으로 이루어질 수 있지만 모두의 의사소통을 위해 x축의 방향과 y축의 방향으로 나누어 표현합니다.

일차함수 $y = ax + b$의 그래프는 $y = ax$의 그래프를 y축의 방향으로 b만큼 평행이동한 것입니다. x축의 방향으로의 평행이동을 생각할 수 있지만 y축의 방향으로 평행이동하는 것보다 식이나 표현이 복잡합니다. 또한 [그림 1]과 같이 대각선 방향으로 평행이동하는 것도 정확한 방향과 수치를 표현하는 것이 복잡하기 때문에 일차함수의 그래프는 y축 방향으로의 평행이동만 표현하고 있습니다. 이후 고1 때 도형의 방정식에서 본격적으로 평행이동을 다루게 됩니다.

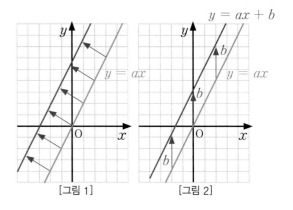

[그림 1]   [그림 2]

개념의 연결

초5		중1		중2		중3		고교 공통수학2
규칙과 대응	▶	그래프	▶	일차함수의 그래프	▶	이차함수의 그래프	▶	함수와 그래프

일차함수 $y = ax + b$에 왜 $a \neq 0$이라는 단서가 필요한가요? $b \neq 0$이라는 조건을 안 걸어도 되나요?

 중요한 질문입니다. $a = 0$이면 어떤 일이 벌어질까요?

$y = 0 \times x + 3$은 어떤가요? 이것도 일차함수인가요?

$y = 0 \times x + 3$을 $a = 0$, $b = 3$인 일차함수라고 생각하기 쉽지만, 0과 x를 곱하면 일차항 x가 없어지기 때문에 이는 일차함수가 아닙니다. 일차함수에는 일차항 x가 있어야 합니다. 그래서 $y = ax + b$에서 $a \neq 0$인 단서를 달았지요.

그럼 $y = 2x$처럼 $y = ax$만 있다면 이건 일차함수일까요? ax만 있으니 일차함수가 아니라고 착각할 수 있겠지만 일차항 x가 있으므로 이건 일차함수가 맞습니다. 즉, $y = ax + b$라는 식에서 $a = 2$, $b = 0$인 일차함수입니다. $b = 0$이어도 됩니다.

일차함수 $y = 2x + 3$의 그래프가 원점을 지나는 직선 $y = 2x$를 y축의 방향으로 3만큼 평행이동했다는 것은 알겠는데, 그래프를 보면 x축의 방향으로도 이동을 했거든요. 그래서 x축 방향으로의 평행이동을 표현하고 싶은데, 얼마만큼 이동했다고 해야 하나요?

맞습니다. x축의 방향으로 얼마만큼 평행이동했다고 표현하는 것도 가능합니다. 다만 y축의 방향으로 평행이동하는 경우보다 그 수치를 계산하는 것이 약간 복잡합니다.

일차함수 $y = 2x + 3$의 그래프를 보면 $y = 2x$의 그래프를 x절편만큼 평행이동한 것을 알 수 있습니다. x절편은 $y = 0$일 때 x값이므로 이를 대입하면 $2x + 3 = 0$에서 $x = -\dfrac{3}{2}$입니다. 따라서 일차함수 $y = 2x + 3$의 그래프는 직선 $y = 2x$를 x축의 방향으로 $-\dfrac{3}{2}$만큼 평행이동했다고 할 수 있습니다.

결국, x축의 방향으로 평행이동하려면 얼마나 이동하는지를 따로 계산해야 하지만, y축의 방향으로 평행이동할 때는 그냥 꼬리에 있는 상수항 b만큼만 이동하면 됩니다.

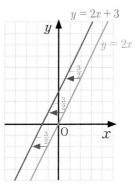

왜 조금 기울어진 직선의 기울기가 크다고 하는 건가요?

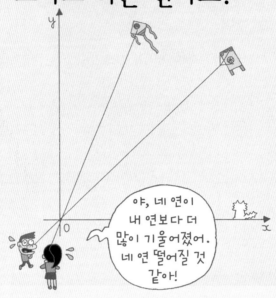

야, 네 연이 내 연보다 더 많이 기울어졌어. 네 연 떨어질 것 같아!

아! 그렇구나

기울기라고 하는 것은 2가지 기준으로 볼 수 있습니다. 세로축인 y축과 가로축인 x축을 기준으로 할 수 있지요. 수학에서는 기준선을 x축으로 정했답니다. 그래서 x의 값의 증가량에 대한 y의 값의 증가량의 비율로 기울기를 정의하고 있지요. 일상에서 가파른 언덕을 얘기할 때, 가로축을 기준으로 삼는다는 사실을 생각하면 이해하는 데 도움이 될 것입니다.

30초 정리

기울기와 절편

일차함수 $y = ax + b$에서 x의 값의 증가량에 대한 y의 값의 증가량의 비율은 항상 일정하며, 그 비율은 x의 계수 a와 같다. 이 증가량의 비율 x를 일차함수 $y = ax + b$의 그래프의 **기울기**라고 한다. 즉, 다음이 성립한다.

$$(\text{기울기}) = \frac{(y\text{의 값의 증가량})}{(x\text{의 값의 증가량})} = a$$

일차함수의 그래프가 x축과 만나는 점의 x좌표를 이 그래프의 x**절편**, y축과 만나는 점의 y좌표를 이 그래프의 y**절편**이라고 한다.

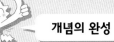

일차함수의 식 $y = ax + b$에서 a를 기울기, b를 y절편이라고 합니다.

이를 결과적으로 암기만 하는 것은 아무런 의미가 없습니다. 어쩌다 단순한 문제 몇 개는 맞힐 수 있을지 몰라도 기울기와 절편의 의미는 영영 이해할 수 없게 됩니다.

이 중 b가 y절편임을 이해하는 것이 보다 쉽습니다.

y절편은 일차함수의 그래프가 y축과 만나는 점의 y좌표를 뜻합니다. y축과 만나는 점, 즉 y축 위의 점의 특징은 무엇인가요? x좌표가 0이라는 것입니다. 즉, y축 위의 점은 모두 x좌표가 0이지요. 그래서 일차함수의 식 $y = ax + b$에 $x = 0$을 대입하여 나오는 y의 값 b가 y절편이 됩니다.

x절편을 구하는 방법 역시 추측할 수 있을까요? y절편을 구하는 똑같은 방법으로 해결할 수 있답니다. x절편의 뜻을 말할 수 있겠지요? x절편은 일차함수의 그래프가 x축과 만나는 점의 x좌표를 뜻합니다. 그러므로 x절편은 일차함수의 식 $y = ax + b$에 $y = 0$을 대입하여 나오는 x의 값입니다.

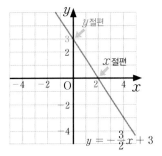

예를 들면, 일차함수 $y = -\dfrac{3}{2}x + 3$의 그래프를 그리면 오른쪽 그림과 같습니다. 이 그래프가 x축과 만나는 점의 좌표는 $(2, 0)$이므로 x절편은 2이고, y축과 만나는 점의 좌표는 $(0, 3)$이므로 y절편은 3입니다.

기울기란 무엇인가요? 일차함수 $y = ax + b$에서 x의 값의 증가량에 대한 y의 값의 증가량의 비율이 기울기입니다. 이 비율은 항상 일정하며 x의 계수 a와 같습니다.

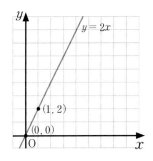

예를 들면, 일차함수 $y = 2x$의 그래프 위의 두 점 $(0, 0)$, $(1, 2)$를 잡았을 때 $(기울기) = \dfrac{2 - 0}{1 - 0} = 2$가 됩니다.

정리하면, 일차함수 $y = ax + b$의 그래프에서

$$(기울기) = \frac{(y의\ 값의\ 증가량)}{(x의\ 값의\ 증가량)} = a$$

입니다.

일차함수의 기울기에 대한 정의를 다시 살펴보겠습니다.

'x의 값의 증가량에 대한 y의 값의 증가량의 비율'을 기울기라고 했습니다. 그런데 이를 수식으로 바꾸면 $(기울기) = \dfrac{(y의\ 값의\ 증가량)}{(x의\ 값의\ 증가량)}$이라는 분수 꼴이 됩니다. 그 변화가 급작스러워 당황하기 쉽습니다. 이 근거는 어디에 있을까요?

초등학교 6학년 교과서에서 찾을 수 있습니다. 이때 비율이라는 말을 처음 배우지요.

> 비 150 : 200에서 기호 : 의 왼쪽에 있는 150은 비교하는 양이고, 오른쪽에 있는 200은 기준량입니다. 비교하는 양을 기준량으로 나눈 값을 비의 값 또는 비율이라고 합니다.
>
> $$(비율) = (비교하는\ 양) \div (기준량) = \dfrac{(비교하는\ 양)}{(기준량)}$$
>
> 비 150 : 200을 비율로 나타내면 $\dfrac{150}{200}$ 또는 0.75입니다.

기준량에 대한 비교하는 양의 크기 $\dfrac{(비교하는\ 양)}{(기준량)}$을 비율이라고 했습니다. 분수의 개념이 확장된 것이지요. 일차함수에서는 기준량이 x의 값의 증가량이고, 그것에 대한 y의 값의 증가량의 비율을 기울기로 정했습니다.

기울기라는 말은 일상에서 경사도라는 말로도 많이 쓰입니다. 언덕이나 산을 오를 때 '가파르다'고 하는 말은 평평한 길을 기준으로 하는 말입니다. 기울기도 일상의 쓰임과 같은 맥락에서 사용되어야 하므로 x의 값의 증가량을 기준으로 삼았을 것입니다.

길가의 도로표지판 중에 기울기를 나타내는 것이 있습니다. 오르막경사 표지판에서 10%의 의미를 생각해 보세요. 10%는 $\dfrac{10}{100}$이고, 이것을 기울기로 해석하면 x축의 방향으로 100m 갈 때 y축의 방향으로 10m 올라간다는 뜻입니다.

개념의 연결

초5		중1		중2		중3		고교 공통수학2
규칙과 대응	⟫	좌표평면과 그래프	⟫	기울기와 절편	⟫	이차함수의 그래프	⟫	여러 가지 함수의 그래프

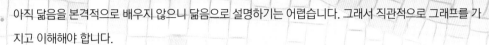
Q. 기울기가 $\dfrac{(y의\ 값의\ 증가량)}{(x의\ 값의\ 증가량)}$ 인 것은 알겠는데, 이 비율이 어떻게 항상 일정한 건가요?

A. 아직 닮음을 본격적으로 배우지 않으니 닮음으로 설명하기는 어렵습니다. 그래서 직관적으로 그래프를 가지고 이해해야 합니다.

직선에 직각삼각형을 몇 개 그려 보겠습니다. 빨강 삼각형에서는 x의 값이 2만큼 증가하면 y의 값이 1만큼 증가하고, 파랑 삼각형에서는 x의 값이 4만큼 증가하면 y의 값이 2만큼 증가하며, 초록 삼각형에서는 x의 값이 6만큼 증가하면 y의 값이 3만큼 증가합니다.

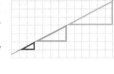

따라서 $\dfrac{(y의\ 값의\ 증가량)}{(x의\ 값의\ 증가량)} = \dfrac{1}{2} = \dfrac{2}{4} = \dfrac{3}{6}$ 으로 항상 일정하다는 것을 알 수 있습니다.

Q. 일차함수 $y = ax + b$에서 기울기가 일정하다는 것은 알겠는데, 왜 그 값이 하필 x의 계수 a와 똑같은 건가요?

A. 계수가 문자가 아닌 수로 된 식, 예를 들면 $y = 2x + 3$을 통해 이러한 내용을 설명하면 어렵지 않게 이해하는데, 막상 일차함수 $y = ax + b$에서는 막히는 경우가 많습니다. $y = ax + b$의 그래프상에서 해당 내용을 이해해야 진짜 아는 것이라고 생각할 수 있습니다.

일차함수는 그 기울기가 일정하다는 것을 생각하면 그래프 위의 어떤 두 점을 잡아 기울기를 계산해도 됩니다.

그림에서 $x = 0$, $x = 1$일 때의 점의 좌표를 각각 구하면 $(0, b)$, $(1, a + b)$가 됩니다.

이 두 점 사이의 $\dfrac{(y의\ 값의\ 증가량)}{(x의\ 값의\ 증가량)}$ 을 계산하면 기울기가 됩니다.

$$(기울기) = \frac{(y의\ 값의\ 증가량)}{(x의\ 값의\ 증가량)} = \frac{(a + b) - b}{1 - 0} = a$$

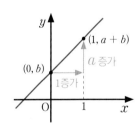

가 되는군요. 빼는 순서를 바꿔도 상관없습니다.

$$(기울기) = \frac{(y의\ 값의\ 증가량)}{(x의\ 값의\ 증가량)} = \frac{b - (a + b)}{0 - 1} = \frac{-a}{-1} = a$$

정리하면, 일차함수 $y = ax + b$의 그래프에서

$$(기울기) = \frac{(y의\ 값의\ 증가량)}{(x의\ 값의\ 증가량)} = a$$

가 됩니다.

일차함수 $y = ax + b$의 식을 구하려면 기울기와 y절편을 알아야 하지 않나요?

아! 그렇구나

일차함수의 식을 구하려면 a와 b, 즉 기울기와 y절편을 알아야 합니다. 이 2가지가 직접적으로 주어지면 식을 구하는 것이야 순식간이지요. 하지만 다른 조건이 주어질 때도 기울기와 y절편을 구할 수 있답니다. 예를 들어 두 점의 좌표가 주어졌을 때 기울기의 정의에 따라 이를 계산하면 기울기가 나옵니다.

30초 정리

일차함수의 식 구하기
다음과 같은 조건이 주어지면 일차함수의 식을 구할 수 있다.
1. 기울기와 한 점의 좌표가 주어졌을 때
2. 두 점의 좌표가 주어졌을 때
3. x절편과 y절편이 주어졌을 때

중학교에 와서 문자가 있는 식을 다루며 느낀 점이 있을 것입니다. 모르는 문자(미지수)의 개수만큼 식이 있어야 각 문자의 값을 구할 수 있다는 사실입니다.

일차함수 $y = ax + b$에서는 기울기 a와 y절편 b를 알면 식을 구할 수 있으므로 여기에 2가지 조건이 필요함을 눈치챌 수 있습니다.

교과서, 참고서 등을 보면 다음과 같은 조건이 주어졌을 때 일차함수의 식을 구할 수 있다고 설명합니다. 공통적으로 모두 2가지 조건을 제시합니다.
 1. 기울기와 한 점의 좌표가 주어졌을 때
 2. 두 점의 좌표가 주어졌을 때
 3. x절편과 y절편이 주어졌을 때

 1. 기울기가 주어졌을 때는 한 점만 주어지면 그것으로 y절편을 구할 수 있습니다.
 기울기는 간접적으로 주어질 수 있습니다. 예를 들면, '일차함수 $y = 2x - 5$의 그래프와 평행하고 한 점 $(-1, 4)$를 지나는 직선을 구하라.'고 할 때 평행하다는 조건은 곧 기울기가 같다는 말이 되므로 이때는 기울기가 주어진 것이나 다름이 없습니다. '어떤 직선과 평행하다'는 말 속에 기울기를 알 수 있는 단서가 숨어 있는 것입니다. 고등학교에 올라가면 수직인 조건을 줄 수 있는데 이것도 기울기 대신 주어지는 조건이 됩니다.

 2. 두 점이 주어졌을 때 두 점의 좌표를 일차함수의 식에 대입하면 a, b에 관한 방정식이 2개 나옵니다. 연립방정식이지요. 왜 연립방정식을 먼저 배웠는지 이해할 수 있나요? 이럴 때 사용하려고 했던 것입니다.
 더불어 두 점의 좌표를 알면 기울기를 구할 수 있습니다. 그래서 기울기를 구한 다음 둘 중 한 점의 좌표를 이용하여 y절편을 구할 수 있습니다. 문제를 푸는 방법이 늘 한 가지인 것만은 아니랍니다.

 3. x절편과 y절편이 주어졌을 때는 기울기만 구하면 됩니다. x절편을 대입하면 기울기를 구할 수 있습니다. 사실 x절편과 y절편이 주어졌다면 두 점의 좌표가 주어진 것이나 다름없으니 2와 마찬가지 방법을 사용할 수도 있습니다.

연립방정식의 문제를 좀 더 생각해 보도록 하겠습니다.

연립방정식에서는 미지수의 개수와 차수가 중요합니다. 중2에서는 미지수가 2개인 연립일차방정식을 배웁니다. 미지수의 개수와 차수가 모두 나오지요. 미지수가 3개인 연립일차방정식은 고1에서 배웁니다. 연립이차방정식도 고1에서 배웁니다.

미지수가 2개이면, 방정식이 적어도 2개는 주어져야 그 미지수의 값을 구할 수 있습니다. 그런데 미지수가 2개인 방정식이 하나만 주어지면 어떤 일이 벌어질까요?

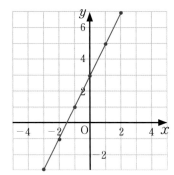

예를 들어, $2x - y + 3 = 0$이라는 일차식이 하나만 주어졌다면 이 식을 만족하는 x, y의 값은 한 쌍이 아닙니다. 이를 만족하는 순서쌍 (x, y)는 $(-3, -3)$을 비롯하여 $(-2, -1)$, $(-1, 1)$, $(0, 3)$, $(1, 5)$, $(2, 7)$, … 등 무수히 많습니다. 그래서 $2x - y + 3 = 0$이라는 일차식을 만족하는 모든 점을 좌표평면에 나타내면 직선이 됩니다. 일차함수가 되지요.

이와 같이 미지수의 개수와 식의 개수는 매우 밀접한 관계에 있으며, 다양한 생각을 할 수 있어야 합니다. '$ax + by + c = 0 (a, b, c$는 상수, $a \neq 0$, $b \neq 0$)'의 꼴인 식이 하나만 주어지면 이것은 직선을 나타냅니다. 미지수가 x, y로 2개이기 때문에 이 식을 만족하는 x, y의 값은 한 쌍만이 아닙니다. 만약 여기에 또 하나의 방정식이 주어지면 두 식을 동시에 만족하는 x, y의 값은 무수히 많지 않을 수 있고, 1~2개의 값만 존재하는 것이 보통입니다.

보다 자세한 내용은 뒤에 나오는 '두 직선의 교점과 연립방정식'에서 다루게 됩니다.

개념의 연결

초5	중2	중2	중3	고교 공통수학2
규칙과 대응	함수	일차함수의 식	이차함수	여러 가지 함수

Q. 중1에서 서로 다른 두 점을 지나는 직선은 유일하다고 배웠습니다. 이러한 사실과 두 점의 좌표가 주어질 때 직선의 방정식을 구하는 것이 어떤 관련이 있는 건가요?

A. 수학의 연결성을 고민하고 있군요. 대단히 중요한 고민입니다. 수학의 각 개념은 독립적으로 존재하지 않습니다. 모든 개념은 서로 연결되어 있고, 일관성을 지닙니다. 항상 같은 개념을 사용하는 것이지요.

점이 하나 있다고 가정해 보겠습니다. 이 한 점을 지나는 직선은 몇 개나 있을까요? 무수히 많은 직선이 보이나요?

여기에 점을 하나 추가하면 그 두 점을 지나는 직선은 단 하나만 존재하게 됩니다. 이것을 좌표평면 위의 직선으로 연결할 수 있습니다. 두 점을 지나는 직선은 유일하기 때문에 일차함수의 식도 정해지는 것입니다.

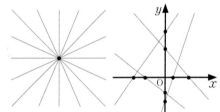

Q. x절편이 a, y절편이 b인 직선의 방정식이 $\dfrac{x}{a} + \dfrac{y}{b} = 1$이라고 하는데, 어떻게 이런 식이 구해진 건가요?

A. 중학생이 직선의 방정식을 공식처럼 외우는 것은 바람직하지 않습니다. x절편과 y절편은 좌표축과 만나는 특수한 점이기 때문에 그래프를 그릴 때 이를 항상 표시하지요. 그래서 두 절편을 지나는 직선의 방정식을 구할 기회가 많을 것입니다.

공식은 그 유도 과정이 중요합니다. 그래서 어떻게 유도할 것인지를 공부해야 합니다.

x절편이 a라는 것은 직선이 점 $(a, 0)$을 지남을 뜻하고, y절편이 b라는 것은 직선이 점 $(0, b)$를 지남을 의미하므로 두 점의 좌표를 이용하면

$$(\text{기울기}) = \frac{b - 0}{0 - a} = -\frac{b}{a}$$

가 되고, 따라서 직선의 방정식은 $y = -\dfrac{b}{a}x + b$가 됩니다. 그냥 여기서 끝나도 되는데 하필 문제에 주어진 식이 $\dfrac{x}{a} + \dfrac{y}{b} = 1$이므로 두 식이 같다는 것만 확인하면 됩니다.

$y = -\dfrac{b}{a}x + b$의 양변을 b로 나누고 x항을 좌변으로 옮기면 $\dfrac{x}{a} + \dfrac{y}{b} = 1$이 나오지요.

일차함수의 그래프의 기울기가 양이면 증가한다고요?

일차함수의 그래프의 기울기가 양수이면 이렇게 오른쪽 위를 향하는 그래프가 그려진답니다.

야, 근데 B에서 A로 가면 감소, 감소 아니야?

증가함수가 감소함수도 되는 건가?

그리고 이런 그래프를 증가함수라고도 하지요.

아! 그렇구나

증가와 감소 또는 증가함수와 감소함수라는 말을 그냥 사용하면 헷갈립니다. 증가와 감소는 방향을 동반해야 합니다. 일반적으로 오른쪽 위로 향할 때 증가라고 합니다. 그러므로 왼쪽으로 생각하면 아래로 향하는 것이 증가가 되겠죠. 이처럼 좌우가 정해져야 위아래가 정해지기 때문에 증가와 감소는 함부로 사용하면 오해가 생깁니다.

30초 정리

일차함수 $y = ax + b(a \neq 0)$의 그래프

1. $a > 0$이면 오른쪽 위로 향하는 직선이다.
2. $a < 0$이면 오른쪽 아래로 향하는 직선이다.

일차함수의 그래프의 기울기와 평행

1. 기울기가 같은 두 일차함수의 그래프는 서로 평행하거나 일치한다.
2. 서로 평행한 두 일차함수의 그래프의 기울기는 서로 같다.

일차함수의 그래프의 성질 2가지를 정리해 보겠습니다. 첫째는 증가와 감소, 둘째는 평행에 관한 것입니다.

예를 들어, 일차함수 $y = 2x + 1$의 그래프 위의 두 점 $(0, 1)$, $(1, 3)$ 사이의 변화를 보면 x의 값이 1만큼 증가할 때(오른쪽으로) y의 값은 2만큼 증가합니다(위로). 오른쪽 위로 향하는 직선인 것이지요. 다시 두 점 $(1, 3)$, $(2, 5)$ 사이의 변화에서도 똑같은 현상을 발견할 수 있습니다. x의 값이 1만큼 증가할 때 y의 값이 2만큼 증가하는 것은 기울기를 생각할 때 $\dfrac{2}{1} = 2$, 즉 기울기가 2라는 것이고 이는 일차함수의 식 $y = 2x + 1$에서 바로 알 수 있습니다.

반면, 일차함수 $y = 2x + 1$의 그래프 위의 두 점 $(0, 1)$, $(1, -1)$ 사이의 변화를 보면 x의 값이 1만큼 증가할 때(오른쪽으로) y의 값은 2만큼 감소합니다(아래로). 오른쪽 아래로 향하는 직선인 것이지요. 다시 두 점 $(1, -1)$, $(2, -3)$ 사이의 변화에서도 똑같은 현상을 발견할 수 있습니다. x의 값이 1만큼 증가할 때 y의 값이 2만큼 감소하는 것은 기울기를 생각할 때 $\dfrac{-2}{1} = -2$, 즉 기울기가 -2라는 것이고 이는 일차함수의 식 $y = -2x + 1$에서 바로 알 수 있습니다.

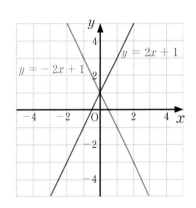

이상을 정리하면 다음과 같습니다.

일차함수 $y = ax + b$의 그래프

1. $a > 0$이면 오른쪽 위로 향하는 직선이다.

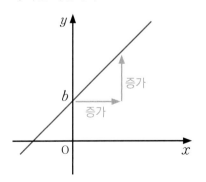

2. $a < 0$이면 오른쪽 아래로 향하는 직선이다.

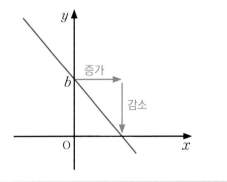

일차함수 $y = 2x + 3$의 그래프는 2가지 방법으로 그릴 수 있었습니다.

첫째는 순서쌍을 찍어 가며 대략적인 모양을 추측하는 방법으로, 이는 어떤 함수든 그래프의 모양을 정확히 모를 때 항상 사용하는 방법입니다.

둘째는 중1에서 배운 직선 $y = 2x$의 그래프를 평행이동하는 방법입니다. 일차함수 $y = 2x + 3$의 그래프는 직선 $y = 2x$의 그래프를 y축의 방향으로 3만큼 평행이동한 것입니다. 따라서 이때 두 일차함수 $y = 2x + 3$, $y = 2x$의 그래프는 서로 평행합니다.

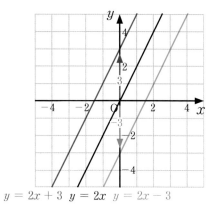

$$y = 2x + 3 \quad y = 2x \quad y = 2x - 3$$

마찬가지로 일차함수 $y = 2x - 3$의 그래프는 직선 $y = 2x$의 그래프를 y축의 방향으로 -3만큼 평행이동한 것입니다. 그러므로 두 일차함수 $y = 2x - 3$, $y = 2x$의 그래프는 서로 평행합니다.

이와 같이 기울기가 같고 y절편만 다른 일차함수의 그래프는 서로 평행합니다.

기울기가 다른 두 일차함수의 그래프는 어떨까요? 중1에서 나온 두 직선의 위치 관계와 연결시켜 보겠습니다.

공간에서 두 직선의 위치 관계			
한 점에서 만난다	평행하다	일치한다	꼬인 위치에 있다
P $\quad l$ $\quad m$	P $\quad l$ $\quad m$	$l = m$ P	P $\quad l$ $\quad m$
한 평면 위에 있다			한 평면 위에 있지 않다

좌표평면은 한 평면 위의 상황이므로 꼬인 위치를 제외하면 기울기가 다른 두 일차함수의 그래프는 반드시 한 점에서 만납니다.

개념의 연결

초5	중1	중2	중3	고교 공통수학2
규칙과 대응	두 직선의 위치 관계	일차함수의 그래프의 성질	이차함수의 그래프	여러 가지 함수의 그래프

Q. 그림은 일차함수 $y = ax + b$의 그래프입니다. 각 그래프에서 a, b의 부호는 어떻게 달라지나요?

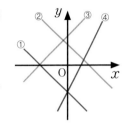

A. 일차함수의 그래프는 기울기와 y절편에 따라 다양한 모양을 나타낼 수 있습니다.

①은 기울기가 음이고 y절편도 음이므로 $a < 0$, $b < 0$입니다.

②는 기울기가 음이고 y절편은 양이므로 $a < 0$, $b > 0$입니다.

③은 기울기가 양이고 y절편도 양이므로 $a > 0$, $b > 0$입니다.

④는 기울기가 양이고 y절편은 음이므로 $a > 0$, $b < 0$입니다.

Q. 일차함수 $y = ax + b$의 그래프가 위 그림의 ①과 같을 때, 일차함수 $y = (a + b)x + ab$의 그래프는 어떤 사분면을 지나게 되나요?

A. ①은 기울기가 음이고 y절편도 음이므로 $a < 0$, $b < 0$입니다.

즉, a, b가 둘 다 음이므로 $a + b < 0$, $ab > 0$입니다.

따라서 일차함수 $y = (a + b)x + ab$의 그래프는 ②와 같은 모양이므로, 제3사분면을 제외한 제1, 2, 4사분면을 지납니다.

사고력 문제

책꽂이에 오래된 문학 전집이 진열되어 있다. 전집의 제1권 1쪽에 있던 책벌레가 책을 갉아먹으며 제2권의 마지막 쪽까지 갔다고 하면 이 벌레가 책을 갉아먹으며 움직인 거리는 얼마나 될까? 단, 이 전집의 표지 두께는 2mm이고 본문의 두께는 3cm이다. [정답은 275쪽에]

199쪽 사고력 문제 정답 : 책 (겉) 표지 안쪽 넓이와 책 (속) 표지 안쪽 넓이가 똑같다.

일차방정식은 해가 하나인데,
그 그래프가 어떻게 직선이 되나요?

아! 그렇구나

　　미지수가 하나인 일차방정식은 해가 하나입니다. 그런데 이름이 일차방정식이라고 해서 항상 해가 하나인 경우만 있는 것은 아닙니다. 미지수가 2개인 일차방정식은 해가 무수히 많습니다. 그리고 이를 좌표평면에 나타내면 직선이 됩니다.

30초 정리

미지수가 2개인 일차방정식과 일차함수

미지수가 2개인 일차방정식 $ax + by + c = 0$(a, b, c는 상수, $a \neq 0$, $b \neq 0$)의 그래프는 일차함수 $y = -\dfrac{a}{b}x - \dfrac{c}{b}$의 그래프와 같다.

보통 일차방정식이라 하면 미지수가 한 개인 경우를 말하지요. 예를 들면, $2x-1=5$, $3x+4=10$ 등입니다. 이와 같이 미지수가 한 개인 일차방정식은 그 해가 하나입니다. 일차방정식 $2x-1=5$의 해는 $x=3$이고, 일차방정식 $3x+4=10$의 해는 $x=2$입니다.

그런데 $x+y=4$와 같이 미지수가 2개인 일차방정식의 경우, 이 방정식은 $x=-2$, $y=5$일 때도 참이 되고, $x=0$, $y=4$일 때도 참이 되고, $x=1$, $y=3$일 때도 참이 되는 등 그 해가 무수히 많습니다. 이 순서쌍을 좌표로 하는 점 몇 개를 좌표평면에 찍어 보도록 하지요.

좌표평면에 순서쌍 $(-1, 5)$, $(0, 4)$, $(1, 3)$, $(2, 2)$, $(3, 1)$, … 등 을 점으로 찍으면 결국 직선이 그려진다는 것을 추측할 수 있습니다.

그래서 일차방정식 $x+y=4$를 직선의 방정식이라고 하지요.

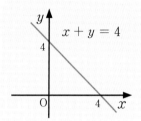

그런데 일차함수 $y=ax+b$의 그래프도 직선이었다는 것을 생각 하면 직선의 방정식과 일차함수의 그래프에는 분명 서로 비슷한 면이 있습니다. 이 직선을 일차함수 의 그래프라고 생각하고 그 식을 구해 보겠습니다.

기울기는 x, y절편을 고려하면 $\dfrac{-4}{4}=-1$이고, y절편은 4이므 로 일차함수의 식은 $y=-x+4$가 됩니다.

직선의 방정식 $x+y=4$가 일차함수 $y=-x+4$와 같다는 것은 사실 방정식 $x+y=4$에서 y항만 왼쪽에 남기고 나머지 항을 오른쪽 으로 옮기면 되는 거였군요.

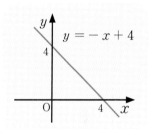

정리하면 미지수가 2개인 일차방정식 $ax+by+c=0$의 그래프는 직선으로 나타나며, 이것은 일 차함수 $y=-\dfrac{a}{b}x-\dfrac{c}{b}$의 그래프와 같습니다.

일차방정식 $ax+by+c=0$의 그래프가 항상 직선으로 나타나고, 일차함수 $y=-\dfrac{a}{b}x-\dfrac{c}{b}$의 그래프도 항상 직선으로 나타난다면 이 둘을 굳이 구분할 필요가 있을까요? 즉, 직선의 방정식과 일차함수는 서로 같다고 말할 수 있을까요? 여기에는 미묘한 차이가 있습니다.

일차함수의 식 $y=ax+b$에서 모든 항을 왼쪽으로 옮긴 식 $ax-y+b=0$은 미지수가 2개인 일차방정식입니다. 그런데 일차방정식 $ax+by+c=0$에서 $b=0$이면 y항이 사라지므로 이 식을 일차함수 '$y=ax+b$'의 꼴로 고칠 수가 없습니다. 또, $b \neq 0$이어도 $a=0$이면 $y=-\dfrac{c}{b}$가 되어 일차항(x항)이 사라지므로 일차함수가 되지 않습니다.

정리하면, 일차함수의 식은 항상 일차방정식으로 고칠 수 있지만, 일차방정식 중에는 일차함수가 아닌 것도 포함됩니다. 그래서 일차방정식 $ax+by+c=0$을 일차함수라고는 하지 않는 대신 직선의 방정식이라고 합니다.

여기서 의문스러운 점은 $a=0$이거나 $b=0$이어도 직선이 되는가 하는 것입니다. 둘 다 0이 되는 경우는 일차방정식이 아니니 제외해도 되겠지요.

일차방정식 $ax+by+c=0$에서 $a=0$이고 $b \neq 0$이면 $y=-\dfrac{c}{b}$, 즉 x축에 평행한 직선이 되는군요. 만약 $b=0$이고 $a \neq 0$이면 $x=-\dfrac{c}{a}$, 즉 y축에 평행한 직선이 됩니다. 그리고 둘 다 0이 아니면 일차방정식 $ax+by+c=0$은 일차함수 $y=-\dfrac{a}{b}x-\dfrac{c}{b}$와 같습니다.

고등학교에 가면 원의 방정식을 배웁니다. 미지수가 2개인 이차방정식이지요. 하지만 이차함수라고 하지 않습니다. 원은 함수가 되지 못하기 때문이지요.

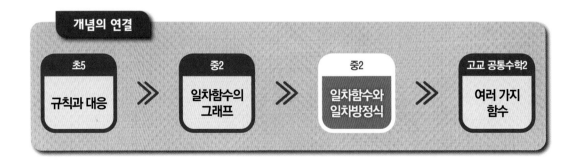

개념의 연결

초5	중2	중2	고교 공통수학2
규칙과 대응	일차함수의 그래프	일차함수와 일차방정식	여러 가지 함수

Q. 그림은 직선 $ax + by - 1 = 0$을 나타냅니다.

각 그래프에서 a, b의 부호는 어떻게 달라지나요?

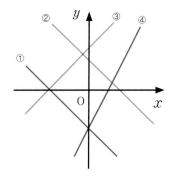

A. 네 직선 모두 축에 평행한 직선이 아니므로 직선의 방정식

$ax + by - 1 = 0$에서 $a \neq 0$, $b \neq 0$입니다.

이 방정식을 일차함수의 꼴로 바꾸면 $y = -\dfrac{a}{b}x + \dfrac{1}{b}$입니다.

①은 기울기가 음이고 y절편도 음이므로

$$-\frac{a}{b} < 0, \ \frac{1}{b} < 0 \text{에서 } a < 0, \ b < 0 \text{입니다.}$$

②는 기울기가 음이고 y절편은 양이므로

$$-\frac{a}{b} < 0, \ \frac{1}{b} > 0 \text{에서 } a > 0, \ b > 0 \text{입니다.}$$

③은 기울기가 양이고 y절편도 양이므로

$$-\frac{a}{b} > 0, \ \frac{1}{b} > 0 \text{에서 } a < 0, \ b > 0 \text{입니다.}$$

④는 기울기가 양이고 y절편은 음이므로

$$-\frac{a}{b} > 0, \ \frac{1}{b} < 0 \text{에서 } a > 0, \ b < 0 \text{입니다.}$$

Q. 일차방정식 $x + y = 4$에서 x, y가 자연수일 때도 직선인 그래프가 나오나요?

A. 변수 x, y가 자연수라면 얘기가 달라집니다.

이 경우 만족하는 순서쌍 (x, y)는 $(1, 3)$, $(2, 2)$, $(3, 1)$뿐입니다.

이를 좌표평면에 나타내면 오직 세 점으로 이루어진 그래프가 됩니다.

그래프가 직선이려면 변수 x, y가 자연수나 정수로 제한되면 안 됩니다.

x, y가 모든 수여야만 일차방정식 $x + y = 4$는 직선이 될 수 있습니다.

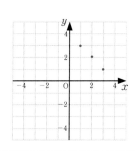

$x=2$는 x의 값이 2, y의 값은 없으니까
x축 위에 점 (2, 0)으로 나타내면 되지요?

아! 그렇구나

축에 평행한 직선은 많이 다루지 않기 때문에 당황하기 쉽습니다. 그 기울기의 개념도 간단하지 않지요. y축에 평행한 직선의 경우, 그 기울기가 0이라는 건지 기울기가 없다는 건지 헷갈리게 마련이고, x축에 평행한 직선에 대해서는 뭐라고 표현하기가 어렵습니다. 방정식의 형식도 보통 직선의 방정식과는 차이가 나지요.

30초 정리

일차방정식 $x=p$, $y=q$의 그래프

1. $x=p$의 그래프는 점 (p, 0)을 지나고,
   y축에 평행한 직선이다.

2. $y=q$의 그래프는 점 (0, q)를 지나고,
   x축에 평행한 직선이다.

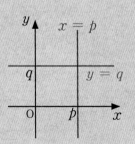

일차함수 $y = ax + b(b \neq 0)$의 그래프는 직선이었습니다. 일차방정식 $ax + by + c = 0$의 그래프도 직선이었습니다. 그렇다면 그림과 같이 x축 위의 4를 지나고 y축에 평행한 직선의 방정식은 무엇일까요? 이것은 일차함수의 그래프일까요?

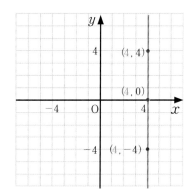

보통 직선은 축에 평행하지 않습니다. 따라서 이 직선은 특수한 경우입니다. 식은 어떻게 표현될까요?

$y = 4$일 때 $x = 4$, $y = 0$일 때도 $x = 4$, $y = -4$일 때도 $x = 4$이군요. y좌표가 달라도 x좌표는 항상 4입니다. 그래서 이 직선의 방정식은 $x = 4$입니다. 이와 같이 y축에 평행한 직선은 '$x = p$'의 꼴로 나타낼 수 있습니다.

마찬가지로 y축 위의 2를 지나고 x축에 평행한 직선의 방정식은 무엇일까요?

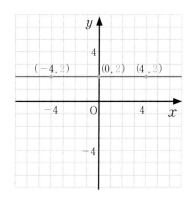

$y = -4$일 때 $y = 2$이고, $x = 0$일 때도 $y = 2$, $x = 4$일 때도 $y = 2$가 되는군요. x좌표가 달라도 y좌표는 항상 2입니다. 그래서 이 직선의 방정식은 $y = 2$입니다. 이와 같이 x축에 평행한 직선은 '$y = q$'의 꼴로 나타낼 수 있습니다.

직선 $x = p$, 즉 $x - p = 0$을 일차방정식 $ax + by + c = 0$과 비교해 보면, 여기에는 y항이 없습니다. y항의 계수가 0인 일차방정식이라고 생각하면 되겠습니다. 일차방정식 $ax + by + c = 0$에서 $a \neq 0$이고, $b = 0$인 특수한 경우의 방정식으로, 그 그래프는 x축 위의 점 $(p, 0)$을 지나고, y축에 평행한 직선입니다.

마찬가지로 직선 $y = q$, 즉 $y - q = 0$은 일차방정식 $ax + by + c = 0$에서 $a = 0$이고, $b \neq 0$인 특수한 경우의 방정식으로, 그 그래프는 y축 위의 점 $(0, q)$를 지나고, x축에 평행한 직선입니다.

직선 $x=p$는 점 $(p, 0)$을 뜻하는 것이라고 하면 되는데, 왜 이 점을 지나고 y축에 평행한 직선이라고 표현하는 걸까요?

이런 질문에는 다음과 같은 반문이 필요합니다.

'$x=p$'라는 말은 x의 값이 p라는 말일 뿐, 여기에는 y의 값에 대한 아무런 언급이나 규정이 없다. 이것을 점 $(p, 0)$으로 보려면 $y=0$이라는 조건이 있어야 하는 것 아닐까?', 'y에 대한 제한이 없다면 y의 값은 가질 수 있는 모든 값이 아닐까?'

둘 다 맞는 말입니다. $y=0$이라는 조건이 없기 때문에 $x=p$를 점 $(p, 0)$으로 보지 않으며, y에 대한 제한이 없기 때문에 y의 값이 모든 수가 될 수 있어 직선으로 나타나는 것입니다. $x=p$는 일차방정식 $ax+by+c=0$에서 $a\neq0$이고, $b=0$인 특수한 경우의 방정식입니다. 이때 변수 y가 어떤 값을 취하든 0이 곱해지게 되므로 $0\times y$의 값은 항상 0이 됩니다. 그래서 결국 y의 값에 관계없이 x의 값은 항상 p가 되고요.

다시 정리하면, 일차방정식 $x=p$의 그래프는 점 $(p, 0)$을 지나고 y축에 평행한 직선입니다.

이번에는 반대로 $(0, 2)$, $(4, 2)$를 지나는 x축에 평행한 직선의 방정식을 구해 보겠습니다. 일차방정식 $ax+by+c=0$에 두 점을 대입해 보지요.

$$2b+c=0, \quad 4a+2b+c=0$$

두 식을 연립하면 $a=0$, $c=-2b$를 얻을 수 있습니다. 이것을 일차방정식에 대입하면 $by-2b=0$이고, $b\neq0$이므로 $y=2$가 됩니다. $y=2$는 y축 위의 점 $(0, 2)$를 지나고 x축에 평행한 직선의 방정식입니다.

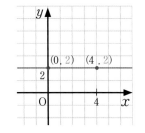

직선의 방정식은 고1에서 더욱 자세히 배우게 됩니다.

개념의 연결

초5		중2		중2		고교 공통수학2
규칙과 대응	⟩⟩	일차함수의 그래프	⟩⟩	축에 평행한 직선의 방정식	⟩⟩	도형의 방정식

Q. 좌표평면에서 $x = 2$의 그래프는 [그림 1]과 같이 점으로 그리면 되나요, 아니면 [그림 2]와 같이 직선으로 그려야 하나요?

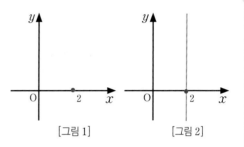

[그림 1]　　　　[그림 2]

A. $x = 2$의 그래프를 [그림 1]과 같이 점으로 그리는 학생이 많은데, 실제로는 [그림 2]와 같이 직선으로 그려야 합니다.

$x = 2$를 x의 값이 2이고, y의 값이 0인 것으로 생각하여 점 $(2, 0)$으로 나타낸다고 착각할 수 있습니다.

또한 $x = 2$가 단순히 x에 관한 방정식이라면 그냥 x의 값이 2라는 뜻이 되겠지만, x축과 y축으로 이루어진 좌표평면에서 $x = 2$라고 하면 모든 y의 값에 대하여 x의 값이 항상 2라는 뜻으로 생각해야 합니다. 예를 들어 $(2, 0), (2, 1), (2, 2), (2, 3), \cdots$은 모두 $x = 2$인 점입니다. 그러므로 $x = 2$의 그래프는 한 점이 아니고 [그림 2]와 같이 y축에 평행한 직선이 됩니다.

Q. 일차함수 $y = ax + b$에서 기울기가 0인 직선이 나올 수 있나요?

A. 예리한 질문입니다.

일차함수는 $y = ax + b$와 같이 y가 x에 대한 일차식으로 표현되는 함수입니다. 이 일차함수의 기울기는 a인데, 기울기가 0이라면 $a = 0$인 경우를 뜻합니다.

그런데 만약 $y = ax + b$에서 $a = 0$이면 $y = b$가 되어 일차항 x가 사라집니다. 이렇게 되면 y가 x에 대한 일차식으로 표현되지 않기 때문에 이를 일차함수라고 할 수 없습니다. 그래서 일차함수의 식을 보면 $y = ax + b$에 $a \neq 0$이라는 단서가 붙어 있습니다.

따라서 일차함수에는 기울기가 0인 직선이 없습니다. 기울기가 0인 직선은 '$y = b$'의 꼴로 표현되는 일차방정식으로 생각하면 됩니다.

두 일차함수 그래프의 교점을 구하는데, 왜 연립방정식을 푸나요?

아! 그렇구나

수학을 공부하는 과정에서 연결성은 중요한 항목 중 하나입니다. 연립방정식을 가감법이나 대입법 등으로 풀 수도 있지만, 두 일차방정식 각각이 직선의 방정식임에 착안하여 두 직선이 공통으로 지나는 점, 즉 교점의 좌표를 구하는 방법으로 연립방정식의 해를 구할 수도 있습니다. 이는 연립방정식을 푸는 새로운 방법으로 볼 수도 있고, 두 직선의 위치 관계로 볼 수도 있습니다.

30초 정리

연립방정식의 해와 일차함수의 그래프

연립방정식 $\begin{cases} ax + by + c = 0 \\ a'x + b'y + c' = 0 \end{cases}$ $(a \neq 0, a' \neq 0, b \neq 0, b' \neq 0)$의 해는

두 일차함수 $y = -\dfrac{a}{b}x - \dfrac{c}{b}$, $y = -\dfrac{a'}{b'}x - \dfrac{c'}{b'}$의 그래프의 교점의 좌표와 같다.

연립일차방정식 $\begin{cases} ax + by + c = 0 \\ a'x + b'y + c' = 0 \end{cases}$ $(a \neq 0, a' \neq 0, b \neq 0, b' \neq 0)$의 해의 도형적인 의미는 무엇일까요? 두 일차방정식 각각은 직선을 나타냅니다. 연립방정식의 해는 두 일차방정식을 동시에 만족하는 x, y의 값을 말하지요. 도형적으로 말하면 두 일차방정식을 동시에 만족하는 x, y의 값은 두 직선이 동시에 지나는 점의 좌표를 뜻합니다.

여기서 중1에서 배운 두 직선의 위치 관계를 떠올려 보세요. 다음과 같은 공간에서 두 직선의 위치 관계가 떠올라야 합니다. 갑자기 왜 도형과 연결하느냐고요? 일차방정식이 좌표평면 위의 직선으로 나타나기 때문이지요.

공간에서 두 직선의 위치 관계			
한 점에서 만난다	평행하다	일치한다	꼬인 위치에 있다
P _____l_____m	P ─── l ─── m	P ─── l = m	P _____l_____m
한 평면 위에 있다			한 평면 위에 있지 않다

4가지 위치 관계 중 지금은 좌표평면 위에서 일어나는 일만 고려하면 되므로 꼬인 위치를 제외하고 3가지 위치 관계가 남습니다. 즉, 일차방정식의 그래프는 직선이고, 두 직선의 위치 관계는 한 점에서 만나거나 평행하거나 일치하는 등의 3가지 경우로 나타납니다. 따라서 연립일차방정식의 해는 한 개이거나 없을 수 있으며, 무수히 많을 수도 있습니다.

연립방정식의 해와 그래프

연립방정식에서 각 일차방정식의 그래프가

1. 한 점에서 만나면, 연립방정식의 해는 하나다.
2. 일치하면, 연립방정식의 해는 무수히 많다.
3. 평행하면, 연립방정식의 해는 없다.

연립방정식 $\begin{cases} 2x + y = 12 \\ x + y = 7 \end{cases}$ 을 가감법으로 풀면, $\begin{cases} x = 5 \\ y = 2 \end{cases}$ 라는 해를 구할 수 있습니다. 그래프

로는 어떻게 해결할 수 있을까요?

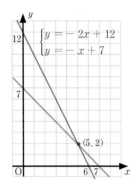

연립방정식 각각의 그래프를 그리려면 우선 일차방정식을 일차함수 $y = ax + b$와 같은 형태로 정리해야겠지요. 왼쪽에 y만 남기고 이항하면 $y = -2x + 12$와 $y = -x + 7$이 됩니다. 이제 각 방정식의 그래프를 그릴 수 있습니다. 두 방정식의 그래프가 만나는 점이 보이나요? 두 그래프가 만나는 점의 좌표는 $(5, 2)$입니다. 교점 $(5, 2)$는 두 직선이 동시에 지나는 점입니다. 이것은 직전에 가감법으로 풀어서 구한 해와 일치합니다. 이게 바로 연립방정식 $\begin{cases} 2x + y = 12 \\ x + y = 7 \end{cases}$ 의 해이기도 합니다. 두 그래프가 만나는 점

의 좌표 $(5, 2)$가 연립방정식을 가감법으로 푼 결과와 같다는 사실이 신기하지요. 두 일차방정식으로 이루어진 연립방정식의 해는 각 방정식의 그래프로 나타나는 두 직선의 교점의 좌표와 같습니다.

그렇다면 연립방정식의 해가 없는 경우는 어떨까요? 예를 들면, 연립방정식 $\begin{cases} x + y = 1 \\ 2x + 2y = -4 \end{cases}$ 의 두 번째 방정식의 양변을 2로 나누면

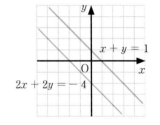

$x + y = -2$가 나오는데, 첫 번째 식에서 이 식을 변끼리 빼면 $0 = 3$이라는 모순된 식이 나옵니다. 해가 없다는 것이지요. 이 경우는 두 직선이 평행하기 때문에 만나지 않는 것을 뜻합니다.

또한, 연립방정식 $\begin{cases} x + y = 1 \\ 3x + 3y = 3 \end{cases}$ 에서 두 번째 식의 양변을 3으로 나누면 $x + y = 1$이 되어 두 식이 같아집니다. 연립방정식의 해는 직선 $x + y = 1$ 위의 모든 점이므로 해가 무수히 많겠지요. 이는 두 직선이 일치하기 때문입니다.

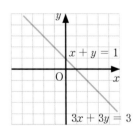

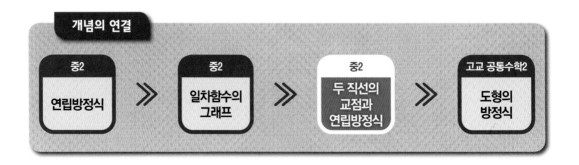

연립방정식을 풀 때 두 식이 같아지면 식이 하나뿐이니까 연립방정식을 풀 수 없다고 해야 하나요?

A. 예를 들어 $\begin{cases} 2x + y = 5 \\ 4x + 2y = 10 \end{cases}$ 과 같은 연립방정식에서 두 번째 식의 양변을 2로 나누면 첫 번째 식과 같아져 당황하게 됩니다. 이때 가감법을 이용하여 양변을 변끼리 빼면 왼쪽이나 오른쪽이 모두 0이 되거든요. 이를 직선의 그래프로 생각하면 좀 더 명확히 이해할 수 있습니다.

$2x + y = 5$라는 직선을 좌표평면에 그리고, 또 $4x + 2y = 10$이라는 직선을 좌표평면에 그리면 일치하는 두 직선이 그려집니다. 연립방정식을 푸는 것은 두 방정식을 동시에 만족하는 해를 구하는 것이고, 그래프로 생각하면 두 직선이 동시에 만나는 점을 구하는 것인데, 그래프를 그려 보니 만나는 점이 직선 위의 모든 점이 되어 해가 무수히 많게 됩니다.

그러므로 두 방정식이 같은 경우는 연립방정식을 풀 수 없는 것이 아니라 해가 무수히 많은 경우가 되며 그 해는 직선 위의 모든 점이 됩니다.

 연립방정식 $\begin{cases} x + y = 3 \\ ax - y = 0 \end{cases}$ 을 만족하는 x, y의 값이 모두 양수가 될 a의 조건은 무엇인가요?

A. 일차함수의 그래프를 이용하여 풀어 보겠습니다.

첫 번째 방정식은 $y = -x + 3$이라는 일차함수이므로 그 그래프는 그림의 ①과 같습니다. 두 번째 방정식은 $y = ax$라는 일차함수이므로 그 그래프는 원점을 지나고 기울기가 a인 직선입니다.

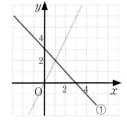

연립방정식을 만족하는 x, y의 값이 모두 양수이려면 이 두 직선은 제1사분면에서 만나야 합니다.

그러므로 $a > 0$이면 됩니다.

여러분은 연립방정식을 이용하여 풀어 보세요. 해가 $x = \dfrac{3}{1 + a}$, $y = \dfrac{3a}{1 + a}$ 로 나오는군요. 이제 두 값이 모두 양수이려면 $a > 0$이 되어야겠죠?

이등변삼각형에서 밑에 있는 두 밑각의 크기는 같은 거 아닌가요?

아! 그렇구나

교과서는 물론이고 수업에서 칠판에 그려지는 이등변삼각형은 항상 바르게 서 있는 모양입니다. 그래서 이등변삼각형이라고 하면 무조건 아래쪽에 있는 두 각의 크기가 같다고 생각하게 됩니다. 이등변삼각형을 옆으로 눕히면 두 밑각이 아래에 놓이는 게 아니라 위로 올라가기도 한다는 사실을 인식하지 못하는 것입니다.

30초 정리

이등변삼각형의 성질

1. 이등변삼각형의 두 밑각의 크기는 서로 같다.
2. 두 내각의 크기가 같은 삼각형은 이등변삼각형이다.
3. 이등변삼각형의 꼭지각의 이등분선은 밑변을 수직이등분한다.

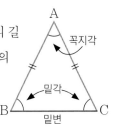

두 변의 길이가 같은 삼각형을 이등변삼각형이라고 합니다. 정삼각형은 세 변의 길이가 같기 때문에 당연히 이등변삼각형에 포함됩니다. 여기까지가 이등변삼각형의 뜻입니다. 어떤 도형의 뜻이 정해지면 이후에 나오는 여러 가지 내용은 그 도형의 성질이며, 이 성질은 항상 도형의 뜻이나 다른 성질로부터 유도됩니다.

이등변삼각형의 성질 중 하나는 두 밑각의 크기가 같다는 것이고, 초등학교에서는 이러한 내용을 직관적으로 배웠습니다. 중학교에서는 이 성질을 보다 다양하게 확인하는 과정을 거칩니다. 색종이 등을 잘라 확인하는 것은 가장 손쉬운 방법 중 하나입니다.

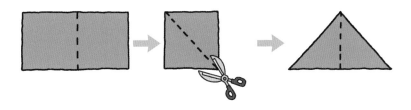

이제 삼각형의 합동을 이용하여 보다 논리적으로 설명해 보지요.

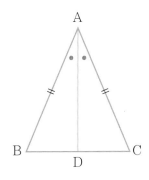

$\angle B = \angle C$임을 보이려면 두 각을 각각 포함한 두 삼각형을 잡아야 하는데, 삼각형이 이등변삼각형 ABC 하나뿐이므로 꼭지각 A의 이등분선으로 삼각형을 쪼개면 $\triangle ABD$와 $\triangle ACD$가 생깁니다. 이제 합동 조건에 맞는 3가지 요소를 찾아내면, $\overline{AB} = \overline{AC}$, $\overline{AD} = \overline{AD}$(공통), $\angle BAD = \angle CAD$가 SAS 합동 조건을 충족합니다. 따라서 $\triangle ABD \equiv \triangle ACD$이고, $\angle B = \angle C$임이 확인되었습니다.

이등변삼각형의 두 밑각의 크기가 같다는 성질은 종이를 오려 보는 활동으로 확인할 수 있으며, 삼각형의 합동 조건을 이용하면 보다 논리적으로 설명할 수 있습니다.

이등변삼각형을 나누는 방법

① 꼭지각의 이등분선 긋기
② 밑변의 중점과 꼭짓점을 잇는 중선 긋기
③ 꼭짓점에서 대변에 수선 긋기

이 중 어느 방법을 사용하더라도 두 삼각형이 합동임을 보일 수 있다.

이등변삼각형이라는 이름에는 두 변의 길이가 같은 삼각형이라는 뜻이 들어 있습니다. 두 각의 크기가 같은 것이 확인되면, 이 삼각형도 이등변삼각형일까요? 이때도 삼각형의 합동 조건을 이용하면 설명이 명확해집니다.

$\overline{AB} = \overline{AC}$임을 보이려면 각 변을 포함한 삼각형 2개를 잡아야 하므로 이번에도 꼭지각 A의 이등분선을 그어 △ABD와 △ACD를 만듭니다. 이제 합동 조건에 맞는 3가지 요소를 찾아내면, ∠B = ∠C, $\overline{AD} = \overline{AD}$ (공통), ∠BAD = ∠CAD입니다. 언뜻 보면 ASA 합동 조건을 만족한 것으로 생각할 수 있지만 두 각이 변의 양 끝각이 아니군요. 그런데 삼각형의 세 내각의 크기의 합은 180°이므로 두 각의 크기가 같으면 나머지 한 각의 크기도 같습니다. 따라서 ∠ADB = ∠ADC가 되어 결국 ASA 합동 조건을 만족합니다. $\overline{AB} = \overline{AC}$임을 확인할 수 있지요.

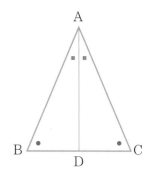

즉, 삼각형의 두 각의 크기가 같다는 조건은 그 삼각형이 이등변삼각형이 되기 위한 조건으로 인정할 수 있습니다.

이때 ∠ADB = ∠ADC와 ∠ADB + ∠ADC = 180°라는 조건에서 ∠ADB = 90°이므로 $\overline{AD} \perp \overline{BC}$, 즉 이등변삼각형의 꼭지각의 이등분선 $\overline{AD}$는 밑변 $\overline{BC}$를 수직이등분한다는 성질을 발견할 수 있습니다.

즉, 이등변삼각형의 꼭지각의 이등분선은 밑변을 수직이등분합니다.

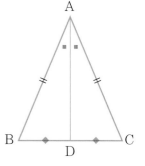

개념의 연결

| 초4 | 중1 | 중2 | 중2 | 중2 |
| 이등변삼각형 | 삼각형의 합동 조건 | 이등변삼각형의 성질 | 직각삼각형의 합동 조건 | 삼각형의 외심과 내심 |

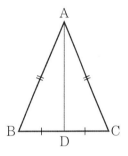

무엇이든 물어보세요

밑변의 중점과 꼭짓점을 잇는 중선을 긋는 방법을 이용하여 이등변삼각형의 두 밑각의 크기가 같음을 설명해 주세요.

A. 이등변삼각형 ABC의 밑변 BC의 중점 D와 꼭짓점 A를 잇는 중선을 그으면 △ABD와 △ACD가 생깁니다. 이제 합동 조건에 맞는 3가지 요소를 찾아내면, $\overline{AB} = \overline{AC}$, $\overline{AD} = \overline{AD}$(공통), $\overline{BD} = \overline{CD}$이고, 이는 SSS 합동 조건을 충족합니다.

따라서 ∠ABD = ∠ACD이고, ∠B = ∠C임이 확인되었습니다.

수직이등분선의 성질, 즉 선분의 수직이등분선 위의 한 점에서 선분의 양 끝점에 이르는 거리가 같다는 것을 어떻게 설명할 수 있나요?

A. 선분의 수직이등분선의 성질은 다양한 장면에서 사용됩니다. 그러므로 정확하게 이해하여 그 성질을 설명할 수 있어야 하겠습니다.

선분 AB의 중점 M을 지나고 선분 AB에 수직인 직선 l이 선분 AB의 수직이등분선입니다. 그리고 점 P는 직선 l 위의 임의의 한 점이지요. 우리가 확인해야 할 성질은 $\overline{PA} = \overline{PB}$입니다.

이를 위해서는 두 변을 각각 포함하는 두 삼각형을 잡아야 합니다. 바로 △PAM과 △PBM입니다. 이제 삼각형의 합동 조건을 만족하는 3가지 요소를 찾아보세요.

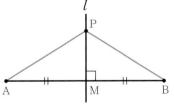

$$\overline{AM} = \overline{BM}, \angle AMP = \angle BMP = 90°,$$
$$\overline{PM} = \overline{PM} \text{(공통)}$$

이므로 △PAM ≡ △PBM(SAS 합동)임을 알 수 있습니다. 곧, $\overline{PA} = \overline{PB}$라고 할 수 있지요.

즉, 선분의 수직이등분선 위의 한 점에서 그 선분의 양 끝점에 이르는 거리는 서로 같습니다.

SAS 합동은 두 변과 그 끼인각이 같아야 하는 거 아닌가요?

빗변의 길이하고
다른 한 변의 길이가
같은 직각삼각형은 서로
합동이래. 이해가 돼?

왜,
넌 이해가
안 돼?

당연하지.
두 변과 끼인각이
아니잖아.
합동 조건 몰라?

아! 그렇구나

1학년에서 삼각형의 합동 조건을 배울 때 지겹도록 SAS의 의미를 들어 온 만큼 아무리 직각삼각형이라 해도 각 하나가 두 변 사이에 끼인 각이 아닌 것을 이상하게 생각할 수밖에 없습니다. 특히 이 부분에 대해서는 교과서의 설명도 다른 부분과 달리 명쾌하지 못한 탓에 혼란을 느낄 수 있습니다.

30초 정리

직각삼각형의 합동 조건
두 직각삼각형은 다음의 각 경우에 서로 합동이다.
1. 빗변의 길이와 한 예각의 크기가 각각 서로 같을 때(RHA 합동)
2. 빗변의 길이와 다른 한 변의 길이가 각각 서로 같을 때(RHS 합동)

삼각형의 합동 조건에는 3가지 경우가 있습니다. 여기에 직각삼각형의 합동 조건이 또 2가지 있다고 하니 삼각형의 합동 조건은 모두 5가지라고 생각하게 됩니다. 그런데 직각삼각형의 합동 조건은 보통 삼각형의 합동 조건과 다른 것이 아닙니다. 직각삼각형의 경우도 보통 삼각형의 합동 조건에 맞아야 합동이라고 할 수 있습니다.

직각삼각형의 합동 조건은 2가지 경우입니다.

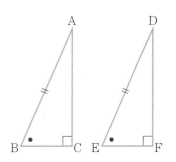

그림과 같이 빗변의 길이가 같은 두 직각삼각형 ABC, DEF에서 한 예각의 크기가 서로 같을 때 두 삼각형은 서로 합동일까요? 한 변의 길이가 같고 두 각의 크기가 같으니 ASA 합동인가요? 마음에 걸리는 게 있습니다. 두 각이 빗변의 양 끝각이 아니기 때문입니다.

그러나 직각삼각형이기 때문에 한 예각의 크기가 정해지면 다른 예각의 크기도 정해지지요. 따라서 두 직각삼각형의 한 예각의 크기가 서로 같으면 다른 예각의 크기도 서로 같게 됩니다.

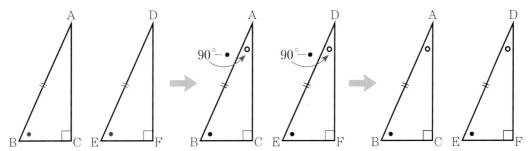

다시 설명하면, $\angle B = \angle E$라는 조건에서 $\angle A = 90° - \angle B = 90° - \angle E = \angle D$, 즉 $\angle A = \angle D$임을 유도할 수 있습니다. 결국 두 삼각형은 한 변(빗변)의 길이가 서로 같고, 그 양 끝각의 크기가 각각 서로 같으므로 $\triangle ABC \equiv \triangle DEF$(ASA 합동)임을 알 수 있습니다.

빗변의 길이가 같은 두 직각삼각형에서 한 예각의 크기가 같으면 삼각형의 합동 조건 중 하나인 ASA 합동이 되는 것을 교과서 등에서는 RHA 합동이라고 부릅니다. 이때 R은 right(직각), H는 hypotenuse(빗변), A는 angle(각)의 첫 글자입니다.

직각삼각형의 합동 조건에는 하나가 더 있습니다. 빗변의 길이가 같은 두 직각삼각형에서 다른 한 변의 길이가 각각 서로 같으면 이 두 직각삼각형은 서로 합동입니다. 이 부분은 이해하기가 다소 어렵기 때문에 '심화와 확장'에서 설명하지요.

빗변의 길이가 같은 두 직각삼각형에서 다른 한 변의 길이가 각각 서로 같으면 이 두 직각삼각형은 서로 합동입니다. 이것을 RHS 합동이라고 합니다. S는 side(변)의 첫 글자입니다.

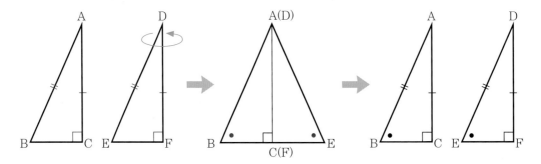

그림과 같이 △DEF를 뒤집어 길이가 같은 두 변 AC와 DF가 서로 겹치도록 놓으면, ∠ACB + ∠ACE = 180°이므로 세 점 B, C, E는 한 직선 위에 있게 되고, 도형 ABCE는 삼각형 ABE가 됩니다. 이때 △ABE는 $\overline{AB} = \overline{AE}$인 이등변삼각형이므로 두 밑각의 크기가 같습니다. 즉, ∠B = ∠E입니다. 다시 두 직각삼각형을 떼어 놓으면 빗변의 길이와 한 예각의 크기가 각각 서로 같으므로 △ABC ≡ △DEF(RHA 합동)임을 알 수 있습니다.

약간 어렵지요? 중요한 것은 RHS 합동은 이전 지식과 많이 연결된다는 사실입니다.

우선 이등변삼각형의 성질이 필요하지요. 이등변삼각형의 첫 번째 성질인 두 밑각의 크기가 같다는 것을 이용했습니다. 두 번째로는 RHA 합동을 이용하였습니다. RHA 합동은 삼각형의 ASA 합동 조건이라는 것을 앞선 설명을 통해 기억하고 있을 것입니다.

Q. 직각삼각형에서 RHS 합동의 경우, 길이가 같은 두 변에 꼭 빗변이 포함되어야만 하나요?

A. 고민을 많이 했군요.

직각삼각형은 이미 직각이라는 조건 때문에 한 각의 크기가 같습니다.

보통 삼각형에서 SAS 합동 조건을 생각하면, 한 각인 직각이 두 변 사이에 끼인 각이면 됩니다. 그러므로 빗변이 아닌 직각을 끼고 있는 두 변의 길이가 각각 같다면 이것은 RHS 합동은 아니지만 SAS 합동 조건에 해당하기 때문에 두 직각삼각형은 합동이 됩니다.

어떤 삼각형이든 두 변과 그 끼인각의 크기가 각각 같으면 서로 합동입니다.

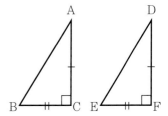

Q. 각의 이등분선의 성질, 즉 각의 이등분선 위의 한 점에서 그 각의 두 변에 이르는 거리가 같음을 설명하는 과정에 직각삼각형의 합동 조건이 이용된다고 하던데, 자세히 설명해 주세요.

A. 그림과 같이 각의 이등분선 위의 임의의 점 P에서 두 변 $\overrightarrow{OQ}$, $\overrightarrow{OR}$ 에 내린 수선의 발을 각각 A, B라고 하면, 설명해야 하는 것은 $\overline{PA} = \overline{PB}$ 입니다.

그러므로 두 변을 각각 포함하고 있는 두 삼각형 OAP, OBP를 잡아 이들이 합동임을 보이면 충분합니다. 그런데 두 삼각형이 모두 직각삼각형이므로 직각삼각형의 합동 조건을 이용할 수 있습니다. $\overline{OP} = \overline{OP}$ (공통)이므로 빗변의 길이가 같네요. 이제 남은 것은 한 예각의 크기나 다른 한 변의 길이가 같다는 것입니다. 각의 이등분선이라는 조건에 의해 $\angle AOP = \angle BOP$, 즉 한 예각의 크기가 같으므로 직각삼각형의 합동 조건 중 RHA에 해당합니다.

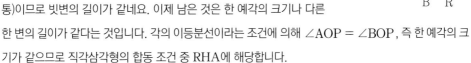

따라서 $\triangle OAP \equiv \triangle OBP$ 이고, $\overline{PA} = \overline{PB}$ 입니다.

이로써 각의 이등분선의 성질, 즉 각의 이등분선 위의 한 점에서 그 각의 두 변에 이르는 거리는 같음을 알 수 있습니다.

삼각형의 내심은 삼각형 안에 있는 중심이고, 외심은 삼각형 밖에 있는 중심 아닌가요?

아! 그렇구나

내심(內心)과 외심(外心)은 한자어 뜻을 생각하면 각각 삼각형의 안과 밖에 있는 중심이라는 뜻으로 해석됩니다. 내심은 언제나 삼각형 안에 있지만, 외심은 가장 흔히 보는 예각삼각형에서는 안에 있기 때문에 이상한 것이 당연하지요. 하지만 외심의 의미가 외접원의 중심이란 것으로 접근하면 삼각형 안에 외심이 존재하는 것에 대해 이해할 수 있을 것입니다.

30초 정리

삼각형의 외심(외접원의 중심)
삼각형의 세 변의 수직이등분선은 한 점(외심)에서 만나고,
이 점에서 삼각형의 세 꼭짓점에 이르는 거리는 모두 같다.

삼각형의 내심(내접원의 중심)
삼각형의 세 내각의 이등분선은 한 점(내심)에서 만나고,
이 점에서 삼각형의 세 변에 이르는 거리는 모두 같다.

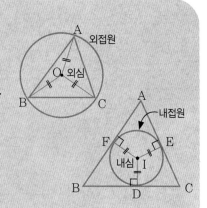

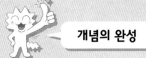

삼각형의 세 변의 수직이등분선은 신기하게도 그 모양에 관계없이 항상 한 점에서 만나고, 그 점에서 세 꼭짓점에 이르는 거리가 모두 같다는 성질을 지닙니다. 그 거리를 반지름으로 하는 원을 그리면 이 원은 세 꼭짓점을 동시에 지납니다. 이 원을 삼각형의 외접원이라 하고, 그 중심을 외심이라고 합니다. 정말 신기한 성질이지요.

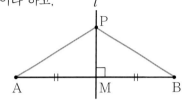

이 사실을 설명하려면 수직이등분선의 성질이 필요합니다. 선분의 수직이등분선 위의 한 점에서 그 선분의 양 끝점에 이르는 거리는 서로 같다는 점을 이용하는 것입니다.

[그림 1]의 △ABC에서 변 AB, BC의 수직이등분선의 교점을 O라 하면, 점 O는 선분 AB의 수직이등분선 위의 한 점이므로 점 O에서 선분의 양 끝점 A, B에 이르는 거리는 같습니다. 즉, $\overline{OA} = \overline{OB}$입니다. 마찬가지로 점 O는 선분 BC의 수직이등분선 위에도 있으므로 $\overline{OB} = \overline{OC}$입니다. 정리하면, $\overline{OA} = \overline{OB} = \overline{OC}$가 성립합니다. 즉, △ABC의 두 변 AB, BC의 수직이등분선의 교점 O에서 세 꼭짓점 A, B, C에 이르는 거리는 모두 같습니다.

그러므로 [그림 2]와 같이 점 O를 중심으로 하고 세 꼭짓점을 지나는 원(외접원)을 그릴 수 있으며, 점 O를 삼각형 ABC의 외심이라고 합니다.

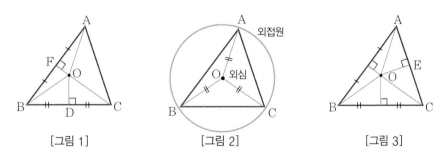

[그림 1]   [그림 2]   [그림 3]

[그림 3]은 [그림 1]의 두 선분의 수직이등분선의 교점을 마지막 선분의 수직이등분선도 지남을 설명하는 것입니다. 이등변삼각형 OAC의 꼭짓점 O에서 밑변 AC에 내린 수선의 발을 E라 하면 두 직각삼각형 OAE, OCE는 RHS 합동입니다. 선분 OE가 공통으로 같기 때문이지요. 그럼 두 선분 AE, CE의 길이가 서로 같으므로 직선 OE는 선분 AC의 수직이등분선이 됩니다. 이로써 삼각형의 세 변의 수직이등분선은 한 점에서 만남을 알 수 있습니다.

내심은 무엇인가요? 삼각형의 내접원의 중심이겠죠. [그림 1]과 같이 내접원은 삼각형의 내부의 세 변에 동시에 접하는 원을 말합니다. 그러므로 내심에서 삼각형의 세 변에 이르는 거리가 같아야 합니다. 이것도 아주 신기한 성질이지요.

이 사실을 설명하려면 각의 이등분선의 성질이 필요합니다. 각의 이등분선 위의 한 점에서 그 각의 두 변에 이르는 거리는 서로 같습니다. 이것을 이용합니다.

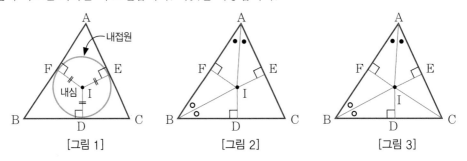

[그림 1]　　　　　　[그림 2]　　　　　　[그림 3]

[그림 2]의 △ABC에서 ∠A, ∠B의 이등분선의 교점을 I라 하면, 점 I는 ∠A의 이등분선 위의 점이므로 점 I에서 두 변에 이르는 거리는 같습니다. 즉 $\overline{IF} = \overline{IE}$ 입니다. 마찬가지로 점 I는 ∠B의 이등분선 위의 점이므로 $\overline{IF} = \overline{ID}$ 이고, 따라서 $\overline{ID} = \overline{IE} = \overline{IF}$가 성립합니다. 즉, △ABC의 두 내각 A, B의 이등분선의 교점 I에서 세 변에 이르는 거리는 모두 같습니다.

[그림 3]은 [그림 2]의 두 내각의 이등분선의 교점을 마지막 내각의 이등분선도 지남을 설명하는 것입니다. 내심 I와 꼭짓점 C를 이으면 두 직각삼각형 IDC, IEC는 RHS 합동입니다. $\overline{ID} = \overline{IE}$ 이기 때문이지요. 따라서 선분 IC는 ∠C의 이등분선입니다. 이로써 삼각형의 세 내각의 이등분선은 한 점에서 만남을 알 수 있습니다. 또 $\overline{ID} = \overline{IE} = \overline{IF}$ 이므로 이들을 반지름으로 하는 내접원을 그릴 수 있습니다.

무엇이든 물어보세요

Q. 삼각형의 외심(外心)은 삼각형 밖에 있는 거 아닌가요?

A. 삼각형의 외심은 외접원의 중심입니다. 그러므로 삼각형의 외심이라고 해서 꼭 삼각형의 밖에 있어야 하는 것은 아닙니다. 실제로 외심의 위치를 찾아보면 예각삼각형의 외심은 삼각형의 내부에, 둔각삼각형의 외심은 삼각형의 외부에 위치합니다. 또한, 직각삼각형의 외심은 빗변의 중점에 위치하는데, 빗변은 외접원의 지름이지요. 이러한 성질은 중학교 3학년에서 학습하게 되는 '원의 성질'과 연결된답니다.

예각삼각형　　　둔각삼각형　　　직각삼각형

Q. 내접원의 반지름의 길이를 이용하여 삼각형의 넓이를 구하는 방법이 있다던데요?

A. 그렇습니다. 그런데 이때는 삼각형의 세 변의 길이도 알아야 합니다.

[그림 1]과 같이 세 변의 길이가 a, b, c이고, 내접원의 반지름의 길이가 r인 △ABC가 있습니다. 이것을 [그림 2]와 같이 내심과 각 꼭짓점을 연결하여 3개의 삼각형으로 나누면 각각의 넓이를 구할 수 있습니다.

초록색 삼각형의 넓이는 $\frac{1}{2}ar$, 파란색 삼각형의 넓이는 $\frac{1}{2}br$, 빨간색 삼각형의 넓이는 $\frac{1}{2}cr$이므로 △ABC의 넓이는

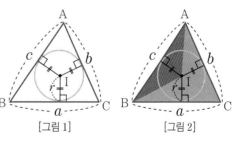

[그림 1]　　　　[그림 2]

$$\frac{1}{2}ar + \frac{1}{2}br + \frac{1}{2}cr = \frac{1}{2}r(a+b+c)$$

입니다.

평행사변형의 성질은 너무 많고 복잡해요. 정리를 좀 해주세요.

아! 그렇구나

평행사변형을 배우는 과정에서 수학을 포기하게 되는 경우가 많습니다. 사각형 중 평행사변형은 유난히 다양한 성질을 지닙니다. 두 쌍의 대변이 서로 평행하다는 뜻에서 출발하여 3~4가지의 동치인 성질을 지니고, 이와 동시에 평행사변형이 되기 위한 조건까지, 정리할 것이 정말 많습니다. 논리적인 설명을 정확히 이해하지 못하면 큰 혼란이 오게 마련입니다.

30초 정리

평행사변형의 성질

1. 두 쌍의 대변의 길이는 각각 같다.
2. 두 쌍의 대각의 크기는 각각 같다.
3. 두 대각선은 서로 다른 것을 이등분한다.

수학에는 개념의 뜻이 있고, 그 뜻으로부터 파생되는 성질, 법칙, 정리, 공식 등이 있습니다. 일차적인 시작은 개념의 뜻이고, 나머지는 이차적인 유도 과정을 거쳐 발생하는 것들입니다. 평행사변형으로 대표되는 사각형의 성질은 복잡하고 어려운 부분입니다. 논리적인 설명이 가장 중요하지요. 평행사변형을 비롯한 여러 가지 사각형을 공부할 때도 그 도형이 가지고 있는 기본 개념인 뜻을 정확히 이해하고, 이 뜻을 이용하여 나머지 성질을 유도할 줄 알아야 합니다.

평행사변형의 뜻은 '두 쌍의 대변이 각각 평행한 사각형'입니다. 나머지는 모두 이 뜻과 삼각형의 합동 조건 등 다른 수학적 사실을 이용하여 유도할 수 있습니다.

평행사변형의 성질은 보통 3가지로 정리합니다.

1. 두 쌍의 대변의 길이는 각각 같다.
2. 두 쌍의 대각의 크기는 각각 같다.
3. 두 대각선은 서로 다른 것을 이등분한다.

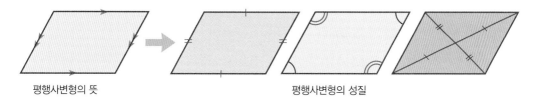

평행사변형의 뜻   평행사변형의 성질

이 3가지는 언제든지 설명할 수 있도록 학습해 두어야 합니다.

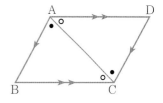

그럼 첫째 성질인 두 쌍의 대변의 길이가 각각 같은지 알아보지요. 비교하는 대변의 길이를 각각 포함하는 삼각형 2개를 만들기 위해 대각선 AC를 그으면 △ABC와 △CDA가 만들어집니다. 합동이 되기 위한 3가지 조건은

$$\angle BAC = \angle DCA\,(\overline{AB} \,/\!/\, \overline{DC}), \quad \overline{AC} = \overline{CA}\,(\text{공통}), \quad \angle ACB = \angle CAD\,(\overline{AD} \,/\!/\, \overline{BC})$$

이므로 △ABC ≡ △CDA (ASA 합동)입니다. 따라서 $\overline{AB} = \overline{DC}$, $\overline{AD} = \overline{BC}$입니다. 즉, 평행사변형에서 두 쌍의 대변의 길이는 각각 같습니다.

나머지 두 성질도 스스로 설명할 수 있도록 학습하기 바랍니다.

앞에서 확인한 평행사변형의 3가지 성질은 거꾸로 생각해도 성립합니다. 즉, 두 쌍의 대변의 길이가 각각 같은 사각형 또는 두 쌍의 대각의 크기가 각각 같은 사각형, 또 두 대각선이 서로 다른 것을 이등분하는 사각형은 모두 평행사변형입니다. 두 쌍의 대변이 서로 평행한 사각형이라는 조건은 평행사변형의 뜻 그 자체입니다. 이를 비롯하여 평행사변형의 성질을 거꾸로 생각하면 평행사변형이 되기 위한 조건이 됩니다. 이 4가지는 그냥 암기만 할 것이 아니라 모두 설명 가능한 수준으로 학습해 두어야 합니다.

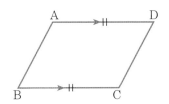

평행사변형이 되기 위한 조건으로 이 4가지 외에 하나를 더 생각할 수 있습니다. 한 쌍의 대변이 서로 평행하고 그 길이가 같은 사각형도 평행사변형이 됩니다. 이 부분을 살펴보겠습니다.

평행사변형이 되려면 나머지 한 쌍의 대변이 평행하다(또는 길이가 같다)는 것을 보여야 합니다. 대변 AB와 CD를 각각 포함하는 두 삼각형을 만들기 위하여 대각선 AC를 긋고, 이때 만들어지는 두 삼각형이 합동($\triangle$ABC $\equiv$ $\triangle$CDA)임을 보이기 위한 3가지 조건을 찾습니다.

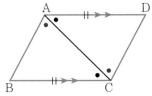

$$\overline{BC} = \overline{DA}, \angle ACB = \angle CAD \text{(엇각)}, \overline{AC} = \overline{CA} \text{(공통)}$$

이제 두 삼각형이 합동(SAS 합동)이므로 $\angle BAC = \angle DCA$이고, 평행선의 엇각의 성질에 의하여 $\overline{AB} \parallel \overline{DC}$, 즉 나머지 한 쌍의 대변도 평행합니다. 따라서 □ABCD는 평행사변형입니다.

개념의 연결

초4		중1		중2		중2		고교 공통수학2
다각형	⟩⟩	삼각형의 합동 조건	⟩⟩	평행사변형	⟩⟩	여러가지 사각형	⟩⟩	도형의 방정식

2학년
도형과
측정

평행사변형 ABCD에서 대각선 AC는 ∠A의 이등분선 아닌가요?

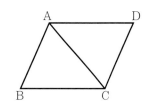

A. 수학에서는 그림에 시각적으로 나타나는 것을 그대로 인정하면 안 됩니다.

기본적으로 문장이나 수식으로 주어진 정보가 아니라면 그림을 보고 단정적으로 생각할 수 없습니다.

지금 주어진 조건에는 평행사변형이라 되어 있으므로 이 사각형은 평행사변형입니다. 그런데 평행사변형의 이웃한 두 변의 길이가 비슷하게 주어진 바람에 대각선이 ∠A의 크기를 이등분하는 것처럼 보입니다.

만약 대각선이 ∠A를 이등분한다면 이 사각형은 평행사변형이 아니고 마름모가 될 것입니다.

따라서 이 평행사변형에서 한 대각선 AC가 ∠A를 이등분한다고 볼 수 없습니다.

평행사변형의 한 대각선 위의 임의의 한 점을 잡아 그 점을 지나고 평행사변형의 변에 평행한 직선을 각각 그어 평행사변형을 4등분할 때, 대각선을 포함하지 않은 나머지 두 부분의 넓이는 서로 어떤 관계인가요?

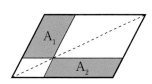

A.

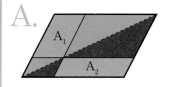

그림에서 A_1과 A_2의 넓이는 같습니다.

평행사변형을 대각선으로 잘라 나오는 두 삼각형의 넓이는 서로 같습니다. 그리고 A_1, A_2를 제외한 두 사각형 역시 평행사변형이고, 이들도 그 대각선에 의해 넓이가 똑같은 삼각형으로 나뉘었습니다. 그림에서 파란 삼각형과 빨간 삼각형의 넓이는 각각 같습니다.

처음 평행사변형의 절반인 두 삼각형의 넓이가 같고, 거기서 A_1, A_2를 제외한 두 작은 삼각형들의 넓이도 같으므로 A_1과 A_2의 넓이는 같습니다.

정사각형이 사다리꼴이라고요?

헉,
너희들 모두가
사다리꼴
이라고?

아! 그렇구나

사각형의 포함 관계는 중2 때 처음 다룹니다. 모양으로 사각형을 구분하고, 사각형의 뜻은 구분하지 않고 포함적으로 다루기 때문에 혼란이 있을 수 있습니다. 정사각형은 두 쌍의 대변이 평행하기 때문에 한 쌍의 대변이 평행하면 되는 사다리꼴에 해당됩니다. 마찬가지로 정사각형은 직사각형도 되고 마름모도 되며, 평행사변형이라고도 할 수 있답니다.

30초 정리

여러 가지 사각형

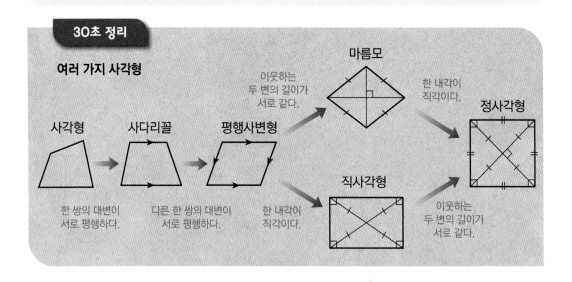

사각형의 포함 관계를 과거에는 초등학교에서도 다루었는데, 최근 중2에서 시작하는 것으로 바뀌었습니다. 초등학생이 사각형의 포함 관계를 이해하는 것이 무리라는 판단에서 내려진 결론이지요. 사실 포함 관계는 중2에게도 쉽지 않은 주제입니다.

사각형의 포함 관계는 사각형 중 특수한 것들 사이의 관계입니다.

보통의 사각형에서 조건이 하나씩 붙어남에 따라 사각형의 모양이 결정되지요.

1. 사각형의 네 변 중 한 쌍의 대변이 서로 평행한 사각형은 사다리꼴입니다.
2. 여기에 나머지 한 쌍의 대변마저 서로 평행하다는 조건이 추가되면 평행사변형이 됩니다.
3. 여기에 이웃하는 두 변의 길이가 서로 같은 평행사변형은 마름모가 되고, 한 내각이 직각인 평행사변형은 직사각형이 됩니다.
4. 그리고 이웃하는 두 변의 길이가 서로 같은 직사각형이나 한 내각이 직각인 마름모는 정사각형이 되지요.

이상을 그림으로 표현하면 다음과 같습니다.

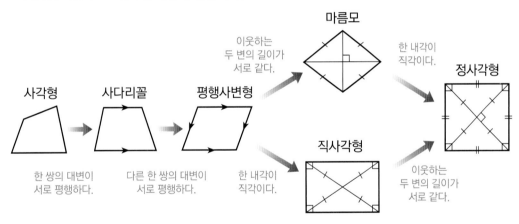

다음과 같이 나타낼 수도 있습니다. 정사각형은 사다리꼴, 평행사변형, 직사각형, 마름모가 될 수 있습니다.

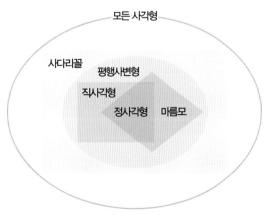

길 가는 사람에게 정사각형을 보여 주며 물었습니다. "이것이 사다리꼴인가요?"

이런 질문을 받은 어른 십중팔구는 아니라고 대답할 것입니다. 그러나 수학 교과서를 보면 정사각형은 사다리꼴에 포함됩니다. 정사각형은 사다리꼴입니다. 정사각형은 직사각형이고, 정사각형은 마름모이며, 정사각형은 평행사변형입니다.

마찬가지로 직사각형이나 마름모, 평행사변형도 사다리꼴이라 할 수 있습니다. 왜냐하면 사다리꼴은 한 쌍의 대변이 평행한 사각형인데, 정사각형이나 직사각형, 마름모, 평행사변형은 한 쌍의 대변이 평행하기 때문입니다.

2학년
도형과
측정

학교를 다니면서 수학 시험을 볼 때는 이런 생각을 하면서 성인이 되어서는 왜 정사각형은 사다리꼴이 아니라고 생각하는 걸까요? 수학을 논리적으로 학습하지 않았다는 것이 가장 타당한 이유일 것입니다.

인간은 동물이라고 할 수 있지만 동물은 인간이라고 할 수 없지요. 마찬가지 논리를 적용한다면, 정사각형은 사다리꼴이라고 할 수 있지만 사다리꼴은 정사각형이라고 할 수 없지요. 이와 같이 작은 범위의 것(인간)이 큰 범위의 것(동물)이 된다고 하면, 그 문장은 참이지만, 반대로 큰 범위의 것이 작은 범위의 것이 된다고 하는 문장은 참이라고 할 수 없습니다.

직사각형은 평행사변형인가요? 맞습니다. 왜냐하면 직사각형은 두 쌍의 대변이 서로 평행하기 때문입니다. 마름모가 평행사변형인 이유도 두 쌍의 대변이 서로 평행하기 때문이지요.

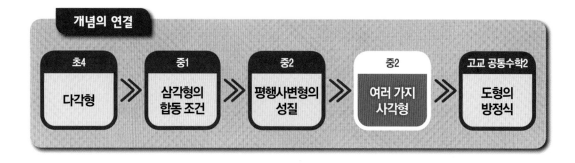

한 내각의 크기가 90°인 평행사변형은 어떤 도형인가요?

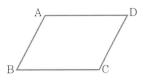

평행사변형 ABCD에서 $\angle A + \angle B + \angle C + \angle D = 360°$이고, 평행사변형의 성질에 의해 $\angle A = \angle C$, $\angle B = \angle D$이므로 $2\angle A + 2\angle B = 360°$, 즉 $\angle A + \angle B = 180°$입니다. 이때 $\angle A = 90°$이므로 $\angle B = 90°$가 됩니다. 따라서 $\angle A = \angle B = \angle C = \angle D = 90°$이고, 결국 평행사변형 ABCD의 한 내각의 크기가 90°이면 직사각형이 됩니다.

 이웃하는 두 변의 길이가 같은 평행사변형은 어떤 도형인가요?

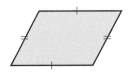

평행사변형에서 이웃하는 두 변의 길이가 항상 같은 것은 아닙니다.

평행사변형의 성질 중 하나는 두 쌍의 대변의 길이가 같다는 것입니다. 그러므로 평행사변형에서 이웃하는 두 변의 길이가 같으면 결국 네 변의 길이가 모두 같아집니다. 마름모라는 것이죠.

따라서 이웃하는 두 변의 길이가 같은 평행사변형은 마름모입니다.

□ 에 들어갈 숫자는 무엇일까? [정답은 199쪽에]

$9-6=3$ $9+6=3$ $8+6=$ □

(﹒4ɯɯ이다.)

243쪽 사고력 문제 정답 : 4ɯɯ(1시간이 움직인 시에서 2칸이 시계로 이동한 것이므로 2ɯɯ+2ɯɯ

기다란 삼각형 넓이가 가장 넓죠?

아! 그렇구나

　삼각형의 넓이는 밑변과 높이의 곱을 2로 나눈 것과 같습니다. 그래서 밑변의 길이가 같은
삼각형의 넓이는 높이에 따라 달라집니다. 그런데 여기서는 두 직선이 평행하므로 네 삼각형
의 높이가 모두 같습니다. 삼각형의 넓이를 따지려면 이와 같이 밑변과 높이만 생각하면 되
는데, 모양만 보고 넓이를 짐작하는 학생들이 있습니다.

30초 정리

평행선과 넓이

그림에서 $l \parallel m$일 때, 직선 l 위의 두 점 A, D에서
직선 m에 내린 수선의 발을 각각 P, Q라고 하면
$\overline{AP} = \overline{DQ}$이므로 $\triangle ABC$와 $\triangle DBC$는 밑변이
공통이고, 높이가 같다. 따라서 그 넓이가 서로 같다.
즉, $\triangle ABC = \triangle DBC$이다.

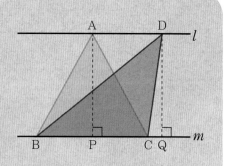

초등학교 5학년에서 평행사변형의 넓이를 배울 때 모눈종이에 주어진 밑변과 높이가 같은 여러 가지 평행사변형을 통해 그 넓이를 비교해 보는 활동을 했습니다.

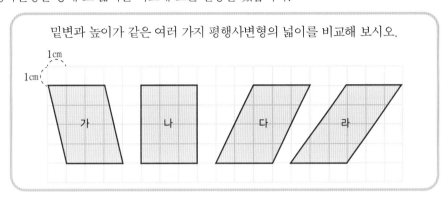

평행사변형의 넓이는 (밑변) × (높이)와 같으니 밑변과 높이가 같은 여러 평행사변형의 넓이는 서로 같을 것이라 추측할 수 있습니다. 그러나 초등학교에서 보여준 모눈종이는 그 구체성 때문에 추론하는 능력을 키우는 데 방해가 될 수 있습니다. 다시 말해, 각 평행사변형의 밑변과 높이의 길이를 구할 수 있다는 것, 즉 밑변과 높이의 길이가 각각 3㎝, 4㎝라는 사실은 이들 각각의 넓이를 계산할 수 있다는 사실을 보여 주며, 그 결과 각 평행사변형의 넓이를 실제 계산하면 모두 $3 \times 4 = 12 (㎠)$인 것을 볼 수 있습니다. 이 계산의 결과로 이들 평행사변형의 넓이가 같다고 판단하는 것을 추론 능력으로 보기에는 어려움이 있습니다. 삼각형의 경우 모눈종이 대신 평행선을 사용하기는 하지만 길이가 제공됨으로써 이를 통해 구체적인 넓이를 구하는 과정은 마찬가지입니다.

그런데 중학교에 오면 평행선만 남기고 구체적인 길이를 제공하지 않습니다. 즉, 두 평행선 l, m의 한 직선 m 위에 밑변을 두고 다른 직선 l 위에 꼭짓점을 가지는 삼각형을 여러 개 그려서 이들 넓이 사이의 관계를 추측하게 합니다.

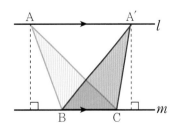

밑변의 길이가 똑같으니 각 삼각형의 높이에 관심이 집중됩니다. 각 삼각형의 높이는 다른 위치에 그려지며, 그 크기가 얼마인지는 주어지지 않습니다. 높이가 같다는 사실을 알아차리게 하기 위해 평행선을 사용했습니다. 평행선 사이의 거리는 항상 일정하다는 성질을 이용하기 위해서입니다.

그림의 두 삼각형 ABC, A′BC는 밑변 BC가 공통이고 높이가 같으므로 넓이가 서로 같습니다. 이런 식으로 밑변이 BC이고 직선 l 위에 꼭짓점이 있는 삼각형은 꼭짓점이 어디에 잡히더라도 그 넓이가 항상 같습니다.

등적변형, 즉 넓이가 같은 변형은 여러 가지 문제를 해결하는 데 사용됩니다. 가장 대표적인 것이 사각형을 삼각형으로 바꾸되 넓이가 똑같도록 바꾸는 것입니다.

오른쪽 그림의 사각형을 넓이가 똑같은 삼각형으로 바꾸어 보겠습니다. 먼저 대각선 AC를 긋고, 꼭짓점 D를 지나 대각선 AC에 평행한 직선을 그립니다. 변 BC를 연장하여 이 평행선과 만나는 점을 E라 합니다.

$\overline{AC} \parallel \overline{DE}$이므로 △ACD와 △ACE는 밑변 AC의 길이가 같고 높이도 같아 넓이가 서로 같습니다. 등적변형이 일어난 것입니다. 따라서

□ABCD = △ABC + △ACD = △ABC + △ACE = △ABE

즉, 기다란 삼각형 ABE의 넓이는 처음 사각형 ABCD의 넓이와 같습니다.

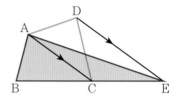

이것을 더 응용하면 오각형을 사각형으로, 사각형을 다시 삼각형으로 등적변형하여 처음 오각형과 넓이가 같은 삼각형을 만들 수 있습니다. 오각형 ABCDE에 한 대각선 AD를 긋고, 꼭짓점 E를 지나 대각선 AD에 평행한 직선을 그립니다. 변 CD를 연장하여 이 평행선과 만나는 점을 F라 합니다. 등적변형의 원리에 따라 두 삼각형 ADE와 ADF의 넓이는 같습니다. 그러면 사각형 ABCF의 넓이는 오각형의 넓이와 같습니다. 이제 똑같은 과정을 통해 사각형을 삼각형으로 바꿉니다. [그림 2]는 사각형의 왼쪽에서 등적변형 작업을 한 모습입니다. 결국 최초의 오각형과 넓이가 같은 삼각형은 △AGF입니다.

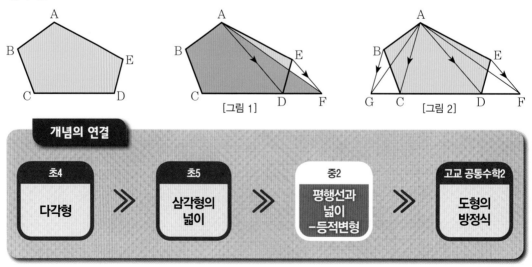

[그림 1] [그림 2]

개념의 연결

초4		초5		중2		고교 공통수학2
다각형	≫	삼각형의 넓이	≫	평행선과 넓이 –등적변형	≫	도형의 방정식

무엇이든 물어보세요

Q. 평행선 사이의 거리는 왜 항상 일정한가요? 이런 내용을 우리가 언제 배웠나요?

A. 평행선 사이의 거리가 일정하다는 내용을 중학교에서 따로 배운 적은 없습니다. 평행선 사이의 거리는 어디를 재도 항상 같다는 것은 초등학교 4학년에서 직관적으로 처음 배웠지만 그 이후에는 잘 사용하지 않았으니 가물가물할 수 있습니다.

중학생은 이러한 내용을 어느 정도 논리적으로 설명할 수 있어야 합니다. 어떤 근거를 찾을 수 있을까요?

평행선의 한 직선에서 다른 직선에 수선을 긋습니다. 이때 이 수선의 길이를 평행선 사이의 거리라고 합니다.

아래 사각형은 네 각이 모두 직각이므로 직사각형입니다. 직사각형은 평행사변형이므로 대변의 길이가 같

습니다. 그래서 평행선 사이의 거리는 항상 일정하다고 설명할 수 있습니다.

Q. 그림과 같이 꺾인 경계선을 사이에 둔 두 땅의 주인이 경계선을 직선으로 다시 내기로 하였다면, 원래 두 땅의 넓이가 변하지 않도록 새 경계선을 정하는 방법은 무엇인가요?

A. 넓이가 변하지 않도록 하는 변형, 등적변형이네요. 평행선을 사용해야겠죠.

먼저 선분 AC를 긋고, 점 B를 지나 선분 AC와 평행한 직선을 그립니다. 이것이 밑변과 만나는 점을 D라

하면, 두 변 AC와 BD가 평행하므로 △ABC와 △ADC의 넓이는 같습니다. △ABC는 본래 오른쪽 땅 주인의 것이었는데 이 대신 넓이가 똑같은 △ADC를 가지게 되므로 두 사람이 소유한 땅의 넓이는 변하지 않았고, 직선으로 된 새 경계선 AD가 만들어졌으니 이제 불편함이 많이 해소될 것입니다.

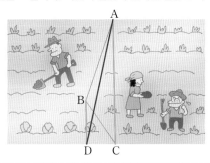

원이나 정다면체는 모두 닮았다면서요!
직육면체도 모두 닮았나요?

야~,
그 모자
저 트리랑
닮았네!

이렇게 다른데
어떻게 닮았냐?
바보~

아나

아! 그렇구나

일상용어에서 닮음은 서로 비슷한 경우를 뜻합니다. 수학에서의 닮음과는 차이가 있지요. 수학적인 닮음은 대응하는 선분의 길이의 비가 일정하고, 대응하는 각의 크기가 같은 것입니다. 이 개념이 없으면 일상에서 느끼는 대로 아무거나 닮았다고 말할 수 있지요.

30초 정리

평면도형에서 닮음의 성질

서로 닮은 두 도형에서

1. 대응하는 선분의 길이의 비는 일정하다.

2. 대응하는 각의 크기는 같다.

입체도형에서 닮음의 성질

서로 닮은 두 입체도형에서

1. 대응하는 선분의 길이의 비는 일정하다.

2. 대응하는 면은 서로 닮은 도형이다.

일상에서는 두 물체 또는 두 사람이 비슷한 경우 서로 닮았다고 합니다. 서로 닮은 부모와 자식을 '붕어빵'이라고 부르는데 사실 붕어빵은 닮은 정도가 아니라 아예 똑같지요. 이렇게 적당히 비슷한 경우도 일상에서는 닮았다고 합니다. 하지만 수학에서는 일상에서보다 훨씬 엄격한 경우에 한해서 닮았다는 말을 사용합니다.

수학적으로는 한 도형과 그것을 일정한 비율로 확대 또는 축소한 도형을 '서로 닮음인 관계에 있다' 또는 '서로 닮은 도형'이라고 합니다.

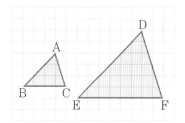

그림에서 △DEF는 △ABC의 모든 변의 길이를 두 배로 확대하여 그린 것입니다. 이때 두 삼각형의 세 내각의 크기는 모두 같습니다. 이럴 경우 △ABC와 △DEF를 서로 닮은 도형이라고 합니다.

닮은 도형은 기호 ∽를 사용하여 △ABC ∽ △DEF와 같이 나타냅니다. 이때 두 도형의 꼭짓점은 서로 대응하는 꼭짓점끼리 차례대로 씁니다.

닮음에서는 닮았다는 성질 외에 확대나 축소한 비율이 중요한 수치가 됩니다. 두 닮은 평면도형에서 서로 대응하는 선분의 길이의 비를 그 두 도형의 닮음비라고 합니다. 예를 들어, 위의 △ABC와 △DEF의 닮음비는 $1 : 2$입니다.

모든 원은 그 모양이 서로 닮았습니다. 그런데 원은 선분이 없습니다. 선분이 없는 경우의 닮음비는 반지름 등을 이용하여 정할 수 있습니다. 두 원의 반지름의 길이가 r, r'이면 두 원의 닮음비는 $r : r'$입니다.

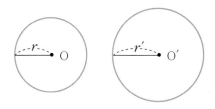

그러면 닮음비가 $1 : 1$인 두 도형은 뭘까요? 똑같은 도형이나 마찬가지이므로 두 도형은 합동입니다. 합동인 도형은 닮은 도형 중 닮음비가 $1 : 1$인 도형입니다.

평면도형에서와 마찬가지로 입체도형에서도 닮음을 생각할 수 있습니다. 한 입체도형을 일정한 비율로 확대 또는 축소하면 모양은 변하지 않고 크기만 변합니다.

그림에서 사면체 A′B′C′D′은 사면체 ABCD의 모든 모서리를 두 배로 확대한 것입니다. 이때 두 사면체 ABCD와 A′B′C′D′은 '서로 닮음인 관계에 있다' 또는 '서로 닮은 도형'이라고 합니다.

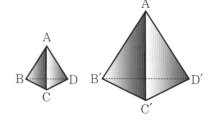

이때, 두 사면체 ABCD와 A′B′C′D′에서 다음이 성립함을 알 수 있습니다.

$$\overline{AB} : \overline{A'B'} = \overline{BC} : \overline{B'C'} = \overline{AC} : \overline{A'C'} = \overline{AD} : \overline{A'D'}$$
$$= \overline{CD} : \overline{C'D'} = \overline{BD} : \overline{B'D'} = 1 : 2$$

또한, 입체도형 내에서 각 면에 해당하는 삼각형은 대응하는 것끼리 서로 닮은 도형입니다.

$$\triangle ABC \backsim \triangle A'B'C', \ \triangle ABD \backsim \triangle A'B'D'$$
$$\triangle ACD \backsim \triangle A'C'D', \ \triangle BCD \backsim \triangle B'C'D'$$

입체도형에서도 마찬가지로 닮음비는 서로 대응하는 선분의 길이의 비를 뜻합니다. 두 사면체 ABCD와 A′B′C′D′의 닮음비는 1 : 2이며, 이 닮음비는 입체도형의 부피나 그 안에 있는 면(삼각형)의 넓이가 아닌 서로 대응하는 선분 사이의 길이의 비입니다.

닮음 기호

기호 ∽는 닮음을 의미하는 라틴어 similis (영어의 similar)의 첫글자 s에서 온 것으로 알려져 있다.

개념의 연결

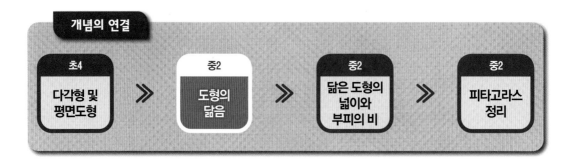

초4	중2	중2	중2
다각형 및 평면도형	도형의 닮음	닮은 도형의 넓이와 부피의 비	피타고라스 정리

무엇이든 물어보세요

Q. 어떤 사각형과 그 사각형의 각 변의 길이를 두 배씩 늘인 사각형은 닮음비가 1 : 2인 닮은 도형인가요?

A.

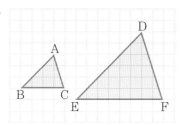

똑같은 경우를 삼각형에서 생각해 보겠습니다.

어떤 삼각형과 그 삼각형의 각 변의 길이를 두 배씩 늘인 삼각형은 서로 닮은 도형이며, 닮음비가 1 : 2입니다.

하지만 사각형의 경우는 서로 대응하는 선분의 길이의 비가 일정하다고 해서 닮은 도형이라고 할 수 없습니다. 다음 그림을 보면 사각형의 각 변의 길이의 비는 1 : 2로 일정하지만 하나는 정사각형이고 하나는 마름모로, 전혀 닮은 도형이 아닙니다.

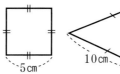 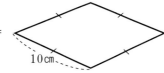

Q. 복사기를 이용할 때 사용하고자 하는 종이에 따라 확대하거나 축소하는 비율이 정해져 있는 것을 본 적이 있습니다. 닮음비와 관련이 있다고 하던데, 그렇다면 A1 용지와 A5 용지의 닮음비는 얼마인가요?

A. 복사 용지로 가장 많이 쓰이는 A4 용지는 넓이가 1㎡인 A0 용지를 4번 자른 것입니다. 한 번 자를 때마다 본래 크기에서 반씩 자르게 되는데, 이를 차례로 A1, A2, A3, A4, …라고 합니다. 이들 A1, A2, A3, A4, … 용지는 서로 닮은 도형이기 때문에 이들 사이에서는 축소나 확대가 효율적으로 이루어집니다. 복사 용지가 서로 닮음이 아니라면 종이 일부가 남거나 모자라는 현상이 벌어져 낭비가 심하게 일어날 것입니다.

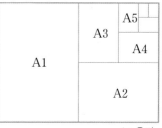

A0 용지

이들 사이의 닮음비를 모두 구하려면 중3에서 배우는 이차방정식이나 무리수를 알아야 하지만 A1, A3, A5 용지 사이의 닮음비는 직관적으로 구할 수 있습니다. A1 용지와 A3 용지의 닮음비는 그림에서 보는 것처럼 2 : 1입니다. A3 용지와 A5 용지의 닮음비도 마찬가지로 2 : 1이므로 A1 용지와 A5 용지의 닮음비는 4 : 1입니다.

AA 닮음은 왜 조건이 2개인가요?

아하~! 닮음 조건! 근데, ③번이 어딘가 좀 허전한데?

어, 어디선가 본 듯한 조건들인데…

삼각형의 닮음 조건
① SSS 닮음
② SAS 닮음
③ AA 닮음

선생님 ③번 잘못 쓰셨어요! 가운데 S가 빠졌어요!

아! 그렇구나

삼각형의 합동 조건과 닮음 조건은 그 내용과 구조가 비슷합니다. 사실상 세 번째 닮음 조건도 같은 구조를 가지고 있지만 닮음에서는 두 각의 크기만 같으면 변의 길이의 비에 대해서는 언급하지 않습니다. 당연하지만 보통 깊이 있게 생각하지 않아, 눈에 보이는 차이를 납득하지 못할 수도 있습니다.

30초 정리

삼각형의 닮음 조건
두 삼각형은 다음의 각 경우에 서로 닮은 도형이다.

대응하는 세 쌍의 변의 길이의 비가 같을 때	대응하는 두 쌍의 변의 길이의 비가 같고, 그 끼인각의 크기가 같을 때	두 쌍의 대응각의 크기가 각각 같을 때
$a : a' = b : b' = c : c'$	$a : a' = c : c'$, $\angle B = \angle B'$	$\angle B = \angle B'$, $\angle C = \angle C'$

닮은 도형 중에서 삼각형만 따로 다루는 것은 삼각형만이 갖는 특수성 때문입니다.

그림의 두 삼각형 ABC와 DEF에서

$$\triangle ABC \backsim \triangle DEF$$

이면 세 쌍의 대응변의 길이의 비가 일정하고, 세 쌍의 대응각의 크기는 각각 같아야 합니다. 즉, 다음이 성립됩니다.

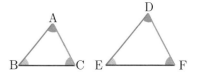

$$\overline{AB} : \overline{DE} = \overline{BC} : \overline{EF} = \overline{CA} : \overline{FD} \qquad \cdots\cdots ①$$

$$\angle A = \angle D, \ \angle B = \angle E, \ \angle C = \angle F \qquad \cdots\cdots ②$$

이처럼 서로 닮은 두 삼각형에 대해서는 대응하는 세 변과 세 각 사이의 6가지 요소를 모두 생각할 수 있습니다. 그런데 삼각형의 합동 조건과 마찬가지로 삼각형의 닮음 조건에서도 ①, ②의 6가지 요소 중 몇 가지만 있으면 됩니다. 신기한 일이지요.

삼각형의 합동 조건과 닮음 조건을 정리하면 다음과 같습니다.

삼각형의 합동 조건	삼각형의 닮음 조건
두 삼각형은 다음의 각 경우에 서로 합동이다.	두 삼각형은 다음의 각 경우에 서로 닮은 도형이다.
1. 세 변의 길이가 각각 같을 때 $a = a', \ b = b', \ c = c'$	1. 대응하는 세 쌍의 변의 길이의 비가 같을 때 $a : a' = b : b' = c : c'$
2. 두 변의 길이가 각각 같고, 그 끼인각의 크기가 같을 때 $a = a', \ c = c', \ \angle B = \angle B'$	2. 대응하는 두 쌍의 변의 길이의 비가 같고, 그 끼인각의 크기가 같을 때 $a : a' = c : c', \ \angle B = \angle B'$
3. 한 변의 길이가 같고, 그 양 끝각의 크기가 각각 같을 때 $a = a', \ \angle B = \angle B', \ \angle C = \angle C'$	3. 두 쌍의 대응각의 크기가 각각 같을 때 $\angle B = \angle B', \ \angle C = \angle C'$

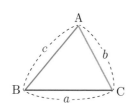
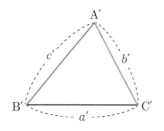

심화와 확장

명량해전을 승리로 이끈 이순신 장군의 전략에 수학의 닮음이 적용된 사실을 들은 적이 있나요? 영화 〈명량〉을 통해 우리는 이순신 장군의 뛰어난 통솔력과 고도의 전술을 볼 수 있었습니다. 단 12척의 배로 330척의 왜선을 무찌른 명량해전의 승리는 흥미진진할 뿐만 아니라 그 배경에 수학적인 원리가 숨어 있다는 사실로 인해 가히 신기할 따름입니다.

이순신 장군의 훌륭함 뒤에는 화포를 쏘는 족족 먼 바다의 왜선을 폭발시킨 명중률의 숨은 공신이 따로 있었습니다. 바로 우리 배와 왜선 사이의 거리를 측량한 도훈도라는 조선시대 수학자(산학자算學者)였습니다.

도훈도가 전선에서 사용한 수학적 원리는 직각삼각형의 닮음이었습니다. 명량해전의 위대한 승리 속에는 닮은 직각삼각형의 길이의 비는 일정하다는 수학적 원리가 숨어 있었던 것입니다.

명량해전

전해지는 이야기로 사실성은 보장할 수는 없지만 프랑스군이 이탈리아를 정복하고 독일을 점령하기 위해 전쟁중이던 어느 날, 강 건너의 독일군을 제압하는 데 실패를 거듭하던 나폴레옹은 삼각형의 닮음을 이용하여 강폭을 쟀다고 합니다. 강폭을 알 수 없는 상황에서는 포탄이 날아갈 수 있는 거리를 계산할 수 없기에 나폴레옹이 몸소 삼각형의 닮음을 이용하여 거리를 계산했다고 하는 것이 전혀 근거 없는 얘기는 아닐 것입니다. "수학의 발전은 국가의 번영을 좌우한다."는 말은 나폴레옹이 남긴 명언이라고 합니다.

개념의 연결

초4 다각형 및 평면도형 ▶ 중2 도형의 닮음 ▶ 중2 삼각형의 닮음 ▶ 중2 평행선 사이의 길이의 비 ▶ 고교 기하 공간도형의 성질

2학년 도형과 측정

Q. 두 도형이 닮음이라면 대응하는 선분의 길이의 비가 일정한 조건과 아울러 대응하는 각의 크기가 서로 같다는 성질을 만족해야 하는데, 삼각형의 닮음 중 SSS 닮음에서는 대응하는 세 쌍의 변의 길이의 비만 일정하면 닮음이라고 합니다. 모순 아닌가요?

A. 앞에 나온 도형의 닮음에서는 분명 대응변의 길이의 비에 대한 조건과 대응각의 크기에 대한 조건을 동시에 만족해야 닮음이라고 했습니다. 그런데 삼각형만이 가지는 특수성 때문에 조건이 간단해졌습니다. SSS 닮음의 경우에는 대응변의 길이의 비가 일정하다는 조건만 만족하면 닮음이 됩니다. 왜 그럴까요? 중1에서 삼각형을 작도한 기억을 되살려야 합니다. 삼각형의 세 변의 길이가 주어지면 누가 그려도 똑같은 삼각형이 그려졌지요. 그래서 삼각형의 합동 조건 중 하나가 SSS 합동이었습니다. SSS 합동 조건에서 세 변의 길이만 주어지면 세 각의 크기가 정해져 항상 똑같은 삼각형을 그릴 수 있었던 것처럼 닮음에서도 세 변의 길이의 비가 일정하면 세 각의 크기가 변하지 않고 정해지기 때문에 대응하는 각의 크기가 저절로 같게 되는 것이 삼각형의 중요한 특징이랍니다.

 Q. 초등학교에서부터 많이 본 칠교판의 7개의 조각을 닮은 도형끼리 분류하고 싶은데 어떻게 하면 될까요?

A. 칠교판은 정사각형을 7개 조각으로 나눈 장난감입니다. 칠교판으로 만들 수 있는 모양은 1,000가지가 넘습니다. 다양한 모양을 만들어 가며 사고력을 키우기에 좋은 도구이지요. 7개의 조각 중에서는 삼각형이 5개인데, 그중 큰 것이 둘(①, ②), 중간이 하나(⑦), 작은 것이 둘(③, ⑤)입니다. 그리고 사각형으로는 정사각형(④)과 평행사변형(⑥)이 각각 하나씩입니다. 이때 사각형은 대응각의 크기가 같지 않기 때문에 닮음이 아닙니다.

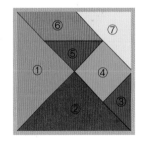

5개의 삼각형은 모두 직각을 끼고 있으며, 나머지 두 내각의 크기가 모두 45°인 직각이등변삼각형이기 때문에 모두 닮은 도형입니다. 특히 ①과 ②, ③과 ⑤는 서로 합동으로, 합동도 닮음의 일종으로 보면 3개의 직각이등변삼각형 모두는 닮은 도형이라고 할 수 있습니다.

닮음이면 항상 비율이 같나요?

△ABC와 △AED가 닮음이니까, $\overline{AB} : \overline{AE} = \overline{AC} : \overline{AD}$가 맞지?

맞아, 맞아! 대응변끼리-

아! 그렇구나

평행선 사이의 길이의 비의 기본은 닮음인 두 삼각형에서의 길이의 비입니다. 닮은 두 삼각형의 길이의 비에는 2가지 경우가 있는데, 서로 꼭짓점을 맞대고 8자 모양을 한 경우에서의 비를 많이 헷갈려 합니다. 혼란의 원인은 대응하는 변의 짝을 찾지 못해서이지요.

30초 정리

삼각형에서 평행선과 선분의 길이의 비

삼각형 ABC에서 점 D, E가 $\overline{AB}$, $\overline{AC}$ 위에 있거나 $\overline{AB}$, $\overline{AC}$의 연장선 위에 있을 때, $\overline{BC} \, /\!/ \, \overline{DE}$ 이면 다음이 성립한다.

1. $\overline{AB} : \overline{AD} = \overline{AC} : \overline{AE} = \overline{BC} : \overline{DE}$
2. $\overline{AD} : \overline{DB} = \overline{AE} : \overline{EC}$

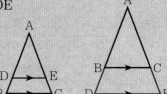

닮은 도형에서는 대응하는 변 사이의 길이의 비가 일정하고 대응하는 각의 크기가 같음을 배웠습니다. 여기서는 이를 삼각형에 적용합니다.

오른쪽 그림과 같은 △ABC에서 변 BC에 평행한 직선이 변 AB, AC와 만나는 점을 각각 D, E라고 할 때, △ABC ∽ △ADE일까요? 크기가 같은 각 2개만 찾으면 되는데, 평행선을 이용하면 ∠ABC = ∠ADE (동위각), ∠A는 공통인 각으로 같음을 알 수 있죠. 이때 두 닮은 삼각형에서 세 쌍의 대응하는 변의 길이의 비는 모두 같으므로 $\overline{AB} : \overline{AD} = \overline{AC} : \overline{AE} = \overline{BC} : \overline{DE}$ 임을 알 수 있습니다.

이와 같이 한 변이 평행한 두 삼각형은 닮음입니다. 평행한 변은 삼각형 내부에 그을 수도 있지만 외부로 확대할 수도 있고, 반대쪽에 그음으로써 닮음을 만들 수도 있습니다. 다음 그림과 같이 △ABC의 외부나 반대쪽에서 변 BC에 평행한 직선과 변 AB, AC의 연장선이 만나는 점을 각각 D, E라고 하면 둘 다 △ABC ∽ △ADE인 관계가 성립하기 때문에 $\overline{AB} : \overline{AD} = \overline{AC} : \overline{AE} = \overline{BC} : \overline{DE}$가 성립합니다.

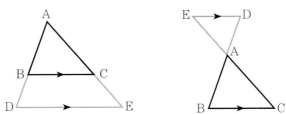

여기서 어려운 것은 $\overline{AD} : \overline{DB} = \overline{AE} : \overline{EC}$가 성립함을 설명하는 것입니다. 선분 AD에 평행한 보조선 EF를 그려야 하는 상황을 생각하기가 쉽지 않습니다. 각의 크기를 살펴 △ADE ∽ △EFC (AA 닮음)라는 것을 파악하면 $\overline{AD} : \overline{EF} = \overline{AE} : \overline{EC}$가 되고, $\overline{DB} = \overline{EF}$이므로 $\overline{AD} : \overline{DB} = \overline{AE} : \overline{EC}$가 성립합니다.

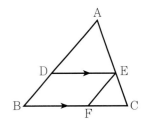

평행한 삼각형의 닮음을 조금 확장하면 평행선 사이의 길이의 비를 만들 수 있습니다.

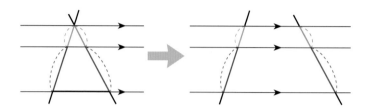

삼각형의 한 변을 평행이동하면 빨간 선분 사이의 길이의 비와 녹색 선분 사이의 길이의 비가 그대로 유지되지요. 평행선을 더 많이 그어도, 평행선이 더 멀어지거나 더 가까워져도 이 비는 그대로 성립합니다.

다른 방법으로 설명하는 것도 가능합니다.

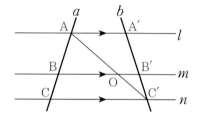

보조선 $\mathrm{AC'}$을 그으면 $\triangle \mathrm{ACC'}$에서 $\overline{\mathrm{BO}} \parallel \overline{\mathrm{CC'}}$이므로

$$\overline{\mathrm{AB}} : \overline{\mathrm{BC}} = \overline{\mathrm{AO}} : \overline{\mathrm{OC'}}$$

입니다. 또, $\triangle \mathrm{C'A'A}$에서 $\overline{\mathrm{AA'}} \parallel \overline{\mathrm{OB'}}$이므로

$$\overline{\mathrm{AO}} : \overline{\mathrm{OC'}} = \overline{\mathrm{A'B'}} : \overline{\mathrm{B'C'}}$$

입니다. 이 두 비례식에서 $\overline{\mathrm{AB}} : \overline{\mathrm{BC}} = \overline{\mathrm{A'B'}} : \overline{\mathrm{B'C'}}$이 성립함을 설명할 수 있습니다.

평행선 사이에 있는 선분의 길이의 비

세 평행선이 다른 두 직선과 만날 때, 평행선 사이에 있는 선분의 길이의 비는 같다. 즉, 오른쪽 그림에서

$$l \parallel m \parallel n \text{이면 } a : b = c : d$$

이다.

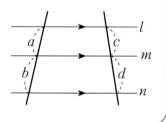

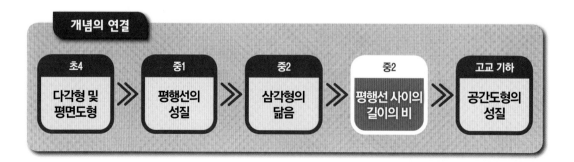

개념의 연결

초4	중1	중2	중2	고교 기하
다각형 및 평면도형	평행선의 성질	삼각형의 닮음	평행선 사이의 길이의 비	공간도형의 성질

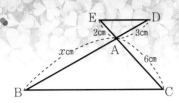

왼쪽 그림에서 $\overline{BC} \parallel \overline{DE}$ 일 때, x의 값을 다음과 같이 구했는데 왜 틀리나요?

(풀이)

$x : 2 = 6 : 3$에서 $3x = 12$이므로 $x = 4$

A. 이 풀이는 전형적인 실수입니다.

삼각형의 닮음에서 △ABC의 반대쪽에 △ADE를 만들 때 대응점을 잘못 짝 지을 수 있습니다. 그림에서 꼭짓점 B의 대응점은 바로 위에 있는 E가 아니고 연장선 위에 있는 D입니다. 마찬가지로 꼭짓점 C의 대응점은 D가 아니고 E이지요. 이게 바뀌면 대응변이 바뀌면서 비례관계가 꼬이고 맙니다. 이렇게 대응되는 이유는 각의 크기를 이용하여 설명할 수 있습니다.

∠B와 똑같은 크기의 각을 찾아보세요. ∠E가 아니고 ∠D이죠. 그러므로 △ABC ∽ △ADE인 관계가 성립합니다. 그래서 비례식을 바르게 고치면

$x : 3 = 6 : 2$에서 $2x = 18$이므로 $x = 9$

가 되지요.

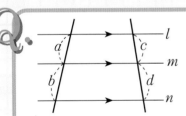

왼쪽 그림에서 $l \parallel m \parallel n$이면 $a : b = c : d$가 성립한다고 했는데, 그럼 역으로 $a : b = c : d$이면 $l \parallel m \parallel n$인 관계가 성립하나요?

A. 어려운 질문입니다. 어떤 문장이 사실이면 그 문장의 전후 관계를 바꿔도 사실인 경우가 있습니다. 하지만 항상 그런 것은 아닙니다.

'사람은 동물이다'라는 문장은 사실이지만, '동물은 사람이다'라는 문장은 사실이 아닙니다. 어떤 문장이 사실이라고 해서 앞뒤를 서로 바꾼 문장도 사실인 것은 아닙니다.

사실이 아닐 때는 거짓이 되는 예(반례)를 하나 제시하면 됩니다.

그림에서 세 직선 l, m, n은 평행하지 않지만 $a : b = c : d$인 비례관계는 성립할 수 있습니다.

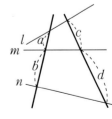

그러므로 $a : b = c : d$이면 $l \parallel m \parallel n$인 관계가 항상 성립하는 것은 아닙니다.

삼각형의 중선 3개가 꼭 한 점에서 만난다는 보장이 있나요?

삼각형의 세 중선을 그리면 무게중심을 찾을 수 있어요.

꼭 저렇게 찾아야 하는 거야?

아니~! 더 쉬운 방법이 있지. 요 점이 바로 무게중심이야.

아! 그렇구나

2학년
도형과 측정

삼각형에는 외심과 내심, 무게중심 외에도 수심과 방심 등 여러 개의 중심이 있답니다. 이들의 공통점은 세 선이 모두 한 점에서 만난다는 것인데, 이 점은 이해하기가 어렵고 수학적으로 설명하기도 매우 어렵습니다. 납득이 되지 않은 사실을 강제로 믿으라고 하면 누구라도 싫겠지요.

30초 정리

삼각형의 무게중심

삼각형의 세 중선은 한 점(무게중심)에서 만나고,

이 점은 세 중선을 각 꼭짓점으로부터 그 길이가 각각

2 : 1이 되도록 나눈다. 즉,

$$\overline{AG} : \overline{GD} = \overline{BG} : \overline{GE} = \overline{CG} : \overline{GF} = 2 : 1$$

이다.

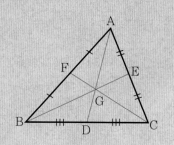

모든 물건에는 무게중심이 있습니다. 물건의 중심을 받쳤을 때 평형을 이루는 점이 있다면 그 지점이 바로 무게중심입니다.

원이나 정사각형 모양의 물체라면 한가운데에 무게중심이 있을 테지만 삼각형은 직관적으로 무게중심의 위치를 잡을 수가 없습니다.

한 가지 상황을 추측해 본다면, 꼭짓점에서 대변의 중점을 잇는 중선 위에 무게중심이 있을 것입니다. 그러므로 각 꼭짓점에서 세 중선을 그어 만나는 점이 무게중심이 될 것입니다.

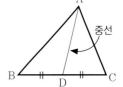

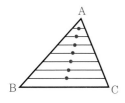 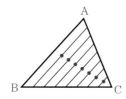 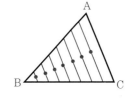 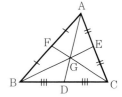

자, 이제 길이의 비를 구해 볼까요?

오른쪽 그림과 같은 △ABC에서 중선 BE와 CF의 교점을 G라고 하면, 점 E, F는 각각 $\overline{AC}$, $\overline{AB}$의 중점이므로 △ABC ∽ △AFE(SAS 닮음)인 관계가 성립하며

$$\overline{FE} /\!/ \overline{BC}, \quad \overline{FE} = \frac{1}{2}\overline{BC}$$

입니다. 따라서 △GBC ∽ △GEF이고, 닮음비는 2 : 1입니다. 즉,

$$\overline{BG} : \overline{GE} = \overline{CG} : \overline{GF} = 2 : 1$$

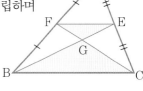

이므로 점 G는 중선 BE와 CF를 각 꼭짓점으로부터 그 길이가 각각 2 : 1이 되도록 나누는 점입니다.

삼각형의 오심(五心)

삼각형에는 외심, 내심, 무게중심, 수심, 방심의 오심이 있다.

무게중심: 삼각형의 세 중선의 교점

수심: 삼각형의 각 꼭짓점에서 대변 또는 그 연장선에 내린 수선의 교점

방심: 삼각형의 한 내각의 이등분선과 그와 이웃하지 않는 두 외각의 이등분선의 교점

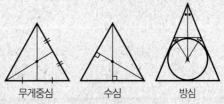

그림과 같이 삼각형 ABC의 세 변 AB, BC, AC 의 중점을 각각 D, E, F라 하고, 이들을 연결하는 선분을 그어 만들어지는 네 삼각형의 관계는 무엇일까요?

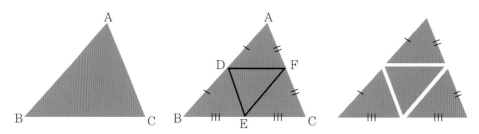

직관적으로는 네 삼각형이 모두 합동인 것으로 보입니다만, 근거가 있어야겠지요.

△ADF와 △DBE가 합동인 근거만 찾으면 나머지는 같은 방법으로 설명할 수 있을 것입니다.

점 D가 선분 AB의 중점이므로 $\overline{AD} = \overline{DB}$ 입니다. 그리고 앞의 무게 중심 설명에서

$$\overline{DF} \,/\!/\, \overline{BC}, \quad \overline{DF} = \frac{1}{2}\overline{BC}$$

인 관계가 성립한다는 것을 보였으니 이 성질을 이용합니다.

다시 위의 그림을 보면 $\overline{DF} = \frac{1}{2}\overline{BC} = \overline{BE}$, 즉 $\overline{DF} = \overline{BE}$ 입니다. $\overline{DF} \,/\!/\, \overline{BC}$ 이므로 ∠ADF=∠DBE입니다. 따라서 △ADF ≡ △DBE (SAS 합동)라고 말할 수 있습니다.

개념의 연결

초4	중1	중2	중2	고교 공통수학2
다각형 및 평면도형	평행선의 성질	삼각형의 닮음	삼각형의 무게중심	도형의 방정식

Q. 삼각형의 세 중선이 꼭 한 점에서 만난다는 보장이 있나요? 2개면 몰라도 세 직선이 한 점에서 만나는 건 어려운 일 아닌가요?

A. 삼각형에서 중선을 2개만 그려도 만나는 점이 생기며, 이 점이 무게중심입니다. 이때 나머지 한 중선을 그려 보지 않았으므로 이 중선도 무게중심을 반드시 지난다는 보장은 없습니다. 하지만 실제로 세 중선은 한 점에서 만납니다.

아래 왼쪽 그림과 같이 두 중선을 잡으면 G가 무게중심이고, 점 G는 중선 BE를 꼭짓점으로부터 그 길이가 2 : 1이 되도록 나누는 점입니다. 오른쪽 그림과 같이 두 중선을 잡으면 G′이 무게중심이고 점 G′은 중선 BE를 꼭짓점으로부터 그 길이가 2 : 1이 되도록 나누는 점입니다. 이때 점 G와 G′은 모두 중선 BE를 꼭짓점으로부터 그 길이가 2 : 1이 되도록 나누는 점이므로 점 G와 G′은 일치한다는 것을 알 수 있습니다. 따라서 △ABC에서 세 중선은 한 점 G에서 만납니다.

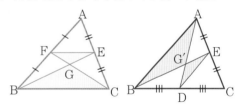

Q. 모든 삼각형에서 외심, 내심, 무게중심은 서로 다른 위치에 있나요?

A. 일반적으로 삼각형에서 외심, 내심, 무게중심은 서로 다른 위치에 있습니다. 하지만 이등변삼각형에서는 꼭지각의 이등분선이 밑변을 수직이등분하기 때문에 이 선이 중선이 되기도 합니다. 그래서 이 선 위에 외심, 내심, 무게중심이 모두 위치하게 됩니다. 왜냐하면 외심은 변의 수직이등분선 위에 있고, 내심은 내각의 이등분선, 무게중심은 중선 위에 있기 때문이지요.

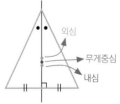

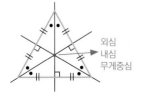

정삼각형에서는 외심, 내심, 무게중심이 모두 일치합니다. 왜냐하면 정삼각형에서는 변의 수직이등분선과 내각의 이등분선, 중선이 모두 포개지기 때문이지요.

부피의 비가 눈짐작한 것과 너무 달라요.

아! 그렇구나

아이들에게는 넓이나 부피에 대한 감각이 많이 부족합니다. 이것은 우리가 입체적인 그림을 평면적으로 보기 때문이기도 하지만 공간을 정확히 보는 것이 사실상 불가능하기 때문이기도 합니다. 거기다 원뿔처럼 기둥이 아닌 상황은 더욱 눈짐작이 어렵지요. 부피의 비는 닮음비를 세제곱하여 구한다는 것을 알면서도 심정적으로는 눈짐작이 안 되기 때문에 눈짐작으로 부피를 판단하는 어리석음을 범하지요.

30초 정리

닭은 도형의 넓이의 비

닭은 도형의 넓이의 비는 닮음비의 각 항의 제곱의 비와 같다.

즉, 닮음비가 $m : n$ 이면 넓이의 비는 $m^2 : n^2$ 이다.

닭은 입체도형의 부피의 비

닭은 입체도형의 부피의 비는 닮음비의 각 항의 세제곱의 비와 같다.

즉, 닮음비가 $m : n$ 이면 부피의 비는 $m^3 : n^3$ 이다.

합동인 정사각형 모양의 타일 여러 개를 빈틈없이 이어 붙여 그림과 같이 크고 작은 정사각형을 만들었습니다. 모든 정사각형은 닮은 도형이지요. 닮음비, 즉 선분의 길이의 비는 얼마인가요? $2 : 3$입니다. 그런데 넓이의 비가 $4 : 9$입니다. 정확히 $2^2 : 3^2$이지요. 그렇다고 닮은 두 도형의 넓이의 비가 항상 닮음비의 각 항의 제곱의 비와 같다고 할 수 있을까요?

오른쪽 그림과 같이 가로, 세로의 길이가 각각 a, b인 직사각형과 가로, 세로의 길이가 각각 ma, mb인 직사각형이 있을 때 두 직사각형의 닮음비는 $1 : m$입니다. 이때 넓이의

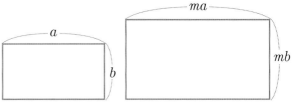

비는 $ab : m^2ab$, 즉 $1 : m^2$입니다. 따라서 두 닮은 도형의 넓이의 비는 항상 닮음비의 각 항의 제곱의 비와 같다고 할 수 있습니다.

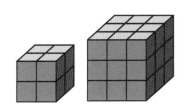

이번에는 한 모서리의 길이가 $1\,\text{cm}$인 정육면체 모양의 쌓기나무로 모서리의 길이가 $2\,\text{cm}$, $3\,\text{cm}$인 정육면체를 만들었습니다. 두 정육면체의 닮음비는 $2 : 3$입니다. 그런데 부피의 비를 구해 보니 $8 : 27$입니다. 정확히 $2^3 : 3^3$이지요. 넓이와 마찬가지로 닮은 두 입체도형의 부피의 비는 항상 닮음비의 각 항의 세제곱의 비와 같습니다.

가로, 세로, 높이의 길이가 각각 ma, mb, mc인 직육면체와 가로, 세로, 높이의 길이가 각각 na, nb, nc인 직육면체의 닮음비는 $m : n$입니다. 이때 부피의 비는 $m^3abc : n^3abc$, 즉 $m^3 : n^3$이 되지요. 따라서 두 닮은 입체도형의 부피의 비는 항상 닮음비의 각 항의 세제곱의 비와 같다고 할 수 있습니다.

닮음비는 넓이의 비와 부피의 비를 구하는 것 이외에도 다양한 곳에 활용되고 있습니다. 닮음비를 이용하면 실제 거리나 높이를 보다 간편하게 구할 수 있습니다.

나무의 높이를 재기 위해 나무 위로 직접 올라가는 것은 위험하기도 하고, 꼭대기 부분은 얇아서 실제 올라가는 것이 어렵습니다. 이때 아래 그림과 같이 나무로부터 적당한 거리에서 나무를 올려다본 각의 크기를 재는 것으로 나무의 높이를 구할 수 있습니다.

눈높이가 170㎝인 사람이 나무에서 20m 떨어진 지점에서 나무 끝을 올려다본 각의 크기가 32°였습니다. 노트에 밑변의 길이를 5㎝로 축소하여 삼각형을 그렸더니 높이가 3.1㎝가 되었습니다. 이 나무의 실제 높이를 구할 수 있을까요?

실제 나무와 축소한 나무의 닮음비는 20m : 5㎝, 즉 400 : 1입니다. 그러므로 축소한 삼각형의 높이 3.1㎝는 실제로 3.1×400 = 1240(㎝)입니다. 여기에 사람의 눈높이 170㎝를 더하면 1410㎝이므로 나무의 실제 높이는 14.1m입니다.

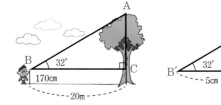

닮음을 이용하면 이렇게 직접 재기 어려운 거리나 높이 등을 구할 수 있답니다. 전쟁에서 대포나 미사일을 쏘려면 거리가 정확해야 하는데, 이 역시 축소된 그림을 그려 닮음을 이용함으로써 계산한다고 합니다.

그런데 축소된 삼각형이 제대로 그려졌는지 고민해 봐야 합니다. 삼각형을 작도할 수 있는 조건이 있었지요? 지금의 경우는 한 변의 길이와 그 양 끝각을 알았기 때문에 삼각형을 작도할 수 있었습니다.

개념의 연결

초4	초5~6	중2	중2	중3
다각형 및 평면도형	여러 가지 입체도형	도형의 닮음	닮은 도형의 넓이와 부피의 비	삼각비

Q. 오른쪽 모양의 컵에 주스를 가득 채운 다음 7번을 마셨더니 처음 깊이의 절반만큼 주스가 남았습니다. 몇 번을 더 마시면 주스를 다 마시게 될까요?

A. 처음 깊이의 절반이 남았으니 남은 양을 이미 마신 양과 똑같이 생각해 7번을 더 마셔야 한다고 하지는 않겠지요?

분명한 것은 아래쪽 절반이 전체의 절반보다는 적을 것이라는 추측입니다. 눈짐작으로 서너 배 정도 차이날 것으로 생각하여 이제 2~3번 정도 더 마시면 된다고 생각할 수 있습니다.

하지만 수학은 정확한 답을 원합니다. 실제로는 이제 한 번만 더 마시면 됩니다.

남은 것이 겨우 한 번 마시면 사라질 양이라니, 놀라지 않을 수가 없습니다.

어떻게 설명할 수 있을까요? 닮음을 활용해야 합니다. 처음 원뿔과 절반 남은 원뿔은 서로 닮은 입체도형이고, 부피의 비를 계산해야 합니다. 닮음비가 2 : 1이니까 부피의 비는 8 : 1입니다. 그러므로 절반 아래쪽의 부피가 1이라면 절반 위쪽의 부피는 7이므로 지금까지 7번을 마셨다면 이제 남은 주스는 한 번 마시면 없습니다.

Q. 오른쪽의 두 피자는 두께가 똑같습니다. 반지름의 길이는 각각 20㎝와 30㎝입니다. 작은 피자의 가격이 10,000원, 큰 피자의 가격이 15,000원이라고 할 때, 작은 피자를 3개 사는 것과 큰 피자를 2개 사는 것 중 어느 것이 효율적일까요?

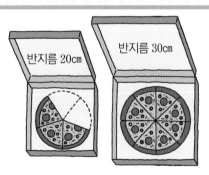

A. 피자는 원 모양이므로 모두 닮은 도형입니다. 두께가 똑같으므로 넓이의 비가 곧 부피의 비가 됩니다.

닮음비가 2 : 3이므로 넓이의 비는 $2^2 : 3^2$, 즉 4 : 9입니다. 그러므로 작은 피자 3개와 큰 피자 2개의 부피의 비는 4×3 : 9×2, 즉 12 : 18이므로 큰 피자를 2개 사는 것이 효율적입니다.

변의 길이의 비가 3 : 4 : 5이면 직각삼각형이 되는 것 아닌가요?

두 변의 길이가 3, 4니까 나머지 한 변의 길이는 5!

아, 그렇구나! 그런데 왜 피타고라스 정리가 성립하지 않지? $3^2+5^2=4^2$??

아! 그렇구나

　세 변의 길이의 비가 3 : 4 : 5인 삼각형은 직각삼각형이 된다는 것을 익히 들어 왔던 터라 직각삼각형에서 3, 4라는 두 변의 길이만 주어지면 길이의 비가 3 : 4 : 5인 직각삼각형을 생각하게 됩니다. 그래서 나머지 한 변의 길이가 자동적으로 5가 된다고 답하지요. 수에만 관심을 가지고 그것을 그림과 일치시키지 않으면 이런 현상이 벌어집니다.

30초 정리

피타고라스 정리

직각삼각형에서 직각을 낀 두 변의 길이를 각각 a, b, 빗변의 길이를 c라고 하면

　$a^2 + b^2 = c^2$이다.

즉, 직각삼각형에서 직각을 낀 두 변의 길이의 제곱의 합은
빗변의 길이의 제곱과 같다.

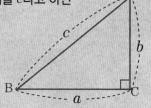

피타고라스 정리는 그 발견부터가 신기할 따름입니다. 피타고라스 정리는 이후 여러 가지 문제를 해결하는 데 아주 많이 사용되므로 반드시 숙지해야 합니다. 그래서 당장은 수학적으로 엄밀한 증명까지 이해하기보다 이 내용이 정말로 항상 성립하는지 확인하는 작업이 필요합니다. 피타고라스 정리는 직각삼각형의 직각을 낀 두 변의 길이의 각각의 제곱의 합은 빗변의 길이의 제곱과 같다는 것입니다.

다음 그림은 서로 다른 크기의 세 직각삼각형 ABC에 대하여 세 변을 각각 한 변으로 하는 정사각형 P, Q, R을 그린 것입니다.

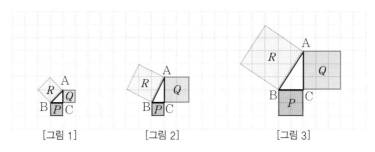

[그림 1]　　　　　　[그림 2]　　　　　　[그림 3]

피타고라스 정리가 성립하려면 직각을 낀 두 변의 길이의 각각의 제곱의 합인 $P + Q$와 빗변의 길이의 제곱인 R에 대하여 $P + Q = R$이 됨을 확인해야 합니다. 각 변의 길이의 제곱은 각각을 한 변으로 하는 정사각형의 넓이와 같으므로, 각 정사각형의 넓이를 구해야 하겠습니다. 그림을 보면 R의 넓이를 구하는 것이 쉽지는 않습니다.

[그림 1]에서 $P = 1$, $Q = 1$, $R = 2$

[그림 2]에서 $P = 1$, $Q = 4$, $R = 5$

[그림 3]에서 $P = 4$, $Q = 9$, $R = 13$

이므로, 세 그림 모두에서 $P + Q = R$이 성립하는 것을 확인할 수 있습니다.

세 변의 길이가 $3 : 4 : 5$인 삼각형은 가장 간단한 정수비를 가지는 직각삼각형이라고 알려져 있습니다. 여기서도 피타고라스 정리가 성립됨을 확인해 볼까요?

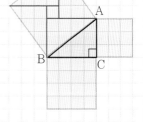

수치로만 따진다면 $3^2 + 4^2 = 25 = 5^2$이므로 직각삼각형이 되는군요. 그림에서 보면 3^2과 4^2은 직관적으로 보이는데, 5^2은 뭔가를 계산해야 합니다. $\overline{AB}$의 길이는 어떻게 구할까요?

정사각형을 빨간 선으로 자르면 넓이가 6인 직각삼각형 4개와 넓이가 1인 정사각형이 하나 나옵니다. 넓이를 모두 더하면 25가 되는군요. 따라서 $\overline{AB} = 5$입니다.

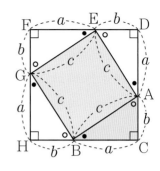

피타고라스 정리의 증명 방법은 수백 가지나 됩니다. 그중 한 방법은 직각삼각형 ABC와 그것과 합동인 3개의 직각삼각형을 모아 한 변의 길이가 $a + b$인 정사각형 CDFH를 만드는 것입니다. 이때 사각형 AEGB는 마름모이고, $\angle ABC + \angle GBH = 90°$이므로 $\angle GBA = 90°$입니다. 한 각의 크기가 $90°$인 마름모는 정사각형이므로 사각형 AEGB는 정사각형입니다.

정사각형 CDFH는 서로 합동인 4개의 직각삼각형과 한 개의 정사각형 AEGB로 나누어지므로 큰 정사각형의 넓이는

$$\square CDFH = 4 \times \triangle ABC + \square AEGB$$

$$(a + b)^2 = 4 \times \frac{1}{2} ab + c^2$$

여기서 $(a+b)^2 = (a+b)(a+b) = a^2 + ab + ba + b^2$임을 이용하면 $a^2 + b^2 = c^2$을 얻을 수 있습니다. 즉, 직각삼각형에서 직각을 낀 두 변의 길이의 각각의 제곱의 합은 빗변의 길이의 제곱과 같음을 알 수 있습니다.

피타고라스 정리에서는 빗변 위에 만든 정사각형의 넓이가 직각을 낀 두 변 각각 위에 만든 두 정사각형의 넓이의 합과 같습니다.

이를 확장해 보겠습니다. 아래 그림과 같이 정삼각형, 정오각형, 반원 등 세 도형이 서로 닮음이기만 하면, 빗변 위에 만든 빨간색 도형의 넓이는 직각을 낀 두 변 각각 위에 만든 파란색, 초록색 두 도형의 넓이의 합과 같습니다.

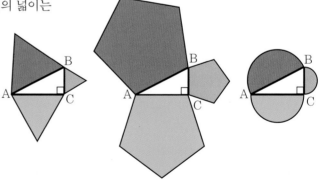

개념의 연결

중1		중2		중2		중2		중3
평면도형의 성질	≫	삼각형과 사각형의 성질	≫	도형의 닮음	≫	피타고라스 정리	≫	삼각비

피타고라스는 어떻게 피타고라스 정리를 발견했나요?

 정확한 얘기는 아니고 전해 내려오는 이야기가 있습니다. 피타고라스는 사원의 바닥에 깔려 있는 타일을 보고 피타고라스 정리를 발견했다고 합니다. 그림과 같이 녹색 직각삼각형의 빗변을 한 변으로 하는 정사각형에는 삼각형 타일이 4개 들어 있고, 직각을 낀 두 변을 각각 한 변으로 하는 정사각형에는 삼각형 타일이 2개씩 들어 있으므로 녹색 직각삼각형에서 직각을 낀 두 변 위에 각각 그려진 정사각형의 넓이의 합은 빗변 위에 그려진 정사각형의 넓이와 같습니다. 이 정리를 발견한 피타고라스는 매우 기뻐하며 소 100마리를 신에게 제물로 바쳤다고 합니다.

 피타고라스 정리는 꼭 넓이를 이용해야만 설명할 수 있나요? 이미 배운 내용을 이용해서 설명해 주세요.

 닮음을 이용하여 피타고라스 정리를 설명할 수도 있습니다. $\angle C = 90°$인 직각삼각형 ABC의 점 C에서 $\overline{AB}$에 내린 수선의 발을 D라 합니다. 그러면 3개의 삼각형 ABC, ACD, CBD는 두 쌍의 대응각의 크기가 각각 서로 같기 때문에 모두 닮음입니다.

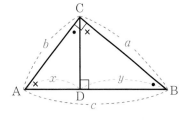

$\overline{AD} = x$, $\overline{BD} = y$라고 하면 $\triangle ABC \backsim \triangle ACD$이므로 $\overline{AB} : \overline{AC} = \overline{AC} : \overline{AD}$, 즉 $c : b = b : x$, $b^2 = cx$이고, $\triangle ABC \backsim \triangle CBD$이므로 $\overline{AB} : \overline{BC} = \overline{CB} : \overline{BD}$, 즉 $c : a = a : y$, $a^2 = cy$입니다. 따라서

$$a^2 + b^2 = cx + cy$$
$$= c(x+y)$$
$$= c^2$$

이 되어, 피타고라스 정리가 성립함을 알 수 있습니다.

'동시에' 일어나면 곱하는 것 아닌가요?

2학년
자료와
가능성

아! 그렇구나

경우의 수를 구하는 기본 개념은 경우를 나열하는 것인데, 나열하는 것이 귀찮을 때가 많습니다. 게다가 여러 사건이 동시에 일어나는 경우에는 각 사건의 경우의 수를 곱하는 것이 편리하기 때문에, 기본 개념을 갖고 있지 못하면 답이 빨리 나온다는 매력에 끌려 공식으로 적당히 해결해 보고 싶은 마음이 들지요.

30초 정리

경우의 수 구하는 방법

경우의 수의 기본은 나열이다.

나열할 때 가장 중요한 것은 모든 경우가 중복되지 않으면서 빠짐이 없도록 세는 것이다.

- **수형도** : 나뭇가지 모양으로 가지를 쳐 가는 방법으로, 가장 많이 이용된다.
- **사전식 배열** : 알파벳이나 숫자 등은 순서가 명확하기 때문에 사전의 단어가 나오는 순서대로 나열할 수 있다.

경우의 수를 세는 최고의 방법은 나열하는 것입니다. 그런데 답만 내면 된다는 소극적인 생각을 가진 아이들은 나열을 싫어합니다. 귀찮기 때문이지요. 하지만 나열은 귀납적 유추를 하는 수학적 사고의 중요한 시작입니다. 나열을 통해 패턴을 발견하고 문제 해결의 실마리를 찾는 일은 수학 공부에서 아주 중요한 경험입니다.

예를 들어, 1에서 4까지의 수가 각각 적힌 4장의 카드에서 2장을 뽑아 만들 수 있는 두 자리의 정수가 모두 몇 가지인지 구하는 문제를 함께 해결해 보도록 하지요.

먼저 십의 자리에 오는 수 4가지 각각에 대하여 일의 자리에 오는 수는 십의 자리에 온 수를 제외한 나머지 3가지이므로 구하는 경우의 수는 4×3＝12입니다.

실제 모두 나열하면

12, 13, 14, 21, 23, 24, 31, 32, 34, 41, 42, 43

의 12가지입니다. 나열할 때 작은 수부터 차례로 나열하는 방법을 사전식 배열이라고 합니다.

다음과 같이 나뭇가지 모양으로 나열하는 방법(수형도)도 있습니다.

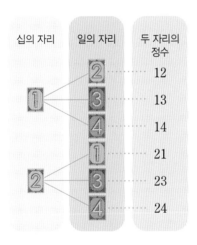
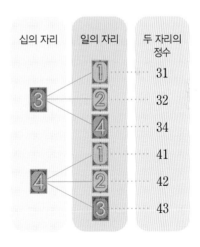

나열하는 방법으로는 사전식 배열이나 수형도 그리는 방법을 주로 사용합니다. 이때 마구잡이로 할 것이 아니라 전략이 있어야 합니다. 전략을 가지고 나열하다 보면 패턴을 발견할 수 있습니다.

심화와 확장

A, B, C, D의 4명에게 숙제 노트를 임의로 한 권씩 나눠 주는데 아무도 자기 것을 받지 못하는 경우의 수를 구하는 문제를 함께 해결해 봅시다.

나열하지 않고 경우의 수만 구해서 계산해 보겠습니다.

A가 자기 노트를 받지 못하는 경우는 3가지입니다. 이때 B는 A가 받은 노트를 제외한 나머지 3권 중 하나를 받아야 합니다. 그러면 B가 자기 노트를 받지 못하는 경우는 2가지일까요, 3가지일까요?

결론은, 둘 다 가능합니다. 만약 A가 B의 노트를 받았다면 B는 나머지 노트 중 아무거나 받을 수 있으니 3가지이고, A가 B의 노트가 아닌 것을 받았다면 B는 나머지 노트 중 자기 것을 제외한 2가지를 받을 수 있습니다.

벌써 "아이고, 머리야." 할 정도로 쉽지 않은 상황입니다. 이런 문제는 그냥 경우의 수만 적당히 구해서는 해결되지 않습니다. 그럼 어떻게 해야 할까요? 나열하는 것이 최고의 방법입니다.

수형도를 그려 볼까요? 수형도를 그리면 그림과 같이 9가지 경우가 나옵니다.

```
A   B   C   D
    a---d---c
b---c---d---a
    d---a---c

    a---d---b
c---d---a---b
        b---a

    a---b---c
d---c---a---b
        b---a
```

사전식 배열로도 답을 찾을 수 있습니다.

badc, bcda, bdac, cadb, cdab, cdba, dabc, dcab, dcba

물론, 나열하지 않고도 해결할 수는 있지만 그 해결 방안은 나열을 통해 패턴을 발견하지 못하면 생각할 수 없는 것입니다. 이처럼 나열은 문제 해결의 출발점이자 해결 방안이 됩니다. 따라서 나열하는 연습은 아무리 많이 해도 지나치지 않습니다.

개념의 연결

초5 평균과 가능성 ≫ 중2 사건과 경우의 수 ≫ 중2 확률 ≫ 고교 공통수학1 순열과 조합

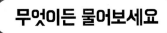

 나열하는 데 꼭 사전식 배열이나 수형도를 사용해야 하나요? 그냥 아무 순서 없이 나열하더라도 모두 구할 수 있으면 되는 거 아닌가요?

 모두 구할 수만 있다면 굳이 어떤 방법을 고집할 필요는 없겠지요.

앞에 나온 문제를 다시 한 번 보겠습니다. 1에서 4까지의 수가 각각 적힌 4장의 카드에서 2장을 뽑아 만들 수 있는 두 자리의 정수의 개수를 구하는 문제입니다. 사전식으로 작은 수부터 나열하지 않고 다음과 같이 순서 없이 나열해 보겠습니다.

32, 21, 14, 43, 24, 13, 42, 31, 12, 23

12개 중 10개를 나열한 시점에서 모두 나열했는지, 즉 빠진 게 없는지 확실히 알 수 없을뿐더러 뭐가 빠졌는지 판단하기에도 어려움이 있습니다. 뭐가 빠졌는지 판단하려면 결국 사전식으로 하나씩 점검하는 수밖에 없지요. 여러분도 이 상태에서 뭐가 빠졌는지 찾아보세요. 아마 쉽지 않을 것입니다.

Q. 세 학생의 노트 3권을 동시에 나눠 주었을 때, 아무도 자기 노트를 받지 못하는 경우의 수는 몇 가지인가요?

A. 1번 학생은 자기 것을 받지 못하니 2, 3번의 것 2가지를 받을 수 있습니다.

이때 2번 학생도 자기 것을 받지 못하니 1, 3번의 것 2가지라고 생각하면 될까요? 이런 식이면 곱셈을 하면 되는데, 2번 학생은 1번 학생이 어떤 노트를 받았는지에 따라 그 경우의 수가 달라집니다. 이렇게 개수가 같지 않으면 곱셈을 할 수 없습니다. 경우를 나누어 덧셈으로 해결해야 합니다.

경우를 나누면

① 1번 학생이 2번 노트를 받으면, 남은 노트는 1, 3번의 것이니까 2번 학생은 3번 노트를 받아야 3번 학생이 1번 노트를 받을 수 있다. → 1가지

② 1번 학생이 3번 노트를 받으면, 남은 노트는 1, 2번의 것이니까 2번 학생은 1번 노트를 받고, 3번 학생은 2번 노트를 받는다. → 1가지

①, ②는 동시에 일어나지 않으므로 구하는 경우의 수는 1 + 1 = 2(가지)입니다.

동시에 일어난다는 것은 꼭 같은 시간에 일어난다는 것 아닌가요?

아! 그렇구나

동시에 일어난다는 것이 꼭 같은 시각에 일어나는 것만은 아닙니다. 동시에 일어난다는 것에는 '함께', '연달아', '모두'의 뜻도 있습니다. 따라서 동시에 일어나는 경우의 수는 각 사건의 경우의 수를 곱한 결과와 같답니다.

30초 정리

더하는 경우와 곱하는 경우

1. 사건 A와 사건 B가 동시에 일어나지 않고, 사건 A와 사건 B가 일어나는 경우의 수가 각각 m, n일 때, 사건 A 또는 사건 B가 일어나는 경우의 수는 $m + n$이다.

2. 사건 A가 일어나는 경우의 수가 m이고, 그 각각에 대하여 사건 B가 일어나는 경우의 수가 n일 때, 두 사건 A, B가 동시에 일어나는 경우의 수는 $m \times n$이다.

경우의 수를 구하는 최고의 방법은 일일이 나열하는 것입니다. 나열하다 보면 패턴이 발견되고, 패턴에 따르다 보면 나머지를 추측하는 능력이 생깁니다.

그런데 나열을 하다 보면 똑같은 개수가 반복되는 경우가 발견됩니다. 똑같다고 하는 것이 패턴인 경우이지요. 예를 들어, 상의가 4벌, 하의가 3벌 있는 학생이 옷이 없어 매일 거의 똑같은 옷을 입으니 창피하다고 투정을 부린다면 이는 정당한 투정일까요?

이 학생이 상의와 하의를 짝 지어 입는 방법은 몇 가지나 될까요? 상의 하나에 하의를 3가지로 입을 수 있고, 또 다른 하나의 상의에 3가지 하의를 입을 수 있고, 이런 식으로 상의마다 하의를 입는 방법이 3가지씩이므로 서로 다른 방법으로 옷을 입을 수 있는 경우의 수는 $3+3+3+3=12$(가지)입니다. 거의 2주일 동안 매일 다른 분위기로 옷을 입을 수 있으니, 괜한 투정이었지요.

그런데 이 장면에서 상의 4벌 모두에 해당하는 하의를 끝까지 세기보다 뭔가 규칙을 발견할 수 있어야 합니다. 두 번째 상의에 하의를 나열할 때쯤이면 똑같이 3가지씩 생기는 규칙을 발견하게 되지요. 그러면 $3 \times 4 = 12$(가지)와 같이 바로 곱할 수가 있습니다. 이것이 곱셈의 원리이지요.

상의와 하의를 선택하는 것처럼 사건 A가 일어나는 경우의 수가 m이고, 그 각각에 대하여 사건 B가 일어나는 경우의 수가 항상 n으로 똑같을 때, 두 사건 A, B가 동시에 일어나는 경우의 수는 $m \times n$이 됩니다. 여기서 동시에 일어난다는 것은 똑같은 시간에 일어나는 것만을 의미하는 게 아니고, 한 상황 속에서 연속적으로 일어나는 경우를 포함합니다. 즉, 어느 한 사건 각각에 대하여 다른 사건이 항상 똑같은 수만큼 일어날 때 곱셈을 하는 것입니다.

반면, 경우의 수가 각각 m, n인 두 사건 A, B가 동시에 일어나지 않을 때 사건 A 또는 사건 B가 일어나는 경우의 수는 $m+n$이 됩니다.

어떤 문제를 해결할 때 더하는 상황과 곱하는 상황을 어떻게 판단해야 할까요? 여러 가지 노하우가 있겠지만, 일단 곱하는 상황이라면 곱셈만 하면 되니까 더하는 상황에 비해 문제를 비교적 쉽게 해결할 수 있습니다. 그러므로 문제 상황이 곱하는 상황인지를 먼저 판단해 봅니다. 이를 위해서는 동시에 일어나면서 항상 개수가 똑같은 경우가 반복되는지를 확인하면 됩니다.

그림과 같이 수행평가 보고서 표지를 만드는데, 머리말, 제목, 인적 사항 등 3가지 항목의 글꼴이 모두 다른 경우의 수를 구하려고 합니다.

구분	글꼴
머리말	중고딕, 견고딕, 돋움체
제목	중고딕, 견고딕, 돋움체 신명조, 견명조, 굴림체
인적 사항	신명조, 견명조, 굴림체

머리말이 어떤 글꼴이든 간에 제목은 항상 5가지 중 하나이지만, 인적 사항은 제목의 글꼴에 따라 달라지기 때문에 곱할 수가 없는 상황입니다. 그래서 제목의 경우를 나눠야 합니다.

① 제목이 중고딕, 견고딕, 돋움체 중 하나이면 머리말 각각에 대하여 제목은 2가지, 인적 사항은 3가지씩이므로 경우의 수는 $3 \times 2 \times 3 = 18$(가지)

② 제목이 신명조, 견명조, 굴림체 중 하나이면 머리말 각각에 대하여 제목은 3가지, 인적 사항 2가지씩이므로 이 경우의 수는 $3 \times 3 \times 2 = 18$(가지)

①, ②는 동시에 일어나지 않으므로 구하는 경우의 수는 $18 + 18 = 36$(가지)입니다.

정리하면, 문제 상황이 곱하는 상황인지를 먼저 살핍니다. 항상 똑같은 개수가 나오면 곱하고, 똑같은 개수가 나오지 않는다는 것이 확인되면 경우를 나눕니다. 경우를 나눌 때는 각 경우가 동시에 일어나지 않도록 하면서 가급적 그 안에서 곱하는 상황이 발생하도록 하면 비교적 손쉽게 경우의 수를 구할 수 있는 방법을 찾을 수 있습니다.

개념의 연결

초5		중2		중2		고교 공통수학1
평균과 가능성	⟩⟩	더하는 경우와 곱하는 경우	⟩⟩	확률	⟩⟩	경우의 수

경우의 수를 구할 때 곱해야 하는 경우와 더해야 하는 경우를 구분하기가 어렵습니다.

A. 경우의 수를 구할 때 쓰는 기본 법칙은 딱 2가지, 곱셈과 덧셈입니다. 고등학교에서는 이것 말고도 몇 가지 법칙이 더 추가되지만, 곱셈과 덧셈은 고등학교 경우의 수 문제에서도 가장 유용한 방법입니다. 아주 간단한 계산이기 때문에 더욱 강력한 법칙이 되지요.

둘 사이를 명확히 구분하는 방법은 덧셈에서 곱셈이 생기는 과정을 이해하는 것입니다. 4×3과 같은 곱셈의 의미는 같은 수를 거듭 더하는 것입니다. 즉, 4를 3번 더하는 상황을 4×3으로 표현했듯이 여러 경우에 대해 계속 같은 경우의 수가 나오면 곱할 수 있습니다. 그리고 동시에 일어나지 않는 경우에는 덧셈을 하지요.

 주사위 하나를 던질 때 2의 배수 '또는' 3의 배수의 눈이 나오는 경우의 수를 구하는 문제가 있습니다. 이때 '또는' 이라는 단어가 나오면 더하는 거 아닌가요?

A. 어느 정도는 맞는 얘기라고 생각할 수 있지만 '또는'이라는 단어 자체에만 매달리기보다 2의 배수와 3의 배수 사이의 관계를 살펴보는 것이 우선입니다. 이 부분에 대해서는 교과서의 설명을 정확히 이해해야 하는데, 교과서에서는 다음과 같이 설명하고 있습니다.

"사건 A와 사건 B가 동시에 일어나지 않고, 사건 A와 사건 B가 일어나는 경우의 수가 각각 m, n일 때, 사건 A 또는 사건 B가 일어나는 경우의 수는 $m + n$이다."

여기서 중요한 단서는 '동시에 일어나지 않는다'는 것입니다. 2의 배수와 3의 배수가 동시에 나타나는 경우가 있는데, 그걸 공배수라고 했지요. 6, 12, 18 등입니다.

주사위에서는 그중 6이 나올 수 있으므로 그냥 더하면 안 됩니다. 즉, 2의 배수는 2, 4, 6의 3개, 3의 배수는 3, 6의 2개이지만 6이 중복되므로 3+2에서 1을 빼야 정확한 경우의 수가 나옵니다.

어느 복권이든 당첨될 확률이 $\frac{1}{2}$인데, 왜 한 번도 당첨되지 않나요?

아! 그렇구나

확률의 개념, 즉 확률의 각 경우의 수가 갖춰야 할 조건을 무시하고 공식만 외우면 이렇게 생각할 수 있습니다. 각 경우가 일어날 가능성이 같다는 전제 조건이 있어야 그 경우를 조사해서 확률을 구할 수 있는데, 많은 아이들이 이 조건을 확인하지 않고 무조건 경우의 수만 가지고 나누려고 하지요.

30초 정리

확률의 정의

어떤 실험이나 관찰에서 각 경우가 일어날 가능성이 같다고 할 때, 일어나는 모든 경우의 수를 n, 어떤 사건 A가 일어나는 경우의 수를 a라고 하면 사건 A가 일어날 확률 p는 다음과 같다.

$$p = \frac{(\text{사건 } A\text{가 일어나는 경우의 수})}{(\text{일어나는 모든 경우의 수})} = \frac{a}{n}$$

확률을 설명하는 효과적인 소재는 주사위입니다. 주사위 하나를 던질 때 짝수가 나올 확률은 얼마인가요? 모두가 $\frac{3}{6}$ 이라고 답합니다. 6가지 중 3가지이기 때문이지요. 이러한 대답은 꼭 틀린 것은 아니지만 정확한 것도 아닙니다. 확률을 정할 때 가장 중요한 단서는 '각 경우가 일어날 가능성이 같다고 할 때'라는 조건입니다. 이를 만족할 때 분수를 사용할 수 있습니다. 따라서 '주사위는 정육면체이기 때문에 여섯 면이 나올 가능성이 같아서'라는 단서가 설명에 포함되어야 합니다. 주사위를 하나 던질 때는 이 조건이 그리 중요하지 않을 수 있지만 주사위를 2개 던질 때는 이 조건을 소홀히 하여 정말 많은 학생이 오개념을 드러냅니다.

두 주사위를 동시에 던질 때 나오는 눈의 수의 합이 8일 확률은 얼마일까요? 이런 문제를 다루지 않는 교과서는 없습니다. 하지만 수능 시험에 이런 문제가 오지선다형으로 나와도 실제 정답률은 30% 정도에 불과합니다. 한 주사위에서 2가 나오고 다른 주사위에서 6이 나와 합이 8이 되는 경우 $(2, 6)$ 과 반대로 한 주사위에서 6이 나오고 다른 주사위에서 2가 나와 합이 8이 되는 경우 $(6, 2)$를 한 가지로 볼 것인가, 2가지로 볼 것인가 하는 문제 때문입니다.

이 상황에서는 '두 주사위'라는 조건에 주의를 기울일 필요가 있습니다. '서로 다른'이라는 단서가 없으므로 두 주사위가 같을 수 있다는 생각을 할 수 있습니다. 세상의 모든 주사위는 절대 똑같을 수 없다는 생각도 가능합니다. 그러나 확률을 정할 때는 이런 식으로 얘기하지 않았습니다. '일어날 가능성이 같다'는 전제를 말하고 있습니다.

$(2, 6)$이 나올 가능성은 각 주사위가 $\frac{1}{6}$씩이기 때문에 $\frac{1}{6} \times \frac{1}{6} = \frac{1}{36}$ 입니다. 마찬가지로 $(6, 2)$가 나올 가능성도 $\frac{1}{36}$ 입니다. $(4, 4)$는 어떤가요? 이것도 나올 가능성이 $\frac{1}{36}$ 이겠군요. 두 주사위를 동시에 던질 때 나오는 모든 경우의 수는 $6 \times 6 = 36$이고, 이를 표로 나타내면 다음과 같습니다.

주사위를 한 개 던졌을 때와 마찬가지로 주사위를 2개 던졌을 때도 확률을 구할 때는 가장 중요한 전제 조건을 만족하는지 확인해야 합니다. 즉, 이들 36가지 모두가 $\frac{1}{36}$ 의 가능성을 가진다는 것입니다. 이 중에서 눈의 수의 합이 8인 경우는

	1	2	3	4	5	6
1	(1, 1)	(1, 2)	(1, 3)	(1, 4)	(1, 5)	(1, 6)
2	(2, 1)	(2, 2)	(2, 3)	(2, 4)	(2, 5)	(2, 6)
3	(3, 1)	(3, 2)	(3, 3)	(3, 4)	(3, 5)	(3, 6)
4	(4, 1)	(4, 2)	(4, 3)	(4, 4)	(4, 5)	(4, 6)
5	(5, 1)	(5, 2)	(5, 3)	(5, 4)	(5, 5)	(5, 6)
6	(6, 1)	(6, 2)	(6, 3)	(6, 4)	(6, 5)	(6, 6)

$$(2, 6), (3, 5), (4, 4), (5, 3), (6, 2)$$

의 5가지이므로 구하는 확률은 $\frac{5}{36}$ 라고 말할 수 있습니다.

어떤 사건이 일어나지 않을 확률은 어떻게 구할까요? 어떤 사건에는 일어나느냐, 일어나지 않느냐의 2가지 경우가 있으므로 어떤 사건이든 일어날 확률은 무조건 $\frac{1}{2}$일까요? 이때도 '일어날 가능성'을 따져야 합니다. 일어날 가능성과 일어나지 않을 가능성이 같은 경우라면 그 사건이 일어날 확률은 $\frac{1}{2}$입니다.

그런데 도서관 행운권 이벤트에서 당첨이 되는 경우와 안 되는 경우의 2가지가 있다고 할 때 당첨될 확률이 $\frac{1}{2}$이라고 생각하는 것은 성급한 판단입니다. 당첨될 가능성과 안 될 가능성이 같나요? 제비를 뽑는다고 생각하면 수많은 제비 중 당첨 제비는 몇 장에 불과할 것이므로 두 가능성은 같지 않습니다. 다만, 당첨될 확률과 당첨되지 않을 확률의 합이 1이므로 당첨되지 않을 확률은 '1 − (당첨될 확률)'로 계산할 수 있습니다.

좀 더 복잡한 문제를 생각해 보겠습니다. 당첨 제비 3개를 포함하여 모두 10개의 제비가 들어 있는 상자에서 A, B 두 사람이 차례로 한 개씩 제비를 뽑을 때, A, B 두 사람 중 적어도 한 사람이 당첨 제비를 뽑을 확률은 얼마일까요? 이때 뽑은 제비는 다시 넣지 않습니다.

적어도 한 사람이 당첨 제비를 뽑을 확률은 오른쪽 표의 3가지 경우를 계산하여 더하면 됩니다. 하지만 둘 다 당첨 제비를 뽑지 못하는 네 번째 확률을 구하여 1에서 빼는 방법으로도 계산할 수 있으며, 이 방법이 보다 간편할 것입니다.

둘 다 당첨 제비를 뽑지 못할 확률은 $\frac{7}{10} \times \frac{6}{9} = \frac{7}{15}$이므로 구하는 확률은 $1 - \frac{7}{15} = \frac{8}{15}$입니다.

A	B
○	○
○	×
×	○
×	×

개념의 연결

초3		초5		초6		중2		고교 확률과 통계
분수	≫	가능성	≫	비율	≫	확률의 정의와 성질	≫	확률

 2개의 동전을 동시에 던지면 ① 둘 다 앞면, ② 하나는 앞면이고 하나는 뒷면, ③ 둘 다 뒷면이 나오는 총 3가지 경우가 나올 수 있습니다. 그럼 앞면이 적어도 하나 나올 확률은 $\frac{2}{3}$인가요?

A. 확률에서 가장 중요한 전제 조건, 즉 '각 경우가 일어날 가능성이 같을 때' 분수를 쓸 수 있다는 것을 무시했습니다. 지금 제시한 3가지 경우가 일어날 가능성이 모두 $\frac{1}{3}$로 같을까요? 둘 다 앞면이 나올 가능성이 $\frac{1}{2} \times \frac{1}{2} = \frac{1}{4}$인 것만 봐도 이러한 풀이가 틀린 것을 알 수 있습니다.

둘 다 뒷면　　　앞면이 적어도 하나

이러한 문제에서 앞면이 적어도 하나 나올 경우는 많으므로 앞면이 하나도 나오지 않을 확률을 구하는 것이 보다 편리할 것입니다. 전체 확률 1에서 2개 모두 뒷면이 나오는 확률을 빼면 되지요.

2개 모두 뒷면이 나올 확률은 $\frac{1}{2} \times \frac{1}{2} = \frac{1}{4}$이므로 앞면이 적어도 하나 나올 확률은 $1 - \frac{1}{4} = \frac{3}{4}$이 됩니다.

 일기예보를 보면 '내일 비가 내릴 확률이 40%'라고 하는데, 비가 올 확률은 어떻게 구하나요?

A. 기상청에서 일기예보를 할 때 비가 올 확률을 어떻게 구하는지 궁금할 것입니다. 일기예보에서는 일정한 지역의 얼마 동안의 기상 상태를 미리 알려 줍니다.

일기예보에서 발표되는 자료에는 확률이 이용됩니다. 이때의 확률은 기온, 풍속, 습도, 구름의 움직임 등을 종합 관찰하고, 기존에 비슷한 기상 상태에서 날씨가 어떻게 변했는지를 함께 조사함으로써 결정됩니다. '어느 지역의 비가 내릴 확률이 40%'라는 예보는 그 지역의 총 넓이 중 40%의 지역에서 비가 내린다는 뜻이 아닙니다. 그리고 하루 24시간 중 비가 오는 시간의 비율이 40%라는 뜻도 아닙니다. 비가 내릴 확률은 그 지역에 비가 내릴 가능성을 확률로 나타낸 것입니다. 비가 내릴 확률이 40%라고 하는 것은 현재와 같은 기상 상태가 수없이 반복된 과거에 약 40%의 경우에는 비가 왔다는 통계 자료에 근거한 것입니다.

사건 A 또는 사건 B가 일어날 확률에서는 두 확률을 더하라면서요?

아! 그렇구나

두 확률의 합을 구하는 조건에서 중요한 것은 두 사건이 동시에 일어나지 않는 것입니다. 그런데 보통 '또는'이라는 말이 있으면 더하고, '동시에'라는 말이 있으면 곱한다고 생각합니다. 그러나 2가지 경우 모두 중요한 단서를 달고 있답니다. 그 단서가 지켜지지 않은 상태에서는 결과가 틀릴 수밖에 없지요.

30초 정리

1. 사건 A 또는 사건 B가 일어날 확률

두 사건 A, B가 동시에 일어나지 않을 때,

사건 A가 일어날 확률을 p,

사건 B가 일어날 확률을 q라고 하면

　(사건 A또는 사건 B가 일어날 확률)

　$= p + q$

2. 사건 A와 사건 B가 동시에 일어날 확률

두 사건 A, B가 서로 영향을 끼치지 않을 때,

사건 A가 일어날 확률을 p,

사건 B가 일어날 확률을 q라고 하면

　(사건 A와 사건 B가 동시에 일어날 확률)

　$= p \times q$

확률의 계산은 절대적으로 경우의 수의 영향을 받습니다. 그리고 한 가지 더 명심할 것은 '각 경우가 일어날 가능성이 같다고 할 때'라는 조건입니다.

두 주사위 A, B를 동시에 던질 때 A에서는 짝수의 눈이 나오고 B에서는 2 이하의 눈이 나올 확률을 2가지 방법으로 구해 보겠습니다.

두 주사위를 동시에 던져 나오는 모든 경우의 수는 $6 \times 6 = 36$(가지)입니다. 주사위 A에서 짝수의 눈이 나오는 경우는 2, 4, 6 등 3가지이고, 이들 각각에 대하여 주사위 B에서 2 이하의 눈이 나오는 경우는 1, 2 등 항상 2가지이므로 전체 경우의 수는 $3 \times 2 = 6$(가지)입니다. 이때 두 주사위를 던져 나오는 36가지 각각은 '일어날 가능성'이 같으므로 구하는 확률은 $\dfrac{6}{36} = \dfrac{1}{6}$입니다.

그런데 이 계산을 다시 분석해 보면 $\dfrac{6}{36} = \dfrac{3 \times 2}{6 \times 6} = \dfrac{3}{6} \times \dfrac{2}{6}$가 되어, 두 확률의 곱과 같다는 것을 확인할 수 있습니다. 이와 같이 확률은 경우의 수를 모두 구해 계산할 수도 있지만, 각각의 확률을 이용해 계산할 수도 있습니다. 즉, 주사위 A에서 짝수의 눈이 나올 확률은 $\dfrac{3}{6}$, 주사위 B에서 2 이하의 눈이 나올 확률은 $\dfrac{2}{6}$임을 이용하여 주사위 A에서 짝수의 눈이 나오는 동시에 주사위 B에서 2 이하의 눈이 나올 확률을 $\dfrac{3}{6} \times \dfrac{2}{6} = \dfrac{6}{36}$으로도 구할 수 있습니다.

$$\dfrac{6}{36} = \dfrac{3 \times 2}{6 \times 6} = \dfrac{3}{6} \times \dfrac{2}{6}$$

A는 짝수의 눈,
B는 2 이하의 눈이
나올 확률

A가
짝수의
눈이
나올 확률

B가
2 이하의
눈이
나올 확률

정리하면, 확률이 각각 p, q인 두 사건 A, B가 서로 영향을 끼치지 않을 때, 사건 A와 사건 B가 동시에 일어날 확률은 $p \times q$입니다.

마찬가지로 확률이 각각 p, q인 두 사건 A, B가 동시에 일어나지 않을 때, 사건 A 또는 사건 B가 일어날 확률은 $p + q$입니다.

각 면에 1에서 20까지의 수가 각각 적힌 정이십면체 모양의 주사위를 던질 때 5의 배수가 나오는 경우는 5, 10, 15, 20의 4가지, 7의 배수가 나오는 경우는 7, 14의 2가지이므로 5의 배수 또는 7의 배수가 나오는 경우는 $4+2=6$(가지)입니다. 따라서 주사위를 던져 5의 배수 또는 7의 배수가 나올 확률은 $\frac{6}{20}$입니다.

그런데 이 계산을 다시 분석해 보면 $\frac{6}{20} = \frac{4+2}{20} = \frac{4}{20} + \frac{2}{20}$가 되어, 두 확률의 합과 같다는 것을 확인할 수 있습니다. 확률을 곱하는 경우와 마찬가지로 더하는 경우도 각각의 확률을 이용해서 계산할 수 있습니다. 즉, 5의 배수가 나올 확률은 $\frac{4}{20}$, 7의 배수가 나올 확률은 $\frac{2}{20}$임을 이용하여 5의 배수 또는 7의 배수가 나올 확률은 $\frac{4}{20} + \frac{2}{20} = \frac{6}{20}$으로도 구할 수 있습니다.

$$\frac{6}{20} = \frac{4}{20} + \frac{2}{20}$$

5의 배수 또는 7의 배수가 나올 확률   5의 배수가 나올 확률   7의 배수가 나올 확률

이때 주의할 것은 각각의 확률을 구해서 그냥 더하기만 하면 안 되는 경우가 있다는 것입니다. 예를 들면, 정이십면체 주사위를 던져 2의 배수 또는 3의 배수가 나올 확률을 구해 보겠습니다.

이때 2의 배수가 나올 확률 $\frac{10}{20}$, 3의 배수가 나올 확률 $\frac{6}{20}$을 이용하여 2의 배수 또는 3의 배수가 나올 확률을 $\frac{10}{20} + \frac{6}{20} = \frac{16}{20}$으로 구하면 안 됩니다. 왜냐하면 6, 12, 18은 2의 배수이면서 동시에 3의 배수, 즉 2와 3의 공배수이기 때문에 두 사건이 동시에 일어나는 문제가 발생합니다. 이럴 경우에는 각각의 확률을 구해서 그냥 더하면 오류가 발생합니다.

정리하면, 확률이 각각 p, q인 두 사건 A, B가 동시에 일어나지 않을 때만 사건 A 또는 사건 B가 일어날 확률을 $p+q$로 구할 수 있습니다.

개념의 연결

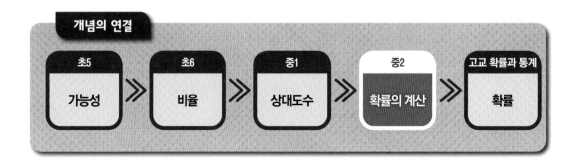

초5 가능성 ▷ 초6 비율 ▷ 중1 상대도수 ▷ 중2 확률의 계산 ▷ 고교 확률과 통계 확률

확률은 경우의 수와 어떻게 연결되나요? 뭔가 비슷한 말들이 오가는 것 같은데 정확히 정리되지 않습니다.

경우의 수에는 2가지 기본 원칙이 있었습니다. 더하고 곱하는 원칙이었죠.

경우의 수가 각각 m, n인 두 사건 A, B가 동시에 일어나지 않을 때, 사건 A 또는 사건 B가 일어나는 경우의 수는 $m + n$이 됩니다. 이것은 확률의 계산 중 더하는 경우와 연결됩니다.

확률이 각각 p, q인 두 사건 A, B가 동시에 일어나지 않을 때, 사건 A 또는 사건 B가 일어날 확률은 $p + q$입니다. 비슷하지요.

또한, 사건 A가 일어나는 경우의 수가 m이고, 그 각각에 대하여 사건 B가 일어나는 경우의 수가 항상 n으로 똑같을 때, 두 사건 A, B가 동시에 일어나는 경우의 수는 $m \times n$이 됩니다. 이것은 확률의 계산 중 곱하는 경우와 연결됩니다. 확률이 각각 p, q인 두 사건 A, B가 서로 영향을 끼치지 않을 때, 사건 A와 사건 B가 동시에 일어날 확률은 $p \times q$입니다. 역시 비슷하지요.

따라서 확률을 계산하기 전에 경우의 수에 대한 이해를 명확히 해야 할 필요가 있겠습니다.

두 사건이 동시에 일어날 때, 영향을 끼치지 않는다는 말이 무슨 뜻인가요?

예를 들어, 10개의 제비 중 3개의 당첨 제비가 들어 있는 상자 속에서 처음 A가 뽑은 것을 상자에 다시 집어넣으면 두 번째 뽑는 B는 A의 영향을 받지 않습니다. 이때 각 사람이 당첨 제비를 뽑을 확률은 $\frac{3}{10}$이고, 두 사람이 모두 당첨 제비를 뽑을 확률은 $\frac{3}{10} \times \frac{3}{10} = \frac{9}{100}$입니다.

그러나 A가 뽑은 것을 다시 집어넣지 않으면 이렇게 계산할 수 없습니다.

마찬가지로 주머니 속에서 구슬을 꺼낼 때도 처음 꺼낸 구슬을 다시 집어넣느냐 집어넣지 않느냐 하는 것에 따라 영향을 받을 수도, 받지 않을 수도 있습니다.

두 사건의 확률을 곱해야 하는 상황에서는 항상 영향을 받는지 여부를 따져 계산해야 합니다.

3학년에 나오는 용어와 수학기호

수와 연산
제곱근, 근호, 무리수, 실수, 분모의 유리화, $\sqrt{}$

변화와 관계
인수, 인수분해, 완전제곱식, 이차방정식, 중근, 근의 공식, 이차함수, 포물선, 축, 꼭짓점, 최댓값, 최솟값

도형과 측정
삼각비, 사인, 코사인, 탄젠트, 원주각, $\sin A$, $\cos A$, $\tan A$

자료와 가능성
산포도, 편차, 분산, 표준편차, 사분위수, 상자그림, 산점도, 상관관계

3학년 수학사전

중학교 3학년 수학은 고등학교에서 경험하게 될 또 다른 수학의 확장을 위한 기초가 됩니다. 그러므로 개념에 대한 정확한 이해가 더욱 중요한 때라고 할 수 있습니다. 그리고 인수분해, 이차방정식, 이차함수를 학습하면서는 수학의 연결성을 엿보거나 고민할 기회가 많이 주어지므로 이에 대해 깊이 있게 생각해 보는 시간을 꼭 가져야 합니다. 통계 용어들에 대해서는 개념의 이해뿐만 아니라 그것들이 자료에서 갖는 의미에 대한 이해가 반드시 수반되어야 고등학교 수학에서의 확장을 쉽게 받아들일 수 있을 것입니다.

중 학 교   3 학 년   수 학   공 부 의   마 음 가 짐

❶ 중학교 과정을 마무리하는 단계입니다. 고등학교에 가기 전 준비해야 할 부분은 선행 학습이 아니라 중학교 전체 수학 개념을 충분히 이해하는 것입니다.

❷ 생소한 수인 무리수를 정확히 이해하도록 합니다. 무리수는 일상에 자주 쓰는 수가 아니므로 일부러 익숙해지도록 노력합니다.

❸ 인수분해는 곱셈공식의 반대 계산입니다. 단순한 공식처럼 보이지만 이후에 나오는 이차방정식, 이차함수 등의 기초가 되므로 충분히 연습할 필요가 있습니다.

❹ 상자그림과 산포도는 앞으로 여러 가지 자료를 보고 해석할 때 중요한 도구로 쓰입니다. 단순한 계산보다는 감각적인 이해를 필요로 합니다.

3학년은 무엇을 배우나요?

영역	내용 요소	3학년 성취기준
수와 연산	• 제곱근과 실수	• 제곱근의 뜻과 성질을 알고, 제곱근의 대소 관계를 판단할 수 있다. • 무리수의 개념을 이해하고, 무리수의 유용성을 인식할 수 있다. • 실수의 대소 관계를 판단하고 설명할 수 있다. • 근호를 포함한 식의 사칙계산의 원리를 이해하고, 그 계산을 할 수 있다.
변화와 관계	• 다항식의 곱셈과 인수분해	• 다항식의 곱셈과 인수분해를 할 수 있다.
	• 이차방정식	• 이차방정식을 풀 수 있고, 이를 활용하여 문제를 해결할 수 있다.
	• 이차함수와 그 그래프	• 이차함수의 개념을 이해한다. • 이차함수의 그래프를 그릴 수 있고, 그 성질을 설명할 수 있다.
도형과 측정	• 삼각비	• 삼각비의 뜻을 알고, 간단한 삼각비의 값을 구할 수 있다. • 삼각비를 활용하여 여러 가지 문제를 해결할 수 있다.
	• 원의 성질	• 원의 현에 관한 성질과 접선에 관한 성질을 이해하고 정당화할 수 있다. • 원주각의 성질을 이해하고 정당화할 수 있다.

중학교 수학은 '수와 연산', '변화와 관계', '도형과 측정', '자료와 가능성'의 4가지 대영역으로 구성되어 있습니다.
그중 3학년에서 다루고 있는 내용을 살펴보면 표와 같습니다.
표에서 제시한 성취기준이란 여러분이 꼭 알고 도달해야 하는 목표입니다.

영역	내용 요소	3학년 성취기준
자료와 가능성	• 산포도	• 분산과 표준편차를 구하고 자료의 분포를 설명할 수 있다.
	• 상자그림과 산점도	• 공학 도구를 이용하여 자료를 상자그림으로 나타내고 분포를 비교할 수 있다. • 자료를 산점도로 나타내고 상관관계를 말할 수 있다.

'a의 제곱근'과 '제곱근 a'의 차이는 무엇인가요?

아! 그렇구나

　제곱근에 대해서는 헷갈리는 부분이 참으로 많지요. 대부분 수학의 오개념은 뜻에 대한 이해 부족에서 옵니다. 제곱근을 처음 배울 때 여러 가지 용어와 기호를 배우게 되는데, 이를 대충 받아들이면 문제를 풀 때 이런 일이 벌어지지요. 제곱근에 대한 문제에서는 당연히 헷갈리는 부분을 묻게 마련입니다.

30초 정리

제곱근

어떤 수 x를 제곱해서 a가 될 때, 즉 $x^2 = a$일 때, x를 a**의 제곱근**이라고 한다.

양수 a의 두 제곱근 중 양수인 것을 **양의 제곱근**, 음수인 것을 **음의 제곱근**이라 하고,

기호 $\sqrt{}$ 를 사용하여 a의 양의 제곱근을 $\sqrt{a}$, a의 음의 제곱근을 $-\sqrt{a}$ 와 같이 나타낸다.

따라서 제곱근 $a(\sqrt{a})$는 a의 양의 제곱근을 나타내고, a의 제곱근에는 양과 음 2개가 있다.

중3 첫 시간에 배우는 것이 제곱근입니다. 이전에 배운 제곱과 이름이 비슷하지만 역 관계입니다.

$$3^2 = 9, \ (-3)^2 = 9$$

따라서 9의 제곱근, 즉 제곱해서 9가 되는 수는 3과 -3입니다.

이와 같이 어떤 수 x를 제곱해서 a가 될 때, 즉 $x^2 = a$일 때 x를 a의 제곱근이라고 합니다.

여기서 a는 제곱한 결과이므로 당연히 0 또는 양수가 됩니다.

그런데 중학교에서는 실수까지만 다루기 때문에 어떤 수가 됐든 제곱하면 0 또는 양수가 되지만 고등학교에 가면 제곱해도 0 또는 양수가 아닌 수를 다루게 되니 그때 가서 이 부분은 다시 정리하게 됨을 기억해 두도록 합니다.

중학교에서는 음수의 제곱근은 생각하지 않습니다. 또, 제곱하여 0이 되는 수는 0뿐이므로 0의 제곱근은 0입니다.

양수 a의 제곱근에는 양수와 음수 2개가 있고, 그 절댓값은 서로 같습니다. 양수 a의 두 제곱근 중 양수인 것을 양의 제곱근, 음수인 것을 음의 제곱근이라 하고, 기호 $\sqrt{\ }$ 를 사용하여

a의 양의 제곱근을 $\sqrt{a}$

a의 음의 제곱근을 $-\sqrt{a}$

와 같이 나타냅니다. 이때 기호 $\sqrt{\ }$ 를 근호라 하고, $\sqrt{a}$ 를 '제곱근 a' 또는 '루트 a'라고 읽습니다. 또, $\sqrt{a}$ 와 $-\sqrt{a}$ 를 한꺼번에 $\pm\sqrt{a}$ 로 나타내기도 합니다. 그러니까 제곱근 a라는 것은 a의 양의 제곱근만을 나타냅니다.

자연수 중 1, 4, 9, 16 등과 같은 제곱수의 제곱근은 각각 ±1, ±2, ±3, ±4이지만 자연수 중 제곱수가 아닌 수 2, 3, 5, 7 등의 제곱근은 각각 $\pm\sqrt{2}$, $\pm\sqrt{3}$, $\pm\sqrt{5}$, $\pm\sqrt{7}$ 등과 같이 나타냅니다.

제곱근의 기호

기호 $\sqrt{\ }$ 는 뿌리(root)를 뜻하는 라틴어 radix의 첫 글자 r을 변형하여 만든 것이다.
또, 근호는 '제곱근의 기호'를 줄인 말이다.

복사기로 문서를 복사할 때 다양한 크기의 직사각형 용지를 사용합니다. 때로는 축소 복사를 하거나 확대하여 복사할 일도 생기는데, 축소하거나 확대할 때 두 용지 사이가 서로 닮음 관계가 아니면 여백이 많이 생기거나 모자라는 경우가 발생합니다. 이들 복사 용지는 서로 닮은 도형이어야 효율적입니다. 실제로도 닮음을 고려하여 복사 용지를 만들었다고 합니다.

보통 사무용지는 큰 종이(전지全紙)를 절반으로 자르는 과정을 반복하여 만듭니다. 이때 만들어지는 용지가 모두 닮은 도형이면 낭비가 없겠지요. 처음 용지의 긴 변의 길이와 짧은 변의 길이의 비가 $x : 1$일 때, 이것을 절반으로 자른 용지의 긴 변의 길이와 짧은 변의 길이의 비는 $1 : \dfrac{x}{2}$입니다. 이때 두 용지가 서로 닮은 도형이 되려면 $x : 1 = 1 : \dfrac{x}{2}$, 즉 $x^2 = 2$이고 x는 길이이므로 2의 두 제곱근 중 양의 제곱근 $\sqrt{2}$ 가 됩니다.

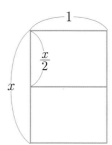

복사기에서 A4를 A3로 확대하는 비율은 얼마일까요? 넓이가 두 배이므로 200%인가요? 아닙니다. 실제로는 약 141%입니다. 왜일까요? 실제로 1.41을 제곱하면 2에 아주 가까운 수가 나옵니다. 따라서 $\sqrt{2} ≒ 1.41$입니다. 왜 넓이를 두 배로 확대하는데 그 비율이 200%가 아닌 141%인지는 중2에서 배운 닮음비와 넓이의 비의 관계를 통해 이해해야 합니다.

컴퓨터의 한글 프로그램에 A4 용지의 가로와 세로의 길이가 나와 있습니다. 반드시 찾아보기 바랍니다. A4 용지의 크기는 $210 \times 297 \text{mm}$입니다. 210과 297은 무슨 관계일까요? $297 \div 210 ≒ 1.41$, 즉 141%가 나오네요. A4 용지의 가로와 세로의 길이의 비, 복사기의 확대율 등은 뭔가 서로 관계를 맺고 있습니다.

A4 용지는 넓이가 1m^2이고 긴 변의 길이와 짧은 변의 길이의 비가 $\sqrt{2} : 1$인 A0 용지를 오른쪽 그림과 같이 잘라 만든 것입니다. B4 용지는 넓이가 1.5m^2이고 긴 변의 길이와 짧은 변의 길이의 비가 $\sqrt{2} : 1$인 B0 용지를 잘라 만듭니다.

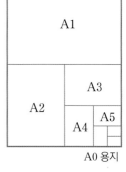

A0 용지

다음과 같은 ○, × 문제를 어떻게 풀어야 하나요?

 보기

ㄱ. $\sqrt{49}$ 의 제곱근은 ±7이다.

ㄴ. $\sqrt{(-9)^2}$ 의 제곱근은 −3이다.

ㄷ. $(-6)^2$ 의 양의 제곱근은 6이다.

A. 제곱근은 수를 먼저 정확히 계산해서 정리한 뒤에

생각하면 헷갈리지 않습니다.

ㄱ. $\sqrt{49} = 7$ 이므로 7의 제곱근을 구하는 문제입니다. 7의 제곱근은 ±7이 아니고 $\pm\sqrt{7}$ 입니다. (×)

ㄴ. $\sqrt{(-9)^2} = \sqrt{81} = 9$ 이므로 9의 제곱근을 구하는 문제입니다. 9의 제곱근에는 −3만 있는 게 아니라 +3도 있지요. (×)

ㄷ. $(-6)^2 = 36$ 이므로 36의 양의 제곱근을 구하는 문제입니다. 36의 양의 제곱근은 6입니다. (○)

 제곱근은 항상 2개인가요?

 A. 보통 제곱근은 양의 제곱근과 음의 제곱근 2개입니다.

다만, 0의 제곱근은 0 하나만 존재합니다.

그런데 중학교에서는 음수의 제곱근을 취급하지 않기 때문에 이 질문에는 '양수의 제곱근'이라는 단서가

필요합니다. 음수의 제곱근은 고등학교에서 배웁니다.

정리하면 양수의 제곱근은 항상 2개입니다. 그리고 0의 제곱근은 한 개입니다.

다음 수의 연관성을 추론하여 빈칸에 들어갈 숫자를 찾아보자.

$5685 \rightarrow 2485 \rightarrow$ □ □ □ □ [정답은 359쪽에]

 사고력 문제

333쪽 사고력 문제 정답 : ㄹ

(A를 가장 먼저 지워보기 시작하면 2, 4, 6 등 짝수 자리 번호를 먼저 지우기 시작해야 규칙이 맞고, 여기서 맨 뒤 두 자리 번호에 주목하자. 지우기 시작한 4, 8, 12 등 4의 배수에 해당하는 번호부터, 맨 앞 두 자리 번호에 해당하는 번호는 지우기 시작한 8의 배수에 해당하는 번호부터, 그러면 마지막으로 160이 해당하는 번호로 본다.)

$a < 0$일 때, 왜 $\sqrt{a^2} = -a$인가요? 루트 속에서는 양수만 나온다면서요?

제곱근의 성질에서 가장 중요한 부분이랍니다.

$a > 0$ 일 때, $\sqrt{a^2} = a$
$a < 0$ 일 때, $\sqrt{a^2} = -a$

$a < 0$일 때도 위의 것처럼 $\sqrt{a^2} = a$가 돼야 하는 거 아닌가요?

뭐가 어떻게 된 거?

어라! 루트 속에서는 양수만 나온다고 하셨잖아요!!

아! 그렇구나

제곱근에 대한 앞 주제의 질문 내용보다 더 헷갈리는 부분이지요. 문자의 의미를 잘 이해하지 못하면 이렇게 물어볼 수 있습니다. 숫자일 때는 헷갈리지 않는데, 문자에 약한 학생은 그 외형만 보고 $-a$를 무조건 음수라고 생각하거든요. $-a$가 a의 부호에 따라 양음이 달라질 수 있음을 생각하기보다 앞에 있는 $-$ 기호만 보고 음수라고 생각하는 것이지요.

30초 정리

제곱근의 성질

1. $a > 0$일 때
$(\sqrt{a})^2 = a$, $(-\sqrt{a})^2 = a$
$\sqrt{a^2} = a$, $\sqrt{(-a)^2} = a$

2. $a < 0$일 때
$\sqrt{a^2} = -a$, $\sqrt{(-a)^2} = -a$

2의 제곱근은 $\sqrt{2}$와 $-\sqrt{2}$이므로 $(\sqrt{2})^2 = 2$, $(-\sqrt{2})^2 = 2$입니다.

일반적으로 양수 a의 제곱근은 $\sqrt{a}$와 $-\sqrt{a}$이므로

$$(\sqrt{a})^2 = a, \ (-\sqrt{a})^2 = a$$

가 성립합니다.

또한 $5^2 = 25$, $(-5)^2 = 25$이고 25의 양의 제곱근은 5이므로
$\sqrt{5^2} = \sqrt{25} = 5$, $\sqrt{(-5)^2} = \sqrt{25} = 5$입니다.

일반적으로 $a > 0$일 때, $\sqrt{a^2} = \sqrt{(-a)^2} = a$가 성립합니다.

그런데 $\sqrt{5^2} = 5$, $\sqrt{(-5)^2} = 5$에서 $a = -5$이면

$$\sqrt{(-a)^2} = -a, \ \sqrt{a^2} = -a$$

가 됩니다. 따라서 $a < 0$일 때는 $\sqrt{a^2} = \sqrt{(-a)^2} = -a$가 성립합니다.

$a < 0$일 때를 교과서에서 별도로 다루지는 않지만 $a > 0$일 때를 이용하여 추론이 가능하기 때문에 이해해 둘 필요가 있습니다.

$a < 0$일 때 $\sqrt{a^2} = -a$인 것을 보고, 제곱근 a^2은 어쨌든 양의 제곱근을 뜻하는데 그 결과가 $-a$, 즉 음수가 나왔다고 착각하여 이러한 내용을 좀처럼 받아들이지 못하는 학생이 많습니다. 그러나 $a < 0$이면 오히려 a가 음수이고 $-a$가 양수이기 때문에 $-a$가 양의 제곱근이 됩니다. 음의 부호 $-$ 를 포함하고 있지만 a 자체가 음수이기 때문에 $-a > 0$이라는 것을 받아들여야 합니다.

제곱근은 그 크기를 비교할 수 있습니다.

넓이가 a인 정사각형 한 변의 길이를 x라 하면 $x^2 = a$이고, x는 양수이므로 $x = \sqrt{a}$입니다. 마찬가지로 넓이가 b인 정사각형 한 변의 길이를 y라 하면 $y^2 = b$이므로 $y = \sqrt{b}$입니다.

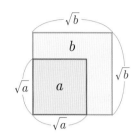

그림에서 두 정사각형 중 넓이가 넓은 것이 그 한 변의 길이도 길기 때문에 $a < b$이면 $\sqrt{a} < \sqrt{b}$인 관계가 성립함을 알 수 있습니다. 한편 두 정사각형 중 한 변의 길이가 긴 것이 그 넓이도 넓기 때문에 $\sqrt{a} < \sqrt{b}$이면 $a < b$인 관계도 성립합니다.

> **제곱근의 대소 관계**
>
> $a > 0$, $b > 0$일 때
> 1. $a < b$이면 $\sqrt{a} < \sqrt{b}$
> 2. $\sqrt{a} < \sqrt{b}$이면 $a < b$

그런데 대소 관계 비교에서 헷갈리는 것이 있습니다.

1의 제곱이나 1의 양의 제곱근은 모두 1입니다. 그렇지만 1이 아닌 양수는 제곱을 하면 커지기도 하고 작아지기도 합니다. 그러므로 1이 아닌 양수의 양의 제곱근은 1보다 클 수도 있고 작을 수도 있습니다.

$a = 4$이면 $\sqrt{a} = \sqrt{4} = 2$, $a^2 = 4^2 = 16$이므로 예상하는 대로 $\sqrt{a} < a < a^2$인 관계가 성립합니다. 그런데 $a = \frac{1}{4}$이면 어떻게 될까요? $\sqrt{a} = \sqrt{\frac{1}{4}} = \frac{1}{2}$, $a^2 = \left(\frac{1}{4}\right)^2 = \frac{1}{16}$이므로 예상과 달리 $\sqrt{a} > a > a^2$인 관계가 성립합니다.

즉, $a > 1$일 때는 $\sqrt{a} < a < a^2$, $0 < a < 1$일 때는 $\sqrt{a} > a > a^2$인 관계가 성립합니다.

개념의 연결

중1		중2		중3		중3		고교 공통수학1
정수와 유리수	»	유리수와 순환소수	»	제곱근의 성질	»	근호를 포함한 식의 계산	»	복소수와 이차방정식

세 수 a, $\sqrt{a}$, a^2의 관계가 1을 기준으로 바뀌는데, 좀 더 자세히 알고 싶습니다.

 세 수 a, $\sqrt{a}$, a^2의 관계를 정확히 알려면 고등학교 수학 내용이 필요합니다. 나중에 배우겠지만 좀 더 확실한 이해를 위해서 간단히 설명해 보겠습니다.

이 세 수의 관계를 알려면 변화를 시각적으로 파악할 수 있는 함수의 그래프를 그려야 합니다.

a는 1학년에서 배운 일차함수 $y=x$의 그래프, a^2은 3학년에서 배우는 이차함수 $y=x^2$의 그래프로 이해할 수 있지만 $\sqrt{a}$는 고1 때 배우는 무리함수 $y=\sqrt{x}$의 그래프를 그릴 줄 알아야만 이해할 수 있습니다. 세 함수를 x가 양수인 범위에서만 그려 보면 그림과 같이 $x=1$을 중심으로 대소 관계가 바뀌는 것을 볼 수 있습니다.

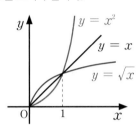

 $2 \leq \sqrt{x} < 3$을 만족시키는 자연수 x는 5개, $3 \leq \sqrt{x} < 4$를 만족시키는 자연수 x는 7개, $4 \leq \sqrt{x} < 5$를 만족시키는 자연수 x는 9개, $5 \leq \sqrt{x} < 6$을 만족시키는 자연수 x는 11개 등 x가 홀수 개로 커지는 현상을 발견할 수 있습니다. 이유가 무엇인가요?

 중요한 발견을 했군요. 연속하는 두 정수 사이에 있는 자연수 제곱근은 홀수 개로 커집니다.

이것을 일반화된 식으로 이해하려면 문자를 사용해야 합니다. 문자는 특정한 수가 가지는 한계, 즉 일반화의 한계를 해결해 주는 중요한 열쇠가 됩니다.

n이 자연수일 때, 연속하는 두 자연수 n과 $n+1$ 사이를 조사해 보겠습니다. 즉, $n \leq \sqrt{x} < n+1$을 만족시키는 자연수 x의 개수를 구할 수 있으면 규칙성을 발견할 수 있습니다. 각각을 제곱하면

$$n^2 \leq (\sqrt{x})^2 < (n+1)^2$$

이지요. 이 부등식을 만족하는 자연수 x의 개수는 $(n^2+2n+1)-n^2=2n+1$입니다.

$2n+1$은 홀수입니다. 이와 같이 연속하는 두 정수 사이에 있는 자연수 제곱근의 개수는 항상 홀수입니다.

한편, 1부터 시작하는 연속하는 홀수의 합은 항상 홀수 개수의 제곱이 된다는 사실을 알고 있나요? 이 사실이 질문과 무슨 관계가 있을지 생각해 보는 시간을 가져 보기 바랍니다.

$$1=1=1^2$$
$$1+3=4=2^2$$
$$1+3+5=9=3^2$$
$$1+3+5+7=16=4^2$$

원주율은 3.14인데, 어떻게 π를 무리수라고 하나요?

아! 그렇구나

원주율을 초등학교 6학년 때 처음 배웠지요. 그때는 무한소수를 모르기 때문에 원주율이 3이나 3.14 등의 어림한 값으로 제시되었습니다. 무리수는 소수점 이하의 소수가 끝없이 불규칙하게 계속되는 수라고 하지만 분명 값이 정확히 존재하는 수입니다. 그러나 '순환하지 않는 무한소수'라는 무리수의 뜻에서 마치 '정해지지 않고 움직이는 수'라는 이미지를 떠올리기도 합니다.

30초 정리

무리수

유리수는 $\frac{1}{2} = 0.5$, $\frac{31}{25} = 1.24$, $\frac{1}{3} = 0.\dot{3}$, $\frac{26}{11} = 2.\dot{3}\dot{6}$과 같이 유한소수나 순환소수로 나타낼 수 있다. 그런데 $\sqrt{2} = 1.41421356237\cdots$과 같이 순환하지 않는 무한소수로 나타난다. 소수로 나타낼 때 순환하지 않는 무한소수가 되는 수를 **무리수**라고 한다.

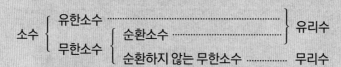

2학년 때 '유리수와 순환소수'에서 배운 내용을 떠올려 보겠습니다.

모든 수학 개념은 불쑥 나타나는 것이 아니라 이전 개념과 어떤 관계를 가지고 연결되어 있습니다. 그래서 새로운 개념을 이해하려면 이전 개념을 충분히 알고 있어야 합니다.

모든 유리수를 소수로 고치면 유한소수 또는 순환소수가 된다고 했습니다. 특히 유리수를 기약분수로 고쳤을 때 분모의 소인수가 2나 5뿐이면 유한소수가 되고, 2와 5 이외의 소인수가 포함되어 있으면 무한소수 중 순환소수가 된다고 했습니다. 정확히 설명하기 어려운 학생은 반드시 중2의 '유리수와 순환소수' 부분을 복습한 후에 다시 돌아오기 바랍니다.

유한소수와 순환소수는 항상 유리수로 고칠 수 있습니다. 유한소수는 소수점 아래의 숫자 개수만큼의 10의 거듭제곱을 분모로 하면 되고, 순환소수를 분수로 고치는 것은 중2에서 경험했습니다.

유리수

유리수는 $\dfrac{a}{b}(b \neq 0, a, b$는 정수)의 꼴로 나타낼 수 있는 수이다.

유리수 중 정수가 아닌 기약분수를 제곱하면 정수가 아닌 기약분수가 됩니다. 이 사실을 이용하면 $\sqrt{2}$가 유리수가 아닌 것을 설명할 수 있습니다.

$1 < \sqrt{2} < 2$이므로 $\sqrt{2}$는 정수가 아닙니다. 정수가 아닌 기약분수를 제곱하면 정수가 될 수 없는데 $(\sqrt{2})^2 = 2$(정수)이므로 $\sqrt{2}$는 기약분수가 아닙니다. $\sqrt{2}$는 정수도 아니고 기약분수도 아니므로 유리수가 아닙니다. $\sqrt{2}$는 뭘까요?

실제로 $\sqrt{2}$를 소수로 나타내면 $\sqrt{2} = 1.41421356623730950488016\cdots$과 같이 순환하지 않는 무한소수가 됩니다. 이와 같이 소수로 나타낼 때 순환하지 않는 무한소수가 되는 수를 무리수라고 합니다.

유리수와 무리수를 통틀어 실수라고 합니다. 실수를 분류하면 다음과 같습니다.

실수의 분류

$$\text{실수}\begin{cases} \text{유리수}\begin{cases} \text{정수}\begin{cases} \text{양의 정수(자연수)} \\ 0 \\ \text{음의 정수} \end{cases} \\ \text{정수가 아닌 유리수} \end{cases} \\ \text{무리수} \end{cases}$$

무리수 $\sqrt{2}$ 를 소수로 나타내는 방법이 있기는 하지만 보통의 나눗셈보다 복잡해서 더는 학습하지 않습니다. 대신 계산기를 이용하여 직접 $\sqrt{2}$ 의 근삿값을 구하거나 제곱하는 방법을 이용하기도 합니다.

제곱근의 대소 관계를 이용하여 $\sqrt{2}$ 를 소수로 나타내 보겠습니다.

먼저 2에 가까운 제곱수를 찾으면 $1.4^2 = 1.96$, $1.5^2 = 2.25$ 이므로

$$1.4 < \sqrt{2} < 1.5$$

임을 알 수 있습니다. 이제 소수점 아래의 자릿수를 하나씩 늘려 나가면

$1.41^2 = 1.9881$, $1.42^2 = 2.0164$ 에서

$$1.41 < \sqrt{2} < 1.42$$

임을 알 수 있습니다.

이와 같은 방법으로 계속하면

$$1.414 < \sqrt{2} < 1.415$$
$$1.4142 < \sqrt{2} < 1.4143$$
$$\vdots$$

결국 $\sqrt{2}$ 를 소수로 나타내면

$$\sqrt{2} = 1.4142135623730950488016\cdots$$

과 같이 순환하지 않는 무한소수가 됩니다.

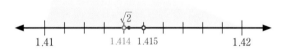

그럼 $\sqrt{2} + 1$ 은 유리수일까요, 무리수일까요?

$\sqrt{2}$ 는 순환하지 않는 무한소수인데 여기에 1을 더하면 정수 부분만 1이 커지고 여전히 순환하지 않는 무한소수가 될 것이기 때문에 무리수입니다. 그렇다면 $\sqrt{2} - 1$ 은? 역시 무리수이겠지요.

이와 같이 유리수와 무리수를 서로 더하거나 빼면 순환하지 않는 무한소수가 되기 때문에 그 결과는 모두 무리수가 됨을 알 수 있습니다.

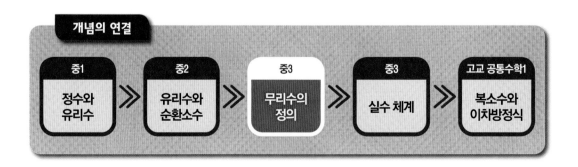

개념의 연결

중1	중2	중3	중3	고교 공통수학1
정수와 유리수	유리수와 순환소수	무리수의 정의	실수 체계	복소수와 이차방정식

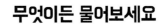

Q. 무리수의 뜻이 정확히 무엇인가요? 어떤 경우에는 순환하지 않는 무한소수, 또 어떤 경우에는 유리수가 아닌 수라고 하는데, 2가지 표현은 같은 것인가요?

A. 같은 표현이라고 하기에는 곤란합니다. 유리수가 아닌 수에는 무리수만 있는 것이 아니라 실수의 범위를 벗어나면 허수 등이 있을 수 있거든요. 아직 배우지는 않았지만 i 로 표현되는 허수는 유리수가 아닌 수이지만 무리수도 아닙니다. 그래서 유리수가 아닌 수가 무리수가 되려면 '실수 중' 유리수가 아닌 수라고 그 범위를 제한해야 합니다.

그러므로 무리수는 '순환하지 않는 무한소수'라고 하는 것이 정확한 표현입니다.

Q. 유리수를 소수로 고치면 유한소수 또는 순환소수가 된다고 배웠는데, 반대로 유한소수와 순환소수는 항상 유리수로 고칠 수 있나요?

A. 고칠 수 있습니다.

유한소수는 소수점 아래 자릿수만큼의 10의 거듭제곱을 분모로 하면 됩니다.

예를 들면, $0.35 = \dfrac{35}{100}$, $1.269 = \dfrac{1269}{1000}$ 로 고칠 수 있습니다.

순환소수를 분수로 고치는 것은 2학년 때 배웠습니다. 주어진 순환소수를 x 로 두고, x 에 적당한 10의 거듭제곱을 곱하여 소수점 아래 부분이 같은 순환소수를 만들 수 있습니다. 이 상태에서 두 순환소수의 차를 구하면 소수점 아래 부분이 사라지므로 정수만 남게 됩니다.

예를 들어 $x = 0.272727\cdots$의 양변에 100을 곱하면

$$100x = 27.272727\cdots$$

변끼리 빼면 $99x = 27$ 에서 $x = \dfrac{27}{99} = \dfrac{3}{11}$ 과 같이 유리수로 고쳐집니다.

이런 식으로 모든 순환소수를 분수로 나타낼 수 있습니다. 순환소수는 분수로 나타낼 수 있으므로 유리수입니다.

유리수가 아닌 수가 모두 무리수라는 걸 어떻게 장담하나요?

실수는 유리수와 무리수로 나뉘는데, 수직선은 실수로 완전히 메울 수 있어요.

수직선이 유리수와 무리수로 다 메워지는 것을 확인시켜 주세요!

헐 그건 좀…

3학년
수와 연산

아! 그렇구나

실수가 유리수와 무리수로 나뉘며, 유리수와 무리수로 수직선 전체가 가득 찬다는 것을 중학생에게 이해시키는 것은 어려운 일입니다. 그래서 교과서에서는 '알려져 있다'는 표현을 사용하여 수학적 사실을 받아들이도록 하고 있습니다. 이런 경우, 정확히 이해할 수 없기 때문에 믿으려 하지 않고 거부하는 학생이 있답니다. 수학의 약점이지요. 사실이지만 보여줄 수 없다는 점 말입니다.

30초 정리

실수와 수직선

수직선은 유리수와 무리수, 즉 실수에 대응하는 점들로 완전히 메울 수 있다.
모든 실수에 수직선 위의 점이 하나씩 대응하고, 수직선 위의 모든 점에 실수가 하나씩 대응한다.

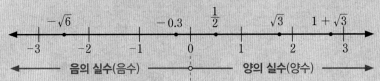

우리가 알고 있는 수의 종류가 점점 많아지고 있습니다.

되돌아 보면, 초등학교에서는 자연수로 시작하여 분수까지 배웠습니다. 중학교 1학년에서는 음수가 나오면서 자연수가 정수로, 정수가 유리수로 확장되었습니다. 중학교 3학년에서는 무리수가 나왔지요. 그리고 유리수와 무리수를 통틀어 실수라고 한다는 것도 배웠답니다.

그런데 유리수에 대해서 2가지 의문을 가질 수 있습니다. 하나는 '모든 유리수를 수직선에 나타낼 수 있을까' 하는 것이고, 또 하나는 '유리수만으로 수직선을 가득 채울 수 있을까' 하는 것입니다.

오른쪽 수직선에서 두 점 A, B에 대응하는 수는 각각 $\frac{1}{3}$과 $\frac{1}{2}$입니다. $\overline{AB}$의 중점 M에 대응하는 수는 $\frac{1}{2} + \frac{1}{3}$, 즉 $\frac{5}{6}$

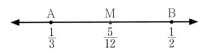

를 2로 나눈 평균인 $\frac{5}{12}$입니다. 즉, 두 유리수에 대응하는 점을 양 끝점으로 하는 선분의 중점에 대응하는 수도 유리수입니다. 이렇게 계속하면 서로 다른 두 유리수 사이에는 무수히 많은 유리수가 있고, 모든 유리수는 수직선 위의 한 점에 대응시킬 수 있음을 알 수 있습니다.

그런데 $\sqrt{2}$라는 무리수가 있습니다. $\sqrt{2} = 1.41421356\cdots$과 같이 순환하지 않는 무한소수입니다. 하지만 수직선 위의 1.4와 1.5 사이에 반드시 존재합니다. 그러나 유리수는 아닙니다. $\sqrt{3} = 1.73205080\cdots$과 같이 $\sqrt{3}$도 수직선 위의 1.7과 1.8 사이에 존재합니다. 수직선 위에는 유리수가 아닌 수도 있으니 유리수만으로 수직선을 가득 채울 수는 없는 것입니다.

수직선 위에는 유리수와 무리수, 즉 실수에 대응하는 점들이 있습니다. 그런데 또 생기는 의문은 '수직선은 실수만으로 가득 채울 수 있는가' 하는 것입니다. 실제로 수직선은 실수에 대응하는 점으로 가득 채울 수 있음이 알려져 있습니다. 그런데 이 사실은 고등학교 수학을 다 배워도 설명하기 어려우니 그냥 인정하고 받아들여야 합니다. 결론적으로 한 실수는 수직선 위의 한 점에 대응하고, 또 수직선 위의 한 점에는 한 실수가 반드시 대응합니다.

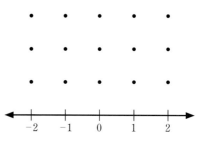

$\sqrt{2} = 1.41421356\cdots$이 순환하지는 않지만 수직선 위의 1.4와 1.5 사이에 반드시 존재한다는 것을 알겠는데 정확한 위치는 어디일까요? 오른쪽 그림에는 일정한 간격으로 점이 찍혀 있습니다. 각 점 사이의 거리는 모두 1입니다. 수직선만 주면 막연할까 봐 점을 찍어 두었으니 이들 점을 이용하여 $\sqrt{2}$라는 길이를 만들어 보세요.

결정적인 힌트는 '$\sqrt{2} = x$라 하면 $x^2 = 2$'라는 사실입니다. 즉, 넓이가 2인 정사각형의 한 변의 길이가 $\sqrt{2}$이지요. 점을 어떻게 연결하면 넓이가 2인 정사각형을 만들 수 있을까요? 그것이 고민의 답이 될 것입니다. 점을 수평으로만 연결하면 넓이가 1인 정사각형 다음에는 넓이가 4인 정사각형만 만들어집니다. 대각선을 이용해야만 넓이가 2인 정사각형을 만들 수 있습니다.

오른쪽 그림에서 정사각형 OABC의 넓이가 2이므로 $\overline{OA}$의 길이는 $\sqrt{2}$입니다. 점 O를 중심으로 하고 $\overline{OA}$를 반지름으로 하는 원을 그릴 때, 수직선과 만나는 점을 각각 P, Q라고 하면 두 점 P, Q에 대응하는 수는 각각 $\sqrt{2}$와 $-\sqrt{2}$입니다. 이제 무리수 $\sqrt{2}$의 정확한 위치를 찾았습니다.

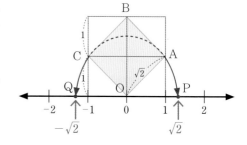

이와 같이 수직선 위에는 유리수에 대응하는 점 이외에 무리수에 대응하는 점도 존재합니다.

앞에서 정리한 대로 수직선은 유리수와 무리수, 즉 실수에 대응하는 점으로 완전히 메울 수 있습니다. 모든 실수에 수직선 위의 점이 하나씩 대응하고, 수직선 위의 모든 점에 실수가 하나씩 대응합니다.

Q. 무리수를 소수로 고치면 순환하지 않는 무한소수로 나타난다고 했는데, 그 값이 정확하지 않은 수를 어떻게 수직선에 표현하나요?

A. 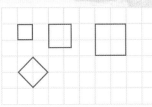 한 변의 길이가 1인 모눈종이를 주고 넓이가 1이나 4인 정사각형을 그리라고 하면 모두가 잘 그리지만, 넓이가 2인 정사각형은 대부분 그릴 수 없다고 생각합니다. 무리수는 기호일 뿐 딱 떨어지는 수로 표현할 수 없다고 생각하지요. 유한소수로 표현할 수 없다는 것을 그릴 수 없는 것과 같다고 생각하는 경우가 많습니다.

'무리수가 수직선 위에 어떤 고정된 점으로 찍힐 수 있을까' 생각해 보면 안 될 것 같기도 합니다. 오히려 무리수가 어떤 점으로 고정된다면 무리수가 순환하지 않는다는 성질에 맞지 않는다고 생각되지요.

하지만 $\sqrt{2}$ 와 같은 무리수는 넓이가 2인 정사각형의 한 변의 길이를 나타내는 고정된 값입니다. $\sqrt{2}$ 가 고정된 점이 아니고 움직인다면 넓이가 2인 정사각형의 크기가 움직인다는 것인데, 이것은 용납할 수 없겠지요.

$\sqrt{2}$ 를 수직선에 나타내는 내용은 '심화와 확장'을 참고하세요.

Q. $\sqrt{5}$ 에 대응하는 점을 수직선에 어떻게 그리나요?

A. 피타고라스 정리를 이용할 수 있다면 보다 쉽겠지만, 정상적인 학습을 했다면 무리수를 처음 배우는 시기에는 피타고라스 정리를 모르기 때문에 $\sqrt{5}$ 라는 길이를 생각하는 것이 쉽지 않습니다.

'$x = \sqrt{5}$ 라 하면 $x^2 = 5$'라는 것에 착안해야 합니다. 따라서 $\sqrt{5}$ 는 넓이가 5인 정사각형의 한 변의 길이로 찾을 수 있습니다. 문제는 넓이가 5인 정사각형을 그리는 것이 만만치 않다는 점입니다. 한 변의 길이가 2인 정사각형의 넓이는 4이고, 한 변의 길이가 3인 정사각형의 넓이는 9입니다. 그러므로 $\sqrt{5}$ 는 2보다 크고 3보다 작습니다.

그림과 같이 넓이가 9인 정사각형 안에서 대각선을 그으면 바깥 어두운 부분의 넓이가 4이므로 가운데 정사각형의 넓이는 5입니다. 그래서 그 변의 길이가 $\sqrt{5}$ 가 됩니다.

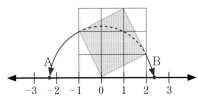 수직선 위에 나타내려면 정사각형의 한 꼭짓점을 원점에 오도록 하고 한 변의 길이를 회전시키면 됩니다. 왼쪽 그림에서 점 A, B에 대응하는 점은 각각 $-\sqrt{5}$, $\sqrt{5}$ 입니다.

$-\sqrt{2}+1$과 $-1+\sqrt{2}$ 중 어느 값이 더 큰가요?

아! 그렇구나

크기를 비교하는 것은 초등학교에서부터 계속되는 개념입니다. 자연수와 분수 그리고 유리수와 제곱근의 크기까지 비교하면서 개념을 연결하여 확장해 온 과정이 충분하지 못하면 유리수와 무리수가 혼합된 실수의 대소 관계를 파악하기가 어렵습니다. 제곱근까지는 각각의 크기를 비교할 수 있지만 복잡한 실수가 나타나면 뺄셈을 해야 하는 경우가 발생합니다.

30초 정리

실수의 대소 관계

a, b가 실수일 때

1. $a - b > 0$이면 $a > b$
2. $a - b = 0$이면 $a = b$
3. $a - b < 0$이면 $a < b$

실수의 대소 관계는 중학교 1학년의 '유리수의 대소 관계'와 연결됩니다. 이렇게 새로운 수학 개념을 공부할 때는 이전의 어떤 개념과 연결되어 있는지를 파악하여 거기서부터 시작할 필요가 있습니다.

유리수와 마찬가지로 수직선 위에 실수를 나타낼 때 원점 O를 기준으로 오른쪽에 있는 실수를 양의 실수, 왼쪽에 있는 실수를 음의 실수라 합니다. 그리고 간단히 양의 실수를 양수, 음의 실수를 음수라고 합니다. 유리수와 같이 수직선 오른쪽에 있는 실수가 왼쪽에 있는 실수보다 큽니다. 즉, 수직선 위에서 실수 a보다 실수 b가 오른쪽에 있으면 $a < b$입니다.

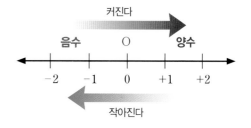

실수의 대소 관계

1. 양수는 0보다 크고, 음수는 0보다 작다.

2. 양수는 음수보다 크다.

3. 양수끼리는 절댓값이 큰 수가 더 크다.

4. 음수끼리는 절댓값이 큰 수가 더 작다.

유리수와 무리수가 동시에 더해진 좀 더 복잡한 수들의 대소 관계는 비교하기가 쉽지 않습니다. 이때는 두 수의 차를 구해서 그 결과가 0보다 큰지 작은지를 판단하여 대소를 결정합니다. 예를 들면, $3 - \sqrt{5}$와 $\sqrt{5} - 2$의 대소를 비교하는 경우 둘 다 양수인 것은 알겠지만 차이가 거의 없기 때문에 직관적으로 판단하기가 쉽지 않습니다. 이럴 때는 두 수의 차를 구합니다.

$$(3 - \sqrt{5}) - (\sqrt{5} - 2) = 5 - 2\sqrt{5}$$

이제 $5 - 2\sqrt{5}$와 0의 대소 관계를 따지는 상황으로 바뀌었네요.

제곱근의 대소 관계가 떠오르나요? 제곱근의 성질에 나옵니다.

5와 $2\sqrt{5}$를 모두 근호 안의 수로 고치면

$$5 = \sqrt{25},\ 2\sqrt{5} = \sqrt{20}$$

이므로 $5 - 2\sqrt{5} > 0$입니다.

따라서 $3 - \sqrt{5} > \sqrt{5} - 2$라고 판단할 수 있습니다.

제곱근의 대소 관계

$a > 0, b > 0$일 때

1. $a < b$이면 $\sqrt{a} < \sqrt{b}$

2. $\sqrt{a} < \sqrt{b}$이면 $a < b$

$3 - \sqrt{5}$와 $\sqrt{5} - 2$의 대소를 비교하는 또 다른 방법이 있습니다.

$(3 - \sqrt{5}) - (\sqrt{5} - 2) = 5 - 2\sqrt{5}$에서 앞에서는 5와 $2\sqrt{5}$를 모두 근호 안의 수로 고쳤지요. 이번에는 제곱을 이용하는 방법을 알아보겠습니다.

한 변의 길이가 a인 정사각형의 넓이는 a^2이고, 한 변의 길이가 b인 정사각형의 넓이는 b^2입니다.

그림에서 두 정사각형 중 넓이가 넓은 것이 그 한 변의 길이도 길기 때문에 $a^2 < b^2$이면 $a < b$인 관계가 성립함을 알 수 있습니다. 한편 두 정사각형 중 한 변의 길이가 긴 것이 그 넓이도 넓기 때문에 $a < b$이면 $a^2 < b^2$인 관계도 성립합니다.

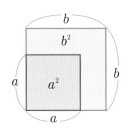

이 원리를 이용하면 두 수를 제곱하여 5와 $2\sqrt{5}$ 사이의 대소 관계를 판단할 수 있습니다. 각각을 제곱하면

$$5^2 = 25, \quad (2\sqrt{5})^2 = 20$$

이므로 $5 - 2\sqrt{5} > 0$입니다.

따라서 $3 - \sqrt{5} > \sqrt{5} - 2$라고 판단할 수 있습니다.

양수의 대소 관계

$a > 0, b > 0$일 때

1. $a^2 < b^2$이면 $a < b$
2. $a < b$이면 $a^2 < b^2$

개념의 연결

중1		중3		중3		고교 공통수학1
유리수의 대소 관계	⇒	제곱근의 성질	⇒	실수의 대소 관계	⇒	복소수와 이차방정식

Q. 두 수 $4 + \sqrt{6}$ 과 $3\sqrt{6} - 1$의 대소 관계는 어떻게 비교하나요?

A. 대소 관계 판단이 직관적으로는 어려우므로 두 수를 빼면

$$(4 + \sqrt{6}) - (3\sqrt{6} - 1) = 5 - 2\sqrt{6}$$

입니다. $5 - 2\sqrt{6}$ 과 0의 대소 관계를 비교하는 방법에는 2가지가 있습니다.

첫 번째 방법은 5와 $2\sqrt{6}$ 을 근호 안의 수로 만들어 비교하는 방법입니다.

$$5 = \sqrt{25},\ 2\sqrt{6} = \sqrt{24}$$

이므로 $5 > 2\sqrt{6}$ 이고, $5 - 2\sqrt{6} > 0$입니다.

따라서 $4 + \sqrt{6} > 3\sqrt{6} - 1$입니다.

두 번째 방법은 각각을 제곱하는 방법입니다.

$$5^2 = 25,\ \left(2\sqrt{6}\right)^2 = 24$$

이므로 역시 $4 + \sqrt{6} > 3\sqrt{6} - 1$임을 알 수 있습니다.

 Q. 오른쪽 그림을 이용하여 어떻게 두 수 $2 - \sqrt{2}$ 와 $-1 + \sqrt{5}$ 의 크기를 비교할 수 있다는 건가요?

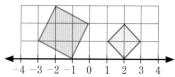

A. $2 - \sqrt{2}$ 는 수직선 위의 2에 대응하는 점에서 왼쪽으로 $\sqrt{2}$ 만큼 움직인 수입니다. 그런데 $\sqrt{2}$ 는 넓이가 2인 오른쪽 정사각형의 한 변의 길이입니다. 컴퍼스를 이용하여 수직선 위의 2를 중심으로 반지름의 길이가 $\sqrt{2}$ 인 원을 그리면, 아래 그림에서와 같이 점 P가 $2 - \sqrt{2}$ 에 대응하는 점이 됩니다.

$-1 + \sqrt{5}$ 는 수직선 위의 -1에 대응하는 점에서 오른쪽으로 $\sqrt{5}$ 만큼 움직인 수입니다. 그런데 $\sqrt{5}$ 는 넓이가 5인 왼쪽 정사각형의 한 변의 길이입니다. 컴퍼스를 이용하여 수직선 위의 -1을 중심으로 반지름의 길이가 $\sqrt{5}$ 인 원을 그리면, 점 Q가 $-1 + \sqrt{5}$ 에 대응하는 점입니다.

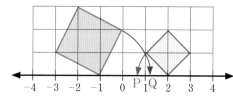

그림에서 점 P는 1의 왼쪽에, 점 Q는 1의 오른쪽에 위치하므로 $2 - \sqrt{2} < -1 + \sqrt{5}$ 입니다.

수를 근호 안과 밖으로 옮기는 과정이 어려워요!

$\sqrt{12} = 2\sqrt{3}$ 이래. 이상하지 않아?

뭐가 이상하다는 거야?

$\sqrt{12} = 2\sqrt{3}$

4 는 2^2 도 되고 $(-2)^2$ 도 되니까 $\sqrt{12}$ 는 $2\sqrt{3}$ 도 되고 $-2\sqrt{3}$ 도 되는 거 아니야?

오! 너 천재다! 쌤한테 말씀드리러 가자!

너, 너희들…

아! 그렇구나

수학 개념에서 전제 조건을 무시하고 공식만 기억하여 적용하는 학생이 많습니다. 공식은 자주 사용하기 때문에 기억에 남지만, 전제 조건은 처음 배울 때만 생각하기 때문에 잊어버리게 되지요. 대부분의 문제가 전제 조건을 갖추고 나오므로 따지지 않아도 답을 맞힐 수 있습니다. 그래서 전제 조건을 생각하지 않고 문제를 풀다가 틀리는 경우가 발생합니다.

30초 정리

제곱근의 곱셈과 나눗셈

$a > 0$, $b > 0$일 때

$$\sqrt{a}\sqrt{b} = \sqrt{ab}, \qquad \frac{\sqrt{a}}{\sqrt{b}} = \sqrt{\frac{a}{b}}, \qquad \sqrt{a^2 b} = a\sqrt{b}$$

중학교 1학년 '유리수의 곱셈'에서 교환법칙과 결합법칙이 성립했듯이 실수의 곱셈에서도 교환법칙과 결합법칙이 성립합니다. 이를 이용하여 $(\sqrt{2} \times \sqrt{3})^2$을 계산하면

$$(\sqrt{2} \times \sqrt{3})^2 = (\sqrt{2} \times \sqrt{3}) \times (\sqrt{2} \times \sqrt{3}) = (\sqrt{2} \times \sqrt{2}) \times (\sqrt{3} \times \sqrt{3})$$
$$= (\sqrt{2})^2 \times (\sqrt{3})^2 = 2 \times 3$$

입니다. 이때 $\sqrt{2} \times \sqrt{3} > 0$이므로 $\sqrt{2} \times \sqrt{3}$은 2×3의 양의 제곱근입니다. 즉,

$$\sqrt{2} \times \sqrt{3} = \sqrt{2 \times 3}$$

이라고 할 수 있습니다. 이와 같이 양수 a, b에 대하여

$$(\sqrt{a}\sqrt{b})^2 = (\sqrt{a})^2 \times (\sqrt{b})^2 = ab$$

이고 $\sqrt{a}\sqrt{b} > 0$이므로 $\sqrt{a}\sqrt{b}$는 ab의 양의 제곱근, 즉 $\sqrt{a}\sqrt{b} = \sqrt{ab}$입니다.

이를 이용하면 근호 안의 수가 어떤 수의 제곱인 인수를 가지고 있을 때 그 수를 다음과 같이 근호 밖으로 꺼내어 간단히 할 수 있습니다.

a, b가 양수일 때,

$$\sqrt{a^2 b} = \sqrt{a^2}\sqrt{b} = a\sqrt{b}$$

가 성립합니다.

제곱근의 나눗셈은 어떻게 계산할까요? a, b가 양수일 때,

$$\left(\frac{\sqrt{a}}{\sqrt{b}}\right)^2 = \frac{\sqrt{a}}{\sqrt{b}} \times \frac{\sqrt{a}}{\sqrt{b}} = \frac{(\sqrt{a})^2}{(\sqrt{b})^2} = \frac{a}{b}$$

이고 $\frac{\sqrt{a}}{\sqrt{b}} > 0$이므로 $\frac{\sqrt{a}}{\sqrt{b}}$는 $\frac{a}{b}$의 양의 제곱근입니다. 즉,

$$\frac{\sqrt{a}}{\sqrt{b}} = \sqrt{\frac{a}{b}}$$

임을 알 수 있습니다.

근호 안의 식의 정리

$a\sqrt{b}$의 꼴로 나타낼 때, 일반적으로 근호 안의 수는 가장 작은 자연수가 되도록 한다.

이상을 정리하면 다음과 같습니다.

제곱근의 곱셈과 나눗셈

$a > 0$, $b > 0$일 때

$$\sqrt{a}\sqrt{b} = \sqrt{ab}, \qquad \frac{\sqrt{a}}{\sqrt{b}} = \sqrt{\frac{a}{b}}, \qquad \sqrt{a^2 b} = a\sqrt{b}$$

제곱근의 곱셈과 나눗셈은 중학교 2학년에서 배운 '지수법칙'을 이용하여 설명할 수 있습니다.

중학교 2학년에서는 지수법칙을 4개 배웁니다.

$a \neq 0$이고, m, n이 자연수일 때

1. $a^m \times a^n = a^{m+n}$

2. $(a^m)^n = a^{mn}$

3. $a^m \div a^n = \begin{cases} a^{m-n} & (단, \ m > n) \\ 1 & (단, \ m = n) \\ \dfrac{1}{a^{n-m}} & (단, \ m < n) \end{cases}$

4. $(ab)^m = a^m b^m, \ \left(\dfrac{a}{b}\right)^m = \dfrac{a^m}{b^m} \ (b \neq 0)$

이 중 지수법칙 4를 이용하면 제곱근의 곱셈과 나눗셈 계산 방법을 이해할 수 있습니다. 양수 a, b에 대하여

$$(\sqrt{a}\sqrt{b})^2 = (\sqrt{a})^2 \times (\sqrt{b})^2 = ab$$

이고 $\sqrt{a}\sqrt{b} > 0$이므로 $\sqrt{a}\sqrt{b}$는 ab의 양의 제곱근, 즉 $\sqrt{a}\sqrt{b} = \sqrt{ab}$입니다.

마찬가지로 a, b가 양수일 때, 지수법칙 4에 의하여

$$\left(\frac{\sqrt{a}}{\sqrt{b}}\right)^2 = \frac{(\sqrt{a})^2}{(\sqrt{b})^2} = \frac{a}{b}$$

이고 $\dfrac{\sqrt{a}}{\sqrt{b}} > 0$이므로 $\dfrac{\sqrt{a}}{\sqrt{b}}$는 $\dfrac{a}{b}$의 양의 제곱근입니다. 즉,

$$\frac{\sqrt{a}}{\sqrt{b}} = \sqrt{\frac{a}{b}}$$

임을 알 수 있습니다.

개념의 연결

중1		중2		중3		중3		고교 공통수학1
정수와 유리수		유리수와 순환소수		제곱근의 뜻과 성질		근호를 포함한 식의 곱셈과 나눗셈		복소수와 이차방정식

제곱근표에서 찾은 어림값 $\sqrt{1.54} = 1.241$, $\sqrt{15.4} = 3.924$ 를 이용하여 다음 수의 어림값을 구할 수 있나요?

(1) $\sqrt{154}$　　　　(2) $\sqrt{0.154}$

A. 근호의 곱셈의 성질을 이용하면 이들의 어림값을 구할 수 있습니다.

(1) $\sqrt{154} = \sqrt{10^2 \times 1.54} = 10\sqrt{1.54}$ 이고,

$\sqrt{1.54} = 1.241$ 이므로

$\sqrt{154} = 10 \times 1.241 = 12.41$

(2) $\sqrt{0.154} = \sqrt{\dfrac{15.4}{10^2}} = \dfrac{\sqrt{15.4}}{10}$ 이고,

$\sqrt{15.4} = 3.924$ 이므로

$\sqrt{0.154} = \dfrac{3.924}{10} = 0.3924$

 다음 계산 과정 중에서 틀린 부분이 있나요?

(1) $-3\sqrt{6} = \sqrt{(-3)^2 \times 6} = \sqrt{54}$

(2) $\sqrt{28} \div \sqrt{2} \div \sqrt{2} = \sqrt{28} \div (\sqrt{2} \div \sqrt{2}) = \sqrt{28} \div 1 = \sqrt{28} = 2\sqrt{7}$

(3) $\sqrt{8} = \sqrt{4 \times 2} = 4\sqrt{2}$

 모두 틀렸군요. 틀리기 쉬운 부분입니다.

(1) $-3\sqrt{6}$ 에서 근호 밖의 수 중 음수는 근호 안으로 들어갈 수 없습니다. 근호 안에서 음수가 나오지 않는 것과 같은 원리죠.

$$-3\sqrt{6} = -\sqrt{3^2 \times 6} = -\sqrt{54}$$

(2) 괄호가 없으면 곱셈과 나눗셈은 앞에서부터 순서대로 계산하는 것이 원칙입니다.

제시한 과정에서는 앞이 아니라 뒤에서부터 계산하였군요.

$$\sqrt{28} \div \sqrt{2} \div \sqrt{2} = (\sqrt{28} \div \sqrt{2}) \div \sqrt{2}$$
$$= \frac{\sqrt{28}}{\sqrt{2}} \div \sqrt{2} = \sqrt{14} \div \sqrt{2} = \sqrt{7}$$

(3) 제곱근의 곱셈의 원리 중 'a, b가 양수일 때, $\sqrt{a^2 b} = \sqrt{a^2}\sqrt{b} = a\sqrt{b}$'를 적용합니다.

$$\sqrt{8} = \sqrt{4 \times 2} = \sqrt{2^2 \times 2} = 2\sqrt{2}$$

근호를 포함한 식의 덧셈과 뺄셈

$$\sqrt{2} \times \sqrt{3} = \sqrt{6} \text{ 이니까 } \sqrt{2} + \sqrt{3} = \sqrt{5} \text{ 인가요?}$$

아! 그렇구나

근호를 포함한 식에서는 곱셈과 나눗셈을 먼저 배웁니다. 그런데 근호끼리 바로 곱하고 나누는 습관 때문에 이후 배우게 되는 근호를 포함한 덧셈과 뺄셈에서도 바로 더하고 빼도 된다고 생각할 수 있습니다. 이때 무리수는 그 값을 정확히 알지 못하기 때문에 그렇게 하면 되는지 안 되는지를 바로 판단할 수 없다는 점도 작용합니다.

30초 정리

근호를 포함한 식의 덧셈과 뺄셈

근호를 포함한 식의 덧셈과 뺄셈은 다항식의 덧셈과 뺄셈에서 동류항끼리 모아서 계산한 것과 같이 근호 안의 수가 같은 것끼리 모아서 계산한다.

$$(5\sqrt{2} + 3\sqrt{3}) - (\sqrt{2} - 2\sqrt{3}) = (5\sqrt{2} - \sqrt{2}) + (3\sqrt{3} + 2\sqrt{3}) = 4\sqrt{2} + 5\sqrt{3}$$

다항식 $4a + 5b$를 더 간단히 정리할 수 없듯이 $4\sqrt{2} + 5\sqrt{3}$ 과 같이 서로 다른 제곱근을 포함하는 식은 더 간단히 정리할 수 없다.

근호를 포함한 식의 덧셈과 뺄셈은 어떻게 계산할까요? 중학교 1학년에서 배운 '다항식의 덧셈과 뺄셈'에서 동류항끼리 모아서 계산한 것과 같이 근호 안의 수가 같은 것끼리 모아서 계산합니다. 동류항 정리가 기억나지 않는다고요? 그러면 중학교 1학년 해당 부분으로 돌아가서 복습을 하고 오기 바랍니다.

$(2a + 3b) + (4a + 5b)$와 같이 두 문자 a, b가 섞여 있는 일차식의 계산에서는 덧셈의 교환법칙과 결합법칙 그리고 분배법칙을 이용하여 같은 문자가 포함된 식끼리 모아서 계산을 했습니다. 즉,

$$\begin{aligned}(2a + 3b) + (4a + 5b) &= 2a + 3b + 4a + 5b \\ &= 2a + 4a + 3b + 5b \\ &= (2 + 4)a + (3 + 5)b \\ &= 6a + 8b\end{aligned}$$

근호를 포함한 식, 예를 들면 $3\sqrt{7} + 5\sqrt{7}$에서 $\sqrt{7}$을 같은 문자로 보면

$$3\sqrt{7} + 5\sqrt{7} = (3 + 5)\sqrt{7} = 8\sqrt{7}$$

과 같이 계산할 수 있습니다.

서로 다른 근호를 포함한 식은 여러 개의 문자가 섞여 있는 것으로 생각하여 동류항을 정리하듯 다음과 같이 계산할 수 있습니다.

$$\begin{aligned}(3\sqrt{2} - 2\sqrt{3}) &+ (2\sqrt{2} + 4\sqrt{3}) \\ &= (3\sqrt{2} + 2\sqrt{2}) + (-2\sqrt{3} + 4\sqrt{3}) \\ &= 5\sqrt{2} + 2\sqrt{3}\end{aligned}$$

다항식 $5a + 2b$를 더 간단히 정리할 수 없듯이 $5\sqrt{2} + 2\sqrt{3}$과 같이 서로 다른 제곱근을 포함하는 식은 더 간단히 정리할 수 없습니다.

이와 같이 근호를 포함한 식의 덧셈과 뺄셈은 다항식의 덧셈과 뺄셈에서 동류항끼리 모아서 계산한 것과 같이 근호 안의 수가 같은 것끼리 모아서 계산합니다.

배우는 순서

자연수와 정수에서는 덧셈과 뺄셈을 먼저 배우고 곱셈과 나눗셈을 나중에 배운다. 그런데 근호를 포함한 식에서는 곱셈과 나눗셈을 먼저 배운다. 근호를 포함한 식에서는 자연수와 정수에서처럼 덧셈과 뺄셈을 자유롭게 할 수 없기 때문이다.

$3(2\sqrt{3} + \sqrt{5}) \div \sqrt{15}$ 와 같이 근호가 포함된 식에 괄호와 다양한 연산이 있으면 어떻게 계산해야 할까요? 유리수에서와 마찬가지로 계산합니다. 수학의 계산은 어느 경우에도 일관된 원리를 적용해야 합니다. 유리수의 혼합계산 원리를 기억할 수 있나요?

> **유리수의 혼합 계산 순서**
>
> ① 거듭제곱이 있으면 거듭제곱을 먼저 계산한다.
>
> ② 괄호가 있으면 괄호 안을 먼저 계산한다. 이때 괄호는 소괄호 ( ), 중괄호 { }, 대괄호 [ ]의 순서로 계산한다.
>
> ③ 곱셈, 나눗셈을 먼저 하고 덧셈, 뺄셈은 나중에 계산한다.

이 원칙이 그대로 유효합니다. 그런데 분배법칙은 어디서 왔을까요?

가끔 $5\sqrt{2} - 2\sqrt{2} = 3$이라고 답하는 학생이 있습니다. $5 - 2 = 3$이고, $\sqrt{2} - \sqrt{2} = 0$이라서 그런 답이 나왔다고 하지요. 어떤 학생은 $5\sqrt{2} - 2\sqrt{2} = 3\sqrt{2}$라고 대답하는데, 이유를 물으면 $5\sqrt{2} - 2\sqrt{2} = (5 - 2)\sqrt{2} = 3\sqrt{2}$로, 분배법칙을 사용했다고 합니다. 이게 맞는 답입니다.

그런데 분배법칙은 법칙, 즉 공식이지요. 그러므로 왜 분배법칙을 사용하면 되는지에 대한 보다 근본적인 개념 질문이 필요합니다. 분배법칙은 어디서 왔을까요?

곱셈에 대해 다시 정리해야 합니다. $5\sqrt{2}$는 $5 \times \sqrt{2}$, 즉 곱셈입니다. 곱셈 $5 \times \sqrt{2}$는 무슨 뜻인가요?

곱셈이 어디서 왔느냐는 물음입니다. 덧셈에서 왔지요. 초등학교 2학년에서 배운 내용을 연결해야 합니다. 곱셈은 같은 수를 반복해서 더하는 과정을 간단하게 표시한 것입니다. 그러므로 $5 \times \sqrt{2}$의 의미는 $\sqrt{2}$를 5번 더한 것, 즉 $\sqrt{2}$가 5개 있다는 것입니다. $2\sqrt{2}$, 즉 $2 \times \sqrt{2}$는 $\sqrt{2}$가 2개 있다는 것이지요. 그러므로 $5\sqrt{2} - 2\sqrt{2}$는 $\sqrt{2}$가 5개 있는 것에서 $\sqrt{2}$가 2개 있는 것을 뺀 것입니다. 그럼 $\sqrt{2}$가 3개 남지요. 그러므로 3이 아니고 $3\sqrt{2}$라고 해야 하지요.

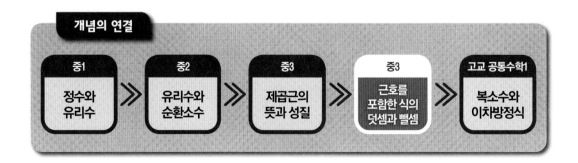

무엇이든 물어보세요

 $\sqrt{2} + \sqrt{3} = \sqrt{5}$ 아닌가요?

 곱셈에서는 근호 안의 양수끼리 곱할 수 있습니다. 즉, a, b가 양수일 때, $\sqrt{a}\sqrt{b} = \sqrt{ab}$가 성립했지요. 그러나 덧셈에서는 안 됩니다. 즉, $\sqrt{a} + \sqrt{b} \neq \sqrt{a+b}$이지요. 이유는 여러 가지로 설명할 수 있습니다. 가장 쉽게는 계산기를 눌러 각각의 어림한 값을 구해 보세요. $\sqrt{2} \fallingdotseq 1.414$, $\sqrt{3} \fallingdotseq 1.732$이므로 $\sqrt{2} + \sqrt{3} \fallingdotseq 3.146$인데, $\sqrt{5} \fallingdotseq 2.236$이므로 둘 사이에는 차이가 많이 나지요.

뺄셈도 마찬가지입니다. $\sqrt{9} - \sqrt{4} = \sqrt{5}$일까요? $\sqrt{9} - \sqrt{4} = 3 - 2 = 1$이니 근호 안의 양수끼리 빼면 안 된다는 것을 알 수 있습니다.

즉, 근호 안의 수의 덧셈과 뺄셈에서는 근호 안의 수를 그냥 더하거나 빼면 안 됩니다.

넓이로 설명하는 방법도 있습니다. $\sqrt{2}$, $\sqrt{3}$은 각각 넓이가 2, 3인 정사각형의 한 변의 길이입니다. 따라서 $\sqrt{2} + \sqrt{3}$은 오른쪽 그림의 큰 정사각형의 한 변의 길이입니다. 그런데 $\sqrt{5}$를 한 변으로 하는 정사각형의 넓이는 5이므로 이 큰 정사각형보다는 작습니다. 같을 수는 없지요.

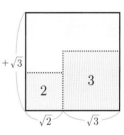

 $\sqrt{8} + \sqrt{18}$과 같이 근호 안의 수가 서로 다를 때, 더는 간단히 할 수 없나요?

 일반적으로 근호 안의 수가 다른 덧셈과 뺄셈, 즉 서로 다른 제곱근을 포함하는 식은 더 간단히 정리할 수 없다고 하는데, 근호 안의 수가 덜 정리되어 있으면 더 간단하게 고칠 수 있는 경우가 있습니다.

그래서 근호 안의 식을 정리할 때는 근호 안의 수가 가장 작은 자연수가 되도록 해야 합니다. 즉, 근호 안의 수가 제곱수를 포함하고 있으면 제곱근의 곱셈의 원리에 따라 $\sqrt{a^2 b} = a\sqrt{b}$와 같이 고쳐 주어야 합니다. $\sqrt{8} = \sqrt{2^2 \times 2} = 2\sqrt{2}$, $\sqrt{18} = \sqrt{3^2 \times 2} = 3\sqrt{2}$로 고쳐 보니 근호 안이 다르지 않습니다. 따라서

$$\sqrt{8} + \sqrt{18} = 2\sqrt{2} + 3\sqrt{2} = 5\sqrt{2}$$

로 계산이 됩니다.

분모가 무리수일 때
꼭 유리화를 해야 하나요?

아! 그렇구나

분모의 유리화는 꼭 해야 하는 것은 아닙니다. 분모의 유리화는 덧셈과 뺄셈 등의 연산을 할 때라든가 근삿값을 구할 때 계산의 편의를 위해 하는 것입니다. 분모에 무리수가 있으면 계산이 복잡하지요. 그러므로 계산 과정에서 분모의 유리화는 필요하지만 계산 결과에서 꼭 분모를 유리화해야 하는 것은 아닙니다.

30초 정리

분모의 유리화

$a > 0$, $b > 0$ 일 때

1. $\dfrac{\sqrt{a}}{\sqrt{b}} = \dfrac{\sqrt{a}\sqrt{b}}{\sqrt{b}\sqrt{b}} = \dfrac{\sqrt{ab}}{b}$

2. $\dfrac{c}{\sqrt{a} - \sqrt{b}} = \dfrac{c(\sqrt{a} + \sqrt{b})}{(\sqrt{a} - \sqrt{b})(\sqrt{a} + \sqrt{b})} = \dfrac{c(\sqrt{a} + \sqrt{b})}{a - b}$ (곱셈공식 이용)

$1 \div \sqrt{2}$ 의 값은 무엇일까요? 실수의 나눗셈은 역수의 곱셈으로 나타낼 수 있으니까 $1 \times \frac{1}{\sqrt{2}}$, 답은 $\frac{1}{\sqrt{2}}$ 입니다.

그럼 $\frac{1}{\sqrt{2}}$ 는 크기가 얼마일까요? 분수를 소수로 나타내봐야겠지요. $\sqrt{2} = 1.414$ 이면, $\frac{1}{\sqrt{2}} = \frac{1}{1.414}$, 즉 1 나누기 1.414를 계산해야 합니다. 계산이 복잡하지요.

그런데 분자, 분모에 0이 아닌 같은 수를 곱해도 같은 수가 되는 등식의 성질을 이용하여 분자, 분모에 각각 $\sqrt{2}$ 를 곱해주면 $\frac{1}{\sqrt{2}} = \frac{\sqrt{2}}{\sqrt{2} \times \sqrt{2}} = \frac{\sqrt{2}}{2}$ 이므로 $\frac{1}{\sqrt{2}} ≒ \frac{1.414}{2}$, 즉 1.414 나누기 2를 계산해도 값을 알 수 있습니다.

계산하기에는 $\frac{1}{1.414}$ 보다 $\frac{1.414}{2}$ 가 편리합니다.

근호를 포함한 수가 분모에 있으면 계산할 때 복잡한 경우가 많습니다. 그래서 분모를 유리수로 고치는 것이 필요할 때가 있습니다. 이와 같이 분모에 근호가 있을 때 분모, 분자에 0이 아닌 같은 수를 각각 곱하여 분모를 유리수로 고치는 것을 분모의 유리화라고 합니다.

> **분모의 유리화**
>
> $a > 0$, $b > 0$ 일 때 $\frac{\sqrt{a}}{\sqrt{b}} = \frac{\sqrt{a}\sqrt{b}}{\sqrt{b}\sqrt{b}} = \frac{\sqrt{ab}}{b}$

$\frac{2}{\sqrt{2}} + 3\sqrt{2}$ 와 같이 분모에 근호를 포함한 식의 계산에서도 분모의 유리화를 통해 식을 계산하면 편리합니다. $\frac{2}{\sqrt{2}} + 3\sqrt{2}$ 와 같은 경우, 이 상태로는 계산하는 것이 곤란합니다. 그런데 $\frac{2}{\sqrt{2}}$ 의 분모를 유리화하면 식을 보다 더 간단히 정리할 수 있습니다.

$$\frac{2}{\sqrt{2}} = \frac{2 \times \sqrt{2}}{\sqrt{2} \times \sqrt{2}} = \frac{2\sqrt{2}}{2} = \sqrt{2}$$

이므로 $\frac{2}{\sqrt{2}} + 3\sqrt{2} = \sqrt{2} + 3\sqrt{2} = 4\sqrt{2}$ 입니다.

$\dfrac{1}{\sqrt{2}}$, $\dfrac{4}{\sqrt{3}}$ 등과 같이 분모에 근호 하나만 있는 경우에는 분모와 똑같은 수를 분자, 분모에 동시에 곱함으로써 유리화를 할 수 있습니다. 즉,

$$\frac{1}{\sqrt{a}} = \frac{\sqrt{a}}{\sqrt{a}\sqrt{a}} = \frac{\sqrt{a}}{a}$$

와 같이 분모의 근호를 없앨 수 있습니다.

그런데 $\dfrac{1}{\sqrt{2}-1}$과 같은 무리수는 분모에 그냥 $\sqrt{2}$만 곱하거나 똑같은 수 $\sqrt{2}-1$을 곱해도 다음과 같이 분모가 유리화되지 않습니다.

$$\frac{1}{\sqrt{2}-1} = \frac{\sqrt{2}}{\sqrt{2}(\sqrt{2}-1)} = \frac{\sqrt{2}}{2-\sqrt{2}}, \quad \frac{1}{\sqrt{2}-1} = \frac{\sqrt{2}-1}{(\sqrt{2}-1)^2} = \frac{\sqrt{2}-1}{3-2\sqrt{2}}$$

이때는 뒤에서 배운 곱셈공식 $(a+b)(a-b) = a^2 - b^2$을 이용합니다. 즉, $\sqrt{2}$를 따로 제곱해야 유리수로 바뀌지요. $\sqrt{2}-1$과 같이 분모가 두 항 이상인 경우에는 똑같은 수를 곱하지 않고 가운데 부호가 반대인 수 $\sqrt{2}+1$을 곱해야 유리화할 수 있습니다.

$\dfrac{1}{\sqrt{2}-1}$의 분모, 분자에 $\sqrt{2}+1$을 각각 곱하면

$$\frac{1}{\sqrt{2}-1} = \frac{\sqrt{2}+1}{(\sqrt{2}-1)(\sqrt{2}+1)} = \frac{\sqrt{2}+1}{(\sqrt{2})^2 - 1^2} = \sqrt{2}+1$$

이 되어 분모를 유리화할 수 있습니다.

어떤 문제를 풀어 결과가 $\dfrac{1}{\sqrt{3}}$ 이 나왔을 때, 분모를 유리화하지 않고 이대로 쓰면 틀리나요? 서술형이나 단답형 시험문제에서 답을 쓸 때 분모를 유리화하지 않은 답은 감점 처리가 되나요?

A. 분모를 유리화하는 것은 반드시 해야만 하는 것은 아닙니다. 문제에서 결과를 쓸 때 분모를 유리화해야 한다는 단서가 있다면 그리 해야 하겠지만, 보통의 경우는 $\dfrac{1}{\sqrt{3}}$ 이라고 쓰든, 분모를 유리화해서 $\dfrac{\sqrt{3}}{3}$ 이라고 쓰든 상관이 없습니다.

그리고 학교 시험에서 이렇게 분모를 유리화하지 않았다고 하여 감점하지는 않습니다.

 분모가 무리수인 경우 항상 유리화가 가능한가요?

A. 분모가 제곱근으로 이루어진 무리수라면 유리화가 가능합니다.

분모가 항이 하나인 제곱근이라면

$$\frac{b}{\sqrt{a}} = \frac{b\sqrt{a}}{\sqrt{a}\sqrt{a}} = \frac{b\sqrt{a}}{a}$$

와 같이 똑같은 제곱근을 분자와 분모에 곱해 주면 됩니다.

분모가 항이 2개인 식이라면 곱셈공식 중 $(a+b)(a-b) = a^2 - b^2$ 을 이용하면 됩니다.

$$\frac{c}{\sqrt{a}-\sqrt{b}} = \frac{c(\sqrt{a}+\sqrt{b})}{(\sqrt{a}-\sqrt{b})(\sqrt{a}+\sqrt{b})} = \frac{c(\sqrt{a}+\sqrt{b})}{a-b}$$

그리고 복잡하기는 하지만 $\dfrac{1}{2+\sqrt{3}-\sqrt{5}}$ 과 같이 분모가 항이 3개 이상인 경우에도 교과서에서 다루지는 않지만 유리화할 수 있습니다.

그러나 무리수가 제곱근으로만 표현되는 것은 아닙니다. 예를 들면 $\dfrac{1}{\pi}$ 과 같은 무리수는 분모 π 를 유리수로 고칠 방법이 없습니다. 따라서 분모가 무리수인 경우 항상 유리화가 가능한 것은 아닙니다.

곱셈공식이 5개나 되는데, 꼭 다 외워야 하나요?

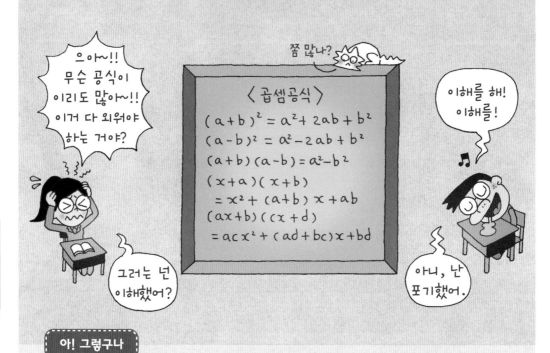

아! 그렇구나

공식이 갑자기 많아지면 외우기 힘들어집니다. 곱셈공식은 이후의 다른 계산에 많이 사용되므로 암기하는 게 좋긴 하지만, 분배법칙으로 유도할 줄 모르면 부호가 바뀔 때 등 응용하기 어렵습니다.

30초 정리

곱셈공식

1. $(a + b)^2 = a^2 + 2ab + b^2$

2. $(a - b)^2 = a^2 - 2ab + b^2$

3. $(a + b)(a - b) = a^2 - b^2$

4. $(x + a)(x + b) = x^2 + (a + b)x + ab$

5. $(ax + b)(cx + d) = acx^2 + (ad + bc)x + bd$

'곱셈공식을 무조건 외워야 하는가.' 고민해 볼 필요가 있는 문제입니다.

곱셈공식의 역할이 초등학교에서 배운 구구단에 비해 어느 정도인지를 정확히 말하는 것은 어렵지만, 구구단에 비해 사용 빈도나 가치가 높다고 보기 어려운 것은 분명합니다. 구구단은 곱셈공식에 비해 간단하기도 하고, 우리나라에서는 이후 여러 연산에 빈번히 사용되기 때문에 구구단은 일단 암기를 해야 합니다. 하지만 곱셈공식은 복잡하기도 하고, 곱셈공식을 만드는 원리라고 할 수 있는 분배법칙이 있기 때문에 공식을 외우지 못하더라도 분배법칙만으로 충분히 빠르고 정확하게 답을 구할 수 있습니다.

중3에서는 중1에서 배운 분배법칙을 확장해 가는 과정을 경험하게 됩니다.

$$(a + b)(c + d) = \underset{①}{\underline{ac}} + \underset{②}{\underline{ad}} + \underset{③}{\underline{bc}} + \underset{④}{\underline{bd}}$$

이 결과가 갑작스럽다면 한 단계를 더 거쳐서 이해할 필요가 있습니다. $(a+b)(c+d)$에서 $c+d$를 한 문자 M으로 놓고 분배법칙을 적용해 보겠습니다.

$$
\begin{aligned}
(a + b)(c + d) &= (a + b)M && \leftarrow (c+d)\text{를 } M \text{으로 놓는다.}\\
&= aM + bM && \leftarrow \text{분배법칙을 이용한다.}\\
&= a(c + d) + b(c + d) && \leftarrow M \text{에 } (c+d)\text{를 대입한다.}\\
&= ac + ad + bc + bd && \leftarrow \text{분배법칙을 이용한다.}
\end{aligned}
$$

다음 곱셈공식은 위와 같이 분배법칙을 이용하여 전개한 것을 정리한 것에 불과합니다. 어떤 경우에는 계산할 때마다 일일이 전개하기가 불편하므로 이런 공식은 기억해 두는 것도 좋을 것입니다.

곱셈공식

1. $(a + b)^2 = a^2 + 2ab + b^2$
2. $(a - b)^2 = a^2 - 2ab + b^2$
3. $(a + b)(a - b) = a^2 - b^2$
4. $(x + a)(x + b) = x^2 + (a + b)x + ab$
5. $(ax + b)(cx + d) = acx^2 + (ad + bc)x + bd$

전개

다항식과 다항식의 곱을 하나의 다항식으로 나타내는 것을 전개한다고 한다. 예를 들면 다음과 같다.
$(x+1)(x+3)=x^2+4x+3$

곱셈공식 $(a+b)(a-b)=a^2-b^2$은 직사각형의 넓이로 설명할 수 있습니다.

[그림 1]에서 ①, ②를 합친 직사각형은 [그림 2]와 같고, 그 직사각형의 가로, 세로의 길이는 각각 $a+b$, $a-b$입니다. 그러므로 [그림 2]의 넓이는 $(a+b)(a-b)$라고 할 수 있지요.

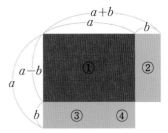

[그림 1]

이제 직사각형 ②를 직사각형 ①의 아래에 직사각형 ③처럼 붙이면 [그림 3]과 같이 넓이가 b^2인 정사각형 ④를 포함한 큰 정사각형이 나옵니다. 이 큰 정사각형의 넓이는 a^2이지요.

정리하면, [그림 2]의 직사각형의 넓이는 $(a+b)(a-b)$이고, [그림 2]의 넓이는 [그림 3]의 커다란 정사각형에서 정사각형 ④의 넓이를 뺀 것과 같습니다.

즉, $(a+b)(a-b)=a^2-b^2$이 성립합니다.

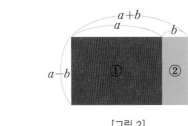

[그림 2]

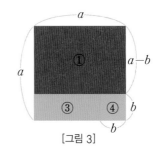

[그림 3]

개념의 연결

중1	중2	중3	중3	고교 공통수학1
덧셈에 대한 곱셈의 분배법칙	다항식의 곱셈과 나눗셈	곱셈공식	인수분해	다항식

. $(a + b)(c + d)$의 계산 원리를 그림으로 설명할 수 있나요?

A. $(a + b)(c + d)$의 계산 원리는 직사각형의 넓이로 설명할 수 있습니다.

$(a + b)(c + d)$는 그림에서 전체 직사각형의 넓이를 뜻합니다.

이는 두 직사각형의 넓이의 합과 같으므로

$$(a + b)(c + d) = a(c + d) + b(c + d)$$

로 나타낼 수 있으며, 또한 4개의 작은 직사각형으로

쪼갠 넓이의 합과도 같으므로

$$(a + b)(c + d) = ac + ad + bc + bd$$

가 됩니다.

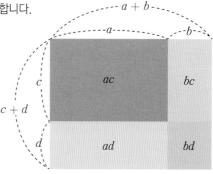

 . 곱셈공식을 활용하여 수의 연산을 손쉽게 하는 방법을 설명해 주세요.

A. 곱셈공식을 활용하면 암산하기 곤란한 연산을 보다 손쉽게 할 수 있습니다.

예를 들면, 96×96을 곱셈공식을 이용하여 다음과 같이 계산할 수 있습니다.

$$\begin{aligned} 96^2 &= (100 - 4)^2 \\ &= 100^2 - 2 \times 100 \times 4 + 4^2 \\ &= 10000 - 800 + 16 = 9216 \end{aligned}$$

95×105도 곱셈공식을 이용하여 다음과 같이 계산할 수 있습니다.

$$\begin{aligned} 95 \times 105 &= (100 - 5) \times (100 + 5) \\ &= 100^2 - 5^2 = 10000 - 25 \\ &= 9975 \end{aligned}$$

이와 같이 어떤 수의 제곱이나 두 수의 곱을 계산할 때 곱셈공식을 이용하면 편리한 경우가 있습니다.

어떻게 하든 인수분해의 결과는
한 가지라면서요?

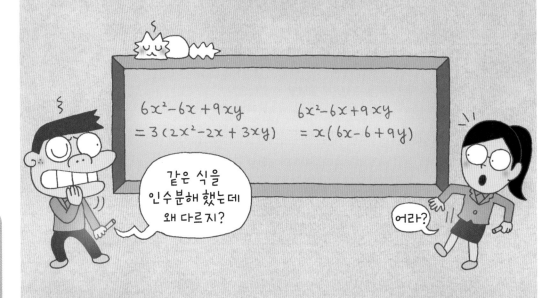

아! 그렇구나

　인수분해에서는 무엇보다도 공통인수를 찾아내는 것이 먼저입니다. 그래서 인수분해의 기본이 공통인수를 찾는 거라고 하지요. 그런데 더 중요한 것은 인수분해를 끝까지 하는 것입니다. 중간에 하다가 그만두면 안 되지요. 또한 공통인수가 모든 항에 다 있어야 한다는 사실도 놓치기 쉬운 부분입니다.

30초 정리

인수분해

하나의 다항식을 2개 이상의 다항식의 곱으로 나타낼 때, 각각의 식을 처음 식의 **인수**라고 한다. 또 하나의 다항식을 2개 이상의 인수의 곱으로 나타내는 것을 그 다항식을 **인수분해**한다고 말한다.

$$x^2 + 4x + 3 \underset{\text{전개}}{\overset{\text{인수분해}}{\longleftrightarrow}} (x+1)(x+3) \qquad ma + mb \underset{\text{전개}}{\overset{\text{인수분해}}{\longleftrightarrow}} m(a+b)$$

인수분해라는 말을 이전에 들은 적이 있습니다. 떠오르나요? 중학교 1학년에서 처음 배운 내용 중 소인수분해라는 것이 있었지요! 소인수분해에서 '소' 자만 떼면 인수분해가 되는군요.

소인수분해는 뭐였나요? 어떤 자연수를 소수들만의 곱으로 나타내는 것이었죠. 소수들만의 곱이라는 것은 더 나눌 수 없는 데까지 나눠야 한다는 원리를 말해 주는 것입니다. 다항식을 인수분해할 때도 끝까지 분해해야 합니다.

그리고 소인수분해는 소수끼리의 곱셈 $2 \times 3 = 6$을 반대로 생각하여 $6 = 2 \times 3$으로 표현하는 것입니다. 그러므로 다항식의 인수분해에서는 다항식의 곱셈공식을 반대로 생각하여 표현합니다.

다항식 $(x+1)(x+3)$을 전개하여 등식으로 나타내면

$$(x+1)(x+3) = x^2 + 4x + 3$$

이 됩니다. 이 등식의 좌변과 우변을 서로 바꾸면

$$x^2 + 4x + 3 = (x+1)(x+3)$$

입니다. 즉, 다항식 $x^2 + 4x + 3$은 두 일차식 $x+1$과 $x+3$의 곱으로 나타낼 수 있습니다.

이와 같이 하나의 다항식을 2개 이상의 다항식의 곱으로 나타낼 때, 각각의 식을 처음 식의 인수라고 합니다. 또 하나의 다항식을 2개 이상의 인수의 곱으로 나타내는 것을 그 다항식을 인수분해한다고 합니다.

분배법칙의 사용 역시 곱셈이 되기도 하고 인수분해가 되기도 합니다.

$$x^2 + 4x + 3 \quad \overset{\text{인수분해}}{\underset{\text{전개}}{\rightleftarrows}} \quad (x+1)(x+3)$$

다항식 $ma + mb$에서 두 항 ma, mb에 공통으로 들어 있는 인수 m을 괄호 밖으로 묶어 내면

$$ma + mb = m(a+b)$$

와 같이 인수분해할 수 있습니다.

$$ma + mb \quad \overset{\text{인수분해}}{\underset{\text{전개}}{\rightleftarrows}} \quad m(a+b)$$

제한적이기는 하지만 인수분해를 수막대 또는 대수막대라고 불리는 교구를 이용하여 시각적으로 볼 수 있습니다.

이차식을 인수분해할 때는 평면도형을 이용하고, 고등학교에서 삼차식을 인수분해할 때는 입체도형을 이용합니다. 이차식 $ax^2 + bx + c$가 3개의 항으로 이루어져 있기 때문에 세 종류의 평면도형을 사용하면 인수분해를 할 수 있습니다. 이때, 이차항 x^2에 대해서는 한 변의 길이가 x인 정사각형, 일차항 x는 두 변의 길이가 $1, x$인 직사각형, 상수항 1은 한 변의 길이가 1인 정사각형을 사용합니다.

예를 들어, [그림 1]과 같이 넓이가 x^2인 정사각형 한 개와 넓이가 x인 직사각형 3개, 넓이가 1인 정사각형 2개가 있을 때 이들 넓이의 합을 식으로 나타내면 $x^2 + 3x + 2$가 됩니다. 이것을 인수분해한다는 것은 식을 두 일차식의 곱으로 나타낸다는 뜻이고, 두 일차식의 곱이 넓이가 되려면 두 일차식이 직사각형의 가로와 세로의 길이가 되어야 합니다.

그래서 이들 6개의 도형을 [그림 2]와 같이 하나의 직사각형으로 다시 배열하면 이것이 곧 인수분해와 같습니다.

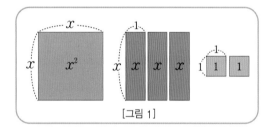
[그림 1]

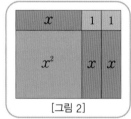
[그림 2]

이와 같이 다항식을 나타내는 대수막대를 모두 사용하여 하나의 직사각형으로 나타낼 수 있으면 이 다항식은 인수분해가 된다는 뜻이 됩니다. [그림 2]의 가로, 세로의 길이는 각각 $x+2$, $x+1$이므로 이를 식으로 표현하면

$$x^2 + 3x + 2 = (x+2)(x+1)$$

과 같이 인수분해 식이 됩니다.

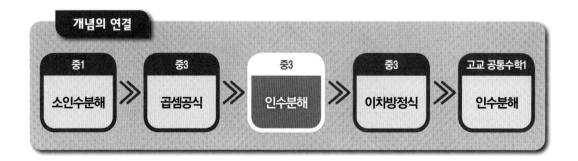
개념의 연결

중1 소인수분해 ≫ 중3 곱셈공식 ≫ 중3 인수분해 ≫ 중3 이차방정식 ≫ 고교 공통수학1 인수분해

Q. 인수분해는 어디까지 하는 건가요? 예를 들면, $x^2 + 2x - 15$는 $(x + 5)(x - 3)$으로 인수분해하면 끝인가요? 아니면 $5\left(\frac{1}{5}x + 1\right)(x - 3)$이 되는 데까지 해야 하나요?

A. 결론적으로 얘기하자면 둘 다 인수분해라 할 수 있습니다. 식을 인수분해할 때 수를 명확히 제한할 수 없기 때문입니다. 그래서 어떤 다항식의 인수를 '모두 구하여라'와 같이 요구하기는 어렵습니다.

그런데 $2ab - 8b^2$을 $2(ab - 4b^2)$으로 고치는 것은 인수분해했다고 말할 수 없습니다. 왜냐하면 할 수 있는 한 끝까지 인수분해를 해야 한다는 원리가 있기 때문입니다. $2(ab - 4b^2)$에는 아직 공통인수 b가 남아 있기 때문에 $2ab - 8b^2 = 2b(a - 4b)$가 되어야 인수분해했다고 할 수 있습니다.

또한 $x^2 - 3$을 무리수를 이용하여 꼭 $(x + \sqrt{3})(x - \sqrt{3})$으로 인수분해해야 하는 것은 아닙니다. 일반적으로 아무런 단서가 없으면 유리수의 범위에서 인수분해하도록 정해져 있습니다. 억지로 무리수를 이용하여 인수분해할 필요는 없습니다.

Q. 덧셈으로 나타내면 인수분해가 아닌가요? 예를 들어 $10 = 2 + 3 + 5$, 즉 소수만의 합으로 수를 나타낼 수 있듯이 다항식도 $x^2 + 5x + 6 = x^2 + (2x + 1) + (3x + 5)$로 나타낸다면, 이건 인수분해가 아닌가요?

A. 아닙니다. 10을 2, 3, 5라는 세 소수의 합으로 나타낸 것은 소인수분해라고 할 수 없습니다. 소인수분해는 어떤 자연수를 소수들만의 '곱'으로 나타내는 것입니다. $2 + 3 + 5$는 소수들만 사용한 것이지만 곱으로 나타낸 것은 아니므로 10을 소인수분해했다고 할 수 없습니다. $10 = 2 \times 5$로 나타낸 것이 소인수분해이며, 어떤 자연수의 소인수분해 방법은 유일합니다.

마찬가지로 $x^2 + 5x + 6 = (x + 2)(x + 3)$과 같이 다항식을 두 일차식의 곱으로 나타내야 인수분해라고 할 수 있습니다.

327쪽 사고력 문제 정답 : 1320

(5685에서 일의 자리 수를 곱한 값(5×5=25)을 다음 자리의 수에 더하여 쓰고(2⑧⑤), 5685의 7 자리의 10을 자리 8 등 문제 곱은 다음 같음 주구의 7 자리 것이에서(2④⑧⑤) 다음에서 2의 5 를 자리의 10을 등 자리 6 을 문제 곱은 다음 같음 주구의 7 자리 것이에 일의 수가 주구의 2 등 문제 곱은 다음 4와 8 를 문제 곱은 같이 32 를 가리고 쓰면 13200이 된다.)

더하고 곱해서 나오는 것을 어떻게 동시에 생각하나요?

아! 그렇구나

인수분해 공식 중 더하고 곱해서 나오는 것을 동시에 만족하는 두 수를 찾는 것이 가장 어렵지요. 이차항의 계수가 1이 아닌 경우에는 이차항의 계수까지 고려해야 하니 더욱 복잡합니다. 곱셈공식으로 인수분해 공식이 만들어진다고 하지만 이 두 공식은 많은 연습을 하지 않으면 적용하기가 어렵습니다.

30초 정리

인수분해 공식

1. $a^2 + 2ab + b^2 = (a + b)^2$
2. $a^2 - 2ab + b^2 = (a - b)^2$
3. $a^2 - b^2 = (a + b)(a - b)$
4. $x^2 + (a + b)x + ab = (x + a)(x + b)$
5. $acx^2 + (ad + bc)x + bd = (ax + b)(cx + d)$

인수분해는 전개의 반대 과정입니다. 그러므로 중학교 2학년의 곱셈공식을 다시 상기한 후 인수분해를 공부해야 합니다.

중학교에서 배우는 인수분해 공식은 5개입니다. 곱셈공식이 5개이기 때문이지요. 따라서 인수분해 공부의 성패는 일단 곱셈공식에 달려 있습니다. 그리고 이 둘은 이후 방정식이나 함수에 사용되므로 구구단과 같이 암기하는 것이 필수입니다.

곱셈공식	인수분해 공식
1. $(a+b)^2 = a^2 + 2ab + b^2$	1. $a^2 + 2ab + b^2 = (a+b)^2$
2. $(a-b)^2 = a^2 - 2ab + b^2$	2. $a^2 - 2ab + b^2 = (a-b)^2$
3. $(a+b)(a-b) = a^2 - b^2$	3. $a^2 - b^2 = (a+b)(a-b)$
4. $(x+a)(x+b) = x^2 + (a+b)x + ab$	4. $x^2 + (a+b)x + ab = (x+a)(x+b)$
5. $(ax+b)(cx+d) = acx^2 + (ad+bc)x + bd$	5. $acx^2 + (ad+bc)x + bd = (ax+b)(cx+d)$

문자 하나 바뀌지 않고 완전히 반대로 만들어지는 것이 두 공식입니다.

그렇지만 둘 사이에는 차이가 있습니다. 곱셈공식은 전개를 하는 것이니 분배법칙을 사용하면 항상 할 수 있습니다. 그런데 인수분해는 반대 과정이므로 조건을 살펴야 하는 경우가 많습니다. 그래서 인수분해가 더 어렵습니다. 그중에서도 인수분해 공식 4와 5가 특히 어렵습니다.

우리에게는 시행착오를 겪는 다양한 경험이 필요합니다. 기계적으로 해결되지 않는 부분이므로 빨리 하려고만 들지 말고 아주 쉬운 수치부터 단계적으로 시행해 보면서 안 되면 다른 수치로 바꿔 시행하는 시도를 거듭 반복하는 방법 외에 다른 비결은 없습니다.

다항식 $x^2 + 5x + 6$을 인수분해해 보겠습니다. 인수분해 공식 4와 다항식 $x^2 + 5x + 6$을 비교하면 $a+b=5$, $ab=6$이므로, 합이 5이고 곱이 6인 두 정수 a, b를 찾아야

$$x^2 + 5x + 6 = (x+a)(x+b)$$

$$x^2 + (a+b)x + ab$$
$$x^2 + \quad 5x \quad + \quad 6$$

와 같이 인수분해가 됩니다. 시행착오 과정은 오른쪽 표에서 '곱이 6인 두 정수'를 가지고 합을 차례로 구해 보는 것이 됩니다. 합보다는 곱이 그 경우가 더 적으므로 곱이 6이 되는 수로 먼저 나눈 다음 거기서 합이 5가 되는 두 수를 찾습니다. 두 번째 칸에서 2와 3을 찾으면

곱이 6인 두 정수	두 정수의 합
1, 6	7
2, 3	5
$-1, -6$	-7
$-2, -3$	-5

$$x^2 + 5x + 6 = (x+2)(x+3)$$

과 같이 인수분해가 되는 것입니다.

인수분해 공식은 나중에 방정식과 함수에서 응용됩니다. 당장은 몇 가지 수식 계산에서 그 효과가 발휘됩니다.

예를 들면, $99^2 - 1$을 계산할 때, 인수분해 공식 $a^2 - b^2 = (a + b)(a - b)$를 이용하면

$$99^2 - 1 = 99^2 - 1^2 = (99 + 1)(99 - 1) = 100 \times 98 = 9800$$

과 같이 거의 암산으로 계산할 수 있습니다.

이와 같이 복잡한 수식의 계산에서 인수분해 공식을 이용하면 편리할 때가 있습니다.

그림과 같은 액자에서 테두리 부분의 넓이는 큰 정사각형에서 작은 정사각형의 넓이를 뺀 것입니다. 테두리 부분의 넓이를 S라 하면

$$S = 105^2 - 95^2$$

입니다. 105와 95의 제곱을 각각 계산하여 뺄 수도 있지만, 인수분해 공식을 이용하면 보다 편리하게 구할 수 있습니다.

$$
\begin{aligned}
S &= 105^2 - 95^2 \\
&= (105 + 95)(105 - 95) \\
&= 200 \times 10 = 2000\,(\text{cm}^2)
\end{aligned}
$$

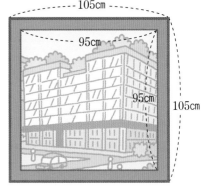

다른 방법으로 계산하면, $105^2 = 11025$, $95^2 = 9025$이므로

$$
\begin{aligned}
S &= 105^2 - 95^2 \\
&= 11025 - 9025 = 2000\,(\text{cm}^2)
\end{aligned}
$$

임을 확인할 수 있습니다.

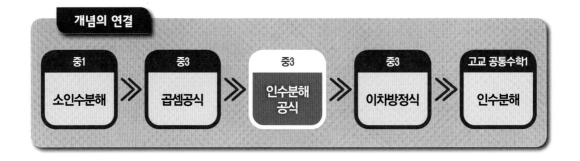

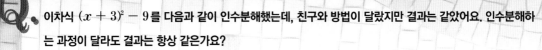

 이차식 $(x + 3)^2 - 9$를 다음과 같이 인수분해했는데, 친구와 방법이 달랐지만 결과는 같았어요. 인수분해하는 과정이 달라도 결과는 항상 같은가요?

$$(x + 3)^2 - 9 = (x^2 + 6x + 9) - 9 = x^2 + 6x = x(x + 6)$$

A. 완전제곱식의 전개를 먼저 했군요. 좋은 방법입니다.

그렇다면 친구는 아마도 전개를 하지 않았을 것입니다. 친구의 방법을 예측해 볼까요?

$$(x + 3)^2 - 9 = \{(x + 3) + 3\}\{(x + 3) - 3\} = (x + 3 + 3)(x + 3 - 3) = x(x + 6)$$

그렇군요. 인수분해 과정은 다르지만 결과가 같네요.

질문한 대로 인수분해 과정은 다양할 수 있지만 인수분해의 결과는 항상 같습니다.

소인수분해에서도 결과는 유일하다고 했던 것을 기억할 것입니다. 인수분해도 중간에 하다 말게 되면 다른 결과가 나올 수 있지만, 끝까지 인수분해를 하면 그 결과는 항상 똑같습니다.

Q. 다음과 같은 식을 계산할 때 인수분해 공식을 이용하라고 하는데 어떤 공식을 이용해야 하나요?

$$\left(1 - \frac{1}{2^2}\right)\left(1 - \frac{1}{3^2}\right)\left(1 - \frac{1}{4^2}\right) \times \cdots \times \left(1 - \frac{1}{10^2}\right)$$

A. 1은 자체로 1^2이므로 인수분해 공식 3 $a^2 - b^2 = (a + b)(a - b)$를 이용합니다.

$$1 - \frac{1}{2^2} = \left(1 + \frac{1}{2}\right)\left(1 - \frac{1}{2}\right) = \frac{3}{2} \times \frac{1}{2}$$
$$1 - \frac{1}{3^2} = \left(1 + \frac{1}{3}\right)\left(1 - \frac{1}{3}\right) = \frac{4}{3} \times \frac{2}{3}$$
$$\vdots$$
$$1 - \frac{1}{10^2} = \left(1 + \frac{1}{10}\right)\left(1 - \frac{1}{10}\right) = \frac{11}{10} \times \frac{9}{10}$$

이므로

$$\left(1 - \frac{1}{2^2}\right)\left(1 - \frac{1}{3^2}\right)\left(1 - \frac{1}{4^2}\right) \times \cdots \times \left(1 - \frac{1}{10^2}\right)$$
$$= \frac{3}{2} \times \frac{1}{2} \times \frac{4}{3} \times \frac{2}{3} \times \frac{5}{4} \times \frac{3}{4} \times \cdots \times \frac{11}{10} \times \frac{9}{10}$$
$$= \left(\frac{3}{2} \times \frac{4}{3} \times \frac{5}{4} \times \cdots \frac{11}{10}\right)\left(\frac{1}{2} \times \frac{2}{3} \times \frac{3}{4} \times \cdots \times \frac{9}{10}\right)$$
$$= \frac{11}{2} \times \frac{1}{10} = \frac{11}{20}$$

이 됩니다.

이차방정식을 보고 무슨 방법을 사용할지 어떻게 판단하나요?

아! 그렇구나

　인수분해 방법이 바로 눈에 띄는 이차방정식이라면 고민하지 않겠지요. 몇 번의 시행착오를 거쳐야 인수분해할 수 있는 이차방정식이라면 갈등이 유발됩니다. 이때는 근의 공식을 이용하여 해결하는 것도 괜찮은 방법인데, 절차적으로 인수분해를 먼저 하라고 배운 탓에 고집을 부리며 시간을 끌게 되지요.

30초 정리

이차방정식과 인수분해

이차방정식 $ax^2 + bx + c = 0\,(a \neq 0)$의 좌변을

두 일차식의 곱으로 인수분해할 수 있을 때는 이를 이용하여 이차방정식을 풀 수 있다.

$$ax^2 + bx + c = a(x - p)(x - q) = 0$$

$$x = p \ \text{또는} \ x = q$$

인수분해를 배운 목적은 이차방정식 때문이라고 해도 과언이 아닙니다. 물론 이후 고등학교에서 배우는 삼차방정식이나 사차방정식 등에도 사용되지만, 이차방정식의 풀이에 가장 결정적인 역할을 하는 것이 인수분해입니다.

본래 방정식을 만족하는 해, 즉 x의 값은 다음과 같이 여러 가지 수를 대입해서 구할 수 있습니다.

예를 들면, 이차방정식 $x^2 + x - 2 = 0$의 좌변의 x에 $-2, -1, 0, 1, 2$를 각각 대입하여 나온 값을 우변과 비교하면 표와 같습니다. 표에서 이차방정식 $x^2 + x - 2 = 0$의 좌변이 0이 되게 하는 x의 값은 -2와 1의 2개입니다.

x	좌변
-2	$(-2)^2 + (-2) - 2 = 0$
-1	$(-1)^2 + (-1) - 2 = -2$
0	$0^2 + 0 - 2 = -2$
1	$1^2 + 1 - 2 = 0$
2	$2^2 + 2 - 2 = 4$

즉, 이차방정식 $x^2 + x - 2 = 0$은 $x = -2$ 또는 $x = 1$일 때 성립합니다.

그러나 이런 방식으로 매번 수를 대입하여 해를 구하는 것은 꼭 성공한다는 보장도 없는 데다 힘이 많이 듭니다.

인수분해를 하면 어떻게 해를 구할 수 있는 걸까요? 인수분해는 이차식을 두 일차식의 곱으로 만드는 것이므로 두 식의 곱이 0이 되는 상황을 살펴야 합니다.

두 수 또는 식 a, b에 대하여 $ab = 0$이면 둘 중 적어도 하나는 0이어야 합니다. 둘 중 적어도 하나가 0이 되는 것은

　　1. $a = 0$, $b = 0$　2. $a = 0$, $b \neq 0$　3. $a \neq 0$, $b = 0$

의 3가지 중 어느 하나가 성립할 때입니다. 이것을 $a = 0$ 또는 $b = 0$이라고 표현합니다. 즉, $ab = 0$이면 $a = 0$ 또는 $b = 0$입니다. 또 $a = 0$ 또는 $b = 0$이면 $ab = 0$입니다.

이 사실을 이용하면 이차식을 인수분해하여 이차방정식을 풀 수 있습니다.

방정식과 항등식

x의 값에 따라 참이 되기도 하고 거짓이 되기도 하는 등식을 x에 대한 방정식이라 하고, 항상 참인 등식을 항등식이라 한다.

이차방정식 $ax^2 + bx + c = 0$의 좌변이
$$ax^2 + bx + c = a(x - p)(x - q)$$
와 같이 두 일차식의 곱으로 인수분해되면, 이차방정식 $ax^2 + bx + c = 0$은
$$x - p = 0 \text{ 또는 } x - q = 0$$
이 되므로, 이차방정식의 해는 $x = p$ 또는 $x = q$가 됩니다.

일상에서도 많이 사용하는 언어인 '또는'과 '그리고'를 구분할 필요가 있습니다. 둘을 구분하지 못해 손해 볼 때가 많습니다. '또는(or)'이라는 용어는 특히 헷갈리기 쉽습니다.

중학교 2학년에서 배운 유한소수의 조건에 '또는'이 있었습니다. 어떤 분수를 기약분수로 나타냈을 때, 분모의 소인수가 '2 또는 5'뿐이면 그 분수는 유한소수로 나타낼 수 있습니다.

$\frac{1}{2}$, $\frac{1}{25}$의 분모의 소인수는 2와 5 중 어느 하나뿐입니다. 그런데 $\frac{1}{10}$의 분모의 소인수는 2와 5 모두입니다. 세 분수 $\frac{1}{2}$, $\frac{1}{25}$, $\frac{1}{10}$은 모두 유한소수로 나타낼 수 있습니다.

이와 같이 'A 또는 B'라는 용어에는 'A와 B 중 어느 하나만'이 아니라 'A와 B 중 적어도 하나'라는 뜻이 담겨 있습니다.

두 식 A, B가 0인지 아닌지에 대해서는 다음 4가지 경우를 생각할 수 있습니다.

1	2	3	4
$A = 0$ 그리고 $B = 0$	$A = 0$ 그리고 $B \neq 0$	$A \neq 0$ 그리고 $B = 0$	$A \neq 0$ 그리고 $B \neq 0$

이 중 $AB = 0$이 되는 경우는 1, 2, 3이고, 이 세 경우를 간단하게 '$A = 0$ 또는 $B = 0$'이라고 표현하기로 약속합니다. '$A = 0$ 또는 $B = 0$'이면 $AB = 0$이고, $AB = 0$이면 '$A = 0$ 또는 $B = 0$'입니다. 이것이 이차방정식을 인수분해로 푸는 원리입니다.

4는 $AB \neq 0$입니다. '$A \neq 0$ 그리고 $B \neq 0$', 즉 둘 다 0이 아니면 $AB \neq 0$입니다. 그리고 $AB \neq 0$이면 '$A \neq 0$ 그리고 $B \neq 0$'입니다.

개념의 연결

Q. 이차방정식 $(x-2)^2 - 9 = 0$에 대한 오른쪽의 2가지 풀이 중 맞는 것은 어느 것인가요?

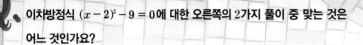

A
$$(x-2)^2 - 9 = 0$$
$$(x^2 - 4x + 4) - 9 = 0$$
$$x^2 - 4x - 5 = 0$$
$$(x+1)(x-5) = 0$$
$$x = -1 \text{ 또는 } x = 5$$

B
$$(x-2)^2 - 9 = 0$$
$$(x-2)^2 = 9$$
$$x - 2 = \pm 3$$
$$x = 2 \pm 3$$
$$x = 5 \text{ 또는 } x = -1$$

A. 이차방정식을 푸는 방법은 다양합니다. 그리고 어떤 방법으로 풀든 이차방정식의 해는 똑같습니다. 그러므로 풀이 과정에 이상이 없으면 둘 다 맞는 방법이라고 할 수 있습니다. 결과적으로 두 해가 똑같은 것도 확인할 수 있습니다.

A는 완전제곱식을 전개하여 다시 인수분해하는 방법으로 해를 구했습니다.

B는 완전제곱식을 전개하지 않고 제곱근을 이용하는 방법으로 해를 구했습니다.

두 방법 모두 수학적으로 아무런 오류가 없으니 이 중 각자에게 편리한 방법으로 해를 구하면 됩니다.

이차방정식을 푸는 방법이 또 있는데, 근의 공식을 이용하는 것입니다. 이차방정식은 주어진 상황이나 개인적 취향에 맞게 다양한 방법으로 풀 수 있습니다.

Q. $x^2 - 4x + 3 = (x-1)(x-3)$은 무슨 식인가요? 이차식, 이차방정식, 이차함수 등은 똑같이 '이차'라는 말을 쓰고 있는데, 차이는 무엇인가요?

A. 주어진 식 $x^2 - 4x + 3 = (x-1)(x-3)$은 이차식을 인수분해한 식이군요. 우변을 전개하여 좌변으로 옮기면 양쪽이 모두 0이 되고 x가 사라집니다. 이차식인 줄 알았는데 없어져 버리니 난감하지요. 이 식은 항등식입니다. 이차방정식은 모든 항을 한쪽으로 모았을 때 이차항이 최고차항으로 남아 있어야 합니다. 항등식에 대해서는 고등학교에서 더 자세히 배웁니다만 x에 어떤 값을 넣어도 항상 성립하는 등식이 항등식입니다. 위 식의 x에 0, 1, 2, 3, … 등 어떤 수를 대입해도 양쪽의 값은 항상 같습니다.

그런데 이차식, 이차방정식, 이차함수의 차이는 무엇일까요?

$x^2 - 4x + 3$과 같이 등호가 없이 항들로만 이루어져 있고, 최고차항이 이차인 것을 이차식이라고 합니다. 여기에 등호가 붙어 $x^2 - 4x + 3 = 0$과 같이 양쪽이 있으면서 항등식이 아닌 것은 방정식입니다. 이차방정식은 최고차항이 이차인 방정식입니다. 그러면 이차함수는 무엇일까요? 이차함수에는 $y = x^2 - 4x + 3$과 같이 x와 다른 변수 y가 도입됩니다. 이차함수에서는 x가 변함에 따라 나오는 y의 값을 동시에 순서쌍 (x, y)로 보며, 이것을 좌표평면에 나타낸 것이 이 함수의 그래프가 됩니다.

완전제곱식! 너무 복잡해요.
다른 방법은 없나요?

이 방정식은 해가 없는 거지? 더해서 4, 곱해서 1이 되는 수가 없잖아.

$x^2 + 4x + 1 = 0$

$x^2 + 4x + 1 = 0$
$x^2 + 4x = -1$
$x^2 + 4x + 4 = -1 + 4$
$(x+2)^2 = 3$
$x + 2 = \pm \sqrt{3}$
$x = -2 \pm \sqrt{3}$

완전제곱식을 이용해서 풀면 돼. 이렇게~

허걱!! 난 복잡한 거 싫어하는데… 바로 답이 나오는 공식 같은 건 없어?

아! 그렇구나

완전제곱식으로 고치는 것이 모든 이차방정식 풀이의 기본 개념입니다. 다만 그 방법이 조금 복잡하기 때문에 다들 그저 근의 공식을 암기만 하려 들지요. 수학 개념에 대한 이해는 수학을 공부하는 기본이기 때문에 피하기보다 꼭 넘어야 할 산으로 생각해야 합니다.

30초 정리

이차방정식의 근의 공식

이차방정식 $ax^2 + bx + c = 0 (a \neq 0)$의 근은
$$x = \frac{-b \pm \sqrt{b^2 - 4ac}}{2a} \ (단, \ b^2 - 4ac \geq 0)$$
이다.

이차방정식의 근의 공식을 배우고 나면 많은 학생이 묻습니다. 근의 공식 결과만 그냥 외우면 안 되나요? 유도 과정이 시험에 나오나요?

수학에서 공식이나 성질, 법칙 등은 그 결과도 중요하지만 유도 과정이 더 중요합니다. 유도 과정이 수학의 개념 학습이고, 문제로 말하면 아주 좋은 문제라고 할 수 있습니다. 특히나 근의 공식을 유도하는 과정에는 이차방정식을 완전제곱식으로 고치는 과정이 포함되어 있기 때문에 계산이 조금 복잡하기는 해도 그 내용을 완벽하게 이해해야 합니다. 이 부분을 소홀히 했다가는 이후 이차함수에서 그래프를 그리기 위해 일반형을 표준형으로 고치는 작업을 할 수 없게 됩니다. 결과적으로 이차함수의 그래프를 그리지 못하는 비극이 발생합니다.

이차방정식 $ax^2+bx+c=0$의 해를 구하는 방법에는 인수분해를 이용하는 방법, 완전제곱식으로 푸는 방법, 근의 공식을 이용하는 방법이 있습니다.

하지만 완전제곱식으로 푸는 과정을 거치면 근이 나오므로, 완전제곱식의 풀이 과정이 근의 공식을 유도하는 과정이라고 말할 수 있습니다.

이차방정식 $ax^2+bx+c=0$의 해를 완전제곱식으로 구해 보겠습니다.

① 양변을 이차항의 계수 a로 나눈다. $\qquad x^2+\dfrac{b}{a}x+\dfrac{c}{a}=0$

② 좌변의 상수항을 우변으로 이항한다. $\qquad x^2+\dfrac{b}{a}x=-\dfrac{c}{a}$

③ x의 계수의 $\dfrac{1}{2}$의 제곱을 양변에 더한다. $\qquad x^2+\dfrac{b}{a}x+\left(\dfrac{b}{2a}\right)^2=-\dfrac{c}{a}+\left(\dfrac{b}{2a}\right)^2$

④ 좌변을 완전제곱식으로 나타낸다. $\qquad \left(x+\dfrac{b}{2a}\right)^2=\dfrac{b^2-4ac}{4a^2}$

⑤ 제곱근을 구한다. $\qquad x+\dfrac{b}{2a}=\pm\dfrac{\sqrt{b^2-4ac}}{2a}$ (단, $b^2-4ac\geq0$)

⑥ 근을 구한다. $\qquad x=-\dfrac{b}{2a}\pm\dfrac{\sqrt{b^2-4ac}}{2a}=\dfrac{-b\pm\sqrt{b^2-4ac}}{2a}$

사실 완전제곱식으로 고쳐서 이차방정식의 해를 구하는 과정에는 주의해야 할 사항이 있습니다. 교과서에서도 이 부분을 세심하게 다루지 않고 있기 때문에 고민하지 않으면 적당히 넘어갈 우려가 있습니다.

앞의 과정 ④ $\left(x + \dfrac{b}{2a}\right)^2 = \dfrac{b^2 - 4ac}{4a^2}$ 에서 제곱근을 구하는 ⑤의 과정으로 넘어가기까지 다시 살펴보아야 할 대목이 있습니다.

$$x + \frac{b}{2a} = \pm\sqrt{\frac{b^2 - 4ac}{4a^2}} \quad \Longrightarrow \quad x + \frac{b}{2a} = \pm\frac{\sqrt{b^2 - 4ac}}{2a}$$

즉, $\pm\sqrt{\dfrac{b^2 - 4ac}{4a^2}}$ 가 어떻게 $\pm\dfrac{\sqrt{b^2 - 4ac}}{2a}$ 로 바뀌었는가 하는 것입니다.

제곱근의 계산 법칙에서 $a > 0$, $b > 0$일 때, $\sqrt{\dfrac{b}{a}} = \dfrac{\sqrt{b}}{\sqrt{a}}$ 가 성립한다는 것을 기억할 것입니다. 그러면 $\sqrt{\dfrac{b^2 - 4ac}{4a^2}}$ 에서 $4a^2 > 0$이므로 $b^2 - 4ac > 0$이어야 합니다. 그래서 단서에 $b^2 - 4ac \geq 0$이 들어갔습니다. 등호는 있으나 없으나 별 영향을 주지 않으므로 넣어도 상관없습니다.

또 한 가지 유의할 점은 $\sqrt{\dfrac{b^2 - 4ac}{4a^2}} = \dfrac{\sqrt{b^2 - 4ac}}{\sqrt{4a^2}}$ 에서 그냥 $\sqrt{4a^2} = 2a$가 된 것이 아니라 a의 양, 음에 따라 $\pm 2a$가 된다는 사실입니다. 즉, $\sqrt{4a^2} = \begin{cases} 2a\,(a > 0일\ 때) \\ -2a\,(a < 0일\ 때) \end{cases}$ 가 정확한 표현입니다. 그런데 앞에 $\pm$가 또 있으니 이것을 고려하여 결국 $\pm\dfrac{\sqrt{b^2 - 4ac}}{2a}$로 정리가 된 것입니다.

$b^2 - 4ac < 0$인 경우

근호 안의 값이 음수일 때 실수 범위에서는 제곱근이 존재하지 않는다. 즉, 이차방정식의 근이 존재하지 않는데, 고등학교에 가서 수의 범위가 확장되면 이러한 내용을 다루게 된다.

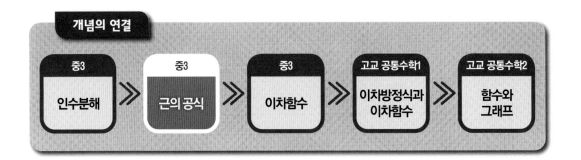

개념의 연결

중3	중3	중3	고교 공통수학1	고교 공통수학2
인수분해	근의 공식	이차함수	이차방정식과 이차함수	함수와 그래프

Q. 모든 방정식에는 근의 공식이 있나요? 근의 공식이 있는데 왜 인수분해나 완전제곱식으로 근을 구하기도 하나요?

A. 모든 방정식에 대하여 근의 공식이 있는 것은 아닙니다. 그러나 이차방정식은 근의 공식을 이용하면 항상 해를 구할 수 있습니다. 그런 의미에서 이차방정식의 근의 공식을 이용하면 어떤 이차방정식이든 그 해를 구할 수 있습니다.

근의 공식을 이용하면 항상 근을 구할 수 있는데 왜 굳이 인수분해나 완전제곱식을 사용할까요? 근의 공식을 이용한 계산이 제곱근을 포함하고 있어 복잡하기 때문입니다. 즉, 간단한 이차방정식은 인수분해나 완전제곱식으로 구하는 것이 편리합니다.

이차방정식의 근의 공식은 고대 문명 시대부터 사용한 것으로 알려져 있습니다. 하지만 삼차 이상의 방정식의 근을 구하는 공식은 오랫동안 발견할 수 없었다가 1500년대에 와서 비로소 해결되었습니다. 그 이후 사차방정식은 삼차방정식과 비슷한 방법으로 구할 수 있었지만 오차방정식부터는 다시 미궁에 빠졌다가 결국 근의 공식을 만들 수 없다는 사실이 밝혀졌습니다.

Q. 이차방정식 $\frac{1}{2}x^2 - \frac{2}{3}x - \frac{1}{3} = 0$을 근의 공식에 대입하면 $x = \dfrac{\frac{2}{3} \pm \sqrt{\left(-\frac{2}{3}\right)^2 - 4 \times \frac{1}{2} \times \left(-\frac{1}{3}\right)}}{2 \times \frac{1}{2}}$

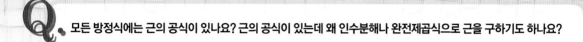

과 같이 아주 복잡해지는데 꼭 이렇게 풀어야 하나요?

A. 복잡해진 원인은 이차방정식의 계수가 분수이기 때문입니다. 이와 같이 계수가 분수나 소수인 방정식은 양변에 적당한 수를 곱하여 계수를 정수로 바꾼 다음 근의 공식을 적용하는 것이 간편합니다.

계수를 정수로 만들기 위하여 양변에 분모의 최소공배수인 6을 곱하면

$$3x^2 - 4x - 2 = 0$$

이 되지요. 이제 근의 공식을 이용하면

$$x = \frac{-(-4) \pm \sqrt{(-4)^2 - 4 \times 3 \times (-2)}}{2 \times 3} = \frac{4 \pm \sqrt{40}}{6} = \frac{2 \pm \sqrt{10}}{3}$$

입니다.

이차함수의 그래프는 매번 순서쌍을 여러 개 구해서 그려야 하나요?

아래 대응표를 완성해서 $y = 2x^2$의 그래프를 그려 볼까?

x	…	-2	-1.5	-1	-0.5	0	0.5	1	1.5	2	…
y	…	8	4.5	2	0.5	0	0.5				

어휴!! 점도 찍고 계산도 하고! 이러다 날 새겠어요!

아! 그렇구나

일차함수의 그래프를 그릴 때 처음에는 점을 찍어 대략의 모양을 살핀 후 직선임을 발견했지요. 이차함수에서도 처음 $y = x^2$의 그래프를 그릴 때는 점을 찍어 자세하게 살피는 과정이 필요합니다. 포물선 모양이 되는 것을 이해한 후 이 모양을 기본으로 하여 여러 가지 수학적 지식을 이용하면 모든 이차함수의 그래프를 그릴 수 있게 된답니다.

30초 정리

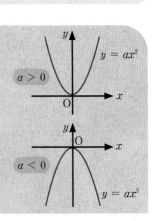

이차함수 $y = ax^2$의 그래프의 성질

1. 원점을 꼭짓점으로 하고, y축을 축으로 하는 포물선이다.
2. $a > 0$이면 아래로 볼록하고, $a < 0$이면 위로 볼록하다.
3. a의 절댓값이 클수록 그래프의 폭이 좁아진다.
4. 이차함수 $y = -ax^2$의 그래프와 x축에 대하여 서로 대칭이다.

이차함수 $y = ax^2 + bx + c$는 이차방정식 $ax^2 + bx + c = 0$의 좌변의 값이 0이 되는 것뿐만 아니라 다양한 값을 모두 나타내기 위해 변수 y를 도입함으로써 $y = ax^2 + bx + c$와 같이 만들어진 것입니다.

이차함수에서 가장 간단한 꼴인 $y = x^2$을 그래프로 나타내 보겠습니다.

함수의 그래프를 그리는 방법은 크게 2가지입니다. 첫 번째는 x와 그에 대응하는 함숫값 y의 순서쌍 (x, y)를 좌표평면에 표시하여 그리는 방법이고 두 번째는 이차함수의 그래프의 특징을 파악하여 그리는 방법입니다. 첫 번째 방법부터 자세히 살펴보겠습니다.

1. x와 그에 대응하는 함숫값 y의 순서쌍 (x, y)를 좌표평면에 표시하여 그리기

순서쌍을 구성하는 x의 값으로 가급적 0에 가까운 정수를 택하면 계산이 편리합니다. -3부터 3까지의 정수를 x에 대입해 보겠습니다. x에 대응하는 함숫값 y를 표에 나타내면 다음과 같습니다.

x와 y의 순서쌍 $(-3, 9)$, $(-2, 4)$, $(-1, 1)$, $(0, 0)$, $(1, 1)$, $(2, 4)$, $(3, 9)$를 좌표로 하는 점들을

x	$\cdots$	-3	-2	-1	0	1	2	3	$\cdots$
y	$\cdots$	9	4	1	0	1	4	9	$\cdots$

좌표평면 위에 나타내면 다음 [그림 1]과 같습니다. [그림 2]는 [그림 1]에서 x의 값 사이의 간격을 $\frac{1}{3}$로 줄여 x의 값과 y의 값의 순서쌍 (x, y)를 좌표로 하는 점들을 좌표평면 위에 나타낸 것입니다. 이제 x의 값 사이의 간격을 점점 더 줄여 x의 값과 y의 값의 순서쌍 (x, y)를 좌표로 하는 더 많은 점들을 좌표평면 위에 나타내면 [그림 3]과 같이 원점을 지나는 매끈한 곡선이 됩니다.

이 곡선이 x의 값의 범위가 실수 전체일 때 이차함수 $y = x^2$의 그래프입니다.

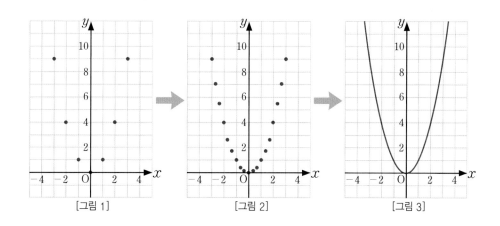

[그림 1]　　　　　[그림 2]　　　　　[그림 3]

2. 특징을 파악하여 이차함수의 그래프 그리기

이차함수 $y = x^2$에서 x에 어떤 실수를 대입해도 x^2의 값은 항상 0 이상인 값을 가지므로 y값은 항상 x축과 그 위쪽에 존재합니다. 그리고 $x^2 = (-x^2)$이므로 $x = 0$, 즉 y축을 기준으로 좌우대칭을 이룹니다. x의 절댓값이 커질수록 x^2의 값이 커지므로 $x < 0$일 때는 x의 값이 작을수록 y의 값이 커지고 $x > 0$일 때는 x의 값이 커질수록 y의 값이 커집니다. 그리고 $x = 0$일 때 최솟값 $y = 0$을 가지므로 그래프는 O$(0, 0)$을 꼭짓점으로 하는 [그림 1]과 같은 그래프가 됩니다.

이 방법으로 $y = -x^2$의 그래프를 그리면 [그림 2]와 같이 꼭짓점이 $(0, 0)$이고 위로 볼록한 좌우대칭 그래프를 그릴 수 있습니다.

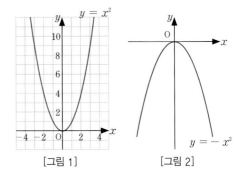

[그림 1]　　　[그림 2]

일반적으로 $y = ax^2$의 그래프는 어떻게 그릴까요? 이차함수의 그래프를 그리는 첫 번째 방법으로 순서쌍 몇 개를 잡아 $y = x^2$과 같은 평면 위에 점을 찍어 그려 보면 오른쪽 그림과 같습니다. $y = ax^2$의 그래프는 $y = x^2$의 그래프와 마찬가지로 원점을 지나고 아래로 또는 위로 볼록하며 y축에 대칭인 포물선입니다. a의 절댓값이 클수록 그래프의 폭이 좁아지며 $y = ax^2$의 그래프와 $y = -ax^2$의 그래프는 x축에 대하여 서로 대칭임을 발견할 수 있습니다.

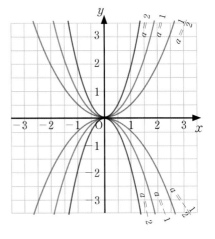

개념의 연결

중1	중2	중3	고교 공통수학1	고교 미적분 I
좌표평면과 그래프	일차함수의 그래프	이차함수	이차방정식과 이차함수	도함수의 활용

이차함수 $y = -x^2$의 그래프가 왜 $y = x^2$의 그래프와 x축에 대하여 서로 대칭인가요?

A. 두 그래프를 직접 그려 보면 확인할 수 있습니다.

각각의 함수에서 몇 개의 순서쌍을 구해 좌표평면 위에 점을 찍으면 대략적인 모양을 그릴 수 있지요. 두 이차함수 $y = x^2$과 $y = -x^2$의 그래프를 한 좌표평면 위에 그리면 같은 x의 값에 대하여 x^2의 값과 $-x^2$의 값은 그 절댓값이 항상 같고 부호는 반대임을 알 수 있습니다. 따라서 $y = -x^2$의 그래프는 $y = x^2$의 그래프와 x축에 대하여 서로 대칭인 곡선입니다.

두 함수의 식에서 x, y의 부호를 바꾸는 것으로 확인할 수도 있습니다.

$y = x^2$에서 y대신 $-y$를 넣으면 $-y = x^2$에서 $y = -x^2$이 됩니다. 즉, $y = -x^2$은 $y = x^2$에서 y의 부호를 바꾸어 나온 것입니다. 어떤 점이든 y의 부호를 바꾸어 나오는 것은 각 점을 x축에 대하여 대칭이동한 점들입니다. 그래서 $y = -x^2$의 그래프가 $y = x^2$의 그래프와 x축에 대하여 서로 대칭을 이루고 있다고 할 수 있습니다.

 이차함수는 실생활과 어떤 관련이 있나요?

A. 이차함수는 고대 바빌로니아의 기록에서도 볼 수 있습니다. 특히 17세기에 뉴턴 등을 비롯한 수학자들이 미적분을 발명하면서 물체의 운동을 이차함수로 정확하게 표현하기 시작했습니다. 이차함수는 오늘날 우리 주변의 자연현상이나 사회현상의 많은 부분을 폭넓게 해석하는 도구로 활용되고 있습니다.

실제로 다이버가 점프한 후 낙하하는 거리는 시간의 제곱에 비례합니다. 운전자가 브레이크를 밟은 후 자동차가 정지할 때까지 진행하는 거리는 자동차의 속력의 제곱에 비례합니다. 쏘아 올린 폭죽의 높이나 분수대에서 뿜어져 나오는 물줄기도 시간에 관한 이차함수로 표현됩니다.

x축의 방향으로 $+3$만큼 평행이동했는데, 왜 식이 $x-3$으로 바뀌나요?

왜 똑같이 3만큼 평행이동했는데 x축의 방향으로 이동한 그래프 식에만 괄호도 생기고 부호도 바뀌는 거야?

x만 너무 특별 대우한거 아니야?

별 걱정을 다 하네.

y축의 방향으로 3만큼 평행이동

$y=x^2$의 그래프

$y=x^2+3$의 그래프

x축의 방향으로 3만큼 평행이동

$y=(x-3)^2$의 그래프

아! 그렇구나

이 부분은 중학생이 이해하기에 아주 어려운 부분이랍니다. 식의 변화만 암기하면 이 질문에 답을 할 수가 없답니다. 평행이동은 항상 식의 변화와 그래프의 위치를 동시에 보고 이해해야만 합니다.

30초 정리

이차함수 $y = a(x - p)^2 + q$의 그래프의 성질

1. 이차함수 $y = ax^2$의 그래프를 x축의 방향으로 p만큼, y축의 방향으로 q만큼 평행이동한 것이다.

2. 직선 $x = p$를 축으로 하고, 점 (p, q)를 꼭짓점으로 하는 포물선이다.

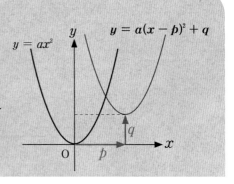

다른 함수의 그래프와 마찬가지로 이차함수 $y = (x-2)^2 + 3$의 그래프를 그리는 방법 중 하나는 순서쌍 몇 개를 구해 좌표평면에 점을 찍으면서 대략의 모양을 찾는 것입니다. 그러나 이 방법은 항상 성공적이지는 못합니다. 어떨 때는 한쪽 모양만 나올 뿐 전체적인 윤곽이 잡히지 않을 수도 있습니다.

그래서 이차함수의 그래프가 포물선이라는 특성을 이용해 꼭짓점의 위치를 찾아 그리는 방법을 사용하는 것이 편리합니다.

이차항 x^2의 계수가 1인 세 이차함수 $y = x^2$, $y = (x-2)^2$, $y = (x-2)^2 + 3$에 대하여 몇 개의 x의 값과 y의 값을 각각 구하여 나타낸 다음 표를 관찰해 봅시다. 무엇을 느낄 수 있나요?

x	$\cdots$	-3	-2	-1	0	1	2	3	$\cdots$
x^2	$\cdots$	9	4	1	0	1	4	9	$\cdots$
$(x-2)^2$	$\cdots$	25	16	9	4	1	0	1	$\cdots$
$(x-2)^2 + 3$	$\cdots$	28	19	12	7	4	3	4	$\cdots$

이 표에서 오른쪽 그림을 연상해 낼 수 있나요?

점을 찍고 표의 변화를 관찰하면서 세 이차함수

$$y = x^2, \ y = (x-2)^2, \ y = (x-2)^2 + 3$$

의 그래프를 한 좌표평면 위에 그리면 오른쪽 그림과 같습니다.

이차함수 $y = (x-2)^2 + 3$의 그래프는 직선 $x=2$를 축으로 하고, 점 $(2, 3)$을 꼭짓점으로 하는 아래로 볼록한 모양의 포물선입니다.

그리고 이 그래프는 $y = x^2$의 그래프를 x축의 방향으로 2만큼, y축의 방향으로 3만큼 평행이동한 것임을 알 수 있습니다.

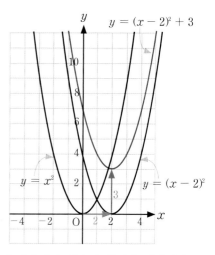

일반적으로 이차함수 $y = a(x-p)^2 + q$의 그래프는 그것과 이차항의 계수가 똑같은 이차함수 $y = ax^2$의 그래프를 x축의 방향으로 p만큼, y축의 방향으로 q만큼 평행이동한 것입니다.

앞의 내용을 정리하면, 이차함수 $y = (x - 2)^2 + 3$의 그래프는 이차함수 $y = x^2$의 그래프를 x축의 방향으로 2만큼, y축의 방향으로 3만큼 평행이동한 것입니다.

여기서 규칙을 발견할 수 있습니다. 그래프를 x축의 방향으로 +2만큼 평행이동했는데, 식에서는 $x - 2$가 되고, y축의 방향으로 +3만큼 평행이동한 것은 +3으로 나타났습니다. y축 방향으로 평행이동한 것은 평행이동한 만큼 똑같은 부호로 나타나는데, x축의 방향으로 평행이동한 것은 평행이동한 것과 반대 부호로 나타난다는 것입니다.

즉, 이차함수 $y = ax^2$의 그래프를 x축의 방향으로 p만큼, y축의 방향으로 q만큼 평행이동하면 이차함수 $y = a(x - p)^2 + q$의 그래프가 됩니다. 이 사실만 명확히 하면 모든 이차함수의 평행이동에 대해서 정리가 됩니다.

예를 들면, 이차함수 $y = ax^2 + q$의 그래프는 이차함수 $y = ax^2$의 그래프를 x축의 방향으로 0만큼, y축의 방향으로 q만큼 평행이동한 것입니다. 마찬가지로 이차함수 $y = a(x - p)^2$의 그래프는 이차함수 $y = ax^2$의 그래프를 x축의 방향으로 p만큼, y축의 방향으로 0만큼 평행이동한 것입니다.

3학년
변화와 관계

이차함수 $y = a(x - p)^2 + q$의 그래프의 성질

1. 이차함수 $y = ax^2$의 그래프를 x축의 방향으로 p만큼, y축의 방향으로 q만큼 평행이동한 것이다.
2. 점 (p, q)를 꼭짓점으로 하고, 직선 $x = p$를 축으로 하는 포물선이다.
3. $a > 0$이면 아래로 볼록하고, $a < 0$이면 위로 볼록하다.
4. a의 절댓값이 클수록 그래프의 폭이 좁아진다.

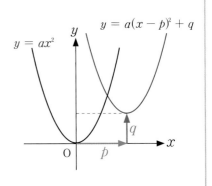

개념의 연결

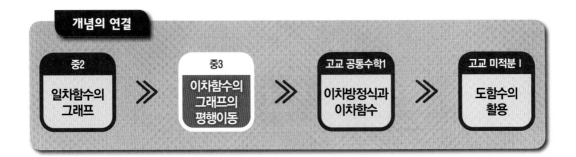

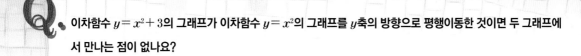

Q. 이차함수 $y = x^2 + 3$의 그래프가 이차함수 $y = x^2$의 그래프를 y축의 방향으로 평행이동한 것이면 두 그래프에서 만나는 점이 없나요?

A. 이차함수 $y = x^2 + 3$의 그래프는 이차함수 $y = x^2$의 그래프를 y축의 방향으로 평행이동한 것이므로 $y = x^2 + 3$의 함숫값이 $y = x^2$의 함숫값보다 항상 3만큼 큽니다. 즉 모든 점이 위로 올라간 것이므로 두 그래프는 만나지 않습니다 ([그림 1]).

한편, $y = (x - 2)^2$의 그래프는 $y = x^2$의 그래프를 x축의 방향으로 2만큼 평행이동한 것으로, 두 그래프는 만납니다([그림 2]).

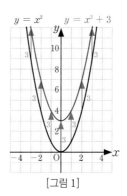

[그림 1]

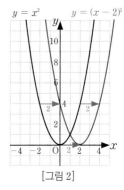

[그림 2]

Q. 이차함수 $y = 2x^2 + 3$의 그래프는 $y = 2x^2$의 그래프를 y축의 방향으로 $+3$만큼 평행이동한 것입니다. 그런데 왼쪽 그림을 보면 $\overline{AB}$와 $\overline{CD}$의 길이가 서로 다릅니다. 그럼 두 이차함수 $y = 2x^2$과 $y = 2x^2 + 3$의 그래프의 폭은 서로 다른 것 아닌가요?

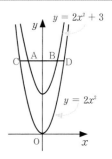

A. 평행이동을 했기 때문에 두 그래프의 폭은 다르지 않아야 정상입니다. 그래프의 폭을 비교할 때는 같은 위치에서 비교해야 하는데 주어진 그림의 $\overline{AB}$

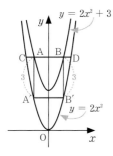

와 $\overline{CD}$는 상대적으로 같은 위치가 아닙니다. 왼쪽 그림에서 포물선 $y = 2x^2 + 3$ 위의 $\overline{AB}$는 포물선 $y = 2x^2$ 위의 $\overline{A'B'}$과 비교해야 합니다. 즉, 두 선분은 y축의 방향으로 서로 3만큼 떨어져 있지만 폭은 같습니다.

이차함수의 그래프는 점 몇 개만 찍어도 그릴 수 있지 않나요?

$y = x^2 - 8x + 11$의 그래프를 그리려고 점을 7개나 찾아서 연결했는데 꼭 직선 같아. 포물선이 되어야 하는데…

x	…	-3	-2	-1	0	1	2	3	…
y	…	44	31	20	11	4	-1	-4	…

아마 특별한 이차함수일 거야!

첫, 그건 아닌 듯…

아! 그렇구나

이차함수의 그래프를 그릴 때 순서쌍을 찾아 점을 찍어 봐도 대략의 모양이 나타나지 않을 때가 있습니다. 순서쌍을 이용하여 함수의 그래프를 그리는 방법은 그 모양을 잘 알지 못하는 생소한 함수에 있어서는 좋은 방법이 되지만 이미 포물선임을 알고 있는 이차함수의 그래프를 그릴 때는 꼭짓점을 찾아서 그리는 방법이 좋답니다.

30초 정리

이차함수 $y = ax^2 + bx + c$의 그래프

1. $y = a(x - p)^2 + q$의 꼴로 정리하여 꼭짓점과 축을 찾는다.
2. y축 위의 점 $(0, c)$를 지난다.
3. $a > 0$이면 아래로 볼록하고, $a < 0$이면 위로 볼록하다.

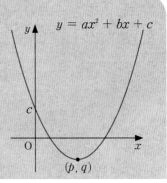

$y = ax^2 + bx + c$

이차함수 $y = -2x^2 - 4x + 1$의 그래프를 그리는 상황을 생각해 보겠습니다. 이차함수가 포물선임을 모른다고 하여 그래프를 그릴 수 없다고 생각할 필요가 없습니다. 순서쌍을 몇 개 구하여 좌표평면 위에 나타내면 대략 모양을 볼 수 있습니다. 하지만 이 방법은 효율성 면에서 약간 고민이 됩니다. 기왕이면 이차함수의 특징을 조사하여 보다 효율적으로 그래프를 그리는 방법을 쓰는 것이 좋겠지요. 그것은 바로 이차함수의 그래프가 포물선이라는 점을 이용하는 것입니다. 우선 꼭짓점의 위치를 찾고 이후 볼록한 방향과 y절편 등의 정보를 찾아 그리는 방법이지요.

이차함수 $y = -2x^2 - 4x + 1$의 꼭짓점의 좌표를 구하기 위해서는 식을 변형해야 하는데, 이때 필요한 작업이 완전제곱식으로 고치는 것입니다. 이 작업은 이차방정식의 근의 공식을 유도할 때의 방법과 유사하기 때문에 개념이 부족하다고 판단되면 근의 공식 부분으로 돌아가 복습을 하고 오기 바랍니다.

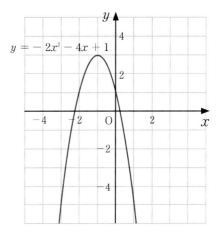

$$
\begin{aligned}
y &= -2x^2 - 4x + 1 \\
&= -2(x^2 + 2x) + 1 \\
&= -2(x^2 + 2x + 1^2 - 1^2) + 1 \\
&= -2(x^2 + 2x + 1^2) + 2 + 1 \\
&= -2(x + 1)^2 + 3
\end{aligned}
$$

이 식을 보고도 바로 꼭짓점의 좌표를 찾을 수 없으면 먼저 포물선의 평행이동을 생각하면 됩니다. 이차함수의 그래프의 폭은 이차항의 계수가 결정합니다. 그러므로 $y = -2x^2 - 4x + 1$의 그래프는 기본형이 이것과 이차항이 같은 $y = -2x^2$이며, 이 그래프를 x축의 방향으로 -1만큼, y축의 방향으로 $+3$만큼 평행이동한 것이 $y = -2x^2 - 4x + 1$의 그래프입니다. 그러므로 $y = -2(x+1)^2 + 3$의 꼭짓점의 좌표는 $y = -2x^2$의 꼭짓점의 좌표 $(0, 0)$을 평행이동한 $(-1, 3)$이 됩니다.

이 방법을 정리하면, 이차함수의 특징을 이용하여 $y = ax^2 - bx + c$의 그래프를 그릴 때는 이차함수의 식 $y = ax^2 - bx + c$를 $y = a(x - p)^2 + q$의 꼴로 고쳐야 하며, 이 그래프의 꼭짓점의 좌표는 (p, q)입니다. 이 과정에 있어서는 연습이 필수입니다.

$$
y = ax^2 + bx + c \quad \Longrightarrow \quad \cdots\cdots \quad \Longrightarrow \quad y = a\left(x + \frac{b}{2a}\right)^2 - \frac{b^2 - 4ac}{4a}
$$

이차함수의 식이 주어지면 이를 완전제곱식으로 고쳐 그래프를 그릴 수 있습니다. 그런데 그래프에 대한 정보가 주어지고 이차함수의 식을 구하는 상황이라면 어떻게 할까요?

정리하면, 이차함수의 식은 2가지 형태로 나타납니다. 하나는 $y = ax^2 - bx + c$, 또 하나는 $y = a(x-p)^2 + q$의 형태입니다. 보통 전자를 일반형, 후자를 표준형이라고 합니다.

두 식의 공통점은 미지수가 3개라는 것입니다. 일반형에서는 a, b, c를, 표준형에서는 a, p, q를 구해야 합니다. 그러므로 이차함수의 식을 구하려면 그래프에서 3가지 정보를 찾아 연립방정식을 만들어야 합니다. 그렇게 만든 연립방정식을 풀면 이차함수의 식을 구할 수 있습니다. 실제 상황을 몇 가지로 나눠서 생각해 보겠습니다. 경계할 점은 이렇게 유형별로 푸는 법을 무모하게 암기하는 것입니다. 각각의 상황을 이해하면 암기하지 않아도 문제에 주어진 상황을 통해 어떤 방법을 쓸 것인지 결정할 수 있습니다.

함수의 표준형

보통 함수의 식에서 표준형이라고 하는 것은 그 함수의 그래프를 그리기 위한 정보가 가장 잘 나타난 식을 뜻한다.

3학년 변화와 관계

1. 꼭짓점의 좌표 (p, q)가 주어지는 경우

꼭짓점의 좌표는 표준형에서 볼 수 있으며, 이로써 2개의 정보가 주어진 것입니다. 그러므로 이제 정보가 하나만 더 있으면 이차함수의 식을 구할 수 있습니다. 나머지 하나의 정보는 그래프가 지나는 한 점의 좌표나 y절편 등으로 주어집니다.

2. 축의 방정식 $x = p$가 주어지는 경우

축의 방정식은 표준형에서 볼 수 있으며, 이로써 하나의 정보가 주어진 것입니다. 나머지 2개의 정보는 그래프가 지나는 점 2개의 좌표 등으로 주어집니다.

3. 서로 다른 세 점의 좌표가 주어지는 경우

이 경우는 이차함수의 식을 일반형으로 두는 것이 편리할 것입니다. 세 점의 좌표를 대입하여 나오는 3개의 방정식을 연립하면 이차함수의 식을 구할 수 있습니다.

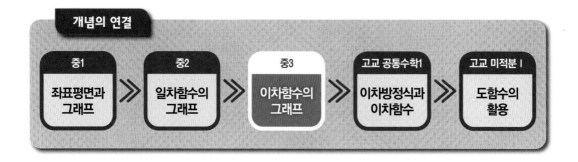

개념의 연결

중1	중2	중3	고교 공통수학1	고교 미적분 I
좌표평면과 그래프	일차함수의 그래프	이차함수의 그래프	이차방정식과 이차함수	도함수의 활용

Q. 이차함수 $y = 2x^2 - 12x + 2$의 그래프의 꼭짓점의 좌표를 구하기 위해 식을 다음과 같이 바꿔 $(3, -8)$을 구했는데, y좌표가 틀렸다고 하네요. 어떤 오류를 범한 건가요?

$$y = 2x^2 - 12x + 2 = x^2 - 6x + 1 = (x - 3)^2 - 8$$

 A. 이차방정식을 풀던 방식을 이차함수에 그대로 적용한 탓입니다.

이차방정식 $ax^2 + bx + c = 0$은 한쪽이 0이므로 양변을 a, 즉 이차항의 계수로 나눠 간단하게 정리할 수 있습니다. 그런데 이차함수는 한쪽이 0이 아니라 y이기 때문에 양변을 나눠 정리할 수 없습니다. 즉, y도 a로 나눠야 하기 때문에 이차항의 계수 2가 사라지는 것이 아닙니다. 그러므로 다음과 같이 정리해야 합니다.

$$y = 2x^2 - 12x + 2 = 2(x^2 - 6x) + 2 = 2(x - 3)^2 - 16$$

이제 꼭짓점의 좌표를 구하면 $(3, -8)$이 아니라 $(3, -16)$입니다.

 Q. 이차함수의 그래프의 축의 방정식이 주어질 때, 두 점의 좌표가 더 주어지면 이차함수의 식을 항상 구할 수 있나요?

 A. 두 점의 y좌표가 서로 같은 특수한 경우에는 구할 수 없습니다.

예를 들면, 축의 방정식이 $x = 1$이고, 두 점 $(0, 1)$, $(2, 1)$을 지나는 포물선의 방정식을 구해 보겠습니다. 축의 방정식이 주어졌으므로 이차함수의 식 중 표준형을 사용하는 것이 편리할 것입니다.

구하는 식을 $y = a(x - 1)^2 + q$로 놓고 두 점의 좌표를 대입하면

$$1 = a + q, \ 1 = a + q$$

와 같이 두 식이 똑같아서 a와 q의 값을 구할 수 없는 상황이 발생합니다.

 알파벳 A부터 Z를 왼쪽에서 오른쪽 방향으로 나열한 후, A를 가장 먼저 지우고 다음 알파벳은 건너뛰고 그다음 알파벳을 지우는 규칙으로 알파벳이 하나 남을 때까지 계속 지워 나간다면, 마지막 남는 알파벳은 무엇일까?(단, Z와 A는 연결되지 않는다.) [정답은 327쪽에]

이차함수의 최대, 최소

이차함수의 모든 값을 구할 수는 없는데
어떻게 최댓값(최솟값)이라고 말할 수 있나요?

아! 그렇구나

이차함수의 최댓값과 최솟값은 몇 개의 값만으로 판단하기는 어렵습니다. 그렇다고 모든 값을 다 구할 수도 없는 노릇이니 순서쌍만으로 해결할 수 있는 문제는 아닙니다. 이차함수의 최대, 최소는 이차함수의 그래프의 모양으로 판단해야 합니다. 이차함수의 그래프는 꼭짓점을 중심으로 한쪽으로 향하기 때문에 최댓값, 최솟값은 꼭짓점의 위치와 밀접한 관계가 있답니다.

30초 정리

이차함수 $y = ax^2 + bx + c$의 최댓값과 최솟값

이차함수 $y = ax^2 + bx + c$를 $y = a(x - p)^2 + q$의 꼴로 고치면

1. $a > 0$일 때 최솟값은 $x = p$일 때 q이고, 최댓값은 없다.
2. $a < 0$일 때 최댓값은 $x = p$일 때 q이고, 최솟값은 없다.

우리가 알고 있는 모든 수는 실수입니다. 고등학교에서 허수를 배우기 전까지는 실수가 모든 수입니다. 실수의 특징은, 음수든 양수든 제곱하면 0 이상이라는 것이지요.

즉, x가 실수이면 $x^2 \geq 0$입니다. 이차함수의 식은 항상 완전제곱식이 포함된 꼴로 고칠 수 있기 때문에 그 값의 범위를 구할 수 있습니다.

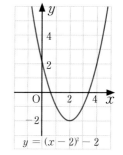

이차함수 $y = (x - 2)^2 - 2$에서 $(x - 2)^2 \geq 0$이므로 y의 값(함숫값)은 항상 -2 이상입니다. 즉, -2가 최솟값이 됩니다. 그리고 -2는 $x = 2$일 때의 y의 값이고 점 $(2, -2)$는 이 포물선의 꼭짓점입니다. 그러나 x의 값이 한없이 커지거나 작아질 때 함숫값은 한없이 커지므로 가장 큰 함숫값, 즉 최댓값은 없습니다.

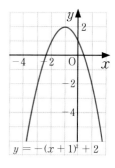

또 이차함수 $y = -(x + 1)^2 + 2$에서 $-(x + 1)^2 \leq 0$이므로 y의 값(함숫값)은 항상 2 이하입니다. 즉, 2가 최댓값이 됩니다. 그리고 2는 $x = -1$일 때의 y의 값이고 점 $(-1, 2)$는 이 포물선의 꼭짓점입니다. 그러나 x의 값이 한없이 커지거나 작아질 때 함숫값은 한없이 작아지므로 가장 작은 함숫값, 즉 최솟값은 없습니다.

이와 같이 어떤 함수의 모든 x의 함숫값 중 가장 큰 값을 그 함수의 최댓값, 가장 작은 값을 그 함수의 최솟값이라고 합니다.

x가 모든 실수일 때 이차함수는 최댓값과 최솟값 중 어느 한쪽의 값만을 갖고, 나머지 값은 구할 수 없습니다.

일반적으로 이차함수 $y = ax^2 + bx + c$의 최댓값과 최솟값을 구할 때는 이 함수를 $y = a(x - p)^2 + q$의 꼴로 고치는 것이 편리합니다. 이때, $a > 0$이면 아래로 볼록하므로 이 이차함수의 최솟값은 꼭짓점의 y좌표와 같고 최댓값은 없습니다. 또 반대로 $a < 0$이면 위로 볼록하므로 이 이차함수의 최댓값은 꼭짓점의 y좌표와 같고 최솟값은 없습니다.

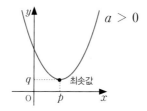
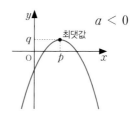

이차함수의 최댓값과 최솟값은 어떤 값일까요?

최댓값과 최솟값은 y의 값입니다. 함수는 보통 $y=f(x)$라고 쓰며, 'y는 x의 함수'라고 합니다. y가 x의 함수라고 하는 것은 x의 값이 먼저 변할 때 y의 값은 어떻게 변하는지 살피기 위함입니다. 그러므로 x의 값은 주어지는 것이고, y의 값은 구해지는 것입니다. 따라서 함숫값도 y의 값을 뜻합니다.

이차함수의 최댓값 또는 최솟값은 함숫값(y의 값)의 최댓값 또는 최솟값입니다.

이차함수 $y=ax^2+bx+c$의 최댓값과 최솟값을 구하려면 그 기본형인 이차함수 $y=ax^2$의 최댓값과 최솟값을 이해해야 합니다.

예를 들면, 이차함수 $y=x^2$의 그래프는 꼭짓점이 O$(0, 0)$이고 아래로 볼록한 포물선이므로 함숫값은 항상 0 이상입니다. 따라서 이차함수 $y=x^2$의 함숫값 중 가장 작은 값은 $x=0$일 때의 함숫값 $y=0$입니다. 이차함수의 식이 바뀌더라도 이차항이 x^2인 이차함수의 그래프는 모두 $y=x^2$의 그래프를 평행이동한 것이므로 평행이동한 만큼만 고려하면 최솟값을 구할 수 있습니다.

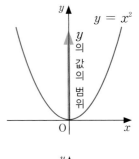

마찬가지로 이차함수 $y=-x^2$의 그래프는 꼭짓점이 O$(0, 0)$이고 위로 볼록한 포물선이므로 함숫값은 항상 0 이하입니다. 따라서 이차함수 $y=-x^2$의 함숫값 중 가장 큰 값은 $x=0$일 때의 함숫값 $y=0$입니다. 이차함수의 식이 바뀌더라도 이차항이 $-x^2$인 이차함수의 그래프는 모두 $y=-x^2$의 그래프를 평행이동한 것이므로 평행이동한 만큼만 고려하면 최댓값을 구할 수 있습니다.

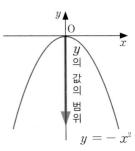

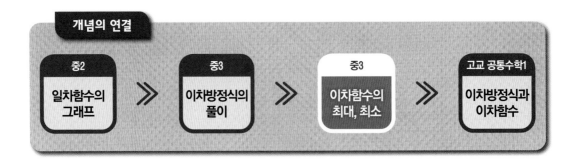

개념의 연결

중2 일차함수의 그래프 ≫ 중3 이차방정식의 풀이 ≫ 중3 이차함수의 최대, 최소 ≫ 고교 공통수학1 이차방정식과 이차함수

$x = -1$일 때 최댓값이 3인 이차함수를 구할 수 있나요?

A. 구할 수는 있습니다. 다만 하나로 정해지지는 않지요. $x = -1$일 때
최댓값이 3이라는 정보로 이차함수의 꼭짓점의 좌표가 $(-1, 3)$이
고 위로 볼록한 포물선이라는 것을 알 수 있습니다.

그런데 꼭짓점의 좌표가 $(-1, 3)$이고 위로 볼록한 그래프를 가진 이
차함수는 그림에서 보듯이 무수히 많습니다. 이차함수의 식으로 표
현하면 $y = a(x+1)^2 + 3$ 꼴로 나타낼 수 있습니다. 이차항의 계수
에 따라 폭이 달라지지요.

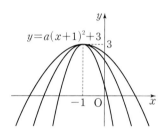

그러므로 이 이차함수를 특정하려면 정보가 추가되어야 합니다. 예를 들어 x절편이나 y절편을 줄 수
도 있고, 이차항의 계수를 줄 수도 있습니다. 만약 이차항의 계수가 $a = -1$이라면 이 이차함수는
$y = -(x+1)^2 + 3$으로 정할 수 있습니다.

**이차함수 $y = ax^2 + bx + c$의 최댓값 또는 최솟값을 구할 때 식을 꼭 $y = a(x-p)^2 + q$의 꼴로 고쳐야 하나
요? 다른 방법이 없나요?**

A. 이차함수의 그래프는 곡선이자 포물선이므로 곡선이 꺾어지는 점, 즉 꼭짓점을 기준으로 값이 변합니다.
그러므로 이차함수의 일반형 $y = ax^2 + bx + c$로 알 수 있는 볼록한 방향과 y절편만으로는 최댓값 또는
최솟값을 구할 수 없습니다. 그러므로 이차함수의 식이 일반형으로 주어졌다면 반드시 표준형으로 고쳐야
만 최댓값 또는 최솟값을 구할 수 있습니다. 표준형 $y = a(x-p)^2 + q$에서는 꼭짓점의 좌표 (p, q)가 구해
지며 이 중 y의 값에 해당하는 q가 최댓값 또는 최솟값이 됩니다.

삼각형에서 $\dfrac{(밑변)}{(빗변)}$이 코사인(cos)이죠?

아! 그렇구나

특수각을 비롯한 모든 삼각비의 값은 직각삼각형에서 한 각의 크기에 따른 세 변 사이의 길이의 비입니다. 그런데 직각삼각형이라는 단서를 놓치고 그냥 삼각형의 두 변의 길이만으로 삼각비를 생각하는 실수를 범할 때가 많지요.

30초 정리

삼각비

$\angle B = 90°$인 **직각삼각형** ABC에서 $\angle A$, $\angle B$, $\angle C$의 대변의 길이를 각각 a, b, c라고 할 때

$$\sin A = \frac{a}{b}, \qquad \cos A = \frac{c}{b}, \qquad \tan A = \frac{a}{c}$$

이다.

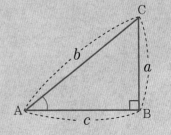

삼각비는 삼각형의 세 변 사이의 길이의 비입니다. 세 변 사이의 길이의 비를 수치로 나타내는 것은 그 비가 일정하다는 전제하에서 가능한 일입니다. 변 사이의 길이의 비가 일정하다는 성질은 어디서 왔을까요?

바로 닮음입니다. 도형의 닮음은 2가지 성질을 가지고 있습니다. 하나는 대응하는 변의 길이의 비가 같다는 것이고, 또 하나는 대응하는 각의 크기가 같다는 것입니다. 도형 중 삼각형의 닮음에는 세 종류가 있지요. 그중 AA 닮음은 두 쌍의 대응하는 각의 크기가 각각 같은 두 삼각형은 닮은 도형이라는 것이지요. 삼각비의 원리는 바로 이것을 이용한 것입니다.

그림에서 △ABC, △ADE, △AFG, …는 모두 서로 닮은 삼각형입니다(AA 닮음). 닮은 도형에서는 대응하는 변의 길이의 비가 같으므로, 항상 일정한 이 값들을 다음과 같은 삼각비로 정했습니다.

$$\frac{\overline{BC}}{\overline{AC}} = \frac{\overline{DE}}{\overline{AE}} = \frac{\overline{FG}}{\overline{AG}} = \cdots = \sin A$$

$$\frac{\overline{AB}}{\overline{AC}} = \frac{\overline{AD}}{\overline{AE}} = \frac{\overline{AF}}{\overline{AG}} = \cdots = \cos A$$

$$\frac{\overline{BC}}{\overline{AB}} = \frac{\overline{DE}}{\overline{AD}} = \frac{\overline{FG}}{\overline{AF}} = \cdots = \tan A$$

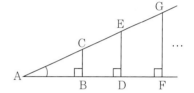

정사각형에 피타고라스 정리를 적용하면 대각선의 길이를 구할 수 있고, 정삼각형에 피타고라스 정리를 적용하면 높이를 구할 수 있습니다. 이를 이용하면 다음과 같이 특수한 각에 대한 삼각비의 값을 보다 쉽게 구할 수 있습니다.

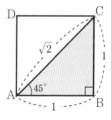
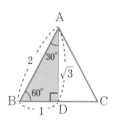

크기가 30°, 45°, 60°인 각의 삼각비의 값

삼각비＼A	30°	45°	60°
$\sin A$	$\dfrac{1}{2}$	$\dfrac{\sqrt{2}}{2}$	$\dfrac{\sqrt{3}}{2}$
$\cos A$	$\dfrac{\sqrt{3}}{2}$	$\dfrac{\sqrt{2}}{2}$	$\dfrac{1}{2}$
$\tan A$	$\dfrac{\sqrt{3}}{3}$	1	$\sqrt{3}$

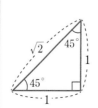
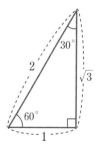

$30°$, $45°$, $60°$가 아닌 각의 삼각비의 값은 $90°$ 이내의 각에 대하여 삼각비의 표나 계산기를 이용하여 구할 수 있습니다.

예를 들어 $\sin 25°$의 값은 삼각비의 표에서 각도 $25°$의 가로줄과 $\sin$의 세로줄이 만나는 곳의 수를 읽으면 됩니다.

각도	sin	cos	tan
⋮	⋮	⋮	⋮
24°	0.4067	0.9135	0.4452
25°	0.4226	0.9063	0.4663
26°	0.4384	0.8988	0.4877
⋮	⋮	⋮	⋮

즉, 오른쪽 표에서 $\sin 25° = 0.4226$입니다.

같은 방법으로 $\cos 24° = 0.9135$, $\tan 26° = 0.4877$입니다.

삼각비가 두 변의 길이의 비로 정해져 분수 형태를 이루고 있으므로 분모를 1로 하면 삼각비의 값을 보다 쉽게 구할 수 있습니다. 반지름의 길이가 1인 사분원을 그리고, 이를 이용하여 예각의 삼각비의 값을 구하는 방법을 알아보겠습니다.

오른쪽 그림과 같이 크기가 $x°$인 $\angle AOB$의 삼각비 $\sin x°$, $\cos x°$의 값은 각각 다음과 같이 구할 수 있습니다.

$$\sin x° = \frac{\overline{AB}}{\overline{OA}} = \frac{\overline{AB}}{1} = \overline{AB}$$

$$\cos x° = \frac{\overline{OB}}{\overline{OA}} = \frac{\overline{OB}}{1} = \overline{OB}$$

즉, $\angle AOB$에 대하여 $\sin x°$, $\cos x°$의 값은 각각 두 선분 AB와 OB의 길이와 같습니다.

또, 점 D에서 밑변에 수직인 직선을 그어 선분 OA의 연장선과 만나는 점을 C라고 하면 직각삼각형 COD에서

$$\tan x° = \frac{\overline{CD}}{\overline{OD}} = \frac{\overline{CD}}{1} = \overline{CD}$$

가 됩니다. 즉, $\angle AOB$에 대하여 $\tan x°$의 값은 선분 CD의 길이와 같습니다.

개념의 연결

중2		중2		중3		중3		고교 대수
도형의 닮음	≫	피타고라스 정리	≫	삼각비	≫	삼각비의 활용	≫	삼각함수

Q. 고속도로를 지나가다 보면 차창으로 그림과 같은 표지판을 볼 수 있습니다. 도로의 경사도를 나타내는 표지판이라고 합니다. 여기서 경사진 각을 왜 30°라 쓰지 않고 30%라고 쓰나요?

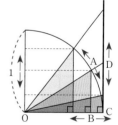

A. 도로의 기울어진 정도를 나타내는 도로의 경사도는 삼각비의 탄젠트를 이용한 것입니다. 도로의 경사각이 ∠A일 때, 도로의 경사도는 다음과 같이 계산합니다.

$$(도로의 경사도) = \tan A \times 100 \, (\%)$$

그러므로 30%라는 것은 각의 크기에 대한 탄젠트 값인데, 백분율로 나타내기 위해 여기에 100을 곱한 것이지요. 그럼 30%라고 표시된 도로의 경사진 각의 크기를 구해 볼까요?

$$\tan A \times 100 = 30 \text{에서} \tan A = 0.3$$

이고, 교과서 뒤쪽의 삼각비의 표를 보면 $\tan 16° = 0.2867$, $\tan 17° = 0.3057$이므로 ∠A의 크기는 16°와 17° 사이이며, 약 16.7°입니다.

Q. 0°와 90°에 대한 삼각비의 값은 어떻게 정하나요?

A. 그림과 같이 반지름의 길이가 1인 원에서 생각해 보겠습니다. 직각삼각형 AOB에서 ∠AOB의 크기가 0°에 가까워지면 $\overline{AB}$의 길이와 $\overline{CD}$의 길이는 0에 가까워지고, $\overline{OB}$의 길이는 1에 가까워지므로 0°의 삼각비의 값은 다음과 같음을 알 수 있습니다.

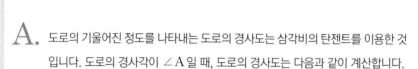

$$\sin 0° = 0, \ \cos 0° = 1, \ \tan 0° = 0$$

또, 직각삼각형 AOB에서 ∠AOB의 크기가 90°에 가까워지면 $\overline{AB}$의 길이가 1에 가까워지고 $\overline{OB}$의 길이는 0에 가까워지므로 90°의 삼각비의 값은 다음과 같음을 알 수 있습니다.

$$\sin 90° = 1, \ \cos 90° = 0$$

∠AOB의 크기가 90°에 가까워지면 $\overline{CD}$의 길이는 한없이 커지므로 $\tan 90°$의 값은 정할 수 없습니다.

높이를 모르는데
어떻게 삼각형의 넓이를 구하나요?

아! 그렇구나

각의 크기를 알면 그걸 이용하여 삼각형의 높이를 구할 수 있습니다. 삼각형의 넓이를 구하는 공식은 중학교라고 해서 다를 리가 없지요. 개념 없이 삼각비의 값만 암기하면 이와 같은 상황에서 삼각비를 이용할 수 없는 경우가 생긴답니다. 삼각비의 값을 이용하여 넓이를 구하려면 원래 삼각형의 높이를 한 변으로 하는 직각삼각형을 만들어야 합니다.

30초 정리

삼각형의 넓이
삼각형 ABC에서 두 변의 길이가 각각 b, c이고 그 끼인각이 $\angle A$일 때, 이 삼각형의 넓이 S는 다음과 같다.

1. $\angle A$가 예각일 때, $S = \dfrac{1}{2}bc\sin A$
2. $\angle A$가 둔각일 때, $S = \dfrac{1}{2}bc\sin(180° - A)$

지구에서 태양까지의 거리를 어떻게 알아낼 수 있을까요? 직접 재어 볼까요? 그런데 우리가 태양에 접근할 수나 있을까요? 불가능하겠지요. 우리는 태양에 직접 가지 않고도 태양까지의 거리를 정확히 잴 수 있답니다. 삼각비의 발견 덕분에요.

삼각비는 직각삼각형의 두 변 사이의 길이의 비입니다. 그리고 직각삼각형의 세 변의 길이 사이에서는 피타고라스 정리가 성립합니다. 그러므로 직각삼각형의 두 변의 길이만 알면 나머지 한 변의 길이를 구할 수 있고, 결과적으로 삼각비를 모두 구할 수 있습니다.

반대로 삼각비를 알고, 그 삼각비와 관련된 한 변의 길이를 알면 직각삼각형의 다른 한 변의 길이를 구할 수 있고, 이렇게 되면 직각삼각형의 세 변의 길이를 모두 구할 수 있습니다. 이 사실을 이용하면 삼각형의 각의 크기를 알 때 삼각형의 높이를 몰라도 넓이를 구할 수 있습니다. 멀리 떨어져 있는 곳까지의 거리와 높은 산 혹은 나무의 높이를 간접적으로 잴 수 있습니다.

그림과 같이 삼각형 ABC의 두 변의 길이 b, c와 그 끼인각 A의 크기를 알면 높이 h를 구할 수 있습니다. 삼각형 CAH는 직각삼각형이므로

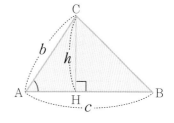

$$\sin A = \frac{h}{b}, \ h = b \sin A$$

입니다. 따라서 삼각형 ABC의 넓이 S는 다음과 같습니다.

$$S = \frac{1}{2} ch = \frac{1}{2} bc \sin A$$

∠A가 둔각일 때는 점 C에서 밑변의 연장선 위에 수선을 내리면

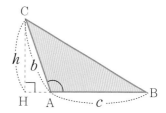

$$\sin(180° - A) = \frac{h}{b}$$에서 $h = b \sin(180° - A)$

이므로 삼각형 ABC의 넓이 S는 다음과 같이 구할 수 있습니다.

$$S = \frac{1}{2} ch = \frac{1}{2} bc \sin(180° - A)$$

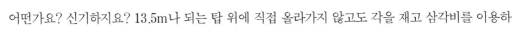

삼각비를 이용하면 삼각형의 높이를 몰라도 넓이를 구할 수 있을 뿐만 아니라 직접 재지 않고도 높이나 거리를 구할 수 있습니다. 이것이 삼각비의 위력입니다.

먼저 건물의 높이를 구해 보겠습니다.

지면에 수직으로 서 있는 어떤 탑의 높이를 구하기 위해서는 일부 각의 크기와 거리를 알아야 합니다. 탑으로부터 10m 떨어진 지점에서 탑의 꼭대기를 올려다본 각의 크기를 측정하였더니 50°였습니다. 이때 각을 잰 사람의 눈높이가 1.6m라면, 탑의 높이를 구할 수 있습니다.

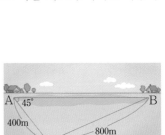

△ABC에서 $\tan 50° = \dfrac{\overline{AC}}{10}$이고, $\tan 50° ≒ 1.1918$이므로

$$\overline{AC} ≒ 10 × 1.1918 = 11.9\,(m)$$

입니다. 여기에 사람의 눈높이를 더하면 탑의 높이는 13.5m입니다.

어떤가요? 신기하지요? 13.5m나 되는 탑 위에 직접 올라가지 않고도 각을 재고 삼각비를 이용하니 높이가 구해졌습니다.

이뿐만이 아닙니다. 직접 재는 것이 곤란한 거리를 구할 수도 있습니다.

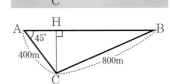

그림은 호수의 폭 $\overline{AB}$를 구하기 위하여 지점 C에서의 거리와 ∠CAB의 크기를 측정한 것입니다. 아래 그림과 같이 꼭짓점 C에서 $\overline{AB}$에 내린 수선의 발을 H라고 하면

$$\overline{AH} = 400\cos 45° = 200\sqrt{2}\,(m),$$

$$\overline{CH} = 400\sin 45° = 200\sqrt{2}\,(m)$$

이고, 직각삼각형 BCH에서 피타고라스 정리에 의하여

$$\overline{HB} = \sqrt{\overline{CB}^2 - \overline{CH}^2} = 200\sqrt{14}\,(m)$$

입니다. $\overline{AB} = \overline{AH} + \overline{HB}$이므로 호수의 폭은 $(200\sqrt{2} + 200\sqrt{14})$m입니다.

이와 같이 삼각비를 이용하면 직접 측정하기 어려운 높이나 두 지점 사이의 거리를 구할 수 있습니다.

개념의 연결

중2	중2	중3	고교 대수
도형의 닮음	피타고라스 정리	삼각비의 활용	삼각함수

무엇이든 물어보세요

Q. 삼각비를 활용하여 삼각형의 높이나 넓이를 구하는 내용을 배웠는데, 사각형의 넓이도 구할 수 있을까요?

A. 물론이지요. 아래 그림과 같은 평행사변형에 대해 높이를 모르더라도 이웃하는 두 변의 길이 a, b와 끼인 각 B의 크기만 알면 넓이를 구할 수 있습니다.

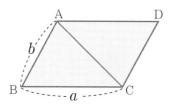

평행사변형에 대각선을 그어 둘로 나누면 두 삼각형의 넓이는 같습니다.

$$\square ABCD = \triangle ABC + \triangle ACD$$
$$= 2 \times \triangle ABC$$
$$= 2 \times \left(\frac{1}{2}ab\sin B\right)$$
$$= ab\sin B$$

이제 높이가 주어지지 않아도 한 각의 크기를 알면 평행사변형의 넓이를 구할 수 있겠지요!

Q. 건물의 높이를 올려다본 각의 크기를 어떻게 재나요?

A. 물체를 올려다보거나 내려다보는 각도를 측정하는 기구를 클리노미터(clinometer), 우리말로는 경사계라고 합니다. 클리노미터는 간단하게 직접 제작할 수 있으며, 이를 이용하면 주변 사물의 실제 높이를 잴 수 있습니다.

두 사람이 협력하여 각을 재는 것이 효율적입니다. 한 사람이 각도를 재고자 하는 목표 지점을 빨대 구멍으로 쳐다보고 다른 사람이 실이 가리키는 각의 크기를 읽으면 올려다본 각의 크기를 측정할 수 있습니다.

준비물 각도기, 빨대, 추, 실, 접착테이프
제작 과정
1. 각도기 중앙의 구멍에 실을 묶고 추를 매단다.
2. 빨대를 각도기와 평행하게 놓고 접착테이프로 붙인다.

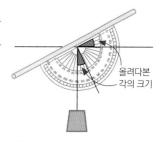

올려다본 각의 크기

현의 수직이등분선이 꼭 원의 중심을 지난다는 걸 어떻게 확신하나요?

아! 그렇구나

원의 중심에서 현에 내린 수선이 현을 이등분한다는 성질은 쉽게 받아들이지만, 반대로 현의 수직이등분선이 원의 중심을 지난다는 성질은 믿지 않기도 하지요. 원의 중심에서 현에 수선을 내리는 것은 시각적이고 직관적이지만, 원의 중심이 어딘지 정확히 모르는 상태에서 현의 수직이등분선이 중심을 지난다는 것을 직관적으로 이해하기는 쉽지 않습니다.

30초 정리

원의 중심과 현의 수직이등분선

1. 원의 중심에서 현에 내린 수선은 그 현을 이등분한다.
2. 현의 수직이등분선은 그 원의 중심을 지난다.

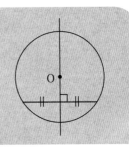

일상에서 보게 되는 원형으로 된 물건 중에는 그 중심을 정확히 알 수 없는 것이 있습니다. 원을 만들거나 그릴 때는 중심이 먼저 있었고, 중심에서 반지름의 길이로 한 바퀴를 돌림으로써 원을 만든 것이 분명하지만 원이 만들어지고 나면 중심이나 반지름은 눈에 보이지 않고 원만 남게 됩니다. 하지만 나중에 원의 중심을 찾아야 할 때가 있지요. 이때 어떻게 해야 할까요?

먼저 원의 중심이 있으면 중심에서 현에 내린 수선의 발이 직관적으로 그 현의 중점일 것입니다. 그러므로 현은 이등분되지요.

이는 이전의 어떤 개념과 연결될까요?

이등변삼각형의 성질 또는 직각삼각형의 합동 조건과 연결됩니다. 그림의 △OAB에서 두 변 OA, OB는 원의 반지름이므로 그 길이가 같습니다. 그래서 △OAB는 이등변삼각형이지요. 그러므로 이등변삼각형의 성질을 이용할 수 있습니다. 또한 두 삼각형 OAM과 OBM은 빗변의 길이가 같은 직각삼각형이므로 직각삼각형의 합동 조건을 이용해도 됩니다.

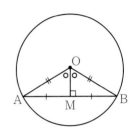

반대로 현의 수직이등분선은 원의 중심을 지날 수밖에 없습니다.

그러고 보니까 오른쪽 그림이 떠오릅니다. 무엇을 설명하는 그림인가요? '선분 AB의 수직이등분선 위에 임의의 한 점 P를 잡으면 점 P에서 선분의 양 끝점 A, B에 이르는 거리가 같다'는 선분의 수직이등분선의 성질입니다.

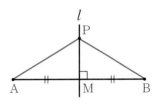
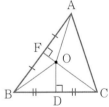

이 성질을 삼각형에 이용한 것이 외심이 되었다는 사실도 기억해야 합니다.

이를 현의 성질에 적용하면 현의 수직이등분선이 원의 중심을 지난다는 사실을 보다 쉽게 연결할 수 있습니다. 그리고 그 중심이 삼각형으로 말하면 외심입니다.

원에 내접하는 삼각형의 세 변이 모두 원의 현이고, 이들의 수직이등분선이 모두 원의 중심을 지나기 때문에 원의 중심을 찾을 때 현의 수직이등분선을 그어 그 교점을 찾는 것입니다.

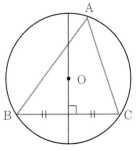

한 원에서 어떤 두 현이 원의 중심으로부터 같은 거리에 있다면 그 길이는 어떨까요? 같다는 추측을 할 수 있습니다. 실제로도 같습니다. 확인해 보겠습니다.

그림과 같이 원 O의 중심에서 두 현 AB, CD까지의 거리가 같다면, 즉 $\overline{\text{OM}} = \overline{\text{ON}}$이라면, 두 직각삼각형 OAM과 OCN은 합동일까요?

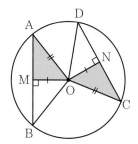

빗변의 길이가 같으니 어느 한 변의 길이가 같든지 예각 하나가 같으면 합동이 됩니다. 지금은 $\overline{\text{OM}} = \overline{\text{ON}}$이므로 두 삼각형은 합동이네요. 따라서 $\overline{\text{AM}} = \overline{\text{CN}}$이지요.

지금 우리가 확인하고자 하는 것은 현의 길이입니다.

$\overline{\text{AM}}$과 $\overline{\text{CN}}$은 현의 길이의 절반인가요? 왜 그런가요?

원의 중심에서 현에 내린 수선은 현을 이등분한다고 했지요. 이 성질을 생각하면 두 현의 길이의 절반인 $\overline{\text{AM}}$과 $\overline{\text{CN}}$의 길이가 같으므로 이제 두 현 AB와 CD의 길이가 같다고 할 수 있습니다.

반대로 길이가 같은 두 현이 있다면 이 두 현은 원의 중심으로부터 같은 거리에 있다고 말할 수 있습니다. 이를 설명하는 일도 위와 비슷합니다. 나름대로 설명하는 연습을 해 보기 바랍니다.

원의 중심과 현의 길이

1. 한 원에서 원의 중심으로부터 같은 거리에 있는 두 현의 길이는 서로 같다.
2. 한 원에서 길이가 같은 두 현은 원의 중심으로부터 같은 거리에 있다.

중심이 표시되어 있지 않은 원에서는 중심을 어떻게 찾나요?

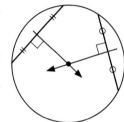

삼각형의 외심을 찾을 때와 마찬가지 방법으로 찾을 수도 있고, 현의 수직이등분선은 원의 중심을 지난다는 성질을 이용할 수도 있습니다. 사실 두 성질은 매우 밀접하답니다.

원에 내접하는 삼각형을 그려서 각 변의 수직이등분선의 교점을 찾을 수도 있지만, 여기서는 현의 수직이등분선의 성질을 이용해 보겠습니다. 주어진 원에 두 현을 그린 후 현의 두 수직이등분선을 그리면, 그 교점이 원의 중심입니다.

이때 주의할 것은 두 현이 서로 평행하면 수직이등분선이 일치하기 때문에 원의 중심을 찾을 수 없다는 점입니다. 따라서 원의 중심을 찾기 위해서는 서로 평행하지 않은 두 현을 잡아 각각의 수직이등분선을 그려야 합니다.

 그림과 같이 중심이 O인 원 모양의 종이를 원 위의 점 P가 원의 중심 O와 겹치도록 반복하여 접으면 접은 선에 의해 원 O의 내부에 새로운 도형이 만들어지는데, 이 도형이 원이 되는 이유는 무엇인가요?

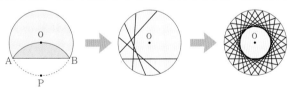

원 위의 한 점을 원의 중심과 겹치도록 접으면 접히는 선은 원의 현 중 하나입니다. 이렇게 원 위의 여러 점을 원의 중심과 겹치도록 접었을 때 만들어지는 현의 길이는 어떨까요? 모두 똑같다는 것이 분명하지요. 여기에 현의 어떤 성질을 적용해야 할까요?

한 원에서 길이가 같은 두 현은 원의 중심으로부터 같은 거리에 있다는 성질이겠지요. 그러므로 각 현의 중점은 모두 원의 중심에서 같은 거리에 떨어져 있고, 이들 각 현의 중점을 연결하여 나오는 선이 세 번째 그림의 원입니다.

원 밖의 한 점에서 원에 그은 두 접선의 길이는 항상 같나요?

아! 그렇구나

원 밖의 한 점에서 원에 그은 두 접선의 길이는 같습니다. 그런데 시각적으로 보면 그 점에서 원의 중심까지의 거리도 비슷해 보이기 때문에 세 길이가 모두 같은 것으로 착각을 하기도 하지요. 두 삼각형이 모두 직각삼각형이라는 사실을 통해 착각에서 빠져나와야 하겠습니다.

30초 정리

접선의 길이

원 밖의 한 점에서 그 원에 그은 두 접선의 길이는 같다.

즉, $\overline{PA} = \overline{PB}$ 이다.

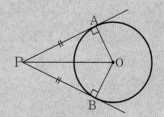

원 밖의 한 점에서 원에 아무렇게 직선을 그으면 어떤 직선은 원과 두 점에서 만나고, 어떤 것은 아예 만나지 않습니다. 또 딱 한 점에서만 만나는 것이 있습니다. 한 점에서만 만나는 선은 둘밖에 없기 때문에 여기에는 특별히 접선이라는 이름을 붙였습니다. 그 만나는 점은 접점이라고 합니다.

이전에 배웠듯이 원의 접선은 항상 반지름에 수직입니다. 이 외에도 원 밖의 한 점에서 원에 그은 두 접선의 성질에는 여러 가지가 있습니다.

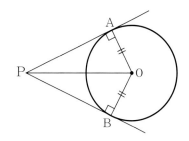

오른쪽 그림에서 추측할 수 있는 사실은 무엇인가요?

두 접선의 길이가 같을 것이라 추측할 수 있지요. 또 뭐가 있을까요? 두 접선 사이의 각을 $\overline{PO}$ 가 이등분할 것 같다고요? 좋습니다. 또 두 접점을 이은 선이 $\overline{PO}$ 에 의해 수직이등분될 것도 같습니다. 그렇습니다. 다 맞는 추측입니다. 이제 실제 맞다는 것을 설명할 수 있어야 합니다.

먼저 두 선분 PA, PB의 길이가 서로 같은지 알아봅니다. 두 선분을 포함하면서 합동이 될 만한 삼각형 2개를 잡는 것이 관건입니다. △PAO와 △PBO가 바로 그 삼각형입니다.

빗변의 길이가 같은 직각삼각형이라는 것을 생각하면 다른 한 변의 길이나 한 예각의 크기가 같음을 보여야 합니다. 반지름으로 $\overline{OA} = \overline{OB}$ 가 되는군요. 즉, △PAO ≡ △PBO이므로 $\overline{PA} = \overline{PB}$ 임을 알 수 있습니다. 결국, 점 P에서 원 O에 그은 두 접선의 길이는 서로 같습니다.

두 삼각형이 합동이라는 사실을 통해 두 접선 사이의 각을 $\overline{PO}$ 가 이등분하는 것도 밝혀졌지요.

$\overline{AB}$ 가 $\overline{PO}$ 에 의해 수직이등분되는 것을 보이려면 무엇을 확인해야 할까요? 두 삼각형 APM과 BPM이 합동이면 됩니다.

앞에서 이미 발견한 사실을 충분히 이용합니다. 변을 먼저 조사하면

$$\overline{PA} = \overline{PB} , \ \overline{PM} = \overline{PM} \text{(공통)}$$

입니다.

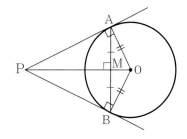

길이가 같은 변이 더는 없으므로 관심을 각으로 돌려 보지요. 그럼 끼인각이 같아야 하는데 이것도 위에서 확인했으니 SAS 합동 조건이 모두 충족됩니다. 따라서 우리가 예측한 대로 $\overline{AB}$ 는 $\overline{PO}$ 에 의해 수직이등분됩니다.

원의 접선의 성질은 어디에 쓰일까요?

그림과 같이 원 O에 외접하는 □ABCD에서 네 점 P, Q, R, S는 그 접점입니다. 어떤 성질을 발견할 수 있나요? 추측하기가 쉽지 않습니다.

원 밖의 점이 4개입니다. 이들 각각에 대하여 원의 접선의 성질을 적용하면 어떤 식이 나올까요?

$$\overline{AS} = \overline{AP}, \ \overline{BP} = \overline{BQ}, \ \overline{CQ} = \overline{CR}, \ \overline{DR} = \overline{DS}$$

가 나옵니다. 또한

$$\overline{AB} = \overline{AP} + \overline{PB}$$

$$\overline{BC} = \overline{BQ} + \overline{QC}$$

$$\overline{CD} = \overline{CR} + \overline{RD}$$

$$\overline{DA} = \overline{DS} + \overline{SA}$$

에서 $\overline{AB} + \overline{CD} = (\overline{AP} + \overline{PB}) + (\overline{CR} + \overline{RD})$이고

$\overline{BC} + \overline{DA} = (\overline{BQ} + \overline{QC}) + (\overline{DS} + \overline{SA})$이므로 $\overline{AB} + \overline{CD} = \overline{AD} + \overline{BC}$

임을 알 수 있습니다. 이 성질은 내접원이 있을 때만 성립한다는 것에 주의하세요!

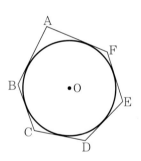

사각형을 확장하여 육각형으로 만들어도 역시 같은 성질을 얻을 수 있을까요? 육각형에서도 똑같은 성질이 성립한답니다.

그림과 같이 원 O가 육각형 ABCDEF의 각 변과 접할 때, $\overline{AB} + \overline{CD} + \overline{EF} = \overline{BC} + \overline{DE} + \overline{AF}$가 성립합니다. 이유는 사각형과 똑같습니다.

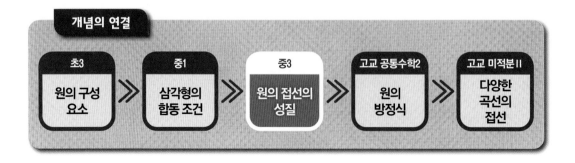

개념의 연결

초3	중1	중3	고교 공통수학2	고교 미적분Ⅱ
원의 구성 요소	삼각형의 합동 조건	원의 접선의 성질	원의 방정식	다양한 곡선의 접선

Q. 그림과 같이 세 변의 길이가 3, 4, 5인 직각삼각형에 내접하는 원의 반지름의 길이는 어떻게 구하나요?

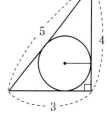

A. 원의 접선의 성질을 이용하여 구합니다.

원 밖의 한 점에서 원에 그은 두 접선의 길이가 같다는 성질이지요.

지금은 원 밖에 세 점이 있으니 각각에 대하여 이 성질을 이용합니다.

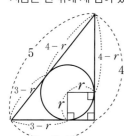

내접원의 반지름의 길이를 r 이라 하면, 그림에서

$$(3 - r) + (4 - r) = 5$$

$$\therefore r = 1$$

이므로, 내접원의 반지름의 길이는 1입니다.

Q. 원 밖의 한 점 P에서 원 O에 그을 수 있는 두 접선을 어떻게 작도할 수 있나요?

A. 원주각은 중심각의 $\frac{1}{2}$ 이라는 성질을 이용해야 합니다(다음 주제 '원주각의 성질'을 참고).

중심각이 평각이면 원주각은 직각이라는 사실을 이용하면 접선을 작도할 수 있습니다.

원주각이 90°여야 하고 접점이 원주 위에 있어야 하므로 두 점 P, O를 지름으로 하는 원을 작도했을 때 이 원이 원 O와 만나는 두 점이 접점이 됩니다.

선분 PO를 지름으로 하는 원을 작도할 때, 중심 M의 위치는 선분 PO의 수직이등분선을 작도하는 과정을 거쳐 구할 수 있습니다.

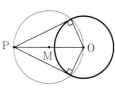

이제 중심 M의 위치를 찾으면 이 점을 중심으로 반지름의 길이가 $\overline{\text{PM}}$ 인 원을 작도할 수 있고, 이 원이 원 O와 만나는 두 점이 접점입니다.

한 호에 대한 원주각은 수십 개가 넘는데 어떻게 이들 원주각의 크기가 모두 같나요?

그림에 있는 호 AB에 대한 원주각 7개는 그 크기가 모두 같아요.

난 다 다르게 보이는데… 넌?

아! 그렇구나

원주각이 여러 개이고 그 모양이 모두 달라서 시각적으로 이 각의 크기가 모두 똑같다고 보기가 어렵지요. 그래서 한 호에 대한 원주각의 크기가 모두 같다는 사실을 직관적으로 받아들이기가 어렵습니다. 논리적인 설명이 필요하지요. 한 호에 대한 중심각은 하나뿐임을 상기하고 원주각과 중심각 사이의 관계를 살펴보는 활동이 중요합니다.

30초 정리

원주각과 중심각의 크기

1. 한 호에 대한 원주각의 크기는 그 호에 대한 중심각의 크기의 $\frac{1}{2}$ 과 같다.

   $$\angle APB = \frac{1}{2} \angle AOB$$

2. 한 호에 대한 원주각의 크기는 모두 같다.

   $$\angle APB = \angle AQB$$

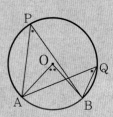

원 O에서 호 AB가 정해지면 호 AB에 대한 중심각 ∠AOB는 하나로 정해지지만 원주각 ∠APB는 호 AB 위에 있지 않은 점 P가 원 위를 움직임에 따라 여러 개가 될 수 있습니다. 이때 이들 원주각의 크기에 대해 추측해 보면, 모두 같다고 생각할 수도 있고, 서로 다르다고 생각할 수도 있습니다.

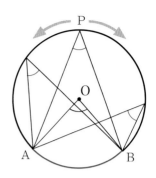

또한 원주각과 중심각의 크기 사이의 관계를 추측할 수 있습니다. 정말 원주각의 크기는 중심각의 크기의 $\frac{1}{2}$ 일까요?

가장 이해하기 쉬운 경우는 오른쪽 그림과 같이 ∠APB 의 변 위에 원의 중심 O가 있는 때입니다.

삼각형 OPA는 $\overline{OP} = \overline{OA}$인 이등변삼각형이므로 ∠APO=∠OAP 입니다. 또 중심각 AOB는 삼각형 OPA의 외각이므로 삼각형의 다른 두 내각의 합과 같습니다. 즉,

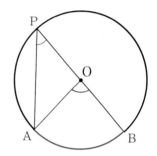

$$\angle AOB = \angle APO + \angle OAP = 2\angle APO = 2\angle APB$$

가 됩니다. 중심각의 크기는 원주각의 크기의 2배, 반대로 원주각의 크기는 중심각의 크기의 $\frac{1}{2}$ 배입니다.

∠APB의 내부 또는 외부에 원의 중심 O가 있어도 여전히 이 성질이 성립하는지 확인해야 합니다.

∠APB의 내부에 원의 중심 O가 있을 때 오른쪽 그림과 같이 지름 PQ를 그으면 다음이 성립합니다.

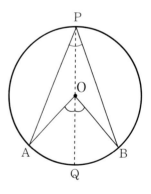

$$\angle APQ = \frac{1}{2}\angle AOQ, \ \angle BPQ = \frac{1}{2}\angle BOQ$$
$$\angle APB = \angle APQ + \angle BPQ$$
$$= \frac{1}{2}(\angle AOQ + \angle BOQ)$$
$$= \frac{1}{2}\angle AOB$$

∠APB의 외부에 원의 중심 O가 있는 경우는 각자 꼭 체험해 보기 바랍니다.

갑자기 유명해진 원주각 문제가 있습니다. 미국의 유명 기업 마이크로소프트의 입사 시험의 최종 단계인 면접시험 문제로 나온 적이 있는 삼각형의 넓이를 구하는 문제입니다. 직각삼각형이라서 넓이를 구하기 쉬운 문제였지요. 여러분도 금방 구할 수 있습니다. 답은 30이지요.

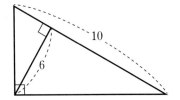

다시 생각해 보세요. 아무리 생각해도 $10 \times 6 \div 2 = 30$입니다.

이 문제에서 중요한 것은 직각이 하나가 아니라는 사실입니다. 삼각형의 넓이를 구하기 위해서 6과 10이 만나는 직각은 필요하지만 또 하나의 직각은 필요가 없습니다. 이와 같이 수학 문제에서는 많은 조건이 주어지는 게 마냥 좋지만은 않습니다. 문제를 해결하는 데 필수적인 조건만 주어지는 것이 가장 해결하기 좋은 문제입니다.

이런 삼각형은 어디에 존재할까요? 이 삼각형에 원을 외접시키니 뭔가 윤곽이 나옵니다([그림 1]). 원에 내접하는 삼각형 중 한 변이 지름 위에 있는 삼각형은 모두 직각삼각형입니다. 이것이 원주각의 성질이지요([그림 2]). 그런데 이런 삼각형 중 높이가 가장 큰 것은 [그림 3]과 같을 때이며, 이때의 높이는 5입니다. 그리고 다른 직각삼각형은 얼마든지 [그림 4]와 같이 존재할 수 있지만 그 높이가 5보다 클 수는 없습니다.

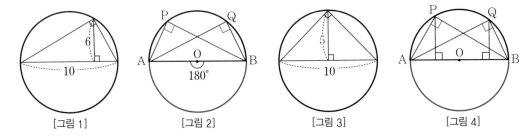

[그림 1]   [그림 2]   [그림 3]   [그림 4]

따라서 위와 같은 삼각형의 최대 높이는 5이며, 삼각형의 넓이는 25를 넘을 수 없습니다. 그래서 시험관이 원하는 바른 대답은 '이런 삼각형은 존재하지 않는다.'였습니다.

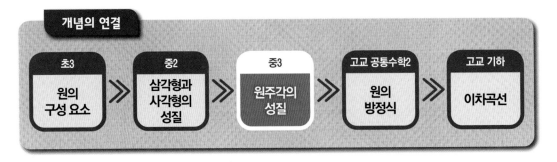

개념의 연결

초3	중2	중3	고교 공통수학2	고교 기하
원의 구성 요소	삼각형과 사각형의 성질	원주각의 성질	원의 방정식	이차곡선

한 원에서 호의 길이가 길수록 원주각의 크기가 커진다고 하면, 원주각의 크기가 호의 길이에 정비례하나요?

A. 중학교 1학년에서 배운 '부채꼴'과 연결된 문제입니다.

한 원에서 부채꼴의 중심각의 크기가 2배, 3배, 4배, …가 되면, 부채꼴의 호의 길이와 넓이도 각각 2배, 3배, 4배, …가 됩니다. 정리하면, '한 원에서 부채꼴의 호의 길이와 넓이는 모두 중심각의 크기에 정비례한다'고 말할 수 있습니다.

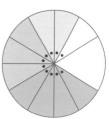

호의 길이와 중심각의 크기의 관계를 원주각으로 연결해야 합니다.

원주각의 크기는 항상 중심각의 크기의 절반이므로 이 역시 정비례합니다.

이제 이 셋을 연결해 보겠습니다. 호의 길이는 그 호에 대한 중심각의 크기에 정비례하므로 호의 길이는 그 호에 대한 원주각의 크기에 정비례합니다.

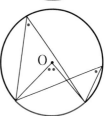

 한 원에서 두 호가 달라도 길이만 같으면 두 호에 대한 원주각의 크기는 서로 같나요?

A. 같습니다. 한 원이나 두 원이라도 크기가 같기만 하면 이 성질은 항상 성립합니다. 중학교 1학년에서 배운 '호의 길이와 중심각의 크기 사이의 관계'를 떠올릴 필요가 있습니다.

그림의 원 O에서 호 AB와 호 CD의 길이가 서로 같으면 한 원에서 길이가 같은 호에 대한 중심각의 크기도 서로 같으므로 $\angle \text{AOB} = \angle \text{COD}$ 입니다.

호 AB와 호 CD에 대한 원주각을 각각 $\angle \text{APB}$, $\angle \text{CQD}$라고 할 때, 원주각의 크기는 중심각의 크기의 $\frac{1}{2}$ 이므로

$$\angle \text{APB} = \frac{1}{2} \angle \text{AOB}, \ \angle \text{CQD} = \frac{1}{2} \angle \text{COD}$$

입니다. 따라서

$$\angle \text{APB} = \angle \text{CQD}$$

임을 알 수 있습니다. 즉, 한 원에서 길이가 같은 호에 대한 원주각의 크기는 서로 같습니다.

네 점을 지나는 원

네 점을 지나는 원을 그리기가 어려운데, 비결을 알려 주세요.

아! 그렇구나

세 점을 지나는 원은 결국 세 점을 꼭짓점으로 하는 삼각형의 외접원이 되므로 항상 존재합니다. 네 점을 지나는 원, 즉 네 점을 꼭짓점으로 하는 사각형의 외접원도 항상 존재할 것 같은 느낌을 갖게 됩니다. 원에 내접하는 사각형을 많이 보았기 때문이지요. 하지만 원이 먼저 존재하면 거기에 내접하는 사각형은 얼마든지 그릴 수 있어도 그 반대, 즉 사각형이 있을 때 그 외접원이 반드시 존재한다고 볼 수는 없습니다.

30초 정리

네 점이 한 원 위에 있을 조건
두 점 C, D가 직선 AB에 대하여 같은 쪽에 있을 때,
∠ACB = ∠ADB이면
네 점 A, B, C, D는 한 원 위에 있다.

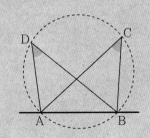

세 점을 지나는 원은 항상 존재합니다. 중학교 2학년에서 배운 '외심'과 연결하면 해당 내용을 설명할 수 있습니다.

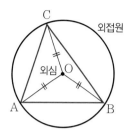

세 점을 이으면 삼각형이 만들어집니다. 삼각형의 세 변의 수직이등분선은 항상 한 점에서 만나므로 그 점을 중심으로 세 꼭짓점까지의 거리를 반지름으로 하는 원을 그리면 이 원이 삼각형의 외접원입니다.

이렇게 세 점을 지나는 원은 항상 그릴 수 있습니다. 그러면 네 점을 지나는 원도 항상 존재할까요? 오른쪽 그림에서 보면 원 위의 두 점으로 이루어진 호 AB에 대한 원주각은 무수히 많습니다. 이 원주각의 꼭짓점 중 어느 두 점을 골라 두 점 A, B와 이으면 원에 내접하는 사각형이 만들어집니다. 이런 네 점을 지나는 원은 존재합니다. 이 중 한 점이라도 제자리를 벗어나면 네 점을 지나는 원은 그릴 수 없습니다.

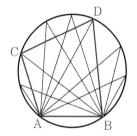

이제 한 점을 원 안이나 밖에 잡아 그 각의 크기를 비교해 보겠습니다.

아래 그림과 같이 세 점 A, B, C를 지나는 원 O에서 점 D가 직선 AB에 대하여 점 C와 같은 쪽에 있을 때, 점 D는 다음 3가지 경우로 나눌 수 있습니다. 이때 ∠ADB의 크기와 원주각 ∠ACB의 크기의 대소 관계를 생각해 보겠습니다.

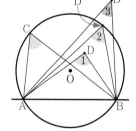

1. 점 D가 원 O의 안에 있는 경우 ∠ADB > ∠ACB

2. 점 D가 원 O 위에 있는 경우 ∠ADB = ∠ACB

3. 점 D가 원 O의 밖에 있는 경우 ∠ADB < ∠ACB

1, 2, 3에서 점 D가 원 O 위에 있는 경우는 ∠ADB = ∠ACB일 때뿐입니다.

따라서 ∠ADB = ∠ACB이면 점 D는 원 O 위에 있고, ∠ADB ≠ ∠ACB이면 점 D는 원 O 위에 있지 않다고 할 수 있습니다.

수학적으로 엄밀한 설명이 아니더라도 이 사실은 직관적으로 이해할 수 있습니다.

예를 들어 두 삼각형에서 두 밑각의 합, 즉 ∠A+∠B의 값은 1보다 2에서 더 큽니다. 그러므로 꼭지각은 1보다 2에서 작습니다.

마찬가지 방법으로 2와 3도 비교하여 설명할 수 있습니다.

원주각의 성질을 이용하면 원에 내접하는 사각형에서 한 쌍의 대각의 크기의 합을 구할 수 있습니다.

그림과 같이 원 O에 내접하는 □ABCD에서 원주각 ∠BAD와 ∠BCD에 대한 중심각의 크기를 각각 $a°$, $b°$라고 하면 원주각의 크기는 중심각의 크기의 $\frac{1}{2}$이므로

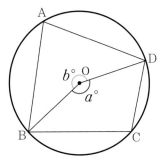

$$\angle A + \angle C = \frac{1}{2}a° + \frac{1}{2}b° = \frac{1}{2}(a° + b°)$$

입니다. 그런데 $a° + b° = 360°$이므로

$$\angle A + \angle C = 180°$$

임을 알 수 있습니다. 마찬가지로 ∠B + ∠D = 180°입니다.

이와 같이 원에 내접하는 사각형의 대각의 크기의 합은 180°입니다.

이 내용을 중학교 1학년에서 배운 '사각형의 외각'과 연결해 보겠습니다. 사각형의 한 꼭짓점에서 외각과 내각의 크기의 합은 180°입니다. 이제 뭔가 연결되는 것이 보이나요?

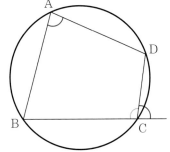

앞에서 알아본 바와 같이 원에 내접하는 사각형의 대각의 크기의 합은 180°입니다. 합이 180°인 두 상황을 비교하면 어떤 결론을 얻을 수 있나요? 그림에서 ∠C의 내각이 중복되는군요. 그러면 ∠C의 내각만 제외하면 ∠C의 외각은 ∠C의 대각인 ∠A와 그 크기가 같습니다. 정확히 말하면 원에 내접하는 사각형에서 한 외각의 크기는 그 내각의 대각의 크기와 같습니다.

개념의 연결

초3		중2		중3		고교 공통수학2		고교 기하
원의 구성 요소	▶	삼각형과 사각형의 성질	▶	네 점을 지나는 원	▶	원의 방정식	▶	이차곡선

Q. 직사각형은 원에 내접하고, 직사각형은 평행사변형이지요. 그럼 평행사변형도 원에 내접하나요?

A. 원에 내접하는 사각형은 대각의 크기의 합이 180°라는 특징을 지닙니다. 대각인 두 각의 중심각이 원의 중심에서 360°를 이루기 때문이지요.

그런데 평행사변형에서는 대각의 크기가 같습니다. 대각의 크기의 합이 180°가 된다는 조건과 다르지요.

평행사변형의 대각의 크기는 같으므로 대각의 크기의 합이 180°라면 각각 90°일 것이고, 이런 사각형은 직사각형이 됩니다.

그러므로 평행사변형은 원에 내접한다고 할 수 없고, 다만 평행사변형 중 특수한 형태인 직사각형만 원에 내접한다고 할 수 있습니다.

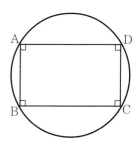

 Q. 원주각의 성질을 미술관에서 관람객들이 걸어가는 동선의 위치를 정하는 데 이용한다고 들었는데, 자세히 설명해 주세요.

A. 미술관에서 그림을 관람할 때 가장 좋은 위치는 어디일까요? 만일 너무 가까이서 보면 작품 전체를 제대로 볼 수 없고, 너무 멀리 떨어져서 보면 작품의 세세한 부분까지 볼 수 없을 것입니다. 작품을 바라볼 때는 거리에 따라 작품의 위 끝과 아래 끝을 바라보는 각의 크기가 변하므로 이 각의 크기가 가장 큰 위치를 잡으면 작품을 가장 잘 볼 수 있겠지요. 이 문제는 15세기에 독일의 수학자 레기오몬타누스에 의해 제기되었는데, 원주각의 성질을 이용하면 그 위치를 찾을 수 있습니다.

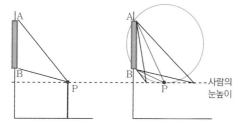

그림과 같이 작품의 위 끝 A와 아래 끝 B를 지나고 사람 눈높이의 수평선에 접하는 원을 그리면, 사람 시선의 위치가 접점 P에 있을 때 ∠APB가 가장 크다는 사실을 알 수 있습니다. 여기서 작품을 감상하면 가장 잘 볼 수 있습니다.

자료를 보고 그 안에서 평균 등 대푯값을 구하는 것으로 충분하지 않나요?

회차	1	2	3	4	5	합계	평균	분산	표준편차
인규	7	7	6	7	8	35	7	0.4	0.63
인영	4	10	6	9	6	35	7	4.8	2.19

두 사람 실력이 비슷비슷한데?

분산? 표준편차? 이름도 어렵네… 난 그냥 평균으로 판단할래~

평균이 같다고 똑같은 실력이라고는 할 수 없지! 질이 달라. 분산하고 표준편차를 보라구.

3학년
자료와 가능성

아! 그렇구나

분산이나 표준편차의 의미를 충분히 이해하는 것이 쉽지는 않습니다. 개념을 완벽하게 이해하지 못하면 응용력이 떨어지는 게 당연합니다. 평균만으로도 많은 정보와 판단력을 얻을 수 있는 것은 사실이지만 얼마나 퍼져 있는지를 알 수 있는 분산과 표준편차 등의 산포도를 동시에 고려해야 할 때가 많습니다.

30초 정리

분산과 표준편차

$$(\text{분산}) = \frac{(\text{편차})^2 \text{의 총합}}{(\text{변량의 개수})} \qquad (\text{표준편차}) = \sqrt{(\text{분산})}$$

다음 기록은 두 학생 A, B의 양궁 점수 분포 상태를 막대그래프로 나타낸 것입니다. 두 학생의 평균 점수는 8점으로 서로 같습니다. 두 자료의 분포 상태는 어떤가요?

그래프에서 A의 점수는 평균 가까이에 모여 있고, B의 점수는 평균의 좌우로 넓게 흩어져 있습니다. 즉, 점수의 분포 상태가 서로 다릅니다. A는 7점에서 9점 사이의 점수를 고르게 유지하는 편이고, B는 5점도 나왔다가 10점도 나왔다가

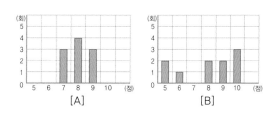

[A]　　　[B]

하면서 점수의 기복이 심합니다. 이와 같이 평균과 같은 대푯값 이외에 자료들이 대푯값 주위에 어떻게 흩어져 있는가, 즉 자료의 분포 상태도 알아볼 필요가 있습니다.

자료들이 대푯값 주위에 흩어져 있는 정도를 하나의 수로 나타낸 값을 산포도(散布度)라고 합니다. 자료들이 대푯값으로부터 넓게 흩어져 있을수록 산포도가 크고, 자료들이 대푯값을 중심으로 모여 있을수록 산포도가 작습니다.

산포도는 각 변량이 평균으로부터 얼마나 멀리 떨어져 있는가를 알아보는 것이므로 각 변량과 평균의 차를 이용하면 산포도를 나타낼 수 있습니다. 이때 각 변량에서 평균을 뺀 값을 그 변량의 편차라고 합니다.

$$(편차) = (변량) - (평균)$$

편차의 절댓값이 클수록 그 변량은 평균에서 멀리 떨어져 있고, 편차의 절댓값이 작을수록 그 변량은 평균에 가까이 있습니다. 그러나 편차의 총합은 항상 0입니다. 그럼 편차의 평균도 0이 되어 이 값으로는 변량이 평균을 중심으로 흩어져 있는 정도를 알 수 없습니다. 따라서 자료의 분포 상태를 알기 위해서는 각 편차를 제곱한 후 평균을 구하여 이것을 이용하는데 이 값을 분산이라고 하며, 분산의 양의 제곱근을 표준편차라 합니다.

분산과 표준편차는 자료들이 평균 주위에 모여 있을수록 작아지고, 자료들이 평균으로부터 멀리 흩어져 있을수록 커집니다.

> **분산과 표준편차**
>
> $$(분산) = \frac{(편차)^2의\ 총합}{(변량의\ 개수)} \qquad (표준편차) = \sqrt{(분산)}$$

분산을 구했는데, 왜 또 제곱근을 구해 표준편차라고 할까요? 계속 궁금하네요. 이렇게 궁금증을 계속 가지는 학생은 호기심이 많은 것이며, 호기심은 공부의 기본입니다.

그사이 제곱근을 구하는 이유를 생각해 낸 학생도 있을 것입니다. 편차의 합이 0이 되는 것을 피하기 위해 제곱이라는 방법을 취했지만 제곱은 본래 수치가 아니라 커지거나 작아질 수 있고, 단위가 원래 변량의 단위와 달라진다는 문제점이 발생합니다. 하지만 분산의 양의 제곱근은 그 단위가 원래 단위와 같아지면서 자료가 평균을 중심으로 흩어진 정도는 그대로 나타낼 수 있으므로, 이것을 어떤 자료의 표준이 되는 편차라는 의미에서 표준편차라고 말할 수 있습니다.

그러면 또 의문이 꼬리를 물지요? 편차의 합이 0이 되는 것을 피하면서 제곱으로 수치가 변하는 문제도 발생하지 않는 방법으로 편차의 절댓값을 취하는 방법이 있는데 왜 제곱의 평균을 구한 후 제곱근을 씌웠을까요? 놀랍게도 통계에서는 편차의 절댓값을 취해 평균을 구한 값도 사용하는데 이것을 평균편차라고 합니다. 그런데 왜 교과서에는 표준편차만 등장할까요? 그 이유를 중학생인 여러분이 이해하기에 충분히 설명할 수는 없지만 간단히 한번 정리해 보겠습니다.

편차들을 가지고 계산할 때 언뜻 보기에는 제곱을 하는 과정이 절댓값을 취하는 것보다 복잡해 보일 것입니다. 그러나 통계에 있어서는 나중에 미분을 적용해야 할 때가 오는데 미분에서는 절댓값보다 제곱을 이용하는 것이 훨씬 편리합니다.

또 다른 이유로 표준편차는 평균과, 평균편차는 중앙값과 관련이 있습니다. 편차는 대푯값으로부터 떨어진 정도를 나타낸 값입니다. 대푯값에는 평균, 중앙값, 최빈값이 있었지요. 편차 제곱의 합을 수식으로 쓰면 이차식이 됩니다. 편차의 제곱의 합이 최소가 되는 대푯값은 평균이며, 절댓값의 합이 최소가 되는 대푯값은 중앙값입니다. 절대값의 최솟값은 고1이 되면 배웁니다.

산포도에는 표준편차와 평균편차 이외에도 범위, 사분편차 등이 있답니다.

개념의 연결

| 중1 | | 중1 | | 중3 | | 중3 | | 고교 확률과 통계 |
| 대푯값 | ≫ | 도수분포와 그래프 | ≫ | 산포도 | ≫ | 상자그림 | ≫ | 확률분포 |

변량의 개수가 서로 다른 두 집단의 평균은 각각의 평균의 중앙값이 되지 않았는데, 어떤 집단에 새로운 변량이 추가되었을 때 분산은 어떻게 변하나요?

A. 분산도 두 집단의 분산의 중앙값이 되지 않습니다. 예를 들면,

10명으로 이루어진 A 집단은 평균 9, 분산 5

20명으로 이루어진 B 집단은 평균 10.5, 분산 20

이라고 할 때, 두 집단을 합한 30명 전체의 평균과 분산은 어떻게 될까요?

두 집단의 평균과 분산의 중앙값은 각각 9.75, 12.5입니다. 실제로 이 값이 나올까요?

우선 각 집단의 변량의 총합과 편차의 제곱의 총합을 구합니다.

A 집단의 변량의 총합은 90, 편차의 제곱의 총합은 50이고

B 집단의 변량의 총합은 210, 편차의 제곱의 총합은 400입니다.

따라서 두 집단의 변량의 총합은 300, 편차의 제곱의 총합은 450입니다.

두 집단은 30명이므로 이들 각각을 30으로 나눈 값 10, 15가 각각 두 집단의 평균과 분산이 됩니다. 이 값은 중앙값 9.75, 12.5와 같지 않군요.

 산포도에는 분산과 표준편차만 있나요?

A. 아닙니다. 대푯값에 평균 말고도 중앙값과 최빈값 등이 있었듯이 산포도에도 분산과 표준편차 이외에 평균편차, 범위, 사분편차 등이 있습니다. 이 중 평균편차에 대해서는 바로 앞 내용인 '심화와 확장'을 참고하세요. 지금은 범위와 사분편차에 대해서 알아보겠습니다.

범위는 자료의 최댓값과 최솟값의 차이를 말합니다. 즉, '(범위)=(최댓값)−(최솟값)'으로 계산합니다. 범위는 계산이 간편하기는 하지만 극단적인 값에 영향을 많이 받을 뿐만 아니라 분포의 퍼짐 정도를 정확하게 나타내지 못할 때도 있습니다.

범위의 단점을 보완한 것이 사분편차입니다. 사분편차는 자료를 크기순으로 나열하였을 때, 양쪽 $\frac{1}{4}$ 씩을 잘라내고 남은 자료의 범위를 말합니다. $\frac{1}{2}$ 남은 것의 최댓값과 최솟값의 차이가 사분편차입니다. 양쪽으로 $\frac{1}{4}$ 씩 잘라내는 것은 극단적인 값의 영향을 줄이기 위함입니다.

상자그림의 가운데 선은 평균 아닌가요?

평균이 같은데 왜 가운데 선의 높이가 달라요?

……

아! 그렇구나

학생들은 상자그림을 그릴 때 평균이 같으면 상자그림의 가운데 선이 같을 것이라고 생각할 수 있습니다. 그러나 상자그림의 가운데 선은 중앙값을 나타냅니다. 상자그림의 가운데 선은 평균과 관련이 없습니다. 가운데 선은 중앙값이라는 것을 잘 인지하도록 하여야 합니다.

30초 정리

상자그림 : '자료의 특성이나 분포를 나타내기 위하여 최솟값, 제1사분위수, 중앙값, 제3사분위수, 최댓값을 하나의 그림에 요약한 것

사분위수는 자료 전체를 4등분 하는 값이며, 이때 자료 전체의 반을 나누는 중앙값을 기준으로 하위와 상위의 반을 각각 다시 반으로 나누는 중앙값을 각각 제1사분위수, 제3사분위수라 한다. 특히 (제3사분위수-제1사분위수)의 값을 사분위수범위라고 하며, 이는 상자길이와 같다.

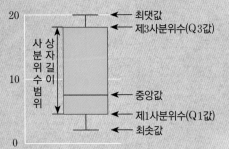

상자그림(box plot) 또는 상자-수염그림(box-and-whiskers plot)은 자료의 분포를 파악하는 데 유용한 통계 그래프입니다.

상자그림 그리기

① 자료 전체를 요약한 5가지 통계량(최솟값, 최댓값, 중앙값, 제1사분위수, 제3사분위수)을 구합니다.

최솟값 / 최댓값

1반	번호	1	2	3	4	5	6	7	8	9	10	평균	제1사분위수	중앙값	제3사분위수
	독서량	3	4	5	8	11	13	15	16	17	18	11	5	12	16

2반	번호	1	2	3	4	5	6	7	8	9	10	11	평균	제1사분위수	중앙값	제3사분위수
	독서량	2	3	5	6	7	8	16	17	18	19	20	11	5	8	18

② 제1사분위수와 제3사분위수를 연결하여 상자를 그리고, 상자 안에 중앙값을 표시합니다.

③ 최댓값과 최솟값은 상자 밖으로 이어지는 수염을 그려 완성합니다.

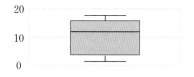 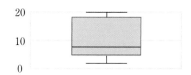

상자(수염)그림은 가운데 선을 그어서 중앙값을 표현하고 있으며 숫자로도 표현합니다. 따라서 두 집단의 대푯값을 쉽게 비교할 수 있다는 장점이 있습니다.

또한 상자의 위치와 상자길이(사분위수범위)를 통해 두 집단의 흩어진 정도(산포도)를 파악할 수 있습니다. 1반과 2반의 상자 길이는 각각 11과 13이며, 상자 길이가 짧을수록 중앙값에 많은 자료가 밀집되어 있음을 의미하므로 자료의 흩어짐, 즉 표준편차가 작다고 추측할 수 있습니다. 실제 1반과 2반의 표준편차는 각각 5.37과 6.65로 상자 길이의 차이로 유추할 수 있음을 확인할 수 있습니다.

상자(수염)그림에서 수염은 자료의 최댓값 또는 최솟값을 나타내기 위해 상자의 양쪽 끝으로 뻗어나가는 선을 말하는데, 이 선의 길이를 통해 중앙값에 집중되어 있는지 아니면 흩어져 있는지를 살펴볼 수 있습니다. 수염의 길이가 짧을수록 중앙값을 기준으로 자료가 모여 있음을 의미합니다.

이렇게 상자(수염)그림은 중앙값, 상자 길이, 수염의 길이를 이용하여 여러 개의 집단(자료)을 비교하는 것이 가능하다는 장점을 지니고 있습니다.

공학 도구를 이용하여 상자그림 그리기

통그라미(https://tong.kostat.go.kr/front/main/main.do) 사이트를 통해 상자그림을 그릴 수 있습니다.

통그라미 사이트

1단계 - 자료 입력하기, 변수 설정하기

2단계 - 상자그림 그리기

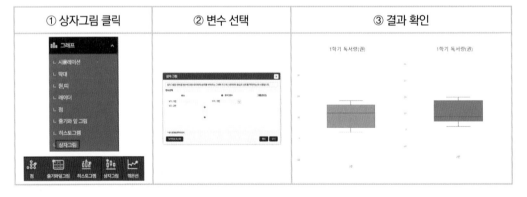

무엇이든 물어보세요

Q. 히스토그램과 상자(수염)그림은 어떠한 차이가 있나요?

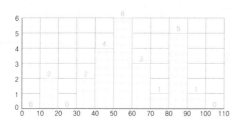

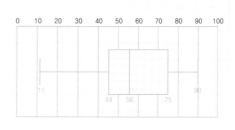

A. 히스토그램은 자료가 특정 구간에 얼마나 많이 분포되어 있는지를 보여줌으로써 전체적인 분포를 파악하는데 유용하며, 상자(수염)그림은 자료의 5가지 통계값(최솟값, 최댓값, 중앙값, 제1사분위수, 제3사분위수)을 통해 자료의 흩어짐을 시각적으로 파악할 수 있습니다. 특히 상자(수염)그림은 여러 자료의 중앙값, 산포도 등을 비교하는데 유용합니다.

Q. 다른 값에 비해서 매우 크거나 매우 작은 값은 상자그림에서 어떻게 처리하나요?

A. 다른 값에 비해서 매우 크거나 매우 작은 값을 보통 특이점이라고 합니다.

상자그림에서는 다음 두 경우를 특이점으로 간주합니다.

  (1) **(제1분위수)−1.5 × (사분위수범위)**보다 더 작은 수

  (2) **(제3분위수)+1.5 × (사분위수범위)**보다 더 큰 수

사분위수범위는 상자 길이를 의미합니다.

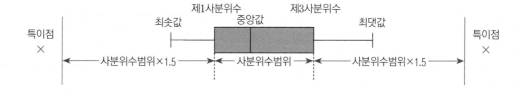

자료를 분석할 때에는 특이점을 주의 깊게 다루어야 하며, 만약 특이점이 있다면 자료 입력을 잘못한 것인지 실제 특이한 값인지를 파악할 필요가 있습니다.

두 변량이 함께 증가하는 게 아닌데 왜 상관관계가 있다고 하나요?

아! 그렇구나

자료를 그림으로 표현한 것이 그래프이지요. 그래프는 두 변량 사이의 관계를 쉽게 파악할 수 있도록 도와주는 훌륭한 도구입니다. 어떤 자료는 두 변량 중 한쪽이 증가할 때 다른 한쪽이 감소하는 경향을 보이기도 하는데, 두 변량이 함께 증가하는 경향이 나타나지 않는다고 해서 두 변량이 서로 관계가 없는 것은 아닙니다. 이때 둘은 음의 상관관계가 있다고 합니다.

30초 정리

산점도 : 두 변량의 순서쌍을 좌표로 하는 점을 좌표평면 위에 나타낸 그래프

상관관계 : 두 변량 중 한쪽이 증가할 때 다른 한쪽이 증가 또는 감소하는 경향을 나타내는 두 변량 사이의 관계

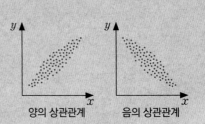

양의 상관관계   음의 상관관계

다음은 2018년 한국 프로야구 경기에서 투수 20명의 평균자책점과 볼넷의 개수를 조사하여 나타낸 표입니다. 이 표에서 평균자책점을 x, 볼넷의 개수를 y라고 할 때, 순서쌍 (x, y)를 좌표로 하는 점을 좌표평면에 나타내면 다음과 같은 그림을 얻을 수 있습니다.

평균자책점	볼넷 개수	평균자책점	볼넷 개수
2.12	25	3.62	34
2.37	33	3.68	56
2.51	39	3.78	51
2.54	35	3.98	22
2.98	41	3.99	58
3.03	44	4.07	46
3.16	41	4.38	51
3.26	34	4.43	35
3.57	41	4.49	43
3.58	52	4.78	58

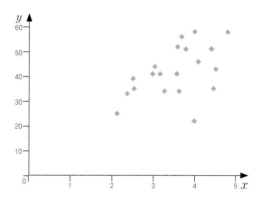

어떤 측정이나 관찰이 2개 이상의 변량에 대해 이루어질 때, 두 변량 사이의 측정값을 순서쌍으로 하여 좌표평면 위의 점으로 나타낸 것을 산점도라고 합니다. 특히 위의 산점도에서는 평균자책점이 높을수록 볼넷의 개수가 많음을 알 수 있지요. 이와 같이 두 변량 중 한쪽이 증가할 때 다른 한쪽이 증가 또는 감소하는 경향을 나타내는 두 변량 사이의 관계를 상관관계라고 합니다.

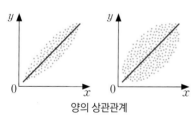

양의 상관관계

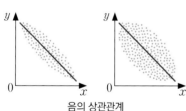

음의 상관관계

산점도에서 두 변량 중 한쪽이 증가할 때 다른 한쪽도 증가하면 두 변량 사이에 양의 상관관계가 있다고 합니다. 반대로 한쪽이 증가할 때 다른 한쪽이 감소하면 두 변량은 음의 상관관계에 있다고 하지요.

양 또는 음의 상관관계가 있는 산점도에서 점들이 전체적인 경향을 나타내는 한 직선 주위에 가까이 모여 있을수록 상관관계가 강하고, 직선으로부터 멀리 흩어져 있을수록 상관관계가 약하다고 합니다.

한편, 두 변량 중 한쪽이 증가할 때 다른 한쪽이 증가 또는 감소하는 경향이 분명하지 않은 경우와 오른쪽 그림과 같이 점들이 흩어져 있거나 좌표축에 평행한 경우 두 변량 사이에는 상관관계가 없다고 합니다.

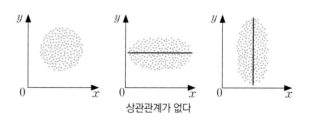

상관관계가 없다

두 변량 사이의 상관관계를 설명할 때 '양'과 '음'이라는 용어가 사용되는 것을 보고 일차함수의 기울기를 떠올린 학생이 있을 것입니다. 일차함수의 그래프에서도 그래프 방향이 오른쪽 위를 향하면 기울기가 양, 오른쪽 아래를 향하면 기울기가 음이라고 하지요.

산점도의 경향성을 나타내는 직선의 모양도 일차함수의 그래프와 같다면 산점도를 일차함수의 또 다른 표현이라고 할 수 있을까요? 차이가 있다면 어떤 차이일까요?

두 변수 x, y에 대하여 x의 값이 정해짐에 따라 y의 값이 오직 하나로 정해지는 관계가 있을 때, y를 x의 함수라고 합니다. 그리고 이러한 관계 중 $y = ax + b\,(a \neq 0)$로 나타내어지는 관계가 일차함수이지요. 그렇다면 산점도도 이러한 조건들을 모두 만족할까요?

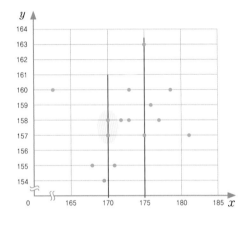

산점도의 경향성을 나타내는 직선만 보면 일차함수의 식을 만들 수 있고, 그래서 쉽게 일차함수라고 생각할 수 있습니다. 하지만 함수라면 하나의 x값에 오직 하나의 y값만이 정해져야 합니다. 산점도에서는 자료가 많을수록 하나의 x값에 여러 개의 y값이 대응되는 것을 볼 수 있습니다. 오른쪽 그림에서도 산점도의 경향을 나타내는 선이 직선임을 볼 수 있지만 $x = 170$, $x = 175$에서 y의 값이 각각 2개씩 존재하므로 산점도가 일차함수로 표현되지 않음을 알 수 있습니다.

또 일차함수에서는 두 변수를 정할 때, 보통 원인이 되는 것과 결과가 되는 것을 각각 x와 y로 정합니다. x의 변화에 따른 y의 변화를 살펴보기 위함이지요. 그런데 산점도로 나타내는 자료들 중에는 함수와 같은 인과관계가 성립하지 않는 것도 많습니다. 예를 들어 키와 몸무게 사이에는 양의 상관관계가 있지만 키의 변화가 몸무게의 변화를 가져온 것인지, 몸무게의 변화가 키의 변화를 가져온 것인지는 판단하기가 어렵습니다. 즉, 상관관계로 경향성을 파악할 수는 있지만, x의 작용으로 y의 변화가 나타났다고 결론지을 수는 없습니다.

Q. 산점도에 특정 점을 추가하거나 삭제하는 것이 상관관계에 영향을 끼치나요?

A. 점 1개가 전체 자료에 미치는 영향은 아무래도 미비할 것으로 생각되지요. 그런데 추가 또는 삭제되는 점이 위치에 따라 상관관계에 큰 영향을 미치기도 한답니다. 다음 산점도에서 A의 점을 삭제하면 두 변량 x, y 사이의 상관관계는 어떻게 변화하나요? 두 변량 x, y 사이에는 양의 상관관계가 있는데, A가 없으면 두 변량 사이에는 상관관계가 거의 없다고 볼 수 있습니다. 또한 B의 위치에 점을 1개 추가하면 양쪽 상단에 점이 1개씩 존재하게 되면서 양의 상관관계인지 음의 상관관계인지를 판단하기가 어려워져 상관관계가 없어짐을 알 수 있습니다.

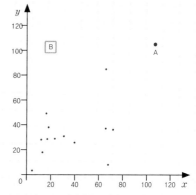

Q. 표준편차가 작으면 상관관계가 강하다고 할 수 있나요?

A. 언뜻 표준편차와 상관관계가 아주 밀접한 관계일 것으로 생각되지만 한마디로 표준편차와 상관관계에는 일관된 관계가 없습니다. 표준편차는 평균을 기준으로 자료가 흩어진 정도를 따지는 것이고, 상관관계는 경향을 나타내는 직선을 기준으로 자료가 흩어진 정도를 따지는 것이므로 그 기준이 다릅니다.

표준편차가 작고 ① 상관관계가 강한 경우가 있고, ② 상관관계가 약한 경우도 있으며, ③ 상관관계가 없는 경우도 있어요. 반면 표준편차가 크고 ④ 상관관계가 강한 경우가 있고, ⑤ 상관관계가 약한 경우도 있으며, ⑥ 상관관계가 없는 경우도 있답니다.

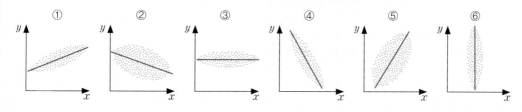

초·중·고 수학 개념연결 지도

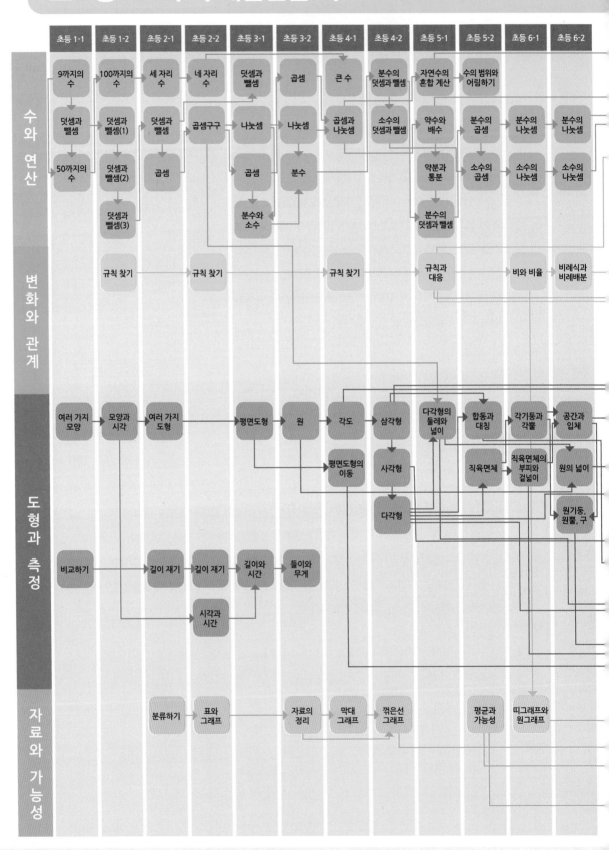

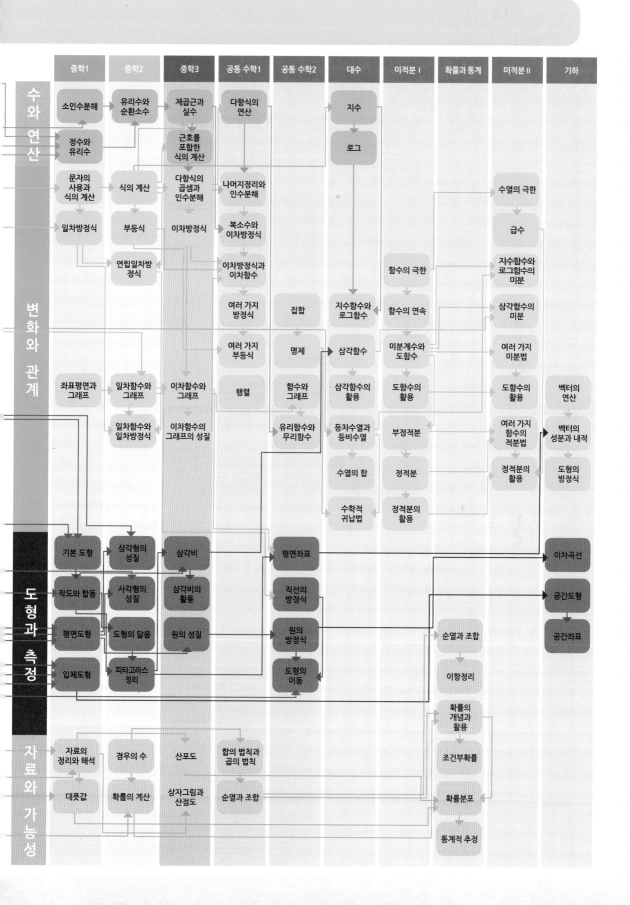

중학1	중학2	중학3	공통 수학1	공통 수학2	대수	미적분 I	확률과 통계	미적분 II	기하

수와 연산

소인수분해 · 유리수와 순환소수 · 제곱근과 실수 · 다항식의 연산 · 지수

정수와 유리수 · 근호를 포함한 식의 계산 · 로그

문자의 사용과 식의 계산 · 식의 계산 · 다항식의 곱셈과 인수분해 · 나머지정리와 인수분해 · 수열의 극한

일차방정식 · 부등식 · 이차방정식 · 복소수와 이차방정식 · 급수

연립일차방정식 · 이차방정식과 이차함수 · 지수함수와 로그함수 · 지수함수와 로그함수의 미분

변화와 관계

여러 가지 방정식 · 집합 · 삼각함수의 미분

여러 가지 부등식 · 명제 · 함수의 극한 · 미분계수와 도함수 · 여러 가지 미분법

좌표평면과 그래프 · 일차함수와 그래프 · 이차함수와 그래프 · 함수와 그래프 · 삼각함수 · 함수의 연속 · 도함수의 활용 · 벡터의 연산

일차함수와 일차방정식 · 이차함수의 그래프의 성질 · 유리함수와 무리함수 · 삼각함수의 활용 · 도함수의 활용 · 여러 가지 함수의 적분법 · 벡터의 성분과 내적

등차수열과 등비수열 · 부정적분 · 정적분의 활용 · 도형의 방정식

수열의 합 · 정적분

수학적 귀납법 · 정적분의 활용

도형과 측정

기본 도형 · 삼각형의 성질 · 삼각비 · 평면좌표 · 이차곡선

작도와 합동 · 사각형의 성질 · 삼각비의 활용 · 직선의 방정식 · 공간도형

평면도형 · 도형의 닮음 · 원의 성질 · 원의 방정식 · 순열과 조합 · 공간좌표

입체도형 · 피타고라스 정리 · 도형의 이동 · 이항정리

확률의 개념과 활용

자료와 가능성

자료의 정리와 해석 · 경우의 수 · 산포도 · 합의 법칙과 곱의 법칙 · 조건부확률

대푯값 · 확률의 계산 · 상자그림과 산점도 · 순열과 조합 · 확률분포

통계적 추정

중학수학 개념연결 지도

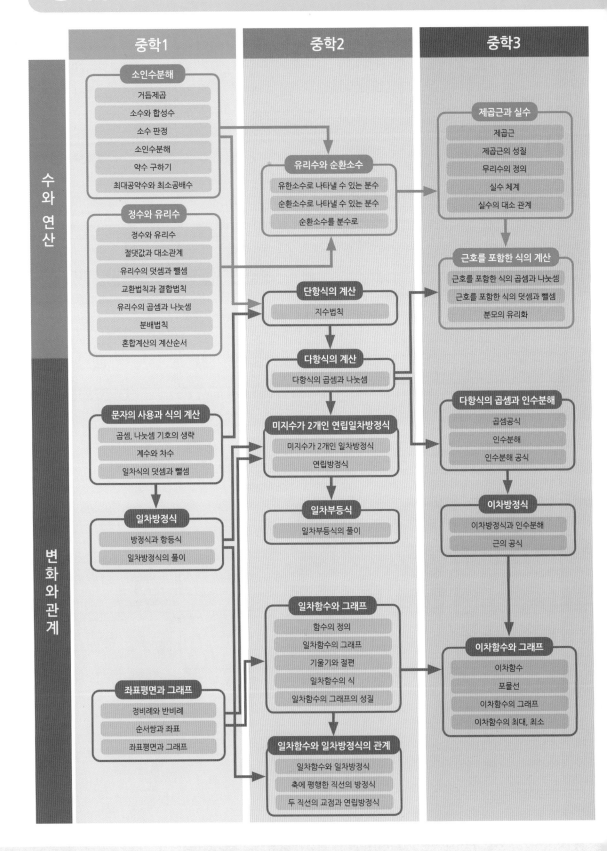

중학1   **중학2**   **중학3**

수와 연산

소인수분해
- 거듭제곱
- 소수와 합성수
- 소수 판정
- 소인수분해
- 약수 구하기
- 최대공약수와 최소공배수

정수와 유리수
- 정수와 유리수
- 절댓값과 대소관계
- 유리수의 덧셈과 뺄셈
- 교환법칙과 결합법칙
- 유리수의 곱셈과 나눗셈
- 분배법칙
- 혼합계산의 계산순서

유리수와 순환소수
- 유한소수로 나타낼 수 있는 분수
- 순환소수로 나타낼 수 있는 분수
- 순환소수를 분수로

제곱근과 실수
- 제곱근
- 제곱근의 성질
- 무리수의 정의
- 실수 체계
- 실수의 대소 관계

단항식의 계산
- 지수법칙

근호를 포함한 식의 계산
- 근호를 포함한 식의 곱셈과 나눗셈
- 근호를 포함한 식의 덧셈과 뺄셈
- 분모의 유리화

다항식의 계산
- 다항식의 곱셈과 나눗셈

변화와 관계

문자의 사용과 식의 계산
- 곱셈, 나눗셈 기호의 생략
- 계수와 차수
- 일차식의 덧셈과 뺄셈

미지수가 2개인 연립일차방정식
- 미지수가 2개인 일차방정식
- 연립방정식

다항식의 곱셈과 인수분해
- 곱셈공식
- 인수분해
- 인수분해 공식

일차방정식
- 방정식과 항등식
- 일차방정식의 풀이

일차부등식
- 일차부등식의 풀이

이차방정식
- 이차방정식과 인수분해
- 근의 공식

일차함수와 그래프
- 함수의 정의
- 일차함수의 그래프
- 기울기와 절편
- 일차함수의 식
- 일차함수의 그래프의 성질

이차함수와 그래프
- 이차함수
- 포물선
- 이차함수의 그래프
- 이차함수의 최대, 최소

좌표평면과 그래프
- 정비례와 반비례
- 순서쌍과 좌표
- 좌표평면과 그래프

일차함수와 일차방정식의 관계
- 일차함수와 일차방정식
- 축에 평행한 직선의 방정식
- 두 직선의 교점과 연립방정식

중학1	중학2	중학3

도형과 측정

기본도형
- 맞꼭지각
- 평행선에서의 동위각과 엇각
- 점, 직선, 평면의 위치 관계

작도와 합동
- 작도
- 삼각형의 작도
- 삼각형의 합동 조건

평면도형
- 대각선의 개수
- 다각형의 내각의 크기의 합
- 다각형의 외각의 크기의 합
- 원주율
- 부채꼴의 호의 길이와 넓이

입체도형
- 다면체와 정다면체
- 회전체의 성질
- 기둥의 겉넓이와 부피
- 뿔의 겉넓이와 부피
- 구의 겉넓이와 부피

삼각형의 성질
- 이등변삼각형의 성질
- 직각삼각형의 합동
- 삼각형의 내심과 외심

사각형의 성질
- 평행사변형
- 여러 가지 사각형
- 평행선과 넓이-등적변형

도형의 닮음
- 도형의 닮음
- 삼각형의 닮음

닮음의 활용
- 평행선 사이의 길이의 비
- 삼각형의 무게중심
- 닮은 도형의 넓이, 부피의 비

피타고라스 정리
- 피타고라스 정리

삼각비
- 삼각비

삼각비의 활용
- 삼각비의 활용

원의 성질
- 원과 현의 성질
- 원의 접선의 성질
- 원주각의 성질
- 네 점을 지나는 원

자료와 가능성

자료의 정리와 해석
- 대푯값
- 줄기와 잎 그림
- 도수분포표
- 히스토그램과 도수분포다각형
- 상대도수

경우의 수
- 사건과 경우의 수
- 더하는 경우와 곱하는 경우

확률의 계산
- 확률의 정의와 성질
- 확률의 계산

대푯값과 산포도
- 산포도
- 상자그림
- 산점도와 상관관계

찾아보기

⑩ 중학수학사전

지은이 | 전국수학교사모임 중학수학사전팀
그림 | 이우일

초판   1쇄 발행일 2016년 8월 26일
개정1판   1쇄 발행일 2018년 11월 2일
개정2판   1쇄 발행일 2019년 11월 1일
개정3판   1쇄 발행일 2020년 7월 27일
개정4판   1쇄 발행일 2024년 12월 27일

발행인 | 한상준
편집 | 김민정 · 손지원 · 최정휴 · 김영범
마케팅 | 이상민 · 주영상
관리 | 양은진
디자인 | 김경희 · 조경규

발행처 | 비아에듀(ViaEducation)
출판등록 | 제313-2007-218호(2007년 11월 2일)
주소 | 서울시 마포구 월드컵북로 6길 97(연남동 567-40)
전화 | 02-334-6123 전자우편 | crm@viabook.kr
홈페이지 | viabook.kr

ⓒ 전국수학교사모임 중학수학사전팀, 2016
ISBN 979-11-94348-13-9 03410

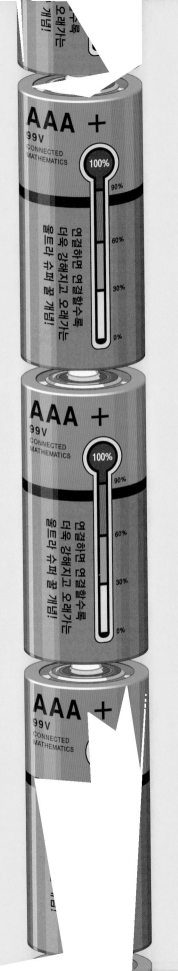

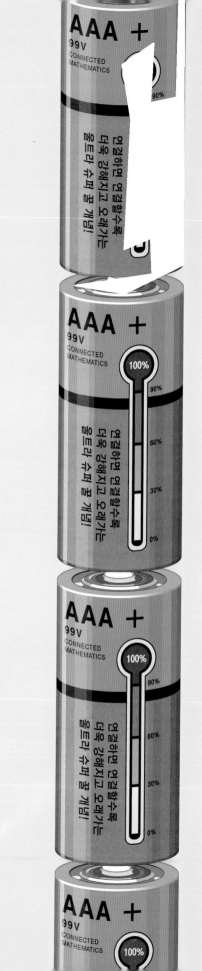

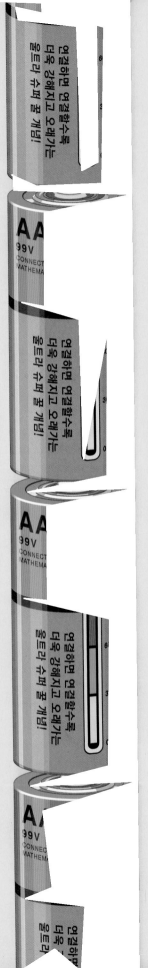